Gabriele Cerwinka • Gabriele Schranz

Der Telefon-Profi

**NEGES' MANAGEMENTTRAINER**

GABRIELE CERWINKA · GABRIELE SCHRANZ

# Der Telefon-Profi

▸▸ Berufliche Telefonate aktiv und positiv gestalten

Bibliografische Information Der Deutschen Bibliothek

Die Deutsche Bibliothek verzeichnet diese Publikation in der Deutschen Nationalbibliografie; detaillierte bibliografische Daten sind im Internet über http://dnb.ddb.de abrufbar.

Das Werk ist urheberrechtlich geschützt. Alle Rechte, insbesondere die Rechte der Verbreitung, der Vervielfältigung, der Übersetzung, des Nachdrucks und der Wiedergabe auf fotomechanischem oder ähnlichem Wege, durch Fotokopie, Mikrofilm oder andere elektronische Verfahren sowie der Speicherung in Datenverarbeitungsanlagen, bleiben, auch bei nur auszugsweiser Verwertung, dem Verlag vorbehalten.

ISBN 978-3-7093-0212-5

Es wird darauf verwiesen, dass alle Angaben in diesem Fachbuch trotz sorgfältiger Bearbeitung ohne Gewähr erfolgen und eine Haftung der Autorinnen oder des Verlages ausgeschlossen ist.

Umschlag: buero8
Satz: Hannes Strobl, Satz-Grafik-Design, 2620 Neunkirchen
© LINDE VERLAG WIEN Ges.m.b.H., Wien 2009
1210 Wien, Scheydgasse 24, Tel.: 0043/1/24 630
www.lindeverlag.de
www.lindeverlag.at

Druck: Hans Jentzsch & Co. GmbH, 1210 Wien, Scheydgasse 31

# INHALT

| | |
|---|---|
| **EINLEITUNG** | **9** |
| **1. DIE VORBEREITUNG** | **11** |
| 1.1 Die innere Einstellung als Basis | 11 |
| 1.2 Drei Schritte zur positiven Einstellung | 12 |
| 1.3 Kassenschlager oder Flop? | 13 |
| 1.4 Ziele im aktiven Telefonat | 15 |
| 1.5 Kunden- und zielgruppenorientiertes Telefonieren | 17 |
| 1.6 Vorinformationen sammeln und filtern | 22 |
| 1.7 Telefonskript/Gesprächsleitfaden | 25 |
| 1.8 Zusammenfassung | 27 |
| **2. DAS BESONDERE AM TELEFON** | **28** |
| 2.1 Was unterscheidet Telefonkommunikation vom persönlichen Gespräch? | 28 |
| 2.1.1 Wie am Telefon Bilder entstehen | 29 |
| 2.1.2 Erzeugen Sie positive Bilder | 30 |
| 2.2 Ihre Stimme als Instrument | 31 |
| 2.2.1 Ursachen für Stimmstörungen | 32 |
| 2.2.2 Stimmhöhe und Sprechgeschwindigkeit | 32 |
| 2.2.3 Lautstärke, Sprechrhythmus und Betonung | 34 |
| 2.2.4 Die richtige Atmung | 34 |
| 2.2.5 Weitere Tipps für die Stimmpflege | 36 |
| 2.2.6 Stimmübungen | 37 |
| 2.3 Die richtige Körperhaltung | 38 |
| 2.4 Die richtige Hörerhaltung | 40 |
| 2.5 Ein kleiner Stimmungstest | 41 |
| 2.6 Das Mobiltelefon – Hilfe oder Hemmnis? | 42 |
| 2.7 Wenn das Internet klingelt | 44 |
| 2.8 Telefonkonferenzen | 46 |
| 2.9 Zusammenfassung | 48 |

## 3. DAS TELEFONGESPRÄCH............................................. 49
### 3.1 Der erste Eindruck ........................................ 49
#### 3.1.1 Abheben.............................................. 49
#### 3.1.2 Die richtige Begrüßung ............................... 50
#### 3.1.3 Der Name des anderen ................................. 52
### 3.2 Die richtigen Formulierungen fürs Telefon ................. 53
### 3.3 Exkurs: Die Warteschleife.................................. 61
### 3.4 Richtig verbinden und Rückrufe anbieten.................... 63
### 3.5 Schwierige Telefonate mit unangenehmen Anrufern............ 65
### 3.6 Wer fragt, der führt....................................... 66
#### 3.6.1 Der Fragenkompass .................................... 67
### 3.7 Richtiges Zuhören am Telefon............................... 70
#### 3.7.1 Die Grundregeln des Zuhörens ......................... 71
#### 3.7.2 Das 10-Stufen-Programm zum aktiven Zuhören............ 73
### 3.8 Überzeugend am Telefon argumentieren ...................... 76
### 3.9 Die Phasen eines Gespräches am Telefon .................... 78
### 3.10 Informationen festhalten ................................. 80
### 3.11 Zusammenfassung.......................................... 82

## 4. DAS TELEFON ALS VERKAUFS- UND PR-INSTRUMENT................ 84
### 4.1 Kundenkontakte aktiv gestalten ............................ 84
#### 4.1.1 Kundenauswahl ........................................ 84
#### 4.1.2 Festlegen eines Gesprächskonzeptes.................... 86
### 4.2 Bedarfsermittlung am Telefon............................... 88
#### 4.2.1 Der Kundenbedarf ..................................... 88
#### 4.2.2 Die Kaufmotive ....................................... 89
### 4.3 Das passende Angebot....................................... 92
### 4.4 Einwände positiv nutzen ................................... 94
#### 4.4.1 Vom Einwand zur Zustimmung in drei Schritten.......... 95
#### 4.4.2 14 Einwand-Techniken ................................. 98
### 4.5 Von der Zustimmung zum Verkaufsabschluss ................... 102
### 4.6 Die acht goldenen Abschlussregeln ......................... 105
### 4.7 Gespräche mit Medienvertretern und Meinungsbildnern ........ 107
### 4.8 Zusammenfassung........................................... 108

| | |
|---|---|
| **5. DIE NACHBEARBEITUNG** . . . . . . . . . . . . . . . . . . . . . . . . . . . . . . . . . . . | **110** |
| 5.1 Erfolge sichern – nachhaltige Kundenbindung . . . . . . . . . . . . . . . . | 110 |
| 5.2 Informationsweitergabe praxisgerecht . . . . . . . . . . . . . . . . . . . . . . . | 113 |
| 5.3 Telefonnummern-Verzeichnis. . . . . . . . . . . . . . . . . . . . . . . . . . . . . . | 115 |
| 5.4 Telefonkosten sparen . . . . . . . . . . . . . . . . . . . . . . . . . . . . . . . . . . . . . | 117 |
| 5.5 Voicemail . . . . . . . . . . . . . . . . . . . . . . . . . . . . . . . . . . . . . . . . . . . . . . . | 120 |
| 5.6 Telefonieren auf Englisch . . . . . . . . . . . . . . . . . . . . . . . . . . . . . . . . . . | 123 |
| 5.7 Zusammenfassung. . . . . . . . . . . . . . . . . . . . . . . . . . . . . . . . . . . . . . . | 130 |
| **6. ZUM ABSCHLUSS: DIE NEUN WICHTIGSTEN TIPPS IM ÜBERBLICK** . . . . | **131** |
| **ANHANG** . . . . . . . . . . . . . . . . . . . . . . . . . . . . . . . . . . . . . . . . . . . . . . . . . . . | **135** |
| **LITERATUREMPFEHLUNGEN** . . . . . . . . . . . . . . . . . . . . . . . . . . . . . . . . . . . | **141** |
| **INTERESSANTE LINKS** . . . . . . . . . . . . . . . . . . . . . . . . . . . . . . . . . . . . . . . | **143** |

# EINLEITUNG

Die Welt der Kommunikationsmedien verändert sich täglich. Trotzdem gibt es eine Konstante: das Telefon! Rund 80 Prozent der Firmenkontakte finden nach wie vor telefonisch statt. Ein Arbeitstag ohne Griff zum Telefon ist unvorstellbar. Bricht das Telefonnetz auch nur für eine Stunde zusammen, sind die Auswirkungen auf die Gesamtwirtschaft enorm.

Gründe genug, um sich mit diesem Thema genauer zu befassen. Jeder kann grundsätzlich telefonieren. Doch was muss jemand beachten, der dieses Medium bewusst zu seinem Vorteil nutzen will? Der nicht nur Kontakt zur Außenwelt und damit zu seinen Kunden herstellen will, sondern diese auch wirklich überzeugen möchte. Welche Techniken muss ein echter Telefon-Profi beherrschen?

Wir haben in sechs übersichtlichen Kapiteln Wissenswertes zum Thema Telefonieren für Sie zusammengestellt. Uns geht es dabei vor allem darum, auch scheinbar nebensächliche Details ins Zentrum der Aufmerksamkeit zu rücken und deren Signalwirkung bewusst zu machen. Viele kleine Mosaiksteine ergeben ein Gesamtbild. Schon bei den ersten Worten entscheidet sich, ob ein Anrufer ein Unternehmen sympathisch findet oder eben nicht. Der eigenen Stimme als „Sympathieträger" und den richtigen Formulierungen als „Verpackung" der eigenen Botschaft kommen dabei zentrale Bedeutung zu.

Erkennen Sie die Gefahren, die das Telefon birgt, und vermeiden Sie die Fallen amateurhafter Gesprächsführung. Nutzen Sie unsere Tipps und Checklisten und somit die Möglichkeiten, die Ihnen das Telefon als Kommunikationsmittel bietet. So wird das Telefon vom unangenehmen Zeiträuber und Störfaktor zum aktiven Erfolgsgarant.

Wir wünschen Ihnen viel Freude beim Durcharbeiten dieses Buches und viel Erfolg bei der Umsetzung!

Gabriele Schranz							Gabriele Cerwinka

# 1. DIE VORBEREITUNG

## 1.1 Die innere Einstellung als Basis

*„Erfolg am Telefon entsteht im Kopf."* Wer von unseren Lesern schon an einem Telefonseminar teilgenommen hat, wird diesen Satz kennen. Zugegeben, er ist nicht neu. Aber er ist wichtig. Uns geht es in diesem Buch ja nicht um den schnellen Erfolg und oberflächliche Tipps zum Thema Telefonieren. Wir wollen Ihre Telefonkommunikation auf eine solide und professionelle Basis stellen. Dazu gehört nun einmal als Grundlage die richtige innere Einstellung.

**Negativ-Beispiele:**

*„Freitag um diese Zeit treffe ich sicher niemanden mehr in der Firma an."*

*„Bei meinem letzten Anruf war X sehr kurz angebunden, ich glaube, der will mit unserer Firma nichts mehr zu tun haben."*

*„Jetzt sind die dort sicher alle gerade in ihrem Meeting, da hat sicher keiner Zeit für mich."*

Kennen Sie solche und ähnliche Sätze? So entstehen innere Blockaden, die es zu überwinden gilt, wenn Sie ein erfolgreiches Telefongespräch führen wollen. Wer vorweg schon das Schlimmste annimmt, wird leider oft bestätigt. Der andere spürt die negative innere Einstellung und reagiert dementsprechend. Als zusätzlicher Verstärker wird das Gespräch dann auch noch gleich mit einer Killerfloskel aller erster Güte eingeleitet: *„Störe ich?"*

Wer sich so schon selbst als Störfaktor betitelt, darf sich nicht wundern, wenn er auch genauso wahrgenommen wird. Bremsen Sie daher unbedingt Ihren negativen inneren Monolog und polen Sie sich im Vorfeld eines Gespräches bewusst positiv um: Welche interessante Information habe ich dem Angerufenen zu bieten? Führen Sie jedes Gespräch so, als ob es das einzige Telefonat des Tages wäre!

Seien Sie zuversichtlich und glauben Sie an Ihren Erfolg. Ein schnell aufgesetztes Lächeln ist da zu wenig. Die Zuversicht muss aus Ihrem Inneren kommen, denn auch das perfekteste Pokerface kann die wahre Einstellung nicht ganz verbergen. Ihr Gesprächspartner merkt, was Sie denken und fühlen. Auch wenn er es nicht bewusst wahrnimmt, sein Unterbewusstsein nimmt alle Signale auf – das ist umso heimtückischer, weil der andere oft gar nicht bewusst weiß, warum er Ihnen gegenüber so negativ eingestellt ist. Ein Großteil der Entscheidungen wird nämlich vom Unterbewusstsein bestimmt. Auch mit der perfektesten Kommunikationstechnik können Sie diese Signale, die Sie unbewusst ausstrahlen, nicht steuern. Daher ist Ihre Einstellung so wichtig.

Bevor Sie also Ihr bestes Lächeln am Telefon üben, arbeiten Sie an Ihrer Einstellung und an Ihrem Selbstwertgefühl – das Lächeln kommt dann schon von selbst.

# 1.2 Drei Schritte zur positiven Einstellung

### ✍ Selbstcheck: Wie positiv ist Ihre Einstellung?

**1. Schritt: Ich mag mich**

Beantworten Sie die nachstehenden Fragen möglichst spontan:

Was mache ich gerne?
_____
_____
_____

Was macht mir an meinem Beruf besonders Spaß?
_____
_____
_____

Mit welcher Tätigkeit hatte ich bisher Erfolg?
_____
_____
_____

Was sind meine Stärken?
_____
_____
_____

Wenn Sie sich auf Ihre Stärken konzentrieren, fällt es Ihnen leichter, sich selbst in einem positiven Licht zu sehen. Positive Gedanken stärken Ihren Energiehaushalt. Viele Schwächen korrigieren sich so von selbst.

**2. Schritt: Ich mag meinen Beruf**

Kreuzen Sie alle Antworten an, die auf Ihre Situation zutreffen:

▸▸ Mein Beruf ist vielseitig und abwechslungsreich. ○

▸▸ Ich habe viele Kontakte zu Menschen, das ist aufregender als reine Büroarbeit. ○

▸▸ In meinem Beruf kann ich beweisen, wie gut ich bin. ○

- ▶▶ Gerade am Telefon kann man viele Erfolge erzielen – und nichts motiviert so wie Erfolg ○
- ▶▶ Es macht Spaß, professionell zu arbeiten. ○

### 3. Schritt: Ich mag meine Gesprächspartner

Was macht jeden Gesprächspartner so einmalig? Warum ist jedes noch so kurze, scheinbar „unbedeutende" Gespräch immer auch ein Gewinn?

Kreuzen Sie alle Aussagen an, mit denen Sie sich identifizieren können:

- ▶▶ Telefongespräche bringen Abwechslung in meinen Berufsalltag. ○
- ▶▶ Wenn mein Gesprächspartner eine freundliche Stimme hat, hebt das auch meine Laune. ○
- ▶▶ Auch ein schwieriges Gespräch kann ein positives Gefühl hinterlassen, wenn man spürt, dass man es gut gemeistert hat. ○
- ▶▶ Es macht mir Spaß, „zwischen den Worten" meines Gesprächspartners zu hören. ○
- ▶▶ Es ist schon mit wenigen Worten möglich, den anderen positiv zu stimmen. ○
- ▶▶ Niemand ruft genau mich an, um mich zu ärgern – der Unmut ist meist unabhängig von mir beim anderen entstanden, und ich bin einfach nur zufällig der Nächste am Apparat. ○
- ▶▶ Eine andere Sichtweise bringt mir neue Erkenntnisse – wenn jeder die Dinge so sehen würde wie ich, gäbe es keine neuen Erkenntnisse. ○
- ▶▶ Persönliche Kontakte sind für mich echte Energiequellen. ○
- ▶▶ Ich bin immer neugierig, wer wohl am anderen Ende ist, wenn das Telefon läutet. ○

Der Gesprächspartner spürt Ihre positive oder negative Einstellung – sie bestimmt Ihren Erfolg oder Misserfolg. Wie entscheiden Sie?

# 1.3 Kassenschlager oder Flop?

Wollen Sie in einem echten Erfolgsfilm mitspielen? Beginnen Sie gleich heute mit der Neuinszenierung Ihres Telefonverhaltens: Sie spielen keine Nebenrolle, Sie spielen die Hauptrolle und führen gleichzeitig Regie!

Stellen Sie sich diese Szene vor: Sie betreten um 8:00 Uhr morgens Ihr Büro. Das Telefon läutet … „Schnitt", ruft der Regisseur: *„Was empfinden Sie bei diesem Geräusch?"*

**DIE VORBEREITUNG**

## ✍ Selbstcheck: Analysieren Sie, welche Gefühle das Läuten des Telefons bei Ihnen auslöst:

|  | immer | oft | manchmal | nie |
|---|---|---|---|---|
| Angst | ○ | ○ | ○ | ○ |
| Erschrecken | ○ | ○ | ○ | ○ |
| Wunsch nach Untertauchen | ○ | ○ | ○ | ○ |
| Unsicherheit | ○ | ○ | ○ | ○ |
| Stress | ○ | ○ | ○ | ○ |
| Ärger über die Störung | ○ | ○ | ○ | ○ |
| Unwillen | ○ | ○ | ○ | ○ |
| Gereiztheit | ○ | ○ | ○ | ○ |
| Neugier | ○ | ○ | ○ | ○ |
| Hoffnung | ○ | ○ | ○ | ○ |
| Aufmerksamkeit | ○ | ○ | ○ | ○ |
| Überraschung | ○ | ○ | ○ | ○ |
| Freude | ○ | ○ | ○ | ○ |
| Depression | ○ | ○ | ○ | ○ |
| Überforderung | ○ | ○ | ○ | ○ |

Welches Gefühl soll der Hauptdarsteller – also Sie – ausdrücken? Soll er nervös zusammenzucken und den Kopf einziehen? Oder soll er selbstbewusst und siegessicher zum Hörer greifen? Sie sind der Regisseur, Sie entscheiden!

## ✍ Selbstcheck: Sehen Sie sich in der Rolle des Gewinners oder des Verlierers?

Wir haben einige typische Gewinnereinstellungen für Sie aufgelistet – kreuzen Sie an, womit Sie sich identifizieren können, und ergänzen Sie die Liste:

| | |
|---|---|
| Gewinner erkennen ihre Chance. | ○ |
| Gewinner nützen ihre Chancen. | ○ |
| Gewinner kommen wie von selbst voran. | ○ |
| Gewinner erkennen den richtigen Zeitpunkt. | ○ |
| Gewinner denken positiv. | ○ |

Gewinner jammern nicht. ○
Gewinner leben in der Gegenwart. ○
Gewinner lernen aus ihren Fehlern. ○
Gewinner konzentrieren sich auf ihre Stärken. ○
Gewinner können sich selbst leiden. ○
Gewinner warten nicht auf Wunder, sie handeln. ○
Gewinner wollen sich nicht „zu Tode siegen". ○
Gewinner haben mehr Spaß im Leben. ○

_____
_____
_____
_____
_____

## 1.4 Ziele im aktiven Telefonat

Vielfach versteht man unter „aktivem Telefonieren" eine Art von Telefonverkauf. Das ist aus unserer Sicht eine viel zu enge Definition. Aktives Telefonieren bedeutet vielmehr eine bewusste Gesprächsführung, bei der der Anrufer das Gespräch genau plant, klare Ziele verfolgt und die Führung nicht aus der Hand gibt.

Zeit ist eines unserer wertvollsten Güter. Sie ist immer zu knapp, zu viele Dinge müssen in immer weniger Zeit erledigt werden. Unnötige, überlange und ineffiziente Telefongespräche belasten unser Zeitbudget und werden als Zeiträuber stets in die Liste der Top-Drei gewählt. Dazu kommt noch der sogenannte **Sägeblatt-Effekt**, wenn das Telefon klingelt und man so gezwungen wird, seine Arbeit zu unterbrechen, um sie nach dem Telefonat erst wieder neu zu beginnen.

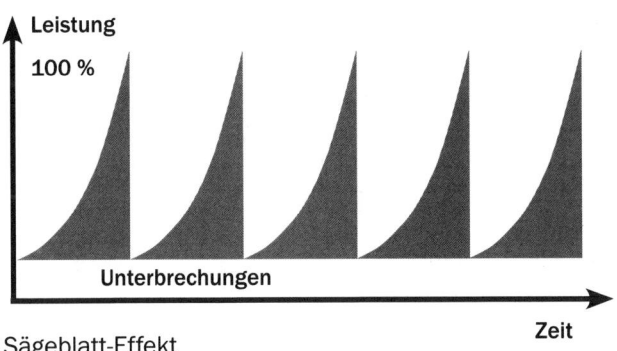

Sägeblatt-Effekt

Verhindern lässt sich dieser Effekt nicht ganz, aber Sie können bewusst dagegen ankämpfen, indem Sie Ihre Telefonate möglichst aktiv führen.

☞ **Tipps zum aktiven Telefonieren:**

- Warten Sie nicht, bis Ihre Kunden Sie anrufen, greifen Sie selbst zum Hörer.
- Bestimmen Sie so selbst den Zeitpunkt, wann Sie telefonieren möchten.
- Gönnen Sie sich vor einem schwierigen Telefonat bewusst einen Moment der Ruhe und Einstimmung.
- Erledigen Sie aktive Telefonate in Zeiten, in denen Sie störungsfrei telefonieren können und Ihre Konzentrationsfähigkeit nicht beeinträchtigt ist (bei Morgenmuffel nicht unbedingt am Morgen oder grundsätzlich nicht nach einem reichhaltigen Essen oder schnell noch kurz vor Arbeitsende etc.).
- Legen Sie sich alle nötigen Informationen zurecht und gehen Sie das Gespräch gedanklich noch einmal durch.
- Sortieren Sie Ihre Informationen und Argumente.
- Wählen Sie auch den richtigen Zeitpunkt aus der Sicht des Gesprächspartners, sofern Sie seine Umweltbedingungen kennen.
- Konzentrieren Sie sich ganz auf das Gespräch.

**Definieren Sie vor jedem aktiven Telefonat genau Ihre Ziele: Was will ich mit meinem Telefonat erreichen?**

Klar definierte Ziele verhindern unnötigen Kräfteverschleiß während eines Gespräches: Sie verzetteln sich nicht mit Nebensächlichem und können das eigentliche Ziel immer im Auge behalten. So kommt während des Gesprächs auch kein Stress auf. Sie bemerken außerdem, wenn das Gespräch eine Richtung nimmt, die Sie von Ihrem Ziel entfernt, und können das Telefonat wieder bewusst in die von Ihnen gewünschte Richtung lenken. Sie behalten jederzeit die Übersicht.

Definieren Sie Ihre Ziele möglichst genau. Setzen Sie sich dabei realistische Ziele und formulieren Sie diese positiv.

✋ **Beispiel:**

Statt: *„Ich will von Kunde X, mit dem ich einen Termin vereinbaren möchte, nicht abgewimmelt werden."*

Besser: *„Ich werde mit Kunde X einen Termin innerhalb der nächsten drei Wochen vereinbaren."*

Letztendlich lässt sich der Erfolg eines Telefonates auch nur nach den vorher festgesetzten Zielen bemessen. Was habe ich umgesetzt? Welche Punkte bleiben offen und müssen in einem weiteren Gespräch geklärt werden? Können Sie alle Punkte auf Ihrer „Zielliste" abhacken, war Ihr Telefonat ein voller Erfolg.

Nicht immer lässt sich in einem Gespräch alles durchsetzen, was man sich vorgenommen hat. Das ist normal und noch lange kein Grund für Zweifel. Wer im Voraus auch ein „Minimalziel" festlegt, ist weniger enttäuscht, wenn er nicht das große Endziel erreicht. Manchmal lässt sich ein Berg eben nur in kleinen Etappen bezwingen. Ein solches Minimalziel kann zum Beispiel der Aufbau einer positiven Beziehung zu einem Kunden sein. Das gelingt am Telefon meist besser als in einem Brief oder einer E-Mail, weil die persönliche und emotionale Komponente größer ist. Definieren Sie also stets nicht nur ein Ziel, sondern ein Minimal- und ein Oberziel. Das Oberziel sollten Sie nie ganz aus den Augen lassen.

Aktives Telefonieren folgt ganz dem Prinzip: *„Handle, statt dich behandeln zu lassen"*. Ergreifen Sie die Initiative und steuern Sie Ihre Gespräche zielorientiert – so behalten Sie auch bei schwierigen Gesprächspartnern stets die Oberhand.

## 1.5 Kunden- und zielgruppenorientiertes Telefonieren

☹ **Es klingelt – ein Leider-Nein-Szenario:**

- Ich täusche vor, dass ich das Läuten nicht gehört habe, und stehle mich aus dem Raum – irgendwer wird schon abheben!
- Oder ich lasse es einfach klingeln. Wenn es dringend ist, wird es der Anrufer schon noch einmal probieren.
- Wenn es wieder klingelt, fühle ich mich gestört, hebe aber trotzdem – widerwillig – ab.
- Ich begrüße den Anrufer kurz und ja nicht zu freundlich – der soll ruhig merken, dass er mich stört!
- Ich falle ihm gleich einmal ins Wort und versuche so, ihn so schnell wie möglich wieder loszuwerden.
- Je unkompetenter ich mich anstelle, umso schneller merkt er, dass dieses Gespräch nichts bringt und lässt mich auch in Zukunft in Ruhe.
- Ist der Anrufer sympathisch, hat er Glück: Mein Tonfall wird etwas freundlicher.
- Ich verstehe den Namen des Anrufers nicht und bin schon verärgert, weil ich nachfragen muss. Eigentlich interessiert mich sein Name ja auch überhaupt nicht!
- Ich schreibe nicht mit, weil mein Stift gerade von Tisch gerollt ist. Wird schon nicht so wichtig sein ...

**DIE VORBEREITUNG**

- Was hat er da eben gesagt? Ich ertappe mich dabei, wie ich überhaupt nicht mehr zuhöre.
- Während ich den Stift vom Boden aufhebe, spreche ich weiter und meine Stimme klingt dabei wohl irgendwie seltsam, weil mich der Anrufer fragt, ob ich hören kann, was er mir sagt. Wie kommt der überhaupt darauf?
- Während ich versuche, die undeutliche Aussprache des Anrufers zu deuten, sehe ich meinen Chef in größter Hektik zur Tür hereinstürmen – das lenkt natürlich zusätzlich ab.
- Ein Kollege steht – mit dem Finger auf meinen Schreibtisch pochend – vor mir und fixiert mich. Ich decke den Hörer mit der Handfläche ab und fahre den Störenfried unwirsch – und nicht ganz leise – an: *„Siehst du nicht, dass ich gerade mit so einem lästigen Kunden telefoniere?"*
- Da fällt mein Blick auch noch auf einen Akt auf meinem Tisch – verdammt! Ich habe vergessen, dem Kunden X abzusagen, der wird gleich bei der Tür hereinkommen ...

*„Ich glaube, wir beenden das Gespräch, ich bin bei Ihnen wohl an der falschen Adresse."* – Was? Wie kommt denn der Anrufer auf so was?!

### ✎ Selbstcheck: Wie kundenorientiert ist Ihr Telefonverhalten?

Schätzen Sie das Telefon-Verhalten in Ihrem Unternehmen (möglichst ehrlich) ein:

| | stimmt | stimmt teilweise | stimmt nicht |
|---|---|---|---|
| Spätestens nach dreimaligem Läuten wird abgehoben. | ○ | ○ | ○ |
| Der Anrufer wird immer freundlich und korrekt empfangen. | ○ | ○ | ○ |
| Der Anrufer wird immer nach seinem Namen gefragt und mit seinem Namen angesprochen. | ○ | ○ | ○ |
| Jeder, der ein Gespräch entgegennimmt, fühlt sich für das Anliegen des Anrufers verantwortlich. | ○ | ○ | ○ |
| Der Kunde wird professionell weiterverbunden. | ○ | ○ | ○ |
| Der Kunde wird sein Anliegen los, ohne mehr als einmal verbunden zu werden. | ○ | ○ | ○ |
| Verärgerte Kunden werden besonders freundlich behandelt und ernst genommen. | ○ | ○ | ○ |

| | | | |
|---|---|---|---|
| Zugesicherte Rückrufe werden zuverlässig erledigt. | ○ | ○ | ○ |
| Jeder nimmt sich die nötige Zeit für den Anrufer. | ○ | ○ | ○ |
| Das Telefon gilt bei uns nicht als lästiger Störer, sondern als wichtiger Kontakt zu unseren Kunden. | ○ | ○ | ○ |
| Unsere Kunden rufen gerne bei uns an. | ○ | ○ | ○ |

Lassen Sie diesen Test auch von einem Außenstehenden ausfüllen, um eine objektive Sicht zu erhalten!

**Auf der Suche nach der neuen Zielgruppe – das Telefon als Kundengewinnungsinstrument**

Wollen Sie einen neuen Kunden ansprechen, ist das Telefon unerlässlich. Auch wenn das Verkaufsgespräch persönlich stattfindet, müssen Sie dem Kunden ja zunächst den Besuchstermin „verkaufen".

Bis Sie an die richtige Ansprechperson gelangen, machen Sie oft viele leere Kilometer. Auch bei schon bestehenden Kundenkontakten können sich Veränderungen ergeben haben. Um Ihre Zeit möglichst effizient zu nutzen, ist es daher gut, sich vorher einige Fragen zu stellen:

1. Woher bekomme ich erfahrungsgemäß die besten Adressen?
    - Branchenverzeichnisse/Telefonbücher/Internetverzeichnisse
    - Messe-/Außendienstkontakte
    - Verbands- und andere Mitgliedslisten
    - Inserate in Fachzeitschriften, Neueröffnungen, Internetrecherche
    - Empfohlene Adressen von Bekannten, Kollegen, Profis (Adressenverlage)
2. Welche Bedürfnisse hat dieser Kunde möglicherweise?
3. Habe ich alle nötigen Vorinformationen?
4. Ist es sinnvoll, auf Neukundensuche zu gehen, oder sollte ich zuerst die bestehenden Kunden durchgehen?
5. Ist meine Kundendatei auf dem neuesten Stand?
    - Sind die Telefonnummern noch aktuell?
    - Sind die Kontaktpersonen noch dieselben?
    - Hat sich der Tätigkeitsbereich des Unternehmens verändert?
    - Hat sich die Unternehmensgröße verändert?
    - Gibt es spezielle Absprachen?

- Gab es in letzter Zeit Reklamationen?
- Habe ich in letzter Zeit zusätzliche Hintergrundinformationen erhalten?

Nur eine gut geführte und aktuelle Kundendatei ist eine professionelle Basis für den Verkaufserfolg.

**Kundenorientiertes Telefonieren bedeutet ein Sich-Hineinversetzen in den Kunden**

Das Ziel einer guten Gesprächsvorbereitung ist die Vorwegnahme des Gesprächsverlaufes. Wie aber kann ich wissen, was der Kunde sagen wird, wie er reagieren wird?

Die beste Grundlage für ein kundenorientiertes Telefonverhalten ist es, sich in seinen Kunden hineinzuversetzen. Versuchen Sie daher einmal kurz die Seiten zu wechseln: Betrachten Sie die Situation durch die Brille Ihres Kunden und überlegen Sie, wie er die Dinge sieht.

---

☑ **Checkliste: „Die Kundenbrille"**

Welche geschäftlichen Schwerpunkte hat mein Kunde?
_____
_____
_____

Was hat sich in letzter Zeit bei ihm verändert?
_____
_____
_____

Wie steht er zu mir/meinem Unternehmen?
_____
_____
_____

Welche Eigenheiten, Hobbys etc. hat er?
_____
_____
_____

Welche Eigenschaften meines Produktes könnten ihn besonders ansprechen?

|  | ja | nein |
|---|---|---|
| ▸ Legt er Wert auf Sparsamkeit? | ○ | ○ |
| ▸ Ist er ein Perfektionist? | ○ | ○ |
| ▸ Entscheidet er hauptsächlich mit dem Kopf? | ○ | ○ |
| ▸ Erwärmt er sich leicht für Neues? | ○ | ○ |
| ▸ Steht bei ihm die Technik im Vordergrund? | ○ | ○ |
| ▸ Oder steht die Wirtschaftlichkeit im Vordergrund? | ○ | ○ |

Welchen Gesprächsstil bevorzugt er?

|  | ja | nein |
|---|---|---|
| ▸ Will er zunächst ein paar private Worte wechseln? | ○ | ○ |
| ▸ Kommt er gerne sofort auf den Punkt? | ○ | ○ |
| ▸ Benötigt er eine Liste von Argumenten? | ○ | ○ |
| ▸ Stellt er viele Fragen? | ○ | ○ |
| ▸ Reagiert er leicht emotional? | ○ | ○ |

Welchen Nutzen hat er von meinem Anruf?

_____
_____
_____

Wie sieht sein Büro aus?

_____
_____
_____

In welcher Körperhaltung telefoniert er gerade und was kann ich daraus für mein Telefonat schließen? (Sitzt er zum Beispiel aufrecht, ist er eher entscheidungsfreudig; „liegt" er dagegen schon beinahe auf seinem Stuhl, signalisiert dies wenig Entscheidungsbereitschaft.) (Siehe auch Seite 38 f.)

_____
_____
_____

## 1.6 Vorinformationen sammeln und filtern

✋ **Beispiel:**

Frau Sprecher ist seit kurzem Mitarbeiterin in der Verkaufsabteilung der Firma „Druckereimaschinen AG" und zuständig für den Telefonverkauf einer neuen Serviceleistung – dem „Monatlichen Maschinencheck" bei Stammkunden. Sie stürzt sich voll Feuereifer in die Arbeit. Verkaufen kann sie, schließlich war sie in ihrer alten Firma beim Verkauf von Telefonanlagen sehr erfolgreich. Sie hat von ihrem Chef Telefonnummern von Kunden bekommen und greift entschlossen zum Telefonhörer.

Drei Stunden später ist von ihrer Selbstsicherheit nicht mehr viel übrig:

- ▸ Bei der ersten Firma erreichte sie nie die richtigen Ansprechpartner.
- ▸ Bei der zweiten Firma war niemand zuständig.
- ▸ Firma drei steckte mitten im Übersiedeln.
- ▸ Bei der vierten Firma konnte sie die Detailfragen des Kunden nicht beantworten.
- ▸ Im letzten Gespräch bekam sie viele Einwände zu hören, auf die ihre altbewährten Antworten einfach nicht passten.

Was hat Frau Sprecher falsch gemacht?

_____

_____

_____

_____

Die folgende Checkliste hilft Ihnen bei der Beantwortung – und Frau Sprecher verhilft sie hoffentlich zu mehr Erfolg in der neuen Firma:

☑ **Checkliste: Sammeln und Aufbereiten von Informationen**

Kreuzen Sie alle Informationen, über die Sie bereits verfügen, an bzw. ergänzen Sie diese:

Kundendatei angelegt ○

Name und Titel

_____ ○

Richtige Aussprache des Namens

_____ ○

Position/Vorgesetzte

_____ ○

Wer vertritt den Kunden?

_____ ○

Sekretärin/Mitarbeiter

_____ ○

Telefonnummer/Durchwahl/Mobilnummer

_____ ○

Adresse – Standort

_____
_____ ○

E-Mail-Adresse

_____ ○

Homepage: Gibt es aktuelle Neueinträge?

_____ ○

Wann war unser letzter Kontakt?

_____ ○

Welche geschäftlichen Schwerpunkte hat der Kunde?

_____
_____ ○

Wie steht er zu unserem Unternehmen?

_____
_____ ○

Was hat sich seit dem letzten Kontakt verändert?

_____
_____ ○

Wer ist wofür zuständig?
_____
_____ ○

Korrespondenz mit dem Kunden, auch aus anderen Bereichen.
_____
_____ ○

Mit welchen Mitarbeitern aus meinem Unternehmen hatte der Kunde sonst noch Kontakt?
_____
_____ ○

In welcher Form wünscht er normalerweise seine Angebote?
_____
_____ ○

Welcher Zeitpunkt ist günstig?
_____
_____ ○

Wer in meinem Unternehmen kann mir noch nützliche Informationen liefern?
_____
_____ ○

Welchen Nutzen hat unser Angebot für ihn im Vergleich zu anderen?
_____
_____ ○

Welche Informationen benötige ich noch über mein/e Produkt/Dienstleistung/Unternehmen?
_____
_____ ○

Welche Gegenargumente und Einwände könnte der Gesprächspartner haben?
_____
_____ ○

Je detaillierter Sie sich im Vorfeld mit den Kundeninformationen befassen, desto leichter fällt es Ihnen, einen genauen Gesprächleitfaden zu erstellen. Besonders das Vorwegnehmen der Kundeneinwände ist ein wichtiger Punkt in der Vorbereitung.

Der Kunde akzeptiert nicht das, was Sie ihm empfehlen, sondern das, was er versteht, erkennt und ihm nützt. Versetzen Sie sich daher in seine Lage – setzen Sie vor dem Gespräch stets „seine Brille" auf.

## 1.7 Telefonskript/Gesprächsleitfaden

Unter einem Telefonskript versteht man einen mehr oder weniger genauen Gesprächsleitfaden für ein Telefongespräch. So ein Skript kann ausformulierte Sätze enthalten oder nur Stichworte, auf jeden Fall soll es einen roten Faden für Telefonate liefern. Manche professionellen Telefonexperten wehren sich gegen so ein „vorgefertigtes" Gespräch; sie meinen, die Spontaneität würde darunter leiden – ein Argument, das sicherlich richtig ist. Sie wollen ja am Telefon nicht wie ein Schauspieler klingen, der seine Rolle „abspult". Andererseits ist die Gefahr groß, in der Hitze des Gefechtes einen wichtigen Punkt, den Sie sich vorgenommen haben, zu vergessen. Da hilft ein Skript. Es sollte allerdings aus unserer Sicht vorrangig in Stichworten abgefasst werden und Raum für Notizen enthalten. Wichtig ist daher auch eine übersichtliche Gestaltung – wer während des Telefonates hektisch in seinen Unterlagen blättert, wirkt wenig überzeugend.

**Vorteile eines Telefonskripts:**

- Es zwingt zur Konzentration auf das Gespräch und zu einem zielorientierten Telefonieren.
- Es verlangt das konsequente Durchdenken des Telefongesprächs.
- Es bietet Zeitersparnis durch gute Planung.
- Einwände können schon vorab durchdacht werden.
- Während des Gespräches werden keine wichtigen Punkte vergessen.

Im Anhang finden Sie eine Checkliste für die Erstellung eines Telefonskripts, ein Beispiel für einen Gesprächsleitfaden für Reklamationsgespräche und ein Formular zum Selbstausfüllen bzw. zur Erarbeitung eines eigenen Telefonskripts (Seite 135).

**Meist hat ein Telefonskript folgenden Aufbau:**

- Gesprächsziel,
- Begrüßung,
- einleitende Aussagen, Aufhänger (Grund des Anrufes, Angebot, Vorteile für den Kunden),

- Fragen – Schlüsselfragen,
- Angebot bzw. konkreter Vorschlag für den Kunden,
- Bearbeitung Kundeneinwände,
- Vereinbarung (Kauf, Termin),
- Zusammenfassung und
- Verabschiedung.

✋ **Beispiel: Folgende Übersicht kann als Grundlage für ein Telefonskript verwendet werden:**

|  | Vorinformation | Notizen |
|---|---|---|
| Datum: | 24.11.08 |  |
| Uhrzeit: | 11:20 Uhr |  |
| Ansprechpartner: | Ursula Leicht |  |
| Assistent: | Frau Merk | Praktikant Max Huber |
| Stellvertreter: | Verena Maier |  |
| Gesprächsanlass: | Projekt X |  |
| Oberziel: |  |  |
| Einleitungssätze: |  |  |
| Ziel 1:<br>Fragen: | Erläuterung Projekthintergrund<br>Wer ist Projektleiter? | Auswertung der Kundeninfos<br>Prok. Meier |
| Ziel 2:<br>Fragen: |  |  |
| Ziel 3:<br>Fragen: |  |  |
| Ziel 4:<br>Fragen: |  |  |
| Vereinbarungen: | Was?<br>Wer?<br>Bis wann?<br>Wo?<br>Wie? |  |
| Zusatzinformationen: |  |  |
| Zusammenfassung: |  |  |
| Sonstige Informationen zum Gesprächspartner: |  | Gutes Gesprächsklima, Smalltalk über Segeln – hat ein Boot am Bodensee! |
| Weitergabe von Informationen an: |  |  |

☞ **Tipps zur Verwendung von Telefonskripts:**

- Lesen Sie das Telefonskript nicht einfach ab.
- Verwenden Sie keine Formulierungen, die Ihnen nicht locker über die Lippen kommen. Eine Formulierung, die ein Kollege immer verwendet und bei diesem hervorragende Wirkung erzielt, kann, wenn Sie sie einsetzen, dennoch unnatürlich wirken, wenn sie nicht zu Ihnen passt – schreiben Sie sie daher erst gar nicht in Ihr Skript!
- Wenn Sie von diesem Instrument nicht überzeugt sind, lassen Sie es lieber und wählen Sie eine für Sie passendere Methode wie z. B. Mind Maps als Grundlage.

## 1.8 Zusammenfassung

Eine systematische Vorbereitung erhöht Ihre Kompetenz! Zusammengefasst sollten Sie vor jedem Telefonat folgende Fragen klären:

**Was?**
- Ziele festlegen
- Einleitende Aussagen und Argumente zurechtlegen
- Einwände des Kunden bedenken
- Gesprächstaktik darauf ausrichten

**Wann?**
- Zeitpunkt richtig wählen, für Ruhe sorgen

**Wen?**
- Name, Titel und Position des Ansprechpartners
- Kennt er mich?
- Weiß er, worum es geht?
- Wurde mein Anruf angekündigt?

**Wie?**
- Unterlagen bereithalten
- Relevante Kundeninformationen vorher einholen
- Notizblatt (Vordruck) und Schreibzeug herrichten:
  - Anrufer, Telefonnummer, wann, für wen, Inhalt?
  - Rückruf bis wann?
- Sind Sie unvorbereitet, besser zurückrufen
- Stichworte notieren
- Telefonskript mit Formulierungs-Standards

Die mentale Fitness und eine positive innere Einstellung entscheiden nicht nur im Spitzensport über Sieg oder Niederlage. Auch ein erfolgreiches Telefonat hat diese Faktoren als Basis zum Erfolg!

# 2. DAS BESONDERE AM TELEFON

## 2.1 Was unterscheidet Telefonkommunikation vom persönlichen Gespräch?

„Wenn der Müller anruft, sprich doch bitte du mit ihm, ich kann den einfach nicht riechen."

„Ich spüre da bei Ihnen noch einen Widerstand."

„Ich lese zwischen den Zeilen, dass ..."

„Ich sehe da noch ein Problem."

„Ich stelle mir das so vor."

„Das schmeckt mir gar nicht."

„Das ist mir wohl in die falsche Kehle gerutscht."

Formulierungen dieser Art verwenden wir am Telefon genauso oft wie im persönlichen Gespräch. Obwohl wir am Telefon weder sehen, riechen, schmecken oder spüren. Unsere Wahrnehmung funktioniert nun einmal grundsätzlich über alle unsere Sinne: sehen, hören, schmecken, riechen, ... Am Telefon stehen uns diese Sinne nur sehr eingeschränkt zur Verfügung. Unsere Kommunikation reduziert sich ausschließlich aufs Hören. Das reicht uns eindeutig nicht – wir „erfinden" zusätzliche Wahrnehmungsinformationen, und in unserem Kopf entstehen Bilder. Wir stellen uns den Gesprächspartner vor, wir ergänzen in unserer Vorstellung das Gehörte.

Doch manchmal spielt uns unsere Wahrnehmung einen Streich. Ist der Gesprächspartner mit der tiefen, „sexy" Stimme in Wirklichkeit tatsächlich ein Ebenbild von George Clooney? Manchmal ist die Enttäuschung groß, wenn der Gesprächspartner in natura vor uns steht. Meist sind wir überrascht, wenn wir einen oftmaligen Gesprächspartner das erste Mal vor uns sehen. Seltsamerweise idealisieren wir das Bild des anderen am Telefon. Wir „erdenken" uns ein Wunschbild, sozusagen den idealen Gesprächspartner.

Im Unterschied zum direkten Gespräch sehen wir die unmittelbare Reaktion des anderen auf unsere Aussagen nicht – runzelt er fraglich die Stirn? Zieht er plötzlich die Augenbraue hoch? Erst wenn sich ein kurzes Zögern in der Stimme erkennen lässt, erfassen wir die Reaktion des anderen. Die Wahrnehmung dieser Signale erfolgt also gewissermaßen zeitversetzt. Das macht das Telefongespräch schwieriger als das persönliche Gespräch.

## 2.1.1 Wie am Telefon Bilder entstehen

Wir haben ein sehr feines Gehör für Hintergrundgeräusche und machen uns so nicht nur ein Bild von unserem Gesprächspartner, sondern auch von der gesamten Umgebung und von der Situation, in der der andere gerade telefoniert. Herrscht gerade große Hektik, Feierstimmung, angespannte Stille, reger Kundenverkehr oder schreibt der andere während des Gespräches mit?

Wir hören, ob der Gesprächspartner lächelt, ob er aufrecht sitzt oder gar in seinem Büro mit dem Hörer in der Hand auf und ab geht oder gemütlich in der Hängematte liegt. Körpersprache wird auch über das Telefon wahrgenommen.

☹ **So nicht!**

Während Ihr Gesprächspartner, Herr Müller, mühsam um Worte ringt, weil er Ihnen einen für ihn wichtigen Sachverhalt erklären will, schweift Ihre Aufmerksamkeit ab: Da war doch noch etwas Wichtiges, das Sie beim heutigen Einkauf nicht vergessen wollten – am besten, Sie notieren sich gleich alles einmal. Ach ja, und da ist noch diese Mail, die Sie nur ganz kurz beantworten müssten – was soll's, bis der Kunde Müller weiß, was er eigentlich will, haben Sie das alles erledigt ... *„Sind Sie noch dran?"*

Multitasking klingt zwar dynamisch – hat aber absolut nichts mit professioneller Telefonkommunikation zu tun. Wer sich nicht voll auf seinen Gesprächspartner konzentriert, erzeugt am anderen Ende ein klares Bild: Da stört wohl der Anrufer, es gibt offensichtlich Wichtigeres zu tun – keine gute Ausgangsbasis für ein erfolgreiches Gespräch.

☞ **Tipps zum Vermeiden von „Störgeräuschen":**

- Wenn Sie während des Telefonierens die Tastatur Ihres Computers betätigen, weil Sie zum Beispiel die Kundendatei des Anrufers auf Ihren Bildschirm holen, so kommentieren Sie das auch mit einem Hinweis: *„Ich hole gerade Ihre Daten auf meinen Bildschirm, dann können wir uns den Fall gleich gemeinsam anschauen."* Damit weiß der Anrufer, dass er nach wie vor Ihre ganze Aufmerksamkeit genießt.
- Herrscht in Ihrem Büro gerade Feierstimmung, verlegen Sie Ihr Telefongespräch besser auf einen anderen Zeitpunkt oder in ein anderes Zimmer.
- Wenn Sie Ihrer Kollegin sagen wollen, dass Sie gerade einen wichtigen Kunden am Telefon haben, und sie bitten, kurz ruhig zu sein, dann vermeiden Sie es, die Hand nur über den Hörer zu legen. Der Telefonpartner kann trotzdem mithören und Sie wirken unprofessionell. Besser ist es, vorher mit der Kollegin, die im gleichen Zimmer sitzt, ein Zeichen zu vereinbaren oder kurz ein „Bitte nicht stören"-Schild aufzustellen.

- Unterbricht Sie ein Kollege trotzdem immer wieder, weil er seine Wichtigkeit genau dann unter Beweis stellen muss, wenn Sie gerade telefonieren, hilft ein Trick: Schieben Sie ihm wortlos einen leeren Block und einen Stift hin. Wer wirklich etwas Wichtiges zu sagen hat, wird es gerne notieren. Wer jedoch nur Aufmerksamkeit erregen will, wird sich schnell verflüchtigen.
- Herrscht vor Ihrem Fenster gerade reges Bautreiben, lässt sich eine gewisse Lärmbelästigung nicht ganz vermeiden. Sprechen Sie diese Störgeräusche gleich direkt an, damit ist alles geklärt und es fällt beiden leichter, sich auf den eigentlichen Inhalt des Gespräches zu konzentrieren.
- Wer gerade den letzten Bissen seines Pausensnacks verzehrt oder an seinem obligatorischen Kaugummi kaut, kann grundsätzlich über eine noch so gute Sprechtechnik verfügen – Ess- und Kaugeräusche werden am anderen Ende der Leitung stets als unangenehm wahrgenommen und haben bei einem professionellen Telefongespräch nichts verloren. Entsorgen Sie also Bonbons, Kaugummi und Ähnliches, bevor Sie abheben. Wenn Sie Pause machen und essen, dann bitten Sie einen Kollegen darum, Ihr Telefon abzuheben.
- Auffälliger Ohrenschmuck kann sich ebenfalls „klangvoll" bemerkbar machen. Wer mit dem Hörer gegen metallene Ohrringe stößt, erzeugt am anderen Ende laute, krachende Geräusche. Legen Sie daher besser Ihren störenden Ohrenschmuck ab, bevor Sie zum Hörer greifen.
- Bekämpfen Sie Ihre Nervosität oder Langeweile nicht, indem Sie mit dem Telefonkabel spielen. Das kann ebenfalls am anderen Ende zu einem unangenehmen Rauschen führen.
- Der andere hört, wenn Sie sich wegdrehen, um zum Beispiel einen Ordner aus dem Regal zu nehmen. Unterbrechen Sie das Gespräch entweder kurz oder kommentieren Sie wieder, was Sie tun: *„So, jetzt habe ich den Ordner vor mir..."*

### 2.1.2 Erzeugen Sie positive Bilder

Nur wenn Sie sich wohlfühlen und entspannt mit dem Telefon umgehen, entsteht auch am anderen Ende eine entspannte Atmosphäre. Zum Wohlfühlen gehört auch die richtige Kleidung. So seltsam es klingen mag, aber Farben „färben" auf die Stimmung ab. Wenn Sie also ein besonders schwieriges Telefongespräch auf dem Terminplan stehen haben, holen Sie für diesen Arbeitstag ruhig das neue Outfit aus dem Schrank. Auch wenn Sie Ihr Gesprächspartner nicht sehen kann – er spürt Ihre Selbstsicherheit und Ihre positive Ausstrahlung!

Schließen Sie ruhig während des Gespräches die Augen oder schauen Sie gerade aus – so schenken Sie Ihrem Gesprächspartner die volle Aufmerksamkeit. Er hört an Ihrer Stimme, dass Sie sich ganz auf das Gespräch konzentrieren und durch nichts und niemanden ablenken lassen. Auch ein leises Lächeln, ein leichtes Schmunzeln hört man am anderen Ende. Es schafft genau das positive Bild, das die Grundlage für ein erfolgreiches Gespräch bildet!

## 2.2 Ihre Stimme als Instrument

> *„Wenn man einem Menschen eine neue Stimme gibt, gibt man ihm auch einen neuen Charakter."*
> 
> *Professor Higgins in My Fair Lady*

Die **menschliche Stimme** ist der durch die Stimmlippen eines Menschen erzeugte und in den Mund-, Rachen- und Nasenhöhlen modulierte Schall. Er entsteht durch das Zusammenwirken der beiden Stimmbänder im Kehlkopf und dem Ansatzrohr. Die Stimme ist somit abhängig von angeborenen Merkmalen, wie der Länge der Stimmbänder sowie der Größe und Lage von Mund-, Rachen- und Nasenhöhle.

Ihre Stimme wirkt am Telefon wie eine Klimaanlage: Ist sie rau, dünn und flach, so kühlt die Atmosphäre deutlich ab. Ist sie jedoch lebhaft, hell und warm, wird auch die Stimmung während des Telefongesprächs wohlig und angenehm. Es kommt also auf Ihre Stimme an. Doch gerade diese Stimme wird aus technischen Gründen selbst bei modernsten Telefonanlagen verändert. Nur ein Teil des Stimmklanges wird an das andere Ende übertragen.

Trotzdem – am Telefon zählt Ihre Stimme: Sie ist Ihr Kapital, Ihr Ausdrucksmittel! Stimme erzeugt Stimmung – und eine positive Stimmung ist die Grundlage für ein gutes und somit auch erfolgreiches Gespräch. Eine gute Stimme kann sogar ein schwaches Argument wettmachen.

---

### ✎ Selbstcheck: Was macht eine gute Telefonstimme aus?

Kreuzen Sie an, was Ihnen wichtig erscheint:

|   | richtig | unrichtig |
|---|---|---|
| 1. Sprechen Sie immer möglichst laut – Sie wollen ja verstanden werden. | ○ | ○ |
| 2. Passen Sie Ihre Lautstärke nicht an Ihren Gesprächspartner an, wahren Sie Ihre Individualität. | ○ | ○ |
| 3. Sprechen Sie möglichst nah am Hörer. | ○ | ○ |
| 4. Machen Sie Pausen. | ○ | ○ |
| 5. Sprechen Sie nie im Dialekt. | ○ | ○ |
| 6. Heben und senken Sie Ihre Stimme nicht – das wirkt übertrieben. | ○ | ○ |
| 7. Etwas Distanz in der Stimme wirkt souverän und selbstsicher. | ○ | ○ |

Wenn Sie die Fragen 3 und 4 als richtig und den Rest als unrichtig entlarvt haben, zählen Sie schon zu den „Tonmeistern" am Telefon. Wenn Sie sich bei einigen Punkten nicht so ganz sicher sind, haben wir für Sie in diesem Buch viele Tipps parat.

### 2.2.1 Ursachen für Stimmstörungen

- Angst und Unsicherheit bewirken Stress. Stress schlägt sich auf die Stimme, sie klingt gepresst und dünn.
- Auch bei Überanstrengung und Müdigkeit entsteht dieser Stressfaktor für die Schleimhäute: Sie beenden ihre Produktion, und die Stimmwandkanten, die sich beim Sprechen mehrere tausendmal berühren, trocknen aus. Dem Sprecher bleibt im wahrsten Sinne des Wortes die „Spucke weg".
- Eine zu geringe Luftfeuchtigkeit im Raum und schlecht eingestellte Klimaanlagen verursachen ebenfalls ausgetrocknete Schleimhäute.
- Wenn Sie sich räuspern oder husten, belastet das die Stimme zusätzlich und sie wird kratzig.
- Einen ähnlichen Ermüdungseffekt hat zu lautes, zu hohes, gepresstes oder geflüstertes Sprechen.
- Rauchen, Alkohol sowie zu reichhaltiges und scharfes Essen wirken sich ebenfalls negativ auf Ihre Stimmbänder aus.
- Manche Menschen artikulieren nachlässig. Durch Nuscheln und Verschlucken von Endsilben wird das Verstehen jedoch erschwert.

### 2.2.2 Stimmhöhe und Sprechgeschwindigkeit

Jeder Mensch verfügt über einen bestimmten Stimmumfang von tief bis hoch. Innerhalb dieses Gesamtstimmumfanges gibt es einen bestimmten Tonhöhenbereich, innerhalb dem es möglich ist, ohne allzu große Anstrengung zu sprechen. Diesen Bereich nennt man Hauptsprechtonbereich. Hier ist die Stimme besonders modulationsfähig. Sie müssen sich weniger räuspern, werden nicht so schnell heiser und die Muskulatur, die zum genauen Artikulieren erforderlich ist, muss weniger angespannt werden. Daher klingt die Stimme in dieser Tonlage am angenehmsten und entspanntesten.

> ✎ **Selbstcheck: Wie finden Sie nun Ihren Hauptsprechtonbereich? Dazu eine kleine Übung:**
>
> Denken Sie an Ihre Lieblingsspeise. Bei dieser Vorstellung kann ein bequemer, anerkennender Brummton erzeugt werden. Dieser Ton markiert die unterste Grenze des idealen Sprechtonbereichs. Prägen Sie sich diesen Ton gut ein. Aus diesem Ton können Sie nun in ein (zimmerlautstarkes) „A" übergehen. Legen Sie eine Hand auf den Brustkorb und spüren Sie die Vibrationen. Versuchen Sie nun, die Tonhöhe so zu verändern, dass Sie die Vibrationen des Brustkorbs besonders intensiv spüren. So sprechen Sie mit dem „Brustton der Überzeugung". Üben Sie diesen Brustton – er sollte zur Routine für Ihre Telefonstimme werden.

Grundsätzlich vermittelt eine eher tiefe Stimme ein Gefühl von Vertrauen; sie wirkt glaubhaft, kompetent, beruhigend und sachlich. Sie lässt uns auf Erfahrung schließen. Allerdings kann sie auch zu monoton und einschläfernd wirken. Eine zu laute tiefe Stimme vermittelt einen dominanten, polternden und aggressiven Eindruck. Eine zu langsame und leise Sprechweise dagegen wirkt einschläfernd, monoton und ist schwerer verständlich. Eine hohe Stimme vermittelt einen eher unsicheren, inkompetenten, hektischen oder sogar hysterischen Eindruck. Sie wirkt jung, unerfahren, schüchtern und ängstlich. Wird außerdem noch leise gesprochen, verstärkt dies den negativen Eindruck noch zusätzlich.

Die richtige Sprechgeschwindigkeit ist für die Wirkung der Stimme ebenfalls von großer Bedeutung. Wer zu schnell spricht, wird schwer verstanden. Außerdem wird die Stimme bei schnellem Sprechen immer höher und piepsiger. Ist das Sprechtempo allerdings zu langsam, wirkt die Stimme leicht einschläfernd und monoton. Eine tiefe Stimme wirkt dadurch noch tiefer.

☞ **Tipp:**

Wer eine eher hohe Stimme hat, sollte daher bewusst etwas langsamer und lauter sprechen; dadurch wirkt die Stimme dunkler und angenehmer. Sie gewinnen so an Ausstrahlung und wirken selbstsicherer.

Wer jedoch eine eher tiefe Stimme hat, sollte bewusst etwas schneller und leiser sprechen. Dadurch gewinnt die „Brummstimme" an Dynamik und klingt weniger monoton.

Passen Sie Ihr Sprechtempo an das Ihres Gesprächspartners an. Wenn er selber langsam spricht, wird er das von Ihnen Gesagte auch besser aufnehmen, wenn Sie in seinem Tempo sprechen. Profis versuchen, den Partner zu „spiegeln", das heißt sich ihm möglichst anzupassen, um eine gemeinsame Wellenlänge zu erreichen.

Vermeiden Sie es, plötzlich schneller zu sprechen – das lässt nämlich auf Unsicherheit schließen. Wer unvermittelt sprachlich zu rasen beginnt, ist auf der

Flucht. Im Idealfall variieren Sie Ihr Sprechtempo immer wieder. So kommt Abwechslung in Ihre Stimme, und es wird einfacher, auch längeren Sprechpassagen konzentriert zu folgen.

Besonders die Begrüßung, Ihren Namen und Firmennamen sollten Sie langsam und deutlich aussprechen.

☹ **So nicht!**

Fräulein Fleißig greift nun schon zum 35. Mal an diesem Tag zum Hörer:

„Guten Tag, Firma Drucktech, Fleißig, ich hätte da ..."

Und was versteht der erstaunte Kunde?

„N'Tag, Firma Duckdichfleißig, ..."

### 2.2.3 Lautstärke, Sprechrhythmus und Betonung

Die optimale Lautstärke am Telefon ist etwas lauter als in einem direkten Gespräch, da die Technik einiges an Intensität wegfiltert. Achten Sie aber darauf, dass Ihr Gespräch nicht zur Lärmattacke für den anderen wird. Wer schreit, hat meist unrecht und wirkt aggressiv. Wer zu leise spricht, wirkt unsicher und nervös. Außerdem ist es dem Telefonpartner extrem unangenehm, wenn er mehrmals nachfragen muss: *„Was haben Sie eben gesagt?"*

Eine eintönig-monotone Stimme erzeugt Langeweile. Eine übertrieben „auf- und abbewegte" Stimme erzeugt dagegen Misstrauen. Wer zu pathetisch spricht, wirkt unehrlich und übertrieben. Sprechen Sie daher möglichst natürlich, mit allen Auf und Abs. Satzzeichen kann man ruhig hören! Bedenken Sie aber, dass das Telefon vieles „wegfiltert". Die fragend hochgezogenen Augenbrauen sieht der andere nicht. Sie können daher ruhig ein bisschen übertreiben!

Wichtig ist das Einlegen von Pausen. Geben Sie Ihrem Gesprächspartner die Chance, das Gehörte zu verdauen und selbst zu sprechen. Sie wollen ihn ja nicht niederreden, sondern auf seine Bedürfnisse eingehen. Pausen helfen Ihnen, das Gespräch zu strukturieren und übersichtlicher zu machen. Richtig eingesetzte Pausen erzeugen Spannung und Aufmerksamkeit!

### 2.2.4 Die richtige Atmung

Ihre Stimmwerkzeuge kommen nur dann zum Klingen, wenn Sie auf die richtige Atmung achten. Sie gibt der Stimme Luft und haucht ihr erst Leben ein.

Ein erwachsener Mensch macht cirka 14 bis 18 Atemzüge pro Minute und atmet dabei cirka 500 Milliliter Luft pro Atemzug ein. Die Atmung besteht grundsätzlich aus drei Phasen:

- dem Einatmen,
- dem Ausatmen und
- der Atemruhe.

In der Hektik des Berufsalltages wird gerade die dritte Phase vernachlässigt. Sie wird erst beim Entspannen, im Liegen oder kurz vor dem Einschlafen bewusst erlebt. Doch gerade in dieser Phase tankt Ihre Stimme die nötige Energie.

| Die Atmungsorgane | Ihre Aufgaben |
|---|---|
| Nase | Sie ist der Filter für Schmutz und zuständig für die Erwärmung und Anfeuchtung der Atemluft sowie der Schleimhaut. Damit ist also auch die Nase mit für die Stimme verantwortlich. |
| Kehlkopf | Der Kehldeckel verschließt beim Atmen die Speiseröhre und beim Essen die Luftröhre. Die Stimmbänder sind im Kehlkopf nicht angespannt. Dieses Organ ist somit zentral für die Stimmbildung. |
| Luftröhre | Ein elastisches Rohr, gestützt durch hufeisenförmige Knorpelspangen, verbindet den Kehlkopf und die Bronchien. Die Luftröhre ist cirka zwölf Zentimeter lang und verläuft im mittleren Brustraum vor der Speiseröhre. |
| Lunge | Die Lunge besteht aus einem rechten und einem linken Lungenflügel. In den Lungenflügeln befinden sich die Bronchien, die sich zum Bronchialbaum verästeln. Die kleinste Einheit der Lunge bilden die Lungenbläschen, in denen schlussendlich der Gasaustausch zum Blut erfolgt. |

**Brustatmung und Bauchatmung**

Den durch Bewegungen des Brustkorbes dominierten Atmungstyp nennt man Brustatmung. Der Brustkorb wird erweitert, indem die Rippen durch die äußere Zwischenrippenmuskulatur angehoben werden. So strömt Luft in die Lunge.

Der Brustkasten hebt und senkt sich. Diese Form der Atmung verläuft schnell zu flach, weil zu wenig Luft in die Lunge gelangt, wodurch die Stimme gepresst klingt.

Die Bauchatmung oder auch Zwerchfellatmung ist die bessere, ruhige Atmungsform. Das Einatmen erfolgt bei der Bauchatmung durch das Zusammenziehen des Zwerchfells und ein Nachgeben der Bauchmuskulatur. Dadurch dehnt sich die Lunge aus, wodurch Luft angesaugt wird. Das Ausatmen erfolgt bei dieser Atemtechnik durch das Entspannen des Zwerchfells, wodurch sich die Lunge aufgrund der Eigenelastizität zusammenzieht und die Luft „auspresst". Bewusst kann die Ausatmung durch die Anspannung der Bauchmuskeln unterstützt werden. Diese Form der Atmung wird unbewusst eingesetzt, wenn der menschliche Körper entspannt ist, beispielsweise beim Sitzen oder Schlafen. Sie ist daher die gesündeste Form der Atmung. Und sie ist die optimale Voraussetzung für eine gute Stimme.

Für die Stimme wichtig ist auch das Einsaugen der Atemluft durch die Nase, weil nur so die Luft mit Feuchtigkeit angereichert wird und ein Austrocknen der Schleimhäute verhindert wird. Wer am Telefon immer hektischer wird und nur mehr eine flache Brustatmung anwendet, der beginnt dann auch, Atemluft durch den Mund aufzunehmen – und so kommt es leicht zum berühmten „Frosch im Hals".

Hektisches Einatmen vor dem Abheben des Telefonhörers wirkt sich ebenfalls negativ auf die Stimme aus. Sie müssen nicht zu tief Luft holen; die vorhandene Atemluft reicht allemal für einen sicheren Sprechbeginn. Ausatmen ist gerade in Stresssituationen wichtiger als Einatmen!

☞ **Tipp: Seufzen Sie öfter!**

Die tiefen Atemzüge beim Seufzen entspannen. Sie wirken auf das Atemkontrollzentrum im Gehirn wie ein „Reset-Befehl": Der Atemrhythmus wird regelmäßig und die Lungenfunktion trainiert. Seufzen entspannt die Muskulatur und lockert das Zwerchfell. Dadurch klingt die Stimme sofort tiefer und voluminöser.

Und so funktioniert's: Ziehen Sie beim Einatmen die Schultern kräftig hoch, schließen Sie die Augen und lassen Sie die Schultern mit einem gut hörbaren, tief empfundenen Seufzer wieder hinunterfallen. Wiederholen Sie das Ausseufzen. Achten Sie dabei besonders auf den Moment danach – spüren Sie Ihrem Atem nach! Genießen Sie die innere Stille, die sich in Ihnen ausbreitet, genießen Sie die „Atemruhe"!

## 2.2.5 Weitere Tipps für die Stimmpflege

▸ Legen Sie regelmäßig Bildschirmarbeitspausen ein. Das entlastet auch Ihre Stimme, weil sich die Körperhaltung entspannen kann und Ihre Konzentrations- und Leistungsfähigkeit erhöht wird.

- Achten Sie auf eine Luftfeuchtigkeit von cirka 50 Prozent im Raum. Luftbefeuchter, Pflanzen und häufiges Lüften helfen dabei.
- Trinken Sie genügend, und zwar mindestens zwei Liter pro Tag – vor allem Wasser ohne Kohlensäure oder Kräutertees. Auch heißes Wasser hat sich als Stimmungsmacher bewährt.
- Bei Heiserkeit gurgeln Sie mit Salbeitee und greifen Sie zu Magnesium- und Meersalztabletten (Emser-Pastillen) statt zu scharfen Mentholbonbons, die nur dazu führen, dass Sie weiter austrocknen.
- Bleibt Ihnen plötzlich die Spucke weg, denken Sie ganz intensiv an eine Zitrone: Allein der Gedanke an das Gefühl, das entsteht, wenn Sie in diese saure Frucht beißen, bewirkt eine sofortige vermehrte Speichelproduktion.
- Vergessen Sie vor allem nicht auf Pausen beim Sprechen. Sie unterstreichen so die Wirkung Ihrer Worte, und Ihre Stimme wirkt wesentlich überzeugender und frischer.
- Ein zwischenzeitliches Summen in einem entspannten, tiefen Summton regeneriert die Stimme und lässt sie ihre wahre Stimmlage wiederfinden.

## 2.2.6 Stimmübungen

Die Stimme lässt sich nicht nur pflegen, sie lässt sich auch trainieren. Die folgenden Anregungen sollen dazu dienen, Ihre Stimme fit zu machen. So macht der Einsatz dieses wichtigen Instrumentes am Telefon auch viel mehr Spaß.

- Atmen Sie zunächst sehr langsam aus und dann wieder ein. Legen Sie jetzt Ihre Lippen leicht aufeinander, ohne sie zusammenzupressen. Während Sie nun die Luft langsam aus der Nase entweichen lassen, summen Sie laut und kräftig „hmmm". Halten Sie den Ton so lange, wie Ihre Atemluft reicht. Dann atmen Sie wieder ein und wiederholen den Vorgang noch zweimal. Sie sollten dabei ein leichtes Kribbeln in den Lippen spüren. In Ihrem „Resonanzkörper" Kopf sollte es vibrieren und summen wie in einem Bienenstock.
- Stehen Sie mit leicht geöffneten Beinen locker aufrecht. Legen Sie jetzt den Kopf in den Nacken. Sprechen Sie jetzt ein „O" in Ihrer mittleren Stimmlage, nicht zu hoch und nicht zu tief. Ohne den Ton zu unterbrechen, senken Sie nun den Kopf nach vorne, mit dem Kinn Richtung Brust, wobei Sie eine Pause in der aufrechten Mittelposition einlegen. Dann wiederholen Sie den Vorgang in die umgekehrte Richtung, also von vorne nach hinten. Hören Sie bewusst auf die unterschiedliche Tonqualität und versuchen Sie herauszufinden, in welcher Mittellage der Ton am „besten" klingt. Wer Lust hat, kann diese Übung auch noch mit den anderen Vokalen wiederholen.
- Trainieren Sie Ihre Stimm-Atmungstechnik, indem Sie möglichst ohne Flackern und Stottern 40 Sekunden lang ausatmen und ein „Sch" von sich geben.

- Erfrischen Sie Ihre Stimme, indem Sie einen Stift quer in den Mund nehmen. Sie ziehen dabei automatisch die Mundwinkel in die Höhe. Sprechen Sie jetzt trotz des Hindernisses zwischen Ihren Lippen einen oder mehrere der folgenden Sätze laut aus:
  - „Auf dem Türmchen steht ein Würmchen mit dem Schirmchen unterm Ärmchen. Kommt ein Stürmchen, bläst das Würmchen mit dem Schirmchen von dem Türmchen."
  - „Bald blüht breitblättriger Wegerich, breitblättriger Wegerich blüht bald."
  - „Ein krummer Krebs kroch über eine kürbisgroße, grasgrüne, krumme Schraube."
  - „Ein stolzer Student stieß an einen spitzen Stein und stolperte sturzbetrunken in den Spritzteich."
  - „Es kann vorkommen, dass die Nachkommen mit dem Einkommen nicht auskommen und daran umkommen."
  - „Es saßen zwei zischende Schlangen zwischen zwei spitzen Steinen und zischten sich zärtlich zu."
  - „Es klapperten die Klapperschlangen, bis ihre Klappern schlapper klangen."
  - „Fischers Fritze fischt frische Fische. Frische Fische fischt Fischers Fritze."
  - „Keine kleinen Kinder können Kirschenkerne knacken. Kirschenkerne können auch keine kleinen Kinder knacken."
  - „Schneiders Schere schneidet schnell."
  - „Vor dem Scheibenschießschützhaus schätzen Schützen Scheibenschießdistanzen."
- Eine weitere gute Übung ist es, wenn Sie diese Sätze laut vorlesen, am besten gegen ein Hintergrundgeräusch, wie Radio- oder Maschinengeräusche. Wer will, kann den einen oder anderen Satz auswendig lernen und unter der Dusche laut und deutlich wiederholen.

## 2.3 Die richtige Körperhaltung

Die Hände um die Stuhllehne geschlungen, die Füße gemütlich auf der PC-Tastatur, den Kopf nach hinten gelegt und den Blick Richtung Decke ... Oder doch lieber vorne übergebeugt im Yogasitz mit geschlossenen Augen?

Emotionen drücken sich auch durch die Körperhaltung aus. Die Körperhaltung beeinflusst wiederum die Stimme. Unterschiedliche Körperhaltungen haben somit auch „unterschiedliche Stimmen". Wichtig ist, dass Sie beim Telefonieren eine bequeme und entspannte Körperhaltung wählen. Gerade in Stress-Situationen beugt man sich gerne nach vorne, wodurch die Stimme plötzlich gepresst klingt. Doch der andere hört Ihre Anspannung!

Eine aufrechte Körperhaltung unterstützt das Zusammenspiel von Atmung und Stimmgebung. Achten Sie darauf, dass Ihr Oberkörper möglichst gerade ist: Nur so ist der Resonanzkörper Brustkasten möglichst groß, und Ihre Stimme klingt tiefer, voller und somit angenehmer. Der vergrößerte Resonanzkörper sorgt nämlich dafür, dass Ihre Stimme mehr Ober- und Untertöne bekommt. Ein abgeknickter Hals oder ein vorgebeugter Oberkörper „unterbricht" den Resonanzkörper mit der Folge, dass Ihre Stimme gepresst klingt – ganz so, als würde ein Querflötenspieler sein Instrument in der Mitte abknicken.

### Übung:

Wer die Wirkung der Körperhaltung auf die Stimme testen möchte, sollte einen beliebigen Satz laut in unterschiedlichen Körperpositionen aussprechen: einmal weit zurückgelehnt, einmal möglichst aufrecht, einmal weit vorgelehnt, einmal im Stehen und einmal im Liegen. Sie werden überrascht sein!

Für die perfekte Körperhaltung am Telefon sorgen Sie unter anderem durch die Auswahl eines ergonomischen Mobiliars. Stühle sollten ein bequemes Sitzen ermöglichen, und Sie sollten beide Beine mit der vollen Fußfläche auf den Boden stellen können, ohne die Knie um mehr als 45 Grad abwinkeln zu müssen.

Als alternative Sitzgelegenheiten bieten sich auch Sitzkissen und Gymnastikbälle an. Optimal sind Arbeitsplätze, bei denen Sie abwechselnd sitzen und stehen können – zum Beispiel mit einem eigenen Stehpult zum Telefonieren. Wichtig ist auf alle Fälle, dass Sie Ihre Position häufig verändern, in Bewegung bleiben und so auch Ihre Stimme lebendig halten.

Neben der Wirkung auf Ihre Stimme geht es aber auch um die Selbstsicherheit, die Sie mit Ihrer Haltung ausdrücken. Wer aufrecht und unter Ausnutzung der gesamten Sitzfläche auf seinem Stuhl sitzt, verleiht seinen Worten einen viel größeren Nachdruck.

Noch effektiver: Stehen Sie besonders bei schwierigen Gesprächen auf! So haben Sie einfach mehr „Standpunkt". Wer über ein Schnurlostelefon verfügt, kann zusätzlich auch noch auf und ab gehen. So bauen Sie Spannungen ab und Ihre Stimme klingt dynamischer. Allerdings sind hier keine Sprintübungen oder Treppensteigen gemeint – ins Keuchen kommen sollten Sie nicht!

Unterstreichen Sie Ihre Argumente ruhig auch am Telefon mit der entsprechenden Körpersprache – das wirkt lebendig und verleiht dem Gesagten ebenfalls mehr Nachdruck. Je mehr das Gespräch am Telefon einem persönlichen Gespräch von Angesicht zu Angesicht ähnelt, umso besser!

☞ **Tipp:**

In vielen Telefonseminaren wird empfohlen, sich neben das Telefon einen Spiegel zu stellen und vor, während und nach dem Telefonat immer seinem Spiegelbild zuzulächeln. Aus unserer Sicht sollten Sie immer nur dann lächeln, wenn Ihnen auch danach ist. Sonst „erstarrt" Ihr Lächeln zur Maske, wird zum „Haifischgrinsen" und führt weder bei Ihnen noch bei Ihrem Gesprächspartner zur Verbesserung der Stimmung. Lächeln Sie daher bitte immer nur dann, wenn Ihnen danach ist. So wirkt Ihr Lächeln echt – man hört es, auch durchs Telefon!

## 2.4 Die richtige Hörerhaltung

Wie der Ton durch die Leitung ans andere Ende gelangt, hängt auch von der Art und Weise ab, wie Sie den Telefonhörer halten. Je näher am Mund sich der Mikrofonteil befindet, desto ungefilterter gelangt der Ton zum Empfänger. So gewinnt zwar Ihre Stimme einerseits an Intensität und Wirkung, andererseits wird jedoch jedes Räuspern und Kratzen in der Stimme überdeutlich vernehmbar. Der Gesprächspartner hört auch jede Änderung Ihrer Körperposition: Wenn Sie sich zum Beispiel während des Gespräches wegdrehen, weil Sie sich einem Besucher oder Kollegen zuwenden, vermittelt dies den Eindruck, dass der Telefon-Gesprächspartner nicht mehr die erste Geige spielt.

Besonders störend empfindet man am anderen Ende das Zuhalten des Sprechteils am Hörer mit der flachen Hand: Meist hört man nämlich trotzdem weiter mit, was der andere gerade sagt. Allerdings gedämpft, verzerrt und fast bedrohlich. Man fühlt sich „weggeschoben". Achten Sie also auf eine konstante Entfernung zwischen Hörer und Mund. So wird das Gespräch nicht durch unnötige „Stimmungsschwankungen" gestört.

### Telefon-Headset

Leiden Sie auch oft unter unangenehmen Nackenverspannungen und damit verbundenem Kopfweh? Dann beobachten Sie einmal Ihr Telefonverhalten: Vielleicht „entsorgen" Sie Ihren Telefonhörer, indem Sie ihn zwischen Kopf und Schulter einklemmen, während Sie mitschreiben oder Ihren Computer bedienen. Abhilfe schafft hier ein Telefon-Headset, eine Kombination eines Komfort-Kopfhörers mit einem leistungsstarken Mikrofon.

Die Vorteile eines Headsets:

- ▶▶ Die Hände bleiben frei, so können Sie ungehindert die PC-Tastatur bedienen oder mitnotieren.
- ▶▶ Der Gesprächspartner hört nicht, wenn Sie sich wegdrehen, um den Kundenordner aus dem Regal hinter Ihnen zu holen.
- ▶▶ Hintergrundgeräusche werden weggefiltert; der andere hört keine störenden Umgebungsgeräusche (Noise Cancelling).

▶▶ Sie können sich voll auf das Gespräch konzentrieren und werden nicht von anderen Geräuschen abgelenkt, weil das Gehirn konzentrierter und effizienter arbeiten kann. Jeder Mensch hört nämlich mit seinen beiden Ohren unterschiedlich gut; jeder hat ein dominantes „Leitohr", das die jeweils entgegengesetzte Gehirn- und Körperhälfte steuert und beeinflusst. So aktiviert jemand, der mit dem rechten Ohren telefoniert, seine linke Gehirnhälfte und damit seine logischen und analytischen Fähigkeiten. Die Fähigkeiten der jeweiligen anderen Gehirnhälfte können so nicht entsprechend zum Einsatz kommen. Mit einem Headset werden beide Ohren gleichwertig einbezogen, und damit auch beide Gehirnhälften. Damit wird unter anderem die Aufmerksamkeit für Zwischentöne wie Gefühle und Details verstärkt.

☞ **Tipp:**

Lassen Sie sich Zeit bei der Auswahl des richtigen Headsets. Sie müssen sich damit rundum wohlfühlen, es muss ohne Druck am Kopf sitzen und darf auch bei längerer Benutzung nicht stören.

## 2.5 Ein kleiner Stimmungstest

### ✐ Selbstcheck: Welche Stimmung erzeugt Ihre Stimme?

Versuchen Sie sich selbst einzuschätzen und bitten Sie dann einen Freund, mit dem Sie oft telefonieren, Ihre Stimme ehrlich (!) zu beurteilen.

| | 3 | 2 | 1 | 0 | 1 | 2 | 3 | |
|---|---|---|---|---|---|---|---|---|
| anregend, dynamisch | ○ | ○ | ○ | ○ | ○ | ○ | ○ | monoton |
| höflich | ○ | ○ | ○ | ○ | ○ | ○ | ○ | ablehnend |
| mitfühlend | ○ | ○ | ○ | ○ | ○ | ○ | ○ | distanziert, kühl |
| selbstsicher | ○ | ○ | ○ | ○ | ○ | ○ | ○ | unsicher |
| unterwürfig | ○ | ○ | ○ | ○ | ○ | ○ | ○ | überheblich, dominant |
| konzentriert | ○ | ○ | ○ | ○ | ○ | ○ | ○ | abwesend |
| optimistisch | ○ | ○ | ○ | ○ | ○ | ○ | ○ | resignierend |
| ruhig | ○ | ○ | ○ | ○ | ○ | ○ | ○ | nervös |
| natürlich | ○ | ○ | ○ | ○ | ○ | ○ | ○ | gekünstelt |
| sympathisch | ○ | ○ | ○ | ○ | ○ | ○ | ○ | unsympathisch |

Vergleichen Sie anschließend beide Profile miteinander.

Lassen Sie Ihre Stimme von Zeit zu Zeit „durch diesen Raster laufen". Versuchen Sie so, Schwachpunkte zu erkennen und schrittweise zu verbessern – man wird ja auch nicht von heute auf morgen Opernsänger!

## 2.6 Das Mobiltelefon – Hilfe oder Hemmnis?

Das Mobiltelefon hat unsere Kommunikation revolutioniert. Es ist praktisch, dynamisch und aus unserem täglichen Leben nicht mehr wegzudenken. Wir sind immer und überall erreichbar, kein Ort mehr, wo das verräterische Klingeln nicht zu vernehmen ist. Wir können mit Freisprechanlagen und Headsets bei so gut wie jeder anderen Tätigkeit gleichzeitig telefonieren, mailen, SMSen, fotografieren etc.

Einen Haken hat die Sache aber: Der Telefonpartner hört alle Nebengeräusche – egal, ob auf der Straße, in der Bahn oder im Schwimmbad. Er wird von diesen Geräuschen gehörig abgelenkt. Die gegenseitige Verständigung leidet. Die Tonqualität erinnert nicht selten an die Radiosendungen der Frühzeit des Radios: mehr Rauschen als Worte! Der Anrufer zieht aus den Hintergrundgeräuschen seine eigenen Rückschlüsse. So liefert der mobile Telefonierer jede Menge unfreiwilliger Zusatzinformationen und gibt Anlass zu Spekulationen.

Am schlimmsten sind jedoch die Hintergrundgeräusche dann, wenn sie dem Anrufer das Gefühl geben, er spielt in der Aufmerksamkeit des anderen nur eine Nebenrolle. Wer gerade mit Handgepäck, Ticket und Passkontrolle kämpft, widmet auch wirklich nur einen geringen Teil seiner Aufmerksamkeit seinem Telefonpartner!

Wer so immer wieder zum „Simultant" wird, sollte einmal hinterfragen, ob er wirklich immer rund um die Uhr erreichbar sein muss. Verlangt das der Chef wirklich, oder glaube ich nur, dass das von mir erwartet wird? Gönnen Sie sich einfach von Zeit zu Zeit den Luxus der Unerreichbarkeit!

☞ **Tipps für das Telefonieren mit Mobiltelefon:**

- ▶▶ Konzentrieren Sie sich noch bewusster auf den Gesprächspartner.
- ▶▶ Bedenken Sie, dass Ihr Gesprächspartner am Mobiltelefon möglicherweise keine schriftlichen Unterlagen vor sich hat und auch nichts notieren kann.
- ▶▶ Wenn benötigte Unterlagen fehlen: Bieten Sie lieber einen Rückruf an, als so ein Gespräch zum unnötigen „Zeitkiller" werden zu lassen!
- ▶▶ Ist die Verbindung so schlecht, dass Sie Mühe haben, den anderen zu verstehen, bitten Sie mit dem Hinweis auf die schlechte Verbindung um einen späteren Anruf.
- ▶▶ Sagen Sie im Sinne des anderen nicht: *„Ich kann Sie nicht verstehen."* (Emotionale Formulierung)

- Besser ist die Formulierung: *„Ich kann Sie akustisch/aufgrund der schlechten Verbindung nicht verstehen."* (Sachliche Formulierung)
- Erkundigen Sie sich immer, ob der andere gerade ungestört telefonieren kann. Aber bitte nicht mit dem Killersatz: *„Störe ich?"* Wer sich selbst mehrmals täglich als Störung bezeichnet, wird sich irgendwann zu sehr mit dieser „Rolle" identifizieren und bleibt auch so im Gedächtnis des Gesprächspartners verhaftet. Fragen Sie beispielsweise, ob es jetzt günstig ist, den Punkt A zu besprechen.
- Wer hört noch mit? Achtung Freisprechanlagen! Frage: *„Ist es möglich, diesen Punkt jetzt zu besprechen?"*
- Wiederholen Sie das Besprochene noch einmal besonders deutlich.
- Bieten Sie an, die besprochenen Fakten in einem E-Mail zusammengefasst an den Gesprächspartner zu senden.
- Klären Sie mit Ihrem/n Chef/Mitarbeitern/Kollegen genau, in welchen Situationen Sie seine/ihre Mobilnummer weitergeben dürfen.
- Wählen Sie Ihren Klingelton bewusst aus: Er verrät oft mehr über seinen „Besitzer", als diesem lieb ist. Wer beruflich als professionell und seriös eingestuft werden will, sollte auf Musik als Klingelton verzichten – egal, ob es sich dabei um den Triumphmarsch aus Aida oder eine Heavy-Metal-Nummer handelt.
- Bei Besprechungen, Essen etc. sollten Sie Ihr Handy unbedingt abschalten.
- Müssen Sie aus einem wichtigen Grund wirklich erreichbar bleiben, sprechen Sie diesen Umstand gleich zu Beginn an. Stellen Sie das Telefon nach Möglichkeit auf lautlos.
- Eingeschaltete Handys sollten immer nur mit aktivierter Tastensperre ins Jackett gesteckt werden. Nicht selten löst eine Berührung den Anruf einer gespeicherten oder zuletzt angerufenen Nummer aus. Der so Angerufene kann nun unfreiwilliger Ohrenzeuge des gerade stattfindenden Gesprächs werden.
- Am Mobiltelefon werden viel seltener Entscheidungen getroffen als am Festnetz! Bitten Sie daher bei wichtigen Gesprächen lieber um einen ungestörten Anruf im Büro!

**Ihr Mobiltelefon setzen Sie dann optimal ein, wenn der andere gar nicht merkt, dass Sie „mobil" telefonieren.**

## 2.7 Wenn das Internet klingelt

Die Möglichkeiten, via Internet zu telefonieren, haben sich in der letzten Zeit enorm entwickelt.

**Wie es funktioniert:**

**VoIP** oder Voice over Internet Protocol bedeutet so viel wie „Stimme oder Sprachübertragung über das Internet Protocol".

Im Unterschied zum klassischen Telefonieren erfolgt dabei die Sprachübertragung nicht mehr über die herkömmlichen Telefonnetze (PTSN, ISDN), also von einer stehenden Verbindung zur anderen, sondern digital über das Internet. Bei der herkömmlichen Technik stellt eine Telefonfirma sozusagen die Infrastruktur für das Gespräch zwischen den beiden Teilnehmern zur Verfügung. Weil ein Gespräch aber immer auch aus Pausen besteht und meist nur ein Teilnehmer spricht, wird dabei im Prinzip viel Bandbreite „verschwendet". Das Telefonieren über das Internet funktioniert dagegen mit dem sogenannten „Paket Switching". Jeder Laut wird dabei im Prinzip in ein Datenpaket verpackt, gemäß Internetprotokoll (IP) adressiert und so ins Netz geschickt. Somit ist keine konstante offene Verbindung notwendig, sodass mit dieser Technologie mehrere Gespräche gleichzeitig abgewickelt werden können. Telefonkommunikationsanbieter sparen so Kosten, da sie nur mehr ein Netzwerk für alle möglichen Dienste unterhalten müssen. Das erklärt auch, warum das Telefonieren innerhalb des IP-Netzes extrem billig beziehungsweise meist überhaupt gratis ist. Die VoIP-Anbieter sind vergleichbar mit den E-Mail-Providern für die elektronische Post; sie leiten die Anrufe weiter und nehmen sie entgegen. Es gibt mittlerweile eine Vielzahl von Anbietern, die länderübergreifend arbeiten.

**Was Sie dafür benötigen:**

- ▶▶ Einen Computer mit Soundkarte (diese ist in so gut wie jedem modernen Rechner enthalten).
- ▶▶ Eine Internetverbindung: nach Möglichkeit ein Breitbandanschluss (DSL), weil Modem- oder ISDN-Verbindungen zu langsam sind.
- ▶▶ Eine VoIP-Software, die Sie einfach auf Ihrem PC installieren können. So können Sie sich zum Beispiel die Software von Skype, einem der größten weltweiten Anbieter, über www.skype.com kostenlos herunterladen und sich unter einem User-Namen registrieren lassen.
- ▶▶ Ein im PC eingebautes Mikrofon und einen Lautsprecher, noch besser ein Headset mit Kopfhörer und Mikrofon, da Sie so Rückkoppelungen zwischen Lautsprecher und Mikrofon vermeiden können.
- ▶▶ Wenn beide Gesprächspartner dieselbe Software benützen, fallen keine zusätzlichen Kosten an, mit Ausnahme der monatlichen Gebühren für den

Internet-Breitbandanschluss (bei Flatrate, also bei einem monatlichen Pauschalbetrag, unabhängig von der Dauer und der übertragenen Datenmenge).

**Zusätzliche Varianten:**

- **VoIP per Telefonadapter:** Wer nicht gerne über den Computer direkt telefonieren will, kann zu dieser Lösung greifen. Dafür wird eine kleine Box, ein Adapter, zwischen den Internetzugang und das analoge Telefon angeschlossen. Diese Box bekommt eine eigene Telefonnummer zugeteilt. Die Gebühren sind trotzdem niedriger als bei einem herkömmlichen Telefonanschluss.
- **VoIP per IP-Telefon:** Ein IP-Telefon sieht aus wie ein normales Telefon, verfügt aber im Unterschied dazu über einen Netzwerkanschluss. So wird man direkt mit dem Router verbunden. Dies muss vom Anwender konfiguriert werden.
- **Video-Plugins:** Mithilfe einer im PC integrierten oder einer externen Kamera können Sie auch Video-Telefonate führen. Die Übertragungsqualität ist mittlerweile hervorragend.
- **Viele VoIP**-Anbieter offerieren auch noch zusätzliche Servicedienste, wie z. B. einen Anrufbeantworterdienst und die Möglichkeit des Austausches von Sofortnachrichten und Datensenden.

**Nachteile und Gefahren:**

- Anrufe in herkömmliche Netze sind derzeit oft teurer.
- Die Erreichbarkeit bei der Basisvariante (ohne Adapter oder IP-Telefon) ist eingeschränkt, da Sie nur erreichbar sind, wenn Sie auch am PC sitzen und mit dem Internet verbunden sind.
- Die Notfallnummern können nicht gewählt werden.
- Manchmal ist die Übertragungsqualität schlecht, wodurch es zu einer abgehackten, immer wieder unterbrochenen Tonübertragung kommt; das stört ein gutes Gespräch erheblich!
- Das Internet birgt erhebliche Datenschutzgefahren in sich. Die Abhörung von „unverschlüsselten" Telefonaten im Internet, vor allem bei ungeschützten drahtlosen Netzwerken (WLAN), ist wesentlich einfacher. Achten Sie daher immer auf eine Verschlüsselung!
- Die Bedienung der Software ist manchmal sehr kompliziert und viele Hotlines sind schwer erreichbar oder der Kontakt zu diesen sehr zeitintensiv.
- Es ist notwendig, die vorhandenen Datenschutzoptionen an die eigenen Bedürfnisse anzupassen.

- Im Laufe der Zeit werden in jeder Software Fehler und Sicherheitslücken entdeckt. Achten Sie daher darauf, dass Sie stets die neueste Software-Version nützen und aktualisieren Sie Ihre Software mithilfe der Up-Dates der Anbieter.

## 2.8 Telefonkonferenzen

Die Möglichkeit, via Telefon mit mehreren Gesprächspartnern gleichzeitig eine Besprechung abzuhalten, stellt für viele eine gute Alternative zu aufwändigen Vor-Ort-Terminen dar. Es genügt im Prinzip ein ganz normales, mehrfrequenzwahlfähiges Telefon, auch ein Handy.

**Die Vorteile liegen auf der Hand:**

- Konferenzen können jederzeit einberufen werden, auch spontan.
- Sie erfordern keine lange Planung, kein Konferenzraum muss reserviert, keine Infrastruktur bereitgestellt werden.
- Ideen können schnell besprochen und so auch sehr schnell umgesetzt werden.
- Telefonkonferenzen ermöglichen ein unverzügliches Krisenmanagement.
- Unternehmen sparen auf diese Weise Kosten, wie etwa Reisespesen, und Kosten, die durch Abwesenheitszeiten der Mitarbeiter entstehen.
- Wichtige Unterlagen, die den Teilnehmern jeweils nur im eigenen Büro zur Verfügung stehen, können jederzeit genutzt werden, das aufwändige Zusammenstellen von Unterlagen und Dateien vor einer Konferenz kann entfallen.
- Auch andere Experten können spontan hinzugezogen werden, wenn deren Input hilfreich ist.
- So führen Telefonkonferenzen oft zu schnelleren Entscheidungen und sparen somit viel Zeit.
- Die Umwelt bedankt sich auch: Weniger Reisen bedeutet auch eine erhebliche Senkung von Umweltbelastungen!

Aus diesen Gründen ist die Nachfrage nach Konferenzschaltungen weltweit sprunghaft angestiegen. Darauf haben die Telekommunikationsanbieter reagiert; sie stellen immer häufiger zusätzliche Serviceleistungen zur Verfügung. Eine Telefonkonferenz funktioniert in der Regel so, dass ein dritter Anrufer zu einem bestehenden Telefonat von einem der bereits bestehenden Anschlüsse in die Konferenz mit einbezogen wird. Ebenfalls angeboten werden Video- und Webkonferenzen. Weiters besteht die Möglichkeit, Ansagen automatisch einspielen zu lassen und neben der Hauptkonferenz, an der alle Teilnehmer beteiligt sind, auch sogenannte Nebenkonferenzen einzuleiten, an der nur bestimmte ausgewählte Personen teilnehmen.

Die Systeme, Anwendungsmöglichkeiten und Tarife der einzelnen Software- und Dienste-Anbieter unterscheiden sich sehr, daher sollte man im eigenen Interesse die eigenen Anforderungen im Vorfeld genau definieren und die Preise genau vergleichen (siehe Kapitel 5.4).

**Fragen, die Sie sich vor der Auswahl eines Telefonkonferenz-Anbieters stellen sollten:**

- Sind weltweite Telefonkonferenzen möglich?
- Funktionieren Telefonkonferenzen auch mehrsprachig?
- Entstehen im Rahmen von Telefonkonferenzen zusätzliche Kosten, wenn ich die Konferenz-Teilnehmer einlade?
- Wie sieht es mit der Sicherheit während der Konferenz aus (Thema Abhören)?
- Welche Möglichkeiten der Einladung habe ich für meine Telefonkonferenz-Gesprächspartner (SMS, Fax, E-Mail)?
- Welche Zusatzkosten entstehen?

**Grundsätzlich können drei Varianten von Telefonkonferenzen unterschieden werden:**

1. **Konferenz ohne Registrierung**: Sie ist für eine einmalige Durchführung gedacht und beginnt, sobald sich zwei der Teilnehmer in die Konferenz eingewählt haben. Die Einwahl erfolgt über eine spezielle Nummer, die auf den Internetseiten des jeweiligen Anbieters ersichtlich ist. Meist findet man dort auch ein Webformular, mit dem man die Teilnehmer der Konferenz einladen kann. Die Gesprächsdauer kann bei einigen Anbietern begrenzt sein, sollte das Gespräch länger dauern, muss man sich nochmals einwählen. Die Einwahl aus dem Ausland ist nicht immer und bei jedem Anbieter möglich.

2. **Die automatisierte Telefonkonferenz**: Sie lassen sich einmalig registrieren und erhalten so die Zugangsdaten für Ihren virtuellen Konferenz-Raum, der Ihnen rund um die Uhr zur Verfügung steht. Diese Zugangsdaten enthalten neben der Einwahlnummer auch einen Zugangscode (PIN) und einen eigenen Moderator-PIN-Code. Sobald sich der Moderator eingewählt hat, beginnt die Konferenz. Für die Einladung der Teilnehmer steht meist auch ein Webformular des Anbieters zur Verfügung.

3. **Die operatorunterstützte Telefonkonferenz**: Hier werden die Teilnehmer von einem eigenen Operator unterstützt. Er erhält als Vorinformation den Zeitpunkt sowie Namen und Telefonnummern der Teilnehmer. Er verbindet und begrüßt die Teilnehmer und stellt den Konferenzleiter vor. Er kann am Ende auch eine elektronische Frage- und Antwortrunde durchführen. Der Sicherheitsstandard ist hier am höchsten.

☞ **Tipp:**

Telefonkonferenzen mit beliebig vielen Teilnehmern können auch über Internetplattformen durchgeführt werden. Die Internet-Telefonie ist somit gerade für internationale Telefonkonferenzen eine kostengünstige Alternative.

## 2.9 Zusammenfassung

Beim Telefonieren wird unsere Kommunikation auf die rein akustische Wahrnehmung reduziert. Da wir jedoch für unsere Kommunikation ein ganzheitliches Bild benötigen, „ergänzen" wir das Bild vom Gesprächspartner. Wir interpretieren jedes Geräusch und jeden Zwischenton in der Stimme des anderen. Daher ist es am Telefon besonders wichtig, auf eine „passende" Geräuschkulisse zu achten und unliebsame Störgeräusche auszuschalten.

Besondere Bedeutung kommt dabei der Stimme zu. Sie ist das Instrument, das ein Telefongespräch stimmig macht. Es lohnt sich daher, seinem Sprechorgan Beachtung zu schenken und seine Stimme bewusst zu pflegen. Einige Tipps und Übungen in diesem Kapitel sollen Ihnen helfen, Ihre Ausstrahlung am Telefon zu optimieren. Die richtige Körperhaltung und nicht zuletzt auch die Art und Weise, wie Sie den Telefonhörer halten, sind weitere bestimmende Einflussfaktoren zur optimalen Stimmübertragung via Telefon.

Unterstützend für Vieltelefonierer empfehlen wir Headsets als Entlastung der Hals und Nackenmuskulatur, für eine möglichst große Aktionsfreiheit der Hände und eine optimale Konzentration auf den Gesprächspartner.

Aus unserer Kommunikationswelt nicht mehr wegzudenken ist das Mobiltelefon. Deswegen sind wir in diesem Kapitel kurz auf dieses Thema eingegangen und haben für Sie eine Liste mit den wichtigsten Tipps zum mobilen Telefonieren zusammengestellt. Auch das Telefonieren über das Internet wird immer beliebter, ebenso wie die Möglichkeit, nicht nur mit einem, sondern mit mehreren Telefongesprächspartnern zu sprechen, und zwar in der Form einer Telefonkonferenz.

Das Telefon kann also wesentlich mehr als nur ein Wort von A nach B transportieren. Zentrale Bedeutung kommt dabei Ihrer Stimme zu. Sie sagt einiges über Ihre Persönlichkeit aus und beeinflusst so die zwischenmenschliche Kommunikation entscheidend – eine Tatsache, die auch schon lange vor der Erfindung des Telefons bekannt war:

*„Sprich, damit ich dich sehe."*

*Sokrates*

# 3. DAS TELEFONGESPRÄCH

## 3.1 Der erste Eindruck

Das Telefon ist das wichtigste Instrument für den Kontakt zu Geschäftspartnern und Kunden. Rund 80 Prozent der Firmenkontakte entstehen über das Telefon. Dabei entscheidet sehr häufig der allererste Eindruck über Sympathie und Antipathie. Für diesen Ersteindruck haben Sie nicht viel Zeit: Den Bruchteil einer Sekunde, einen Augenblick dauert es, bis sich der Gesprächspartner am anderen Ende ein Bild von Ihnen und Ihrem Unternehmen gemacht hat. In den nächsten cirka 30 Sekunden verfestigt sich dieses Bild, und der erste Eindruck wird gewissermaßen „besiegelt". Sie und Ihre Firma landen in einer Schublade, aus der ein Herauskommen überaus schwierig ist. Der erste Eindruck entsteht ja fast ausschließlich im Unterbewusstsein und ist gerade aus diesem Grund so hartnäckig. Der erste Eindruck ist dann besonders nachhaltig, wenn er sehr rasch und unmittelbar entsteht. Genau das passiert am Telefon. Das Telefon ist daher die nachhaltigste Visitenkarte Ihres Unternehmens. Noch immer viel zu wenige Unternehmen sind sich dieser Tatsache bewusst.

Rufen Sie selbst in einem anderen Unternehmen an, gewinnen auch Sie in den ersten Augenblicken einen ersten Eindruck von Ihrem Gesprächspartner. Vorschnelle Urteile können sich dabei störend auf die zukünftige Geschäftsbeziehung auswirken.

☞ **Tipp:**

Es fällt uns leichter, einen ersten Eindruck zu korrigieren, wenn wir ihn uns erst einmal bewusst machen:

- ▶▶ Wie hat der andere auf mich gewirkt?
- ▶▶ Wie schätze ich ihn und sein/e Umgebung/Unternehmen ein?
- ▶▶ Wie komme ich zu diesem Urteil?

Erst, wenn dieser erste Eindruck so hinterfragt wird, geben wir dem anderen eine zweite Chance. Nur so erkennen wir, dass es auch in unserem Interesse ist, den anderen objektiver zu sehen.

### 3.1.1 Abheben

In vielen Unternehmen gibt es Richtlinien, nach wie vielen Malen Läuten ein Mitarbeiter abheben sollte. Die Empfehlung umfasste bis vor kurzem noch maximal dreimal Läuten, in unserer ständig beschleunigten Arbeitswelt hat sich diese Richtlinie oftmals schon auf zweimal Läuten reduziert. Im Zweifelsfall klären Sie die Empfehlung mit Ihrem Chef ab. Tatsache ist, dass Sie nicht schon nach dem ersten Klingelzeichen abheben sollten, da der Anrufer auch etwas Zeit benötigt, um sich innerlich auf das Gespräch einzustellen. Ein zu rasches Abheben würde ihn daher „überfahren" und obendrein den Eindruck vermitteln, Sie hätten nichts anderes zu tun, als Ihr Display anzustarren – in der dringenden Hoffnung, endlich einen Anruf zu erhalten.

Meist ist jedoch genau das Gegenteil der Fall: Das Telefon klingelt ständig und unterbricht Sie bei einer anderen Tätigkeit. Diese Unterbrechungen sind ärgerlich und es fällt schwer, sofort auf einen freundlichen „Positive-Visitenkarte-Ton" umzustellen. Meist schwingt im Geist noch die zuletzt bearbeitete Angelegenheit mit.

☞ **Tipp:**

Managen Sie die Unterbrechungen durch ein Telefonat aktiv! Notieren Sie sich spontan ein Stichwort, das Ihnen hilft, nach der Unterbrechung wieder in die vorherige Arbeit einzutauchen. So heben Sie entspannter ab und der Anrufer bekommt nicht sofort das Gefühl, Sie zu stören.

### 3.1.2 Die richtige Begrüßung

Der wichtigste Faktor für den ersten Eindruck ist gleichzeitig auch die größte Falle: die ersten Worte nach dem Abheben des Hörers!

☹ **So nicht!**

**Fehler Nummer 1**: Schon zu sprechen beginnen, obwohl der Hörer noch weit von Mund und Ohr entfernt ist.

**Fehler Nummer 2**: Undeutliches und rasches Aussprechen des eigenen Namens bzw. des Firmennamens.

**Fehler Nummer 3**: Nennung nur des Firmennamens – man wird so zum „unpersönlichen Repräsentanten" seines Unternehmens. Der erste Eindruck fällt aber meist positiver aus, wenn der andere auch weiß, dass er am anderen Ende einen Gesprächspartner mit Namen hat!

**Fehler Nummer 4**: Statt eines Lächelns begleitet ein unterdrückter Seufzer die ersten Worte am Telefon! Der andere merkt sofort Ihre Stimmung und lässt sich davon beeinflussen!

**Fehler Nummer 5**: *„Einen wunderschönen guten Tag, hier spricht Daniela Bergmann-Heiner von der Firma Wolkensteiner für Wellness und Wohlbefinden, und was kann ich heute für Sie tun?"* Wer mit so einem langen „Bandwurmsatz" überfahren wird, bei dem entsteht vermutlich kein Wohlbefinden, sondern eher Ärger und Ungeduld.

Wer beruflich viel telefoniert, spricht die Begrüßungsformel häufig aus. Die Gefahr, diese Worte schnell hinter sich bringen zu wollen, ist verständlich. Es fällt schwer, jedes Mal bewusst zu sprechen – und je länger diese „akustische Visitenkarte" ist, umso größer ist diese Gefahr.

☞ **Tipps zur Begrüßung:**

- Sprechen Sie langsam und deutlich. Der Anrufer hört die Ihnen so vertrauten Worte meist zum ersten Mal und hat ein Recht darauf zu verstehen, was Sie ihm sagen. Nur so gewinnt er einen positiven Eindruck.
- Atmen Sie tief durch und vor allem wieder aus, bevor Sie den Hörer abheben. So wirkt Ihre Stimme von Anfang an entspannt.
- In den ersten Sekundenbruchteilen Ihres Gesprächs ist der Anrufer meist noch nicht voll konzentriert, da sich sein Ohr erst auf den Ton Ihrer Stimme einstellen muss. Daher macht es Sinn, mit einer Botschaft zu beginnen, die dem anderen schon vertraut ist. Traditionell beginnen Sie Ihre Begrüßung mit dem Firmennamen. Meist weiß der Anrufer ja, wo er gerade anruft. Eine Alternative dazu ist es, mit dem eigentlichen Gruß zu beginnen.
- Ob Sie *„Guten Morgen"*, *„Guten Tag"* oder *„Grüß Gott"* sagen, hängt von den regionalen Gepflogenheiten und Ihrer Unternehmens-Etikette ab.
- Der wichtigste Bestandteil Ihrer Begrüßungsformel ist Ihr eigener Name: Er ist meist die wirklich neue und damit interessanteste Information für den Anrufer. Deswegen sollten Sie Ihren Namen nach dem Firmennamen und vor dem Gruß nennen. So stellen Sie sicher, dass der Anrufer auch wirklich weiß, mit wem er es zu tun hat.
- Sprechen Sie Ihren Namen besonders deutlich aus.
- Ob Sie sich mit Vor- und Nachnamen melden, hängt von der Länge Ihres Namens ab. Wer zum Beispiel Anna-Katherina Hohenberg-Leichtleben heißt, wird seinen Gesprächspartner damit ziemlich überfordern, den vollen Namen zu nennen. Wer mit Familiennamen aber z. B. „Knopp" heißt, tut gut daran, auch noch den Vornamen hinzuzufügen. Ein „Susanne Knopp" klingt eindeutig leichter verständlich.
- Der leider immer noch weit verbreitete Zusatz *„Was kann ich für Sie tun?"* ist aus unserer Sicht entbehrlich. Er macht die Begrüßung zu lang und drückt eine meist übertriebene Freundlichkeit aus, die im Laufe des Gespräches manchmal nicht ganz aufrechtzuerhalten ist. Oft schwindet der „Flötenton" rasch, wenn der Anrufer sein Anliegen vorträgt. Die Stimme wird eine Oktave tiefer, und von der aufgesetzten Freundlichkeit bleibt wenig übrig.
- Wenn Sie der Anrufer sind, konzentrieren Sie sich vor dem Anruf bewusst auf die Person des zu erwartenden Gesprächspartners. Wie heißt er/sie? Welchen Titel, welche Funktion hat er/sie und legt er/sie Wert auf deren Erwähnung?

» Stellen Sie sich als Anrufer deutlich mit Ihrem Namen vor und legen Sie nach der Nennung Ihres Namens eine kleine Pause ein. So kann der andere diese Information verarbeiten und eventuell gleich notieren.

Das Wichtigste für den ersten Eindruck ist eine ehrliche, echte Freundlichkeit. Übertriebene Freundlichkeit schiebt den Anrufer genauso weit weg wie Unhöflichkeit. Echte Freundlichkeit entsteht auch nicht durch das viel zitierte Lächeln vor dem Abheben. Wem gerade nicht nach Lächeln zumute ist, der wird eher ein leicht verkrampftes Lächeln aufsetzen – keine gute Voraussetzung für ein gelungenes Gespräch. Freundlichkeit muss echt sein, nur so kommt sie von Herzen und strahlt auch durch die Telefonleitung.

Übrigens: Wissen Sie, wodurch sich Freundlichkeit von Höflichkeit unterscheidet? – Durch den Grad der menschlichen Zuneigung!

### 3.1.3 Der Name des anderen

Die wichtigste Information, die Sie gleich am Anfang Ihres Gespräches erhalten sollten, ist der Name des anderen. Wir empfehlen, wenn möglich die Schreibweise dieses Namens gleich zu Beginn zu klären und zu notieren. Das signalisiert dem Anrufer, dass Sie ihn wirklich voll und ganz wahrnehmen. Auch wenn es in der Hektik des Berufsalltages oft schwer fällt – diese Zeit der „Namensklärung" ist gut investierte Zeit. Denn nichts hört der Mensch lieber als den eigenen Namen. Er fühlt sich als Individuum wahrgenommen, nicht als namenloser „Kunde X". Wiederholen Sie daher den Namen gleich zu Beginn.

Fragen Sie nach, wenn Sie ihn nicht genau gehört haben. Bitten Sie Ihren Gesprächspartner, den Namen zu buchstabieren, oder bieten Sie an, selbst zu buchstabieren. Notfalls hilft auch ein lautmalerisches Wiederholen des Namens, so wie Sie ihn verstanden haben. Der andere korrigiert Sie sicher, wenn Sie den Namen falsch wiedergeben.

☞ **Tipp:**

Im Anhang finden Sie alle notwendigen und derzeit aktuellen Buchstabiertabellen. Diese sollten immer griffbereit in der Nähe Ihrer Telefonanlage zu finden sein!

Was tun wir mit Gesprächspartnern, die ihren Namen nicht sofort zu Beginn des Telefonates nennen? Hier wirkt die Formulierung *„Mit wem spreche ich (überhaupt)?"* unprofessionell. Besser ist es, mit einem Lächeln zu fragen: *„Wie ist Ihr Name?"* oder *„Sind Sie so freundlich und sagen Sie mir Ihren Namen?"* Bleibt der Anrufer hartnäckig, antworten Sie ihm direkt in der Sache: *„Bitte haben Sie Verständnis dafür, dass ich Ihren Namen wissen muss, sonst kann ich Sie nicht verbinden/nicht durchstellen."*

☹ **So nicht!**

Setzen Sie den Namen des anderen aber bitte während des Gespräches sparsam und nicht inflationär ein. Wer permanent und hinter fast jeden Satz den Namen des Gesprächpartners setzt, wirkt wie ein schlecht geschulter Telefonverkäufer: *„Für Sie, Herr Meier, ist das sicher interessant. Sie werden mir recht geben, Herr Meier, dass Sie schon immer ... Sind Sie nicht auch dieser Meinung, Herr Meier?"* – Das nervt!

## 3.2 Die richtigen Formulierungen fürs Telefon

Den gekonnten Einstieg ins Gespräch haben Sie nun geschafft – diesen Teil können Sie gut vorbereiten und mit einiger Übung ist das keine Hexerei. Aber auch im Laufe des übrigen Gesprächs sollten Sie Ihre Sprachgewandtheit nie verlieren. Das ist in der Hitze des Gefechtes nicht immer einfach. Worauf sollten Sie daher besonders achten?

**Trennen Sie verbal Sache und Emotion!**

Wir vermischen im Gespräch öfter den eigentlichen Sachinhalt mit den Emotionen. Trennen Sie im Gespräch von Anfang an verbal die Sache von der Emotion. Zeigen Sie Verständnis für die Emotion des anderen und reagieren Sie getrennt auf beides. Worte wie „konkret", „genau" und „klären" lenken den Fokus des Gesprächspartners auf die Sache.

☹ **So nicht!**

*„Wenn Sie sich so aufregen, kann ich Ihnen die Angelegenheit schwer erklären."*

☺ **Besser:**

*„Ich verstehe Ihre Verärgerung. Klären wir zunächst den Sachverhalt."*

**Formulieren Sie kurz und prägnant!**

Langatmige und umständliche Formulierungen strapazieren die Konzentrationsfähigkeit des Zuhörers. Sie erwecken den Eindruck, der Telefonpartner habe etwas zu verbergen oder sei unsicher und suche selbst erst den Gesprächsfaden. Zu viel Information in einem Satz wirkt unübersichtlich, belehrend und überheblich. Kurze Sätze sind einprägsamer.

☹ **So nicht!**

*„Ich halte es in der gegebenen Situation der sich ständig wandelnden Gegebenheiten für durchaus denkbar, auch einmal nach alternativen Auswahlmethoden Ausschau zu halten, und wenn Sie bedenken, wie leicht es zum Beispiel wäre, einmal in den umfangreichen Online-Katalogen den einen oder anderen Suchlauf im Sinne einer Auswahloptimierung ..."*

☺ **Besser:**

*„Was halten Sie davon, aus unseren Online-Katalogen auszuwählen?"*

### Formulieren Sie bestimmt und konkret!

Verstecken Sie sich nicht hinter Wörtern wie „man" und „es"! Stehen Sie zu Ihren Aussagen, nur so wirken Sie glaubhaft. Streichen Sie, wo es geht, die Möglichkeitsform aus Ihrem Wortschatz. Ihr Gesprächspartner will nicht wissen, was hätte sein können, wenn man möglicherweise getan hätte ... Um von Ihrem Gegenüber akzeptiert zu werden, sollten Sie am Telefon die reine Befehlsform ohne ein „Bitte" vermeiden, wie z. B. *„Schicken Sie mir ..."*. Achten Sie besonders beim „internen Kunden", beim Kollegen oder Mitarbeiter, auf diese Formulierungen.

☹ **So nicht!**

*„Man müsste einmal prüfen, ob eventuell die gewünschte Information irgendwo bei uns zu erhalten wäre ..."*

☺ **Besser:**

*„Ich werde die gewünschte Information für Sie beschaffen."*

### Entschuldigen Sie sich nicht zu oft!

Entschuldigungen sollen nur dort eingesetzt werden, wo sie auch angebracht sind, wo beispielsweise ein Fehler passiert ist. Sonst wirken Sie unsicher. Oder wollen Sie auf Ihre Frage *„Entschuldigen Sie bitte, ist vielleicht Herr Treff da?"* die Antwort *„Ich entschuldige, er ist da!"* hören? Manchmal werden Entschuldigungen auch in einem überfreundlichen Tonfall am Telefon geäußert. Das wirkt unecht und schafft Distanz zum Gesprächspartner.

☹ **So nicht!**

*„Entschuldigen Sie schon, aber der Herr Meier ist um diese Zeit nicht mehr im Hause, tut mir leid!"*

☺ **Besser:**

„Herr Meier ist morgen ab 10:00 Uhr erreichbar, ich richte gerne etwas aus."

### Verwenden Sie Fremdwörter und Fachchinesisch sparsam!

Zu viel Fachchinesisch beeindruckt Ihren Gesprächspartner nicht, sondern schreckt ihn eher ab, und er verschließt sein Ohr. Statt fachlich kompetent wirken Sie überheblich und besserwisserisch. Wer sein Fachwissen so vor sich „herträgt", wird als unangenehmer Gesprächspartner eingestuft. Hat Ihr Gesprächspartner ein „neudeutsches" Fachwort nicht verstanden, fragt er oft nicht nach, sondern ist irritiert und konzentriert sich nicht mehr auf das im Anschluss Gesagte.

☹ **So nicht!**

„Die Anwendbarkeit der Verteilerlimitierung der peripher erwähnten Manipulierfunktion bedarf unter der gegebenen Konstellation unserer ‚New Programme-Diversity' einer Klarstellung."

☺ **Besser:**

„Gerne stelle ich Ihnen die Möglichkeiten dieses neuen Programms vor."

### Formulieren Sie positiv!

Negative Wörter schrecken ab. Wiederholte Verneinungen wirken unsicher und ängstlich. Sie verpassen sich so schnell ein „Verlierer-Image". Der andere erwartet irgendwann schon gar keine Lösungen mehr von Ihnen. So wird keine gute Geschäftsbeziehung entstehen. Gerade diese „Formulierungssünde" ist am häufigsten in unserem Alltag anzutreffen. Hören Sie einmal genau hin – Sie werden staunen, wie oft Sie zu hören bekommen, was alles nicht geht! Dabei wäre es so einfach, gleich den Lösungsvorschlag zu nennen.

☹ **So nicht!**

„Leider ist es nicht möglich, diese Woche zu bestellen, da kein Liefertermin mehr frei ist."

☺ **Besser:**

„Ich kann Ihre Bestellung gerne für nächste Woche notieren."

### Wechseln Sie die Seite!

Formulieren Sie nach Möglichkeit immer aus der Sicht des Gesprächspartners. Was hat er davon, wenn er auf Ihren Vorschlag eingeht? Wo liegt sein Nutzen? Nur so überzeugen Sie den anderen! Ihn interessiert weniger, wie die Lage für Sie ist, er will seinen eigenen Vorteil erkennen.

☹ **So nicht!**

*„Für mich ist es besser, wir warten, bis ich alles geprüft habe, und ich sende Ihnen dann den Bericht."*

☺ **Besser:**

*„In Ihrem Sinne schlage ich vor, den Sachverhalt für Sie zu prüfen, und Sie erhalten dann die endgültige Version zugesandt. Ist das für Sie in Ordnung?"*

**Keine verbalen Kapitulationen!**

Formulieren Sie ohne einschränkende Floskeln und Abwertungen im Voraus! Wer dem anderen schon bei der Einleitung zu verstehen gibt, dass da nicht sehr viel nachkommen wird, kann das Telefongespräch auch gleich beenden. Übertriebene Bescheidenheit wirkt unsicher, und der andere hört nicht mehr interessiert zu.

☹ **So nicht!**

*„Ich weiß nicht, ob es so ganz dazupasst, aber wenn ich vielleicht noch etwas sagen dürfte ..."*

☺ **Besser:**

*„Dieser Punkt ist aus meiner Sicht noch wichtig."*

**Verteilen Sie verbale „Streicheleinheiten"!**

Gerade zu Beginn eines Gespräches ist es wichtig, eine positive Gesprächsebene herzustellen. Schaffen Sie Sicherheit und Vertrauen durch die eine oder andere kleine verbale Anerkennung des anderen. Danken Sie zum Beispiel für eine für Sie wichtige Information, loben Sie seine neue Internetseite oder zeigen Sie einfach Interesse an einer Angelegenheit, von der Sie wissen, dass sie für den anderen im Moment sehr wichtig ist. So ist schnell ein guter Kontakt hergestellt. Aber bitte übertreiben Sie nicht, bleiben Sie ehrlich und glaubhaft!

Darüber hinaus gibt es noch jede Menge andere positiv besetzten Formulierungen, die es verdienen, in Ihren Wortschatz aufgenommen zu werden. Sie beeinflussen ein Gespräch positiv. Allerdings immer nur dann, wenn sie sparsam und zum Inhalt passend verwendet werden. Die Kunst der richtigen Formulierung ist aber in kleinen Schritten durchaus erlernbar!

☺ **Positive Wörter und Phrasen:**

- sichert          ⎫ zu verwenden, wenn der Inhalt tatsächlich sicher ist
- garantiert       ⎭ oder garantiert werden kann
- ermöglicht
- hilft
- erhöht
- erspart
- steigert
- erleichtert
- dadurch gewinnen Sie
- das ermöglicht zusätzlich
- dafür bin ich verantwortlich (stärker als „dafür bin ich zuständig")
- sicher
- konkret
- genau

**Die „Schwarze Liste" der Formulierungen**

Die richtige Wortwahl ist also der Erfolgsfaktor Nummer 1, wenn es um ein gutes Telefongespräch geht. Genauso wie beim akustischen Eindruck der Stimme ist es auch bei der Wortwahl wichtig, dass Sie echt und authentisch „rüberkommen". Die geschliffensten Formulierungen sind wenig hilfreich, wenn es nicht Ihre eigenen Worte sind. Trotzdem kann es nicht schaden, den eigenen Wortschatz auf eventuelle „Killerphrasen" zu durchforsten. Hören Sie sich einmal selbst „aktiv" zu. Welche der unten angeführten Wortgebilde verwenden Sie gelegentlich am Telefon? Stellen Sie sich aus der von uns willkürlich zusammengetragenen Liste Ihre eigene „Schwarze Liste" zusammen und vermeiden Sie diese Wörter möglichst. Achten Sie allerdings verstärkt auf diese Vormulierungen, wenn Ihr Gegenüber sie verwendet. Daraus können Sie einige Informationen für Ihr weiteres Gespräch gewinnen.

| Vermeiden | Begründung | Besser |
|---|---|---|
| „Ehrlich gesagt …" | Warum ist der Redner erst jetzt ehrlich? War bisher alles gelogen? | Einfach weglassen! |
| „Grundsätzlich", „im Grunde genommen" | Typische Leerfloskeln, die die Objektivität nur vortäuschen. | Ebenfalls streichen! |
| „Gewissermaßen", „in etwa", „irgendwie" | Hier ist der Redner wieder in die typische Unsicherheitsfalle getappt. Wer so spricht, scheut die Verantwortung, erweist sich als inkompetent. | Auch hier: einfach weglassen! |
| „Eigentlich" | So schränkt der Redner das Gesagte ein, entschuldigt sich, verkleinert die Aussage. | Formulieren Sie bestimmt und ohne „heiße Luft". |
| „Sicherlich" | Ganz so sicher ist der Redner nicht, sonst müsste er es nicht so betonen! | „Ich bin überzeugt, …" |
| „Auf jeden Fall", „überhaupt", „unter allen Umständen" | Wer so vehement verstärkt, verdeckt damit meist seine Unsicherheit oder erweist sich als autoritär und intolerant. | Verwenden Sie eher sachliche Formulierungen, wie: „Die Erfahrung hat gezeigt, …" |
| „Ganz einfach", „praktisch" | Ganz so einfach liegen die Dinge hier nicht, und wer „praktisch alles im Griff hat", der hat theoretisch nichts unter Kontrolle! | Verwenden Sie öfter das Wort „konkret". |
| „Ausgezeichnet", „großartig", „hervorragend" | Solche Übertreibungen wirken selbstherrlich. Hier ist der typische „Schulterklopfer" unterwegs, der Detailprobleme gerne einfach vom Tisch fegt. | Einfach weglassen! |

| Vermeiden | Begründung | Besser |
|---|---|---|
| „Man sollte" | Nicht nur der Konjunktiv stört hier. Mit man fühlt sich „Mann/Frau" nicht angesprochen, die Wahrscheinlichkeit, dass so einer Anregung Taten folgen, ist wohl äußerst gering! | „Wir werden", „Ich werde" |
| „Selbstverständlich", „natürlich" | Solche jovialen Zusicherungen schieben den Gesprächspartner weg, signalisieren ihm, dass seine Einwände nicht so ganz ernst genommen werden – „Aber selbstverständlich haben wir an alles gedacht!" | Ebenfalls einfach weglassen! |
| „Sie müssen schon Folgendes beachten!" „Sie dürfen nicht einfach …!" | Diese Formulierung erinnert uns an die Erziehungsmaßregeln unserer Eltern und Lehrer: „Du darfst nicht …", „Du musst immer …!" | „Ich ersuche Sie, auf folgende Tatsache zu achten …", „Bitte beachten Sie …" |
| „Warum?"-Fragen | Sie wirken schulmeisternd, erinnern uns an unsere Kindheit und Schulzeit. | „Wieso?", „Aus welchem Grund?" |
| „Haben Sie kurz Zeit für mich?" | „Kurz" ist eine viel zu unbestimmte Zeitangabe. Sie wirken unprofessionell. Außerdem soll sich der Gesprächspartner ja sicher nicht „für Sie" Zeit nehmen, sondern für eine berufliche Angelegenheit, für die Sache! | Klären Sie gleich zu Beginn, wie lange Sie in etwa für das Gespräch anberaumen und um welche Angelegenheit es sich handelt: „Haben Sie cirka fünf Minuten Zeit, um den noch offenen Punkt zu Projekt X zu besprechen?" |

| Vermeiden | Begründung | Besser |
|---|---|---|
| „So, das war's, mehr hab' ich im Moment nicht." | Diese Formulierung lässt den Rollbalken wie ein Fallbeil herunterrasseln und klemmt dabei auch noch den kaufwilligen Kunden ein. Ob der wohl wiederkommt? | „Wie beurteilen Sie unser Angebot? Was können wir noch für Sie tun?" |
| „Verzeihen Sie, wie war Ihr Name?" | Ich verzeihe nicht, ich lebe noch, und mein Name ist noch immer der gleiche! | „Wie ist Ihr Name, bitte?" |
| „Das haben wir noch nie so gemacht!" | Der typische Killersatz von Menschen, die Angst vor Veränderung haben, die starr auf ihrem Standpunkt verharren. | „Dieser Vorschlag ist sehr interessant, ich leite ihn gerne weiter." |
| „Heute ist nur Frau X zu sprechen." | Die arme Frau X – der allerletzte Notnagel! Aber ich als Kunde habe doch Anspruch auf die beste Alternative! Oder bin ich nicht wichtig genug? | „Ich verbinde Sie mit Frau X, unserer zuständigen Ansprechpartnerin." |
| „Ich als Fachmann rate Ihnen ..." | Wer schon in der Schule Probleme mit Wichtigtuern und typischen „Oberlehrern" hatte, der wird auch hier sauer reagieren! | „Was meinen Sie zu ...?" |
| „Da haben wir ein Problem. Ich werde Ihre Beschwerde an die Reklamationsabteilung weiterleiten." | So werden Probleme oft erst rhetorisch erzeugt: Vielleicht war das, was hier zum Problem, zur Beschwerde, zur Reklamation geworden ist, ursprünglich nur eine schlichte Anfrage? | „Ich werde Ihre/n Anregung/Frage/ Wunsch gerne weiterleiten." |

| Vermeiden | Begründung | Besser |
|---|---|---|
| „Das weiß ich nicht, da wurde ich nicht informiert!" | Uninformiert sein und dann auch noch über die Kollegen schimpfen, das wirkt sicher nicht professionell! | „Ich werde mich für Sie erkundigen." |
| „Wie bitte? Haben Sie etwas gesagt? Ich habe Sie nicht verstanden!" | Der andere hört deutlich zwischen den Worten: „Du redest undeutlich, leise und überhaupt fehlt mir das Verständnis für Dich!" Vielleicht hat er auch gar nicht zugehört? | „Aufgrund der schlechten Verbindung habe ich nicht verstanden." |
| „Es tut mir leid, der Chef ist heute sehr im Stress, er ruft Sie sicher bald zurück!" | Tut es ihr/ihm wirklich leid? Und der Chef, das ist wohl einer von diesen Wichtigtuern, die ihr „Stress-Image" pflegen! Was versteht der unter „bald"? Wahrscheinlich warte ich da ewig auf einen Rückruf. | „Herr Huber möchte sich die Sache in Ruhe noch einmal für Sie ansehen, er ruft Sie dann morgen Früh zwischen 9:00 und 9:30 Uhr zurück!" |

Gerade am Telefon hören wir viele dieser typischen „Killerphrasen" und Leerfloskeln. Diese Liste erhebt keinen Anspruch auf Vollständigkeit. Sie soll Ihnen jedoch helfen, Ihr Ohr sensibler zu machen und vom ersten Moment an am Telefon verbal zu punkten: mit Worten, die positiv, echt und authentisch sind! Denn es stolpern mehr Menschen über ihre Zunge als über ihre Füße!

## 3.3 Exkurs: Die Warteschleife

Jeder kennt das nervige Gefühl: Sie hängen schon seit einer Ewigkeit in einer Warteschleife und müssen sich die immer gleiche Melodie anhören. Dabei hat Ihnen dieses Lied noch nie gefallen! Oder Sie werden mit einem unsinnigen Werbeslogan bombardiert wie *„Firma Wohlfühl – bleiben wir im Gespräch!"* So ein Hohn! Schon seit Stunden spricht dort keiner mehr mit Ihnen! Ein weiteres leises Unbehagen beschleicht Sie:

Wie hört sich eigentlich die Warteschleife in Ihrem Unternehmen an?

Tatsache ist, dass sich Wartezeiten am Telefon nie ganz vermeiden lassen, doch ein geeigneter Text oder Musik können diese Wartezeiten durchaus „verschönen". Hier liegt auch eine wichtige Chance, beim Anrufer positiv zu punkten. Legen Sie daher besonderes Augenmerk auf die Töne, die Ihre Anrufer zu hören bekommen.

- Musik sollte nie zu aufdringlich und laut sein. Sie ist als Hintergrund gedacht, als dezenter Stimmungsmacher und nicht als ausschließliche Beschäftigung des Anrufers.
- Sie sollte unverwechselbar zu Ihrem Unternehmen passen, wie eine Art akustisches Logo. Dafür gibt es eigene Musik-Agenturen, die speziell für Sie eine Melodie komponieren können. Das ist zwar etwas teurer als eine bekannte Musiknummer, aber dafür haben Sie dann auch die uneingeschränkte Verfügungsgewalt über diese Musik: Sie können Sie neu schneiden, mixen und bearbeiten. So können Sie die Melodie auch gelegentlich aktualisieren und dem Anrufer damit Abwechslung bieten. Bei handelsüblicher Musik ist der Einsatz an gesetzliche Regelungen (Urheberrecht, Musikabgaberegelungen) gebunden.
- Passen Sie die Musik an Ihre Zielgruppe und Ihr Firmen-Image an.
- Instrumentalmusik ist Gesang vorzuziehen, weil sie weniger aufdringlich wirkt.
- Ein Text sollte immer von einem Profisprecher gesprochen werden.
- Sind Sie international tätig, sollte die Ansage in der Fremdsprache auch korrekt und fehlerfrei erfolgen.
- Vermeiden Sie Negativformulierungen wie *„Leider erreichen uns viele Anrufe"* oder *„Wir können zurzeit nicht ..."*
- Nutzen Sie die Warteschleife als Marketinginstrument. Informieren Sie zum Beispiel über ein neues Produkt, eine neue Niederlassung oder erweiterte Öffnungszeiten.
- Alle Mitarbeiter im Haus sollten wissen, wie sich die eigene Warteschleife anhört. Nichts wirkt unprofessioneller, als wenn der Mitarbeiter dem Anrufer auf eine diesbezügliche Frage keine Antwort geben kann.
- Rufen Sie hin und wieder Ihr Unternehmen an und lassen Sie sich zur Kontrolle in die Warteschleife verbinden. So vermeiden Sie „Betriebstaubheit" und sind immer informiert, was Ihre Anrufer zu hören bekommen.

## 3.4 Richtig verbinden und Rückrufe anbieten

☹ **So nicht!**

*„Oh je, da sind Sie bei mir ganz falsch! Da muss ich Sie woanders hin verweisen, ich schau mal, ob ich Sie zum richtigen Ende kriege!"*

*„Tut mir leid, da kann ich Ihnen sicher nicht weiterhelfen, ich lege Sie hinüber zum Kollegen!"*

*„Da weiß ich jetzt auch nicht so genau, wo ich Sie hingebe, aber warten Sie, ich glaube, auf der anderen Leitung ist jemand, der das wissen könnte. Ich stelle Sie schnell durch!"*

Sie meinen, diese Beispiele wären übertrieben? Leider nein, wir haben nur einfach aufgeschrieben, was wir bei diversen Telefon-Coachings zu hören bekommen haben!

Es ist eine selbstverständliche Tatsache, dass nicht jedes Mal, wenn das Telefon klingelt, auch wirklich jemand mit Ihnen persönlich sprechen will. Es ist auch durchaus verständlich, dass Sie diese Gespräche so schnell wie möglich beenden wollen. Trotzdem wird gerade hier oft eine einmalige Chance vertan, Professionalität am Telefon zu beweisen. Richtiges Weiterverbinden und Vertrösten sowie einen Rückruf anzubieten gehören zu den wesentlichen Bestandteilen guten Telefonierens.

☞ **Tipps zum Weiterverbinden:**

- Kein Anrufer ist bei Ihnen falsch! Sie können jedem, der bei Ihnen anruft, weiterhelfen – und wenn die Hilfe auch nur darin besteht, dem Anrufer zu sagen, wer der richtige Gesprächspartner ist und wann er für ihn zur Verfügung steht.

- Sagen Sie nicht *„Ich verbinde Sie mit ..."* – Sie verbinden den Anrufer ja nicht; das überlassen Sie lieber Arzt oder Sanitäter. Besser: *„Ich verbinde Sie zu ..."*

- Geben Sie dem Anrufer die Durchwahl des zuständigen Mitarbeiters, so kann er zu einem späteren Zeitpunkt gleich durchwählen.

- Vermeiden Sie alle Formulierungen, die dem Anrufer das Gefühl geben, Sie stellen „unliebsame Dinge" mit ihm an: *„Ich leg' Sie um." „Ich stell Sie durch." „Ich lege Sie auf die Warteschleife." „Ich hänge Sie auf seine Leitung".*

- Wenn Sie schon bei den ersten Worten merken, dass Sie dem Anrufer nicht entscheidend weiterhelfen können, fallen Sie ihm trotzdem nicht ins Wort. Nutzen Sie die erste Pause, um ihm klarzumachen, dass Sie es ihm in seinem Interesse ersparen wollen, sein wichtiges Anliegen zweimal erklären zu müssen.

- Vermeiden Sie Aussagen wie *„Da kann ich Sie **nur** mit XX verbinden."* Besser ist: *„Da ist auch XX verantwortlich, er hilft Ihnen gerne weiter."*
- Verabschieden Sie sich vom Anrufer und weisen Sie gleichzeitig darauf hin, dass Sie ihn jetzt weiterverbinden. Sonst meint er noch, Sie würden ihn aus der Leitung werfen.
- Warten Sie, bis der zuständige Kollege abhebt und informieren Sie diesen kurz. Es wirkt sehr professionell, wenn dieser gleich auf das Anliegen des Anrufers eingehen kann.
- Spricht der Kollege gerade oder hebt er nicht ab, verkneifen Sie sich Aussagen wie: *„Er ist gerade belegt"* (womit?) oder *„Er ist nicht am Platz"* (wie der böse Hund, der nicht „Sitz" macht). Sagen Sie lieber: *„Er telefoniert gerade"* oder *„Er ist in einer Besprechung"*.
- Eine weitere „Killerformulierung" ist der Satz: *„Er spricht gerade – wollen Sie warten?"* Darauf folgt meist die so gut wie nicht zu beantwortende Frage des Anrufers: *„Wie lange wird es denn dauern?"* Es gibt wohl wenige Dinge im Berufsleben, die so schwer abzuschätzen sind wie die Dauer eines Telefongespräches. Bieten Sie lieber einen Rückruf an.

Viele Vorgesetzte ergreifen direkt die Aktion und rufen ihre Gesprächspartner selbst an. Allerdings greifen nicht alle Chefs selbst zum Hörer, einige werden nach wie vor aus diversen Gründen verbunden. Kennen Sie die **„Durchstell-Etikette"** am Telefon? Hier einige Tipps dazu:

**1) Chef – Kunde:** Will beispielsweise Ihr Vorgesetzter einen Kunden oder einen anderen wichtigen Geschäftspartner sprechen, der nicht selbst abhebt, dann telefonieren Sie zunächst meist mit dessen Sekretärin oder einem anderen Mitarbeiter. In diesem Fall vereinbaren Sie mit diesen Mitarbeitern des Kunden, dass Sie parallel durchstellen, damit die verbundenen Telefonpartner sofort miteinander sprechen können.

**2) Mitarbeiter – Chef:** Eine weitere Variante liegt vor, wenn ein Mitarbeiter via Sekretärin Ihren Chef sprechen möchte: Ersuchen Sie die Sekretärin, Sie mit dem Mitarbeiter zu verbinden, sprechen Sie dann mit dem Mitarbeiter und verbinden Sie ihn zum Chef, wobei Sie Ihren Chef über den Grund des Anrufs vorinformieren. Aus unserer praxisorientierten Sicht kann hier jedoch bei einer positiven Gesprächskultur im Unternehmen auch parallel verbunden werden, um Zeit zu sparen.

**3) Chef – Vorgesetzter des Chefs:** Anders ist die Vorgangsweise, wenn Sie zum Vorgesetzten Ihres Chefs verbinden sollen: Dann können Sie nach Vorinformation an die Sekretärin zuerst verbinden, Ihr Chef spricht dann mit der Sekretärin seines Vorgesetzten und diese verbindet in der Folge. Auch hier ist es je nach Firmenkultur möglich, gleichzeitig zu verbinden. Allerdings nur dann, wenn Sie sichergehen können, dass keine Pannen passieren.

# 3.5 Schwierige Telefonate mit unangenehmen Anrufern

### 1. Headhunter oder ungebetene Anrufer

Fast jeder von uns kennt die Situation, wenn Headhunter oder sonstige unerwünschte Anbieter von Dienstleistungen unsere Konzentration hemmen und unsere Zeit rauben. Wie können Sie nun souverän reagieren? Erstens empfehlen wir Ihnen, in Ihrem Unternehmen klare Richtlinien abzustimmen, wie vorzugehen ist und welche Informationen hinausgehen sollen. Wenn ein Headhunter zum Beispiel anruft, um seine Daten zu aktualisieren, ersuchen Sie ihn, Ihnen eine E-Mail zu senden, um die seriöse Absicht dahinter zu prüfen. Lassen Sie sich in keinem Fall überreden, telefonische Auskünfte zu geben, damit wäre der andere am Ziel und hätte gelernt, dass es in Ihrer Firma leicht ist, an Daten zu kommen.

### 2. Neugierige Gesprächspartner

Sollte Ihr Chef oder ein Mitarbeiter nicht im Haus sein und fragt der Anrufer zum Beispiel: *„Wo ist er, ist er auf Urlaub?"*, stellt dies zwar ein schlechtes Benehmen dar, Fragen dieser Art kommen aber in der Realität immer häufiger vor. Souverän bleiben Sie auch hier, wenn Sie mit bestimmter Stimme positiv formulieren: *„Herr Dr. XY ist am 7. Jänner wieder zu erreichen. Was kann ich in der Zwischenzeit für Sie tun?"*

### 3. Nicht eingehaltene Rückrufe von Kollegen

Wenn ein Anrufer den Chef oder einen Mitarbeiter/Kollegen mehrmals nicht erreicht, entsteht meist eine unangenehme Situation am Telefon, die vom anderen nicht selten persönlich genommen wird. Darüber hinaus machen es uns der Zeitdruck und viele unerledigte Arbeiten nicht leichter, Rückrufe pünktlich vorzunehmen. Sollten bestimmte Kollegen häufig Rückrufe nicht tätigen, sprechen Sie diese darauf an, welch unangenehme Situation dadurch für Sie und letztlich das Unternehmen entsteht.

☞ **Tipps zu Rückrufen:**

- Das Angebot eines Rückrufes darf keine Leerfloskel sein! Signalisieren Sie dem anderen, dass Sie es ernst meinen. Fragen Sie daher immer, wann es für ihn günstig ist, wann er erreichbar ist.

- Notieren Sie die Angelegenheit, um die es geht, und sicherheitshalber auch die Telefonnummer des Anrufers. Erkundigen Sie sich auch nach einer alternativen (Handy)-Nummer. Die Formulierung *„Worum geht es?"* löst beim anderen meist Abwehr aus, da er sich kontrolliert fühlt. Wir empfehlen, direkt und höflich um ein Stichwort zu ersuchen, z. B.: *„Bitte geben Sie uns/mir ein Stichwort, worum es sich handelt."* Seien Sie auch vorsichtig mit der Formulierung: *„Kann ich Ihnen vielleicht weiterhelfen?"* Erstens ist helfen ein emotional besetztes Wort und zweitens handelt es sich dabei um eine geschlossene Frage, die sich nicht eignet, jemanden Informationen zu entlocken. Besser ist es, entweder *„Was kann ich für Sie tun?"* zu fragen oder *„Was kann ich in der Zwischenzeit für Sie tun?"*.

▸▸ Nennen Sie auch einen Zeitrahmen, wann der Ansprechpartner aus Ihrem Unternehmen zu sprechen ist. Das wirkt glaubwürdiger und schafft mehr Vertrauen als der lapidare Satz: *„Probieren Sie es morgen wieder."* Ihr Kunde sollte nie „probieren" müssen!

▸▸ Auch wenn Sie einen Rückruf Ihres Mitarbeiters anbieten: Verraten Sie dem Anrufer trotzdem die Durchwahl für den Fall, dass er selbst nicht erreichbar ist und lieber selbst anruft.

▸▸ Ist der Anrufer sehr ärgerlich, weil er schon länger auf den Rückruf wartet, zeigen Sie Verständnis für seinen Ärger. Sagen Sie ihm, was Sie schon veranlasst haben und sichern Sie ihm zu, es dem Kollegen nochmals zu sagen (*„Ich habe es Herrn Mayer ausgerichtet, dass Sie angerufen haben, er weiß Bescheid. Ich werde es ihm gern nochmals ausrichten"*). Entschuldigen Sie sich nicht persönlich, wenn Sie nicht derjenige sind, der nicht zurückgerufen hat. Entschuldigen Sie sich lieber im Namen des Teams oder des Unternehmens.

▸▸ Klären Sie dann im Anschluss mit dem jeweiligen „säumigen" Mitarbeiter, was Sie dem Anrufer das nächste Mal sagen sollen, und bestehen Sie hartnäckig auf das Nachkommen der Verpflichtung des Rückrufes.

▸▸ Wenn Sie selbst einen Rückruf zu einem bestimmten Zeitpunkt angeboten haben und feststellen, dass Sie den Termin nicht halten können, weil Ihnen zum Beispiel noch wichtige Unterlagen fehlen, scheuen Sie sich nicht, dem Anrufer auch zwischendurch Bescheid zu geben.

## 3.6 Wer fragt, der führt

Nichts ist raffinierter als ein paar gute Fragen: Der Gefragte hat das Gefühl, im Mittelpunkt zu stehen, weil ja seine Meinung gefragt ist. Er fühlt sich ernst genommen und „geehrt". Er antwortet meist bereitwillig, ohne zu merken, dass eigentlich der Fragende das Gespräch führt.

▸▸ Fragen können verführen: Der Gefragte glaubt, selbst auf die Lösung gekommen zu sein, und akzeptiert sie damit eher.

▸▸ Fragen schaffen ein positives Gesprächsklima und motivieren den Gesprächspartner, mehr von sich preiszugeben.

▸▸ Fragen signalisieren aktives Zuhören.

▸▸ Fragen stellen den Gesprächspartner in den Mittelpunkt.

▸▸ Fragen schaffen Dialog. Hartnäckige Schweiger am Telefon werden aus der Reserve gelockt.

- Fragen verpacken Kritik empfängerfreundlich. Entgegnungen in Frageform werden den Empfänger viel eher erreichen.
- Fragen zwingen den anderen, sich festzulegen, sich zu entscheiden.
- Fragen helfen, schwierige Gesprächssituationen zu meistern: Sie bringen den Partner wieder zum Thema zurück, sie überwinden Widerstände. Es entsteht kein Druck.
- Fragen liefern Informationen.
- Fragen lenken das Gespräch in die gewünschte Richtung.

Fragen sind somit eines der wichtigsten Instrumente menschlicher Kommunikation. Vor allem der letzte Punkt ist der entscheidende: Mit den richtigen Fragen können Sie ein Gespräch in die von Ihnen gewünschte Bahn lenken.

Es gibt viele verschiedene Arten von Fragen. Kommunikationsprofis können durch den richtigen und gezielten Einsatz von Fragen ein Gespräch von Anfang an bewusst führen. Es ist also wichtig, gleich zu Beginn eines Gespräches zu fragen – aber richtig! Der Grundsatz, es gäbe keine „dummen" Fragen, nur „dumme" Antworten, ist somit widerlegt! Es gibt sehr wohl „dumme", weil unpassende Fragen!

Wir haben für Sie einen kleinen „Fragenkompass" für Ihr Telefongespräch zusammengestellt, in dem wir die wichtigsten Fragearten und deren Einsatz aufgelistet haben.

### 3.6.1 Der Fragenkompass

**Die offene Frage**

Eine offene Frage wird so formuliert, dass die Antwort in Form eines ganzen Satzes erfolgen kann. Sie beginnt meist mit einem Fragewort. Man bezeichnet sie deswegen als offene Frage, weil sie eine Vielzahl von Antworten offen lässt. Das Thema ist weit gefasst. Antwortet der Gesprächspartner trotzdem nur kurz angebunden, stellen Sie am besten noch eine offene Frage, notfalls noch eine dritte. In der Kommunikationsfachsprache wird dies als **„Fragekette"** bezeichnet. Mehrere offene Fragen hintereinander zwingen den Partner geradezu, sich verbal zu öffnen.

**Beispiele:**

*„Wie gefällt Ihnen dieser Vorschlag?"*

*„Was meinen Sie zu diesem Thema?"*

*„Was sind die Hauptziele Ihrer Marketingoffensive?"*

### Die geschlossene Frage

Im Gegensatz zur offenen Frage bietet die geschlossene Frage nur einen engen Spielraum für die Antwort. Sie wird nämlich so formuliert, dass als Antwort nur ein „Ja" oder „Nein" in Frage kommt. Sie liefert also eine knappe Information und ist daher nicht unbedingt geeignet, ein Gespräch in Gang zu setzen. Sie sollten Sie daher am Anfang eines Gespräches nur dann einsetzen, wenn Sie an einem ausführlichen Gedankenaustausch nicht interessiert sind. Geschlossene Fragen gelten als „Gesprächskiller". Sie sind dort angebracht, wo Sie einen „Vielredner" einbremsen wollen, seinen Redefluss zum Beispiel aus Zeitgründen stoppen müssen. Aber bitte vermeiden Sie geschlossene Fragen als Einleitung in ein interessantes Gespräch!

**Beispiele:**

„Haben Sie die Information erhalten?"

„Kennen Sie Frau Dr. Weber?"

„Verwenden Sie unsere neue Produktserie?"

### Die Alternativfrage

Die Alternativfrage gibt dem Befragten zwei oder mehrere Antwort-Möglichkeiten. Sie zwingt ihn, sich zwischen den vom Fragesteller angebotenen Alternativen zu entscheiden. Diese Frage ist ein geeignetes Lenkungsinstrument, um ein Gespräch in eine gewünschte Richtung zu bringen. Der Gesprächspartner wird vor die Wahl gestellt, er kann entscheiden, jedoch wird der Ausgang des Gespräches durch die Alternativen vorherbestimmt. Da der andere aufgefordert wird, Stellung zu beziehen, ist diese Frageform auch dazu geeignet, ein Gespräch zu beleben. Ein kleiner Zusatztipp: Stellen Sie stets die für Sie angenehmere Variante an die zweite Stelle. Die meisten Menschen tendieren dazu, das zuletzt Gehörte zu präferieren – allerdings nur dann, wenn beide Varianten für sie auch gleichwertig sind.

**Beispiele:**

„Finden Sie Produkt C oder Produkt A interessanter?"

„Bevorzugen Sie einen Termin am Vormittag oder am Abend?"

„Reisen Sie mit dem Zug oder mit dem Auto an?"

### Die Suggestivfrage

Mit dieser Frage lenken Sie ein Gespräch noch bewusster in eine gewünschte Richtung. Sie nehmen durch die Formulierung der Frage bereits die Antwort vorweg. Sie erwarten Zustimmung vom anderen. Gesprächsprofis verwenden diese

Frage immer dann, wenn sie aufkeimenden Widerstand spüren. Sie wollen auf diese Weise wieder die Gemeinsamkeiten betonen, ein positives Klima schaffen. Auch wenn der gemeinsame Nenner noch so klein ist, jedes „Ja" vom Gesprächspartner bedeutet eine positive Beeinflussung der Kommunikation. Setzen Sie auch diese Frageform zu Beginn eines Gespräches sehr sparsam ein, um dem anderen nicht das Gefühl des „Überrollens" bzw. der Manipulation zu geben.

**Beispiele:**

„Finden Sie nicht auch, dass diese Lösung interessant ist?"

„Sehen Sie die Chance auch eher bei den Exporten?"

„Wollen Sie sich nicht auch für eine neue Vorgangsweise einsetzen?"

**Die rhetorische Frage**

Diese Frage ist eigentlich keine echte Frage, da der Fragesteller gar keine Antwort vom anderen erwartet, er gibt sich die Antwort gleich selbst. Rhetorische Fragen lockern die Sprechstruktur einer längeren Erklärung am Telefon auf und können so die Aufmerksamkeit der Zuhörer aufrechterhalten. Werden sie allerdings am Telefon zu häufig verwendet, wirken sie meist besserwisserisch. Nur wenn Sie zum Beispiel längere Episoden oder kompliziertere Zusammenhänge am Telefon erklären müssen, sind rhetorische Fragen zur Auflockerung erlaubt.

**Beispiel:**

„Wie finden Sie uns? – Nehmen Sie die U-Bahn Nr. ..."

> *Ein altes chinesisches Sprichwort besagt:*
> *„Wer fragt, ist ein Narr für fünf Minuten.*
> *Wer nicht fragt, bleibt ein Narr für immer!"*

## 3.7 Richtiges Zuhören am Telefon

*„Auch Schweigen ist Kommunikation!"*
*Paul Watzlawick*

> ### ✍ Selbstcheck: Was macht Ihrer Meinung nach richtiges Zuhören aus?
>
> Kreuzen Sie an, was Ihnen wichtig erscheint:
>
> | | richtig | falsch |
> |---|---|---|
> | 1. Voll auf den Partner konzentrieren | ○ | ○ |
> | 2. Wenn Sie schon wissen, worauf der andere hinaus möchte, gleich unterbrechen | ○ | ○ |
> | 3. Schwer Verständliches noch einmal mit eigenen Worten wiederholen | ○ | ○ |
> | 4. Unvoreingenommen zuhören | ○ | ○ |
> | 5. Den Gesprächspartner nie unterbrechen | ○ | ○ |
> | 6. Wenn der andere spricht, die Zeit gleich nutzen, um die eigenen Unterlagen zu ordnen | ○ | ○ |
> | 7. Unklarheiten sofort durch Zwischenfragen beseitigen | ○ | ○ |
> | 8. Sich in den Gesprächspartner hineinversetzen | ○ | ○ |
> | 9. Zustimmende Worte oder Laute signalisieren aktives Zuhören | ○ | ○ |
> | 10. Immer die eigene Sprechweise beibehalten, egal, wie laut, leise, langsam oder schnell der andere spricht | ○ | ○ |

Nichts beweist das Interesse am anderen mehr, als ihm einfach nur zuzuhören. Wir leben in einer lauten, von aggressiver Kommunikation geprägten Welt. Jeder meint, nur dann zu punkten, wenn er besonders viel, laut und dominant spricht. Da hebt sich derjenige umso positiver ab, der auch einmal den anderen zu Wort kommen lässt, der seine Qualitäten als guter Zuhörer beweist. Besonders am Telefon ist es wichtig, dem anderen zuhören zu können – nur so erfährt man, was der andere wirklich möchte, und man kann das Gespräch professionell und zeitsparend führen!

✋ **Beispiel:**

*„Guten Tag, Frau Müller."*

*„Ah, guten Tag, Frau Mayerhofer, lange nichts mehr von Ihnen gehört!"*

*„Ja, ich war jetzt für ein halbes Jahr in unserer Niederlassung in den USA, in San Diego."*

*„Was Sie nicht sagen, da war ich vor zwei Jahren mit meinem Mann, das war ja so was von interessant!"*

*„Ja, ich habe nur sehr wenig Zeit für Besichtigungen gehabt, die Arbeit war viel zu aufreibend."*

*„Also, der Strand dort, den muss man gesehen haben! Und so viele Menschen, alle ständig beim Joggen!"*

*„Die haben dort eine Arbeitseinstellung, da macht man sich bei uns keine Vorstellung. Die arbeiten auch am Wochenende durch."*

*„Heiß war es auch sehr, unser Hotel war aber sehr angenehm, echt luxuriös."*

*„Ich bin schon irgendwie froh, dass ich wieder hier bin ..."*

*„Also ich hab die Zeit dort echt genossen, mein Mann und ich werden sicher wieder hinfahren. So, jetzt hätten wir uns aber fast verplaudert! Was kann ich denn für Sie tun?"*

Ob diese „nette Plauderei" wohl ein echter Stimmungsheber ist? Im Prinzip haben zwar beide von derselben Stadt gesprochen, aber sonst ziemlich aneinander vorbeigeredet. Keine hat auf die Aussagen der anderen reagiert, jede hat nur von ihren eigenen Erlebnissen und Erfahrungen erzählt. Gegenseitiges Interesse lässt sich hier schwer erkennen.

Kommt Ihnen so eine Gesprächssituation bekannt vor? Jeder ist meist mehr daran interessiert, die eigenen Gedanken möglichst schnell, laut und ungefiltert an den Mann zu bringen. Ob das den anderen interessiert, wird nicht hinterfragt. Echte Kommunikation als Austausch von Botschaften findet so nicht statt. Beide Gesprächspartner trennt wesentlich mehr als nur die räumliche Entfernung. Ein Spiegel als Gegenüber würde auch genügen, ja, das hätte auch noch den Vorteil, sich selbst nicht nur zuhören, sondern auch noch optisch bewundern zu können – und außerdem noch Telefonkosten zu sparen!

Zuhören ist noch aus einem anderen Grund speziell beim Gesprächseinstieg von Nutzen. Wie soll ich auf den anderen richtig eingehen, richtig reagieren, wenn ich nicht weiß, was er zu sagen hat? Geben Sie sich da nicht zufrieden mit dem, was Sie vom anderen erwarten oder glauben zu hören!

## 3.7.1 Die Grundregeln des Zuhörens

**Hören Sie darauf, was der andere wirklich sagt!**

Wer nicht zuhört, was der andere sagt, erkennt nicht, was der andere meint!

Häufig haben wir das Gefühl, der andere hört nicht zu und egal, was man auch versucht, er fragt immer wieder nach ähnlichen Dingen. Der andere wiederum behauptet nach dem Telefongespräch, er hätte den Sachverhalt von niemandem richtig erklärt bekommen. Das kann doch nicht sein, denken Sie. Wozu habe ich das sehr ausführlich erklärt? Was ist nun wahr?

**Für jeden ist das wahr, was er gehört hat.**

Wahrheit ist also sehr subjektiv! Das ist eine Tatsache, an der wir nicht vorbeikommen. Wir müssen daher, wenn wir selbst eine Botschaft an den anderen weitergeben, immer damit rechnen, dass dieser sie anderes „wahr"nimmt. Trotzdem sollten wir uns mit dieser Tatsache nicht einfach abfinden, sondern versuchen, der Wahrheit des anderen auf die Spur zu kommen!

**Wer nicht erkennt, was der andere meint, kann nicht richtig antworten!**

Will ich am Telefon die richtigen Argumente finden, will ich den anderen überzeugen, ist es daher in meinem Interesse, zunächst richtig zuzuhören. Nur so kann ich auf **seine** Fragen und Probleme eingehen. Ein Argument überzeugt nicht einfach dadurch, dass es für sich genommen so schlagkräftig ist, sondern weil es den Kern dessen trifft, was der andere wirklich gemeint hat.

**Mit einem guten Argument holen Sie den anderen dort ab, wo er gerade steht!**

Das Problem des richtigen Zuhörens liegt jedoch nicht immer in der eigenen Wahrnehmung. Das Problem liegt vielmehr oft darin, dass nicht jeder das sagt, was er denkt. Wie soll ich hören, was der andere wirklich meint, wenn er nur belanglose Floskeln von sich gibt? Oder wenn er seine Meinung gar nicht ausdrücken kann? Oder vielleicht gar nicht wirklich weiß, was er will? Erschwerend kommt am Telefon auch noch dazu, dass man den Gesprächspartner ja auch nicht sieht, also keine Zusatzinformationen durch seine nonverbale Kommunikation erhält. Hier wird deutlich, wie kompliziert Telefonieren manchmal sein kann!

Wir haben verlernt, unsere Gefühle und Einstellungen klar auszudrücken. Unser Misstrauen gegenüber anderen und vor allem die Befürchtung, missverstanden zu werden, verleiten uns zu den eigenartigsten Äußerungen. Wir verhalten uns taktisch. Oder wir verhalten uns „regelkonform". Oft sprechen wir gerade am Telefon nicht über unsere wahren Gefühle.

Richtig zuhören heißt, auch am Telefon „zwischen den Zeilen" zu lesen. Nicht nur der eigene persönliche Filter muss dabei umgangen werden, sondern auch der des anderen. Wir kommen dieser Wahrheit aber nicht durch Eigeninterpretation des Gesagten auf die Spur, sondern allein durch aktives Zuhören!

### 3.7.2 Das 10-Stufen-Programm zum aktiven Zuhören

1. **Konzentrieren Sie sich voll auf das Gespräch.** Lassen Sie sich nicht durch die Umgebung ablenken. Wer gleichzeitig versucht, alle anderen Menschen im Raum zu begutachten, kann nicht richtig zuhören. Vor allem merkt der andere die mangelnde Aufmerksamkeit, deutet sie als Desinteresse und rückt mit seiner wahren Meinung erst gar nicht heraus.

2. **Schauen Sie durch die Brille des Gesprächspartners.** Versuchen Sie, die Dinge mit seinen Augen zu sehen. Nur, wer sich in den anderen hineinversetzt, kann ihn auch verstehen. Dieses Verhalten verlangt einiges Training. Üben Sie es – egal, ob in der Familie, im Freundeskreis oder am Arbeitsplatz. Fragen Sie sich einfach auch ohne besonderen Anlass, wie der andere wohl gerade empfindet. Je öfter Sie dieses Hineinschlüpfen in die Rolle des anderen praktizieren, desto besser und vor allem selbstverständlicher wird es Ihnen gelingen.

3. **Fragen Sie bei Unklarheiten sofort nach.** Ihr Gesprächspartner merkt dadurch, dass Ihr Interesse echt ist und Sie wirklich zuhören. Wenn sich einmal eine unrichtige Schlussfolgerung in Ihrem Kopf festgesetzt hat, ist es schwer, wieder davon loszukommen. Missverständnisse entstehen gerade durch Kleinigkeiten. Auch scheinbar unwichtige Details werden im Zusammenhang wichtig. Richtiges Verständnis entsteht durch kleine Schritte. Ich kann nicht darauf hoffen, dass mir bei der Verabschiedung plötzlich alles klar wird. Hat der Gesprächspartner erst einmal aufgelegt, wird es meist mühsam, offene Fragen zu klären.

4. **Signalisieren Sie Ihre Empfangsbereitschaft durch das Aufschreiben von Notizen.** Sobald der Gesprächspartner merkt, dass Sie mitschreiben, spürt er auch durchs Telefon, dass Sie ihm gerade die volle Aufmerksamkeit schenken. Ein kurzes „Mhhm" oder „Ja", bei dem die Stimme am Ende hinaufgeht oder ein *„Ja, ich verstehe"* sind ebenfalls akustische Zuhörsignale.

5. **Wiederholen Sie schwierig Verständliches noch einmal mit Ihren eigenen Worten.** Stellen Sie sicher, dass Sie den anderen auch wirklich richtig verstanden haben. Etwa mit den Worten: *„Sie meinen also, dass ..."* So animieren Sie Ihren Gesprächspartner, seine Ansicht noch einmal darzulegen. Er wird kaum die gleichen Worte wählen, und Sie bekommen damit weitere Hinweise, um ihn besser zu verstehen. Hat jemand zum Beispiel seine erste Aussage nicht ganz so ernst gemeint, schwächt er den Inhalt meist bei der Wiederholung etwas ab. Ist er jedoch felsenfest davon überzeugt, wird er sie beim zweiten Mal weiter bestätigen. Auf jeden Fall fühlt er sich ernst genommen, da Sie mit Ihrem Feedback dokumentieren, dass Sie genau zuhören und vor allem auch mitdenken.

6. **Lassen Sie den anderen aussprechen.** Nur wer sich eine Frage auch bis zum Schluss anhört, kann sie wirklich beantworten. Viele Telefongespräche verlaufen unproduktiv, weil das Ende einer Frage nicht abgewartet wird. Wir antworten meist auf das, was wir glauben, dass der andere fragen will. Das stimmt

nicht immer mit dem überein, was der andere wirklich hören will. Außerdem gewinnen Sie Zeit, wenn Sie warten, bis der andere ausgesprochen hat. Sie können sich in Ruhe überlegen, was Sie antworten. Und blicken Sie dabei durch die Brille des anderen, das führt meist zu einer passenden Antwort.

7. **Rücken Sie die eigenen Emotionen zunächst in den Hintergrund.** Werden Sie vom Anrufer zum Beispiel gleich zu Gesprächsbeginn angegriffen, fällt es schwer, nicht sofort Stellung zu beziehen oder sich zu verteidigen. Meist ist es dann eine echte Geduldsprobe, vorerst den vielleicht auch noch umständlichen Ausführungen eines anderen zu lauschen. Starke eigene Emotionen blockieren jedoch die Aufnahme. Man reagiert dann oft gar nicht auf das, was der andere wirklich sagt. Hier blockieren die Emotionen die Aufnahme. Je besser es Ihnen also gelingt, sachlich zu bleiben, desto besser können Sie zuhören. Und je mehr Sie sich auf den anderen und das, was er sagt, konzentrieren, desto ruhiger werden Sie. So fangen Sie zwei Fliegen mit einer Klappe.

8. **Unterbrechen Sie den Gesprächspartner möglichst nicht.** Schon gar nicht zu Beginn eines Gespräches! Unter Zeitdruck haben viele am Telefon die Tendenz, gerade in der ersten Gesprächsphase den anderen zu unterbrechen – wir wollen das Gespräch ja möglichst schnell beenden und wissen meist ja ohnehin, was der andere sagen wird. Für eine gute Gesprächsbasis ist es jedoch wichtig, dass der Gesprächspartner das Gefühl bekommt, einen guten Zuhörer am anderen Ende der Leitung zu haben. Müssen Sie im späteren Verlauf des Gesprächs den anderen doch einmal unterbrechen, dann tun Sie das bitte immer, indem Sie ihn mit seinem Namen ansprechen.

9. **Vermeiden Sie Verlegenheitsmonologe.** Manche Gesprächspartner am Telefon sind mühsam und kosten Zeit. Sie schweigen sich aus und verleiten uns dazu, mehr zu reden, als wir eigentlich geplant haben. Je mehr Sie reden, desto mehr verstummt der andere. Ihr Gesprächspartner hat während Ihres Monologes vielleicht schon längst geistig „abgeschaltet", Sie strapazieren ganz umsonst Ihre Rednerkünste.

10. **Achten Sie von Anfang an auf das Feedback des anderen.** Es gibt Ihnen Auskunft darüber, wie Ihre Argumente ankommen. Feedback kann in vielen Formen erfolgen: Ein zustimmendes „Mhm", ein gedehntes „Ahaa" oder ein kurzes „Wie?" liefern die Anhaltspunkte. Aktiv Zuhören bedeutet, auch diese kleinen Zeichen der Zustimmung oder Ablehnung wahrzunehmen. Seien Sie dankbar für Feedback, auch wenn es sich in offener Kritik äußert. Sie wissen, woran Sie sind. Es ist besser, Sie können sofort auf Kritik eingehen, als der andere zeigt Ihnen mit keiner Regung seine wahre Einstellung Ihnen gegenüber und lässt seinem Unmut erst im Nachhinein, möglicherweise an höherer Stelle, freien Lauf.

Aktives Zuhören ist wesentlich einfacher, als es erscheinen mag. Wer sich bewusst auf den anderen einstellt und durch seine positive Grundhaltung ein angenehmes Gesprächsklima schafft, ist vom ersten Moment an ein beliebter Gesprächspartner.

✎ **Selbstcheck: Bin ich ein guter Zuhörer? Analysieren Sie Ihr „Zuhörverhalten".**

|  | oft | manchmal | nie |
|---|---|---|---|
| 1. Ich treffe voreilige Urteile. Nach ein paar Worten des Anrufers weiß ich genau, was er will. | ○ | ○ | ○ |
| 2. Ich rede zu viel. Mein Gesprächspartner kommt kaum zu Wort, dadurch kann er auch keine unnützen Einwände erheben. | ○ | ○ | ○ |
| 3. Ich kenne das Lieblingsthema meines Stammkunden: Ich höre schon gar nicht mehr hin, wenn er mit seinem Standardthema beginnt. Warum er gerade darauf so fixiert ist, habe ich mir noch nie überlegt. | ○ | ○ | ○ |
| 4. Ich ertappe mich oft dabei, an andere Probleme zu denken, während mein Anrufer spricht. Mein optimaler Arbeitsplatz erlaubt mir, die Zeit auch für andere Arbeiten, z. B. am Bildschirm, zu nutzen. | ○ | ○ | ○ |
| 5. Es lenkt mich total ab, wenn mein Kunde sich häufig räuspert, „ah" und „eh" sagt und immer wieder den Faden verliert. | ○ | ○ | ○ |
| 6. Ich telefoniere besonders gerne nach dem Mittagessen, da kann ich mich beim Zuhören richtig entspannen. | ○ | ○ | ○ |
| 7. Ich plane meine Gespräche sehr gut, und wenn ich mein Stichwort höre, rede ich gleich drauflos. | ○ | ○ | ○ |
| 8. Wenn mein Kunde „Ja, aber ..." sagt, weiß ich genau, dass ein Einwand folgt und überlege mir sofort, was ich entgegnen werde. | ○ | ○ | ○ |
| 9. Ich beurteile die Äußerungen meines Kunden („Was er da gerade sagt, ist Unsinn!"). Da muss ich erst gar nicht die „Kundenbrille" aufsetzen, er sieht die Dinge sowieso falsch! | ○ | ○ | ○ |

| | | | |
|---|---|---|---|
| 10. Ich bin nun einmal ein impulsiver Typ: Wenn ich anderer Meinung bin, muss ich das sofort kundtun, auch wenn ich den anderen unterbreche. So bin ich nun einmal, so kennen mich alle. | ○ | ○ | ○ |
| 11. Die allgemeine Hektik um mich herum stört mich beim Telefonieren. Aber ich glaube, dass es einen guten Eindruck beim Kunden hinterlässt, wenn er die Geschäftigkeit in unserer Firma bemerkt. | ○ | ○ | ○ |
| 12. Meine Familie/Freunde werfen mir vor, dass ich nur das höre, was ich hören will *("Auf dem Ohr bist Du taub.")*. | ○ | ○ | ○ |

Wenn Sie wirklich ehrlich waren, haben Sie sich in einigen Aussagen sicher wiedererkannt. Machen Sie sich eine Liste mit Ihren Hauptfehlern und suchen Sie anhand des in diesem Abschnitt Erlernten nach Lösungen.

| Meine Hauptfehler | Meine Lösungsansätze |
|---|---|
| | |

**Wichtig: Zuhören bedeutet nicht zwingend, den anderen verstehen. Aber es ist ein guter Anfang.**

## 3.8 Überzeugend am Telefon argumentieren

Sie haben sich gewissenhaft auf Ihr Telefongespräch vorbereitet und eine Liste von Argumenten für Ihr Gespräch erstellt – es wird Ihnen aber in der Praxis wohl kaum gelingen, alle Argumente Punkt für Punkt durchzugehen. Leider verläuft ein Gespräch nicht immer genau nach Fahrplan. Der andere stellt Zwischenfragen und bringt Sie aus Ihrem vorbereiteten Konzept. Nach Beendigung des Gespräches stellen Sie fest, dass Sie Ihr wichtigstes Argument gar nicht ins Treffen geführt haben!

Was also tun? Wie formulieren Sie nun Ihre Argumente und welche wählen Sie aus?

**Gehen Sie stufenweise vor:**

**1. Schritt: Überzeugende Argumente formulieren**

- Gute Argumente sind stets den Bedürfnissen des Gesprächspartners angepasst.
- Argumente müssen für den anderen interessant sein, seine Aufmerksamkeit wecken.
- Argumente müssen allerdings auch glaubwürdig sein und auf belegbaren und leicht nachvollziehbaren Fakten beruhen.
- Sie sollten überschaubar, verständlich und einprägsam formuliert sein.
- Halten Sie sich jedoch stets kurz, formulieren Sie klar und prägnant.
- Betonen Sie den **Nutzen** für den Gesprächspartner.
- Packen Sie nicht zu viele Argumente in ein Gespräch. Als Faustregel gilt: Sie sollten maximal drei Argumente pro Gespräch ins Treffen führen. Mehr wird von anderen nicht verarbeitet – und wahr ist schließlich nur immer das, was der andere auch gehört (und sich gemerkt) hat.
- Manchmal ist es günstig, seine Argumente in Frageform zu verpacken (*„Finden Sie nicht auch, dass eine monatliche Überprüfung Ihrer Maschinen die Lebensdauer entscheidend verlängern würde?"*).

**2. Schritt: Die Argumente richtig reihen**

- Nicht jedes Argument ist gleich überzeugend. Es ist daher notwendig, die Argumente nach ihrer Überzeugungskraft zu reihen, um sie auch gezielt im richtigen Moment einsetzen zu können.
- Reihen Sie die Argumente immer aus der Sicht des Gesprächspartners. Was für Sie sehr überzeugend klingt, muss es für den anderen noch lange nicht sein.
- Das stärkste Argument kommt immer zum Schluss! Verschießen Sie Ihr Pulver nicht vorzeitig. Wer mit seinem besten Argument beginnt, hat später nichts mehr nachzulegen und kann so leicht Stück für Stück widerlegt werden.
- Beginnen Sie mit einem „mittelstarken" Argument, einem, das geeignet ist, das Interesse des anderen zu wecken, aber doch „Spielraum nach oben" zulässt.
- Weniger stichhaltige Argumente kommen in die Mitte (= Sandwichtechnik). Da können Sie dann gut mit dem anderen diskutieren und auch seine Argumente anhören.
- Wenn Ihr Gesprächspartner aber meint, er hätte schon Oberwasser in seiner Argumentation, dann kommt Ihre „stärkste argumentative Waffe".

### 3. Schritt: Lenken Sie das Gespräch in Ihre Richtung

▸ Wenn Sie merken, dass der andere beginnt, das Gespräch in andere Bahnen zu lenken, dann wird es Zeit, gegenzusteuern. Stellen Sie Fragen und bringen Sie so den anderen dazu, zu reagieren, statt selbst zu lenken.

▸ Durch die richtigen Fragen (siehe Fragenkompass) lenken Sie nun das Gespräch wieder in die von Ihnen gewünschte Richtung.

▸ Merken Sie sich im Verlauf des Gespräches stets jenen Punkt, bei dem Sie beide noch einer Meinung waren. Wird es kritisch, weil der andere permanent Einwände vorbringt, dann kommen Sie auf diesen letzten gemeinsamen Nenner zurück. So begeben Sie sich wieder auf neutrales Terrain, von dem aus sich ein Kompromiss leichter erzielen lässt.

▸ Behalten Sie immer Ihr stärkstes Argument im Auge. Es sollte (in Stichworten) so vor Ihnen liegen, dass Sie es immer sehen und so sicher nicht vergessen.

▸ Legen Sie sich aber vor dem Gespräch einen angestrebten „Ergebnis-Spielraum" fest. So können Sie leichter auf Kompromissvorschläge des anderen eingehen – ohne das Gefühl, über den Tisch gezogen worden zu sein.

☞ **Tipp:**

Wenn Sie Ihr Ziel und den Nutzen des Kunden genau vor Augen haben, verwenden Sie eine „Argumentationskette" – drei Argumente, wohlüberlegt aneinandergereiht, führen zum Erfolg: Wie in einem guten Drehbuch – die Handlung wird aufgebaut, die Spannung steigt, die interessantesten Punkte werden mit einem Scheinwerfer beleuchtet und am Schluss folgt das Happy End – der positive Gesprächsabschluss!

## 3.9 Die Phasen eines Gespräches am Telefon

Die meisten Telefongespräche durchlaufen mehrere Phasen:

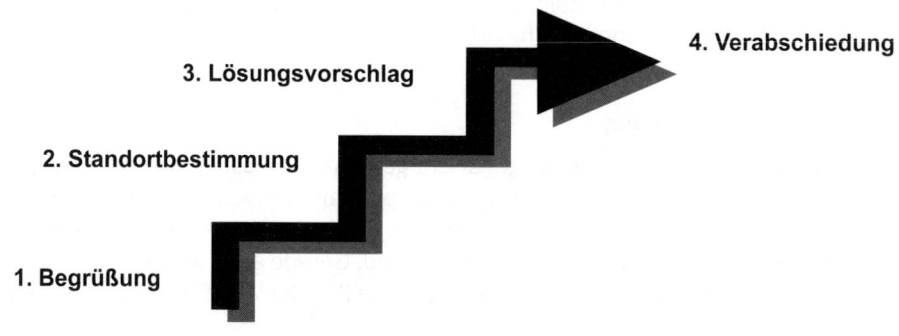

1. Begrüßung
2. Standortbestimmung
3. Lösungsvorschlag
4. Verabschiedung

## 1. Die Begrüßung und Kontaktaufnahme

Ein guter Einstieg in ein Gespräch basiert stets auf einer guten emotionalen Basis. Sofort mit der Sache zu beginnen wäre wie mit der Tür ins Haus zu fallen. Diese Phase dient daher der emotionalen Wahrnehmung des Gesprächspartners. Hier zählt vor allem der erste Eindruck: Wie schon in Kapitel 3.1 ausgeführt, wird damit die Basis für die Verständigung gelegt. Nicht umsonst wird immer wieder von der „telefonischen Visitenkarte" gesprochen. Wem es gelingt, in dieser Phase den Gesprächspartner emotional „abzuholen", der hat meist den wichtigsten Schritt bereits getan.

## 2. Die Standortbestimmung

Ist der emotionale Einstieg geschafft, kann das Gespräch auf die Sache gelenkt werden. Jetzt geht es darum, herauszufinden, was der andere genau will, welches Ziel er verfolgt. Sie können später noch so professionell argumentieren, wenn Ihre Argumente nicht den wahren Hintergrund des anderen betreffen, werden Sie nicht punkten. In dieser Phase sind vor allem die richtigen Fragen und aktives Zuhören gefragt. So wird abgeklärt, was der andere will, und der eigene Aktionsradius abgesteckt.

## 3. Der Lösungsvorschlag

Haben Sie erkannt, was der andere will, liegt es an Ihnen, aktiv zu werden. Wer nicht gleich einen Lösungsvorschlag parat hat, der kann durch nochmaliges Nachfragen („Klärungsfragen" – *„Habe ich richtig herausgehört, Sie möchten ..."*) Zeit gewinnen. Ist der eigene Vorschlag im Geiste einmal abgeklärt, geht es darum, den anderen nicht zu „überfahren". Auch wenn Sie noch so überzeugt von Ihrem Vorschlag sind – es ist Ihr Gesprächspartner, den Sie überzeugen wollen. Formulieren Sie Ihre Argumente daher immer aus der Sicht des anderen (siehe Kapitel 3.5). Es geht in dieser Phase vor allem darum, dem anderen Sicherheit zu vermitteln. Wenn er sich verstanden fühlt, geht er eher auf Ihre Vorschläge ein oder zeigt sich kompromissbereit. Bei dem Lösungsvorschlag geht es nicht unbedingt um eine gesamtheitliche Lösung, die alle angesprochenen Probleme aus dem Weg schafft: Auch das Angebot eines Rückrufs durch den verantwortlichen Mitarbeiter, das Abklären weiterer Details oder das Nennen einer Durchwahl eines abwesenden Mitarbeiters können solche (Minimal-)Lösungen sein.

## 4. Die Verabschiedung

Hat man sich inhaltlich geeinigt, ist ein geordneter Ausstieg aus dem Gespräch gefragt. Wenn der Anrufer jetzt das Gefühl bekommt, er wird möglichst schnell aus der Leitung geworfen, kann es passieren, dass er nochmals nachhakt und das Gespräch nochmals von vorne aufgerollt wird. Gerade auch am Schluss muss der andere das Gefühl bekommen, Sie hätten alle Zeit der Welt für ihn. Was allerdings nicht bedeutet, dass Sie sich jetzt in langatmigen Worttiraden verlieren sollten. Es geht um eine kurze, persönliche Verabschiedung:

- Nennen Sie nochmals seinen Namen.
- Fassen Sie die Fakten noch einmal kurz zusammen.
- Wiederholen Sie, was Sie tun werden.
- Bedanken Sie sich.
- Verabschieden Sie sich.

Das Ende eines Gespräches ist genauso wichtig wie der Einstieg. Es geht schließlich um das positive Gefühl, das beim Gesprächspartner zurückbleibt, nachdem er aufgelegt hat. Bilden Sie so eine Art emotionale Klammer um die „sachlichen Teile" Ihres Gespräches. Damit fühlt sich der andere wirklich wahrgenommen und verstanden. Der Grundstein für das nächste Gespräch und eine erfolgreiche weitere Geschäftsbeziehung ist so gelegt.

## 3.10 Informationen festhalten

Ein wichtiger Bestandteil professionellen Telefonverhaltens ist das Notieren relevanter Informationen. Selbst der größte Profi kann sich nicht alles merken. Der Kunde am anderen Ende merkt genau, wenn Sie schreiben. Ein Teil Ihrer Aufmerksamkeit ist nicht mehr ihm gewidmet. Andererseits fühlt er sich wichtig und ernst genommen, wenn Sie von ihm Gesagtes notieren – setzen Sie dieses Mittel ruhig bewusst ein: *„Ihr Vorschlag gefällt mir sehr gut, ich möchte mir das gerne notieren ..."*

Die Informationen, die Sie notieren, sollten stets kurz, übersichtlich und präzise formuliert sein. Es geht dabei nicht um die äußere Form, sondern um die Wiederverwertbarkeit der Information. Vielfach helfen Telefonnotizen auch bei der Aktualisierung der Kundendatei. Übertragen Sie daher bitte neue Informationen, wie z. B. eine neue Handynummer, unverzüglich in die entsprechende Datenbank.

Um sich die Arbeit des Mitschreibens zu erleichtern, empfiehlt sich die Verwendung von Vordrucken:

- Sie helfen, das Gespräch zu strukturieren.
- Sie geben Sicherheit.
- Sie vermeiden eine unübersichtliche „Zettelwirtschaft".
- Sie ermöglichen eine einheitliche Informationsweitergabe.
- Sie dokumentieren das Gespräch.
- Sie helfen bei der Nachbearbeitung.

Je nach Unternehmen macht es Sinn, solche Vordrucke zu erstellen, die individuell und an den eigenen Bedarf angepasst werden können. Wir empfehlen darüber hinaus im Sinne von Teamarbeit und positiver Arbeitstechnik, dabei auch gleich einige firmeninterne Standards zu vereinbaren und den Vordruck für Telefonnotizen allen (auch elektronisch) zugänglich zu machen. Nutzen Sie die Inputs Ihrer Kollegen, so können Sie nützliche Anregungen bei der Gestaltung des firmeneigenen Vordrucks einfließen lassen. Das hat den zusätzlichen Nebeneffekt, dass die firmeninterne Akzeptanz eines neuen Arbeitsformulars viel größer ist, wenn die Mitarbeiter das Gefühl haben, bei der Erarbeitung beteiligt gewesen zu sein.

Einige Fragen, die Sie sich vor der Erstellung eines solchen Vordrucks vor Augen halten sollten:

- Wer ist der Gesprächspartner? (Name, Titel, Unternehmen)
- Worum geht es?
- Welche Uhrzeit?
- Welches Datum?
- Wer nimmt das Gespräch entgegen?
- Was muss erledigt werden, von wem und bis wann?
- Was ist schon passiert?
- Welche Information fehlt noch?
- Für wann wird ein Rückruf vereinbart?
- Wird ein Bestätigungs-E-Mail versendet?
- Welche Priorität hat die Angelegenheit?
- Wer muss noch informiert werden?
- Was ist sonst noch wichtig?

Ergänzen Sie gegebenenfalls auch nach Beendigung des Telefonates Ihre Notizen. Für diese kurze Phase der direkten Nachbearbeitung sollte immer Zeit sein. Manche Inhalte eines Gespräches sind schließlich auch von rechtlicher Relevanz und eine klare Dokumentation kann spätere aufwendige Recherchen ersparen helfen. Sollten Sie als Bestätigung und Zusammenfassung eine E-Mail an den Anrufer senden, hilft diese Telefonnotiz ebenfalls.

✋ Beispiel für ein Telefon-Notiz-Formular (wobei die graphische Gestaltung Ihnen überlassen bleibt):

| ANRUFE FÜR: | | | | | | |
|---|---|---|---|---|---|---|
| TAG: | | | | | | |
| ZEIT | ANRUFER | INHALT | WER IST ZUSTÄNDIG/ VERANTWORTLICH | RÜCKRUF/ E-MAIL – WANN? | ABC-PRIORITÄT | SONSTIGES |
|  |  |  |  |  |  |  |
|  |  |  |  |  |  |  |
|  |  |  |  |  |  |  |
|  |  |  |  |  |  |  |
|  |  |  |  |  |  |  |

## 3.11 Zusammenfassung

Für ein gutes Telefongespräch ist ein perfekter Start die beste Grundlage. Dabei geht es vor allem um das Erzielen eines positiven ersten Eindrucks: Der richtige Zeitpunkt des Abhebens, die korrekte Begrüßung und die Wichtigkeit des Namens des Anrufers stehen dabei im Vordergrund.

Die richtigen Formulierungen bilden das Gerüst des Gespräches. Wem es gelingt, dabei Sache und Emotion auch verbal auseinanderzuhalten, prägnant und positiv zu formulieren und dabei freundlich, aber trotzdem bestimmt und ohne Möglichkeitsformen zu sprechen, der ist auf dem richtigen Weg zum erfolgreichen Gesprächsergebnis. Ein Mosaikstein zum Erfolg ist außerdem eine verständliche Ausdrucksweise, ohne Fachvokabular und stets aus der Sicht des Anrufers, sowie ein Vermeiden diverser „Killerphrasen" wie z. B. unnötiger Entschuldigungen.

Auch richtiges Weiterverbinden und das Anbieten eines Rückrufes will gelernt sein. Vermeiden Sie dabei das typische „Telefon-Deutsch" *(„Ich leg Sie kurz um")* und beweisen Sie dem Anrufer, dass Sie es mit einem Rückruf ernst meinen, indem Sie einen Termin für diesen Rückruf vereinbaren und diesen auch tatsächlich einhalten.

Die richtigen Fragen sind ebenfalls ein Erfolgsfaktor professioneller Gesprächsführung am Telefon. Wer fragt, der führt – diesen Grundsatz sollten Sie nie aus den Augen verlieren. Die richtige Frage am richtigen Ort kann ein Gespräch positiv beeinflussen und das für Sie gewünschte Ergebnis hervorbringen.

Wer fragt, sollte auch zuhören können. Den Nutzen des anderen, seine Beweggründe und versteckten Motive kann nur herausfinden, wer diese Kunst beherrscht. Überzeugende Argumente finde ich als Anrufer dann in der Folge leichter: Ich kann aus der Sicht des anderen argumentieren, seinen Nutzen in den Vordergrund rücken. Entscheidend dabei ist auch die richtige Reihung der eigenen Argumente im Gesprächsverlauf. Wer mit dem stärksten Argument beginnt, hat sein Pulver verschossen, bevor das Gespräch richtig begonnen hat. Es sollte daher immer für den Schluss aufbewahrt werden. Zu viele Argumente sind ebenfalls kontraproduktiv. Mehr als drei Gedankengänge am Stück sollten nicht in ein Telefongespräch verpackt werden.

Bauen Sie Ihr Telefongespräch strategisch auf: Die richtige Begrüßung als Einstieg, eine klare Standortbestimmung und ein darauffolgender Lösungsvorschlag sind die zentralen Bestandteile auf der „Treppe zum Telefonerfolg". Gekrönt wird Ihr Bauplan durch eine positive Verabschiedung als Basis für die Verständigung oder für einen weiteren Anruf.

Wer dann auch noch gleich von Beginn des Gespräches weg die wichtigen Eckdaten schriftlich festhält, hat die wesentlichsten Dinge für ein erfolgreiches Telefongespräch beachtet. Denn das beste Gespräch nützt wenig, wenn dem Vereinbarten keine Taten folgen. Wer einen Rückruf verspricht, sollte auch wissen, wann er diesen durchführt und mit welchem Inhalt. Sämtliche relevanten Informationen sollten dokumentiert werden.

Der Erfolg am Telefon besteht aus vielen kleinen Bausteinen, und alle zusammen ergeben ein solides Gebäude.

# 4. DAS TELEFON ALS VERKAUFS- UND PR-INSTRUMENT

Wer das Telefon auch als aktives Verkaufsinstrument, wie z. B. für das Anbieten von Produkten oder zur Terminvereinbarung, nutzt, sollte über die im vorigen Kapitel beschriebenen Grundlagen erfolgreicher Gesprächsführung hinaus noch einige Besonderheiten beachten.

Wir konzentrieren uns im Folgenden auf die verkaufsspezifischen Extras am Telefon:

## 4.1 Kundenkontakte aktiv gestalten

### 4.1.1 Kundenauswahl

Aktiver Telefonverkauf wird von vielen Mitarbeitern nicht gerade geliebt. Einfach irgendwo anzurufen und dem ahnungslosen Gesprächspartner etwas „aufzuschwatzen" erfordert Mut und Selbstvertrauen. Denn nur allzu oft holt man sich dabei eine Abfuhr. Der Angerufene reagiert unwirsch, ungeduldig und verärgert. Wer nicht um einen Anruf gebeten hat, wird unter dem Zeitdruck, der auf uns allen lastet, auch schon einmal unfreundlich und manchmal sogar beleidigend. Dabei ruhig zu bleiben und das Gesagte nicht persönlich zu nehmen, fällt oft schwer.

So mancher aggressiv auftretende Telefonverkäufer hat dieses Negativimage zusätzlich geprägt. Distanzieren Sie sich bewusst und auch innerlich von allzu aggressiven Methoden. Wer „auf Teufel komm raus" am Telefon verkaufen will, darf sich über Misserfolge nicht wundern. Selbst ein irgendwie erpresstes „Ja" vom Kunden ist aus unserer Sicht noch lange kein Erfolgsgarant. Zu groß ist die Gefahr, dass der Kunde seine Zustimmung widerruft, was zusätzlichen Aufwand und vor allem auch ein geschädigtes Image des Unternehmens nach sich zieht.

Gestalten Sie daher auch im Verkauf Ihre Kundenkontakte aktiv und kundenfreundlich. Nur wer auch – zumindest theoretisch – Interesse an Ihrem Produkt hat, sollte kontaktiert werden.

Ihre Kundendatei und Ihre Liste möglicher Neukunden ist dabei Ihre größte Hilfe (siehe Kapitel 1.6). Nutzen Sie dabei in erster Linie jedes Ihnen zur Verfügung stehende Potenzial im eigenen Unternehmen. Wer hatte mit welchen potenziellen Neukunden Kontakt?

Haben Sie ein Unternehmen identifiziert, das für Ihre Akquisitionstätigkeit in Frage kommt, ist es wichtig, die richtige Ansprechperson innerhalb dieses Unternehmens zu ermitteln:

## ☑ Checkliste: Ermittlung der Zielperson

1. Wer ist der Unternehmensleiter?
　_____

2. Wer ist für den Bereich, in dem ich anbieten möchte, verantwortlich?
　_____

3. Wer ist für den Einkauf verantwortlich?
　_____

4. Mit welchen Personen dieses Unternehmens hatten wir schon Kontakt?
　_____
　_____

5. Gibt es bereits E-Mail- oder Briefkontakt?
　_____

6. Wer könnte mein angebotenes Produkt dort hauptsächlich nutzen?
　_____
　_____
　_____

7. Gibt es schon andere Produkte aus unserem Haus in diesem Unternehmen?
　_____
　_____
　_____

8. Wer ist der/die Assistent/in meines potenziellen Ansprechpartners?
　_____

9. Wie schreibt sich sein/ihr Name, hat er/sie einen Titel, und wie ist seine/ihre Position im Unternehmen?
　_____

10. Wer hat sonst noch Interesse an Neuerungen/unseren Produkten?
　_____
　_____

11. Welcher Zeitpunkt ist günstig?
　_____
　_____

Haben Sie einmal Ihren Ansprechpartner eruiert, können Sie beginnen, Ihr Verkaufsgespräch genau zu planen. (Siehe Kapitel 1: Kundenbrille, Sammeln und Aufbereiten der Vorinformationen, der richtige Zeitpunkt etc.)

### 4.1.2 Festlegen eines Gesprächskonzeptes

Zur guten Planung eines aktiven Telefonates gehört das Festlegen eines klaren Gesprächkonzeptes. Machen Sie diesen Planungsschritt immer schriftlich. So schaffen Sie mehr Übersicht, auch in Ihren Gedanken. Dadurch fällt es Ihnen leichter, wichtige Punkte nicht zu vergessen. Vor allem können Sie auch nach dem Gespräch besser kontrollieren, ob Sie alle wesentlichen Gedanken und Argumente untergebracht haben – die Erfolgskontrolle ist der Schlüssel zu zukünftigen Verkaufserfolgen!

☑ **Checkliste: Bestandteile eines Gesprächskonzeptes**

1. Meine Gesprächsziele

_____
_____
_____
_____
_____

2. Meine Gesprächseröffnung

_____
_____
_____
_____
_____

3. Mein Gesprächsaufbau

_____
_____
_____
_____

4. Meine Argumente

5. Meine Fragen

6. Fakten, die der Kunde erfahren soll

7. Der Hauptnutzen meines Produktes

8. Kompromissvorschläge, Verhandlungsspielraum

9. Die richtige Verabschiedung

## 4.2 Bedarfsermittlung am Telefon

Sobald Sie Ihre Vorbereitung abgeschlossen haben, können Sie zum Hörer greifen. Für den Einstieg ins Verkaufsgespräch gelten die in Kapitel 3.1 beschriebenen Grundsätze. Beginnen Sie Ihr Gespräch professionell und beachten Sie die Wirkung Ihres ersten Eindrucks.

Als nächster Schritt finden Sie heraus, was der Kunde wirklich will. Das Ziel dabei ist es,

- den genauen Bedarf des Kunden zu ermitteln,
- seine Kaufmotive zu erkennen und
- das passende Angebot sowie die passende Verpackung zu finden.

Lösen Sie sich von dem Gedanken, dem Kunden etwas „einreden" zu müssen – denken Sie lieber an den Grundsatz: **Verkaufen bedeutet Probleme lösen!**

Entscheidend ist dabei die Auseinandersetzung mit der Situation des Kunden. Ihr Angebot hat nur dann eine Chance, vom Kunden akzeptiert zu werden, wenn es seinem tatsächlichen Bedarf entspricht und er auch motiviert ist bzw. einen Ansporn erhält, zu kaufen.

Zwei Informationen sind daher in dieser Phase für Sie besonders wichtig:

- Welchen Bedarf hat der Kunde?
- Welche Kaufmotive hat der Kunde?

### 4.2.1 Der Kundenbedarf

Hier gilt es abzuklären, **welches Produkt** Ihr Kunde benötigt und **unter welchen Rahmenbedingungen** er es einsetzen kann.

- Stellen Sie **Fragen**: möglichst offene Fragen, um ein umfassendes Bild der Kundensituation vor Ihren Augen entstehen zu lassen.
- **Hören Sie genau und aktiv zu!** Hören Sie vor allem auch „zwischen den Worten". Da verrät Ihnen Ihr Kunde viel mehr als mit den eigentlichen Worten.

Mit diesen beiden unentbehrlichen Werkzeugen des professionellen Verkaufes haben wir uns schon ausführlich befasst. Sie werden also diese Hürde mühelos nehmen.

Nicht immer ist jedoch das Produkt, das der Kunde braucht, auch das, was er wirklich kaufen will. Ganze Industriezweige wären in unserem Wirtschaftsleben nicht vorhanden, wenn Menschen nur kaufen würden, was sie benötigen (Modeindustrie etc.).

Befassen wir uns hier also mit den möglichen Kaufmotiven Ihres Kunden:

### 4.2.2 Die Kaufmotive

Motive haben viel mit Wünschen und Zielen zu tun, fragen Sie sich daher:

- Welche Ziele verfolgt mein Kunde?
- Welche (geheimen) Wünsche könnte er sich mit dem Kauf erfüllen?

Bestimmte Kundengruppen und bestimmte Branchen haben meist auch ähnliche Kaufmotive. Bei einer technischen Dienstleistung, wie einem neuen Software-Programm, werden andere Motive wichtig sein als beim Verkauf von Mode durch ein Versandhaus.

**Welche Kaufmotive gibt es?**

Wir haben eine **Liste möglicher Kaufmotive** zusammengestellt. Identifizieren Sie jene Kaufmotive, die für Ihre Kunden zutreffen können, und ergänzen Sie die Liste:

☑ **Checkliste: Kaufmotive**

1. Praktischer Nutzen

    - Einfache Handhabung  ○
    - Kombinierbarkeit  ○
    - Flexibilität  ○
    - Produktqualität  ○
    - Platzbedarf  ○
    - Service  ○
    - _____
    - _____
    - _____
    - _____

2. Materielle Motive

    - Gewinn  ○
    - Einsparungen  ○
    - Rationalisierung  ○
    - Zeitgewinn  ○
    - _____

- ▸ _____
- ▸ _____
- ▸ _____

3. Schönheitsmotive

- ▸ Farbe und Form  ○
- ▸ Modisch  ○
- ▸ Raumästhetik  ○
- ▸ Wirkung auf Männer/Frauen  ○
- ▸ _____
- ▸ _____
- ▸ _____
- ▸ _____

4. Soziale Motive und Selbstverwirklichung

- ▸ Prestige  ○
- ▸ Luxus  ○
- ▸ Zusammenarbeit  ○
- ▸ Menschlichkeit  ○
- ▸ Siegen, besser sein  ○
- ▸ Altruismus  ○
- ▸ Unabhängigkeit  ○
- ▸ Wissenstrieb  ○
- ▸ _____
- ▸ _____
- ▸ _____
- ▸ _____

5. Sicherheits-/Selbsterhaltungsmotive

- ▸ Persönliche Sicherheit  ○
- ▸ Eigentumsschutz  ○
- ▸ Vorsorge  ○
- ▸ Unfallschutz  ○

- ▶ Gesundheitsbewusstsein  ○
- ▶ Kontrollbedürfnis  ○
- ▶ Umweltschutz  ○
- ▶ _____
- ▶ _____
- ▶ _____
- ▶ _____

6. Kulturelle Motive

- ▶ Bildung  ○
- ▶ Künstlerisches Empfinden  ○
- ▶ Reisefreude  ○
- ▶ Unterhaltungsbedürfnis  ○
- ▶ _____
- ▶ _____
- ▶ _____
- ▶ _____

Versuchen Sie nun, ein paar Motive zu konkretisieren, wie zum Beispiel: *„Meine Kunden suchen das Außergewöhnliche."*, *„Meine Kunden schätzen solide, alte Werte."*:

**„Meine Kunden** _____

☞ **Tipp:**

Wenn Sie das Kaufmotiv Ihres Kunden erkannt haben, können Sie Ihr Produkt viel besser und kundengerechter verpacken. Denn es ist nicht nur wichtig, was Sie Ihrem Kunden verkaufen, sondern auch, wie Sie es verpacken, sprich: verkaufen!

## 4.3 Das passende Angebot

Ihr Verkaufsgespräch ist nun im Fluss und Sie laufen zu Ihrer Höchstform auf. Sie wissen, was Sie verkaufen wollen. Endlich dürfen Sie die Vorzüge Ihres Produktes anpreisen!

Was jetzt wichtig ist:

- Die Produktpräsentation optimal gestalten.
- Den Nutzen des Kunden „greifbar" machen.

Am Telefon können Sie Ihr Produkt jedoch nicht optisch präsentieren – Sie müssen es für den Kunden „visualisieren".

☞ **Tipp:**

Die Vorzüge Ihres Angebotes müssen vor dem geistigen Auge des Kunden erscheinen, Sie müssen das Produkt „angreifbar" machen!

Das bloße Aufzählen aller Produkteigenschaften allein überzeugt den Kunden nicht. Er will wissen, was er konkret davon hat.

„Übersetzen" Sie die Produkteigenschaften:

✋ **Beispiel:**

*Statt: „Unser neues Gerät ist nur mehr cirka 20 Zentimeter mal 30 Zentimeter groß, also echt sehr klein."*

*Besser: „Unser neues Gerät hat nur mehr die Größe eines A4-Blattes!"*

**So verwandeln Sie Fakten in Vorteile:** Erstellen Sie im Vorfeld eine Liste, in der Sie alle Vorzüge Ihres Produktes oder Ihrer Dienstleistung in einen konkreten Kundennutzen umformulieren:

✋ Beispiel:

| „Wir bieten: …" | „Das hat für Sie den Vorteil: …" |
|---|---|
| 1. Genaue Überprüfung Ihrer Maschinen | „Sie erhalten Kenntnis über den derzeitigen Zustand Ihrer Maschinen." |
| 2. Monatliche Überprüfung | „Sie müssen sich keine Gedanken mehr über die laufende Wartung Ihrer Maschinen machen." |
| 3. Gut ausgebildetes Fachpersonal | „Sie sparen bei der technischen Produktschulung Ihrer Mitarbeiter und haben zusätzliche Arbeitskapazitäten frei, da wir die Wartung für Sie übernehmen." |
| 4. Ständigen Kontakt mit unserer Firma | „Das gibt Ihnen die Sicherheit, immer einen kompetenten Ansprechpartner zu haben." |
| 5. Laufend neue Angebote | „Sie sind immer auf dem neuesten Informationsstand und können so optimal entscheiden, wann Sie eine Maschine ersetzen wollen."." |
| 6. Eintragung in die Stammkundendatei | „Sie werden bevorzugt behandelt, haben kürzere Lieferfristen etc." |

☞ **Tipp:**

Aktualisieren Sie diese Aufstellung von Zeit zu Zeit und verwenden Sie sie als aktive Verkaufshilfe.

Bieten Sie Ihrem Kunden wenn möglich auch eine Alternative an: Jeder möchte das Gefühl haben, aus mehreren Produkten zu wählen. Gehen Sie daher im Sinne Ihres Verkaufserfolgs auf dieses Bedürfnis ein.

Grundsätzlich gilt im Verkauf die „Dreier-Regel", wonach Sie nicht mehr als drei Produkte anbieten sollten. Am Telefon ist es sogar besser, maximal zwei Alternativen anzubieten. Schließlich ist hier die reine Vorstellungskraft gefragt, der Kunde sieht ja die Produkte, Prospekte und andere visuelle Anschauungsmaterialen nicht vor sich. Bei wenigen Alternativen behält er die Übersicht.

Gerade beim Telefonverkauf steht aber meist ein Produkt im Vordergrund. Vermeiden Sie trotzdem den Eindruck *„Friss oder stirb!"* Überlegen Sie sich schon bei der Vorbereitung, welche Alternative Sie eventuell anbieten könnten. Machen Sie Ihrem Kunden deutlich, dass Sie ihn nicht mit Angeboten überhäufen wollen, sondern heute gerade ein für ihn passendes Angebot ausgewählt haben!

☞ **Tipp:**

Am Telefon sind überzeugende, am Kundennutzen orientierte Argumente besonders wichtig. Nur so entsteht beim Kunden der Kaufwunsch!

## 4.4 Einwände positiv nutzen

Eine der schwierigsten Aufgaben im Telefonverkauf ist das Behandeln von Einwänden. Sie haben Ihr Produkt mit Überzeugung präsentiert und sind sicher, dass es genau dem Kundenbedarf entspricht. Doch statt Ihre Begeisterung zu teilen, beginnt der Kunde das berühmte Haar in der Suppe zu suchen. Wer jetzt verärgert oder mit Unverständnis reagiert, der hat wenig Chancen auf einen erfolgreichen Abschluss. Gerade jetzt ist es besonders wichtig, genau auf den Kunden zu hören, auf ihn einzugehen. Denn nicht immer ist das, was er Ihnen als Einwand nennt, auch wirklich das, was er letztendlich meint. Es gibt viele Gründe, warum ein Kunde einen Einwand vorbringt:

- Der Kunde ist unsicher, er benötigt noch weitere Informationen, um sich letztendlich entscheiden zu können.
- Der Kunde fühlt sich überfahren, das Verkaufsgespräch verlief bisher zu schnell und für den Kunden zu unübersichtlich.
- Der Kunde hat wirkliches Interesse und will daher weitere Informationen.
- Der Einwand dient als Vorwand, er will z. B. nicht zugeben, dass ihm der Preis einfach zu hoch ist.
- Der Kunde ist total ablehnend, er will (im Moment) nicht kaufen, traut sich aber nicht, das gerade heraus zu sagen.
- Er will dem Verkäufer dessen Unfähigkeit und mangelnde Fachkenntnis vorführen.
- Er will seine Wichtigkeit beweisen; er ist überzeugt, es besser zu wissen.
- Er benötigt selbst Argumente für seinen Chef, Mitarbeiter oder andere Entscheidungsträger.
- Er will bessere Konditionen erreichen und eine bessere Verhandlungsposition einnehmen.

Je besser Sie sich in den Kunden hineinversetzen, desto eher finden Sie die wahren Hintergründe heraus und desto professioneller können Sie reagieren.

☞ **Tipp:**

Einwände sind wichtig, stehen Sie Einwänden daher positiv gegenüber!

Einwände geben dem Verkäufer die Chance, seine Professionalität unter Beweis zu stellen:

- Wie gut kann ich zuhören?
- Wie gut kann ich argumentieren?
- Wie gut kann ich auf den Kunden eingehen?
- Wie gut kann ich Negatives in Positives umwandeln?

Jeder Mensch will überzeugt werden: Wenn Sie die Einwände Ihres Kunden glaubhaft entkräften, wird er Ihrem Vorschlag wesentlich überzeugter und motivierter zustimmen. Vorschnelle Erfolge rächen sich oft. Der Entscheidungsprozess sollte daher nie gegen den Willen des Kunden vorangetrieben werden. Wer sich gedrängt und überredet fühlt, wird im Nachhinein oft ein unangenehmer Kunde.

Wollen Sie Einwände positiv nutzen, setzen Sie sich folgende Ziele:

- Sie klären noch offene Punkte.
- Sie überwinden Widerstände, die einem Verkaufsabschluss im Wege stehen.
- Sie beweisen „Kundennähe" und „Beratungskompetenz".
- Sie verwandeln Negatives in Positives.
- Sie nehmen den Einwand nicht persönlich.

☞ **Tipp:**

Sie absolvieren also in dieser Phase Ihre „Verkaufskür". Sehen Sie daher Einwände immer als Chance, Ihr gesamtes Können unter Beweis zu stellen! Ihre Einstellung entscheidet!

## 4.4.1 Vom Einwand zur Zustimmung in drei Schritten

### 1. Schritt: Den Einwand akzeptieren

Auch wenn Sie genau zu wissen meinen, was Ihr Kunde jetzt gleich sagen wird: Fallen Sie ihm nie ins Wort, sondern lassen Sie ihn zunächst reden. Er muss unbedingt den Eindruck gewinnen, von Ihnen ernst genommen zu werden.

Achten Sie dabei auf Folgendes:

- Signalisieren Sie dem Kunden, dass Sie aufnahmebereit für seine Bedenken sind. Danken Sie ihm ruhig auch für seine Frage.
- Zeigen Sie Verständnis.
- Notieren Sie alle Einwände, Sie vermeiden so, auf einen wichtigen Punkt zu vergessen. Der Kunde merkt im Übrigen genau, dass Sie mitschreiben; Sie verstärken damit seinen Eindruck, dass Sie ihn ernst nehmen.

- Lassen Sie Ihren Kunden ausreden.
- Hören Sie aktiv zu.
- Bleiben Sie ruhig und sachlich. Dadurch können Sie auch Emotionen, die beim Kunden entstehen, abschwächen. Es geht in dieser Phase nicht ums Siegen und Verkaufen um jeden Preis, sondern um die sachliche Klärung eines Problems.

Machen Sie sich eine Liste mit Formulierungen, die dem Kunden beweisen, dass sie ihn ernst nehmen.

### Beispiele für Formulierungen:

„Ich verstehe, dass Sie sich bei einer so wichtigen Entscheidung vorher genau informieren wollen."

„Sie sprechen da einen wichtigen Punkt an ..."

„Was Sie sagen, kann ich gut verstehen ..."

„Ich bin Ihnen dankbar, dass Sie diesen Punkt ansprechen."

„Darüber möchte ich auch noch mit Ihnen sprechen ..."

„Ich teile Ihre Bedenken, kann Ihnen aber versichern, ..."

„Denken Sie dabei an ...?"

„Sie stellen da eine interessante Frage, die ich gerne beantworte ..."

„Genau diesen Punkt haben wir in unsere Überlegungen miteinbezogen ..."

„Viele unserer Kunden haben ähnliche Bedenken, ich kann Ihnen aber versichern ..."

„Wir haben uns mit diesen Fragen unserer Kunden genau auseinandergesetzt."

„Habe ich Sie richtig verstanden, Sie meinen, ...."

Diese Liste ließe sich noch endlos lange fortsetzen. Suchen Sie sich Formulierungen, die Ihrem Sprachgebrauch entsprechen, und wenden Sie sie gleich morgen an!

### Tipp:

Gute Verkäufer nehmen Einwände geschickt vorweg: Sie wissen, was der Kunde dagegenhalten könnte und formulieren selbst den Einwand. Natürlich liefern sie die passende und entkräftende Antwort gleich nach. Der Kunde gewinnt den Eindruck, dass der Verkäufer wirklich sehr sachlich und objektiv berät. Zum Beispiel:

„Manche unserer Kunden fragen meist nach ... Wir haben in unserer Planung diesen Punkt besonders berücksichtigt."

## 2. Schritt: Klären, worum es geht

Unterscheiden Sie zunächst für sich: Handelt es sich bei dem Kundeneinwand um einen echten Einwand oder dient der Einwand nur als Vorwand? Die nachfolgende Gegenüberstellung soll Ihnen dabei helfen:

| Einwand | Vorwand |
|---|---|
| ▶ Ist ein Gegenargument. | ▶ Ist eine Ausrede. |
| ▶ Ein Problem wird besprochen. | ▶ Das wahre Problem wird versteckt. |
| ▶ Der Kunde ist grundsätzlich interessiert. | ▶ Der Kunde ist nur zu unsicher, um „Nein" zu sagen, ist aber nicht interessiert. |
| ▶ Gute Argumente überzeugen. | ▶ Ist mit den besten Argumenten nicht zu entkräften. |
| ▶ Der Kunde meint, was er sagt. | ▶ Der Kunde meint nicht, was er sagt. |
| ▶ Der Kunde steht einem Abschluss grundsätzlich positiv gegenüber. | ▶ Der Kunde will nicht kaufen. |
| ▶ Der Kunde will, dass Sie auf sein Argument eingehen, weiter mit ihm reden. | ▶ Der Kunde will nicht, dass Sie auf sein Argument antworten. |
| ▶ Er will das Gespräch weiterführen. | ▶ Er will das Gespräch beenden. |
| ▶ Kann entkräftet werden. | ▶ Kann nicht entkräftet werden. |
| ▶ Vorbereitete Einwandsformulierungen helfen. | ▶ Vorbereitete Einwandsformulierungen machen den Kunden nur noch ärgerlicher. |
| ▶ Einwände werden meist nur jeweils in einem Satz genannt. | ▶ Werden mehrere Einwände in einen Satz gepackt, die nicht wirklich etwas miteinander zu tun haben, handelt es sich meist um einen Vorwand. |

☞ **Tipps zur Klärung von Einwänden:**

▶ Legen Sie ruhig eine kleine Denkpause ein, bevor Sie antworten. Gut geeignet dafür sind Fragen an den Kunden: Während er seinen Sachverhalt noch einmal darstellt, können Sie sich bereits eine Entgegnung überlegen.

- Auch hier gilt: Je besser Sie sich in den Kunden hineinversetzen können, desto eher werden Sie die richtige Entkräftung finden.
- Klären Sie die Hintergründe: Was steckt wirklich hinter dem Einwand?
- Wenn Sie nur den vorgeschobenen Einwand behandeln, werden Sie nicht sehr erfolgreich sein – finden Sie daher zuerst den wahren Grund für das Zögern des Kunden heraus. Bestes Hilfsmittel: professionelle Fragen.
- Auch wenn es Ihnen noch so sehr auf der Zunge brennt: Vermeiden Sie direkten Widerspruch! Sie würden nur auf Ablehnung Ihrer Argumente stoßen.
- Ihr Ziel ist es, die Einwände sachlich zu klären, Beispiele und Beweise zur Entkräftung zu bringen und den Nutzen des Kunden noch deutlicher zu machen.
- Überlegen Sie sich eine Argumentationskette – „erdrücken" Sie aber Ihren Kunden nicht mit Argumenten – es sollten stets maximal drei Argumente auf einmal vorgebracht werden.
- Manchmal ist es notwendig, nochmals einen Schritt zurückzugehen: Haben Sie den Bedarf des Kunden richtig erkannt? Ist Ihr Angebot wirklich das richtige für ihn?

### Beispiele für Formulierungen:

„Ist das der einzige Punkt, der für Sie offen ist?"

„Dieses Argument von Ihnen (Kunde) zeigt mir, dass wir noch nicht alle wichtigen Punkte besprochen haben. Was haben wir nicht berücksichtigt? Was ist Ihnen bei diesem/r Produkt/Dienstleistung am wichtigsten?"

„Wenn wir diese Punkte alle erfüllen können, sind wir dann Ihr Partner/Lieferant?"

### 3. Schritt: Zustimmung erzeugen

Egal, wie heftig die Einwände auch sein mögen – jetzt gilt es, ein positives Gesprächsklima zu bewahren. Merken Sie sich daher im Gesprächsverlauf immer jenen Punkt, an dem Sie mit Ihrem Kunden noch einer Meinung waren. Kommen Sie notfalls wieder auf diesen Punkt zu sprechen, wenn Sie das Gefühl haben, das Gespräch würde Ihnen entgleiten. Stellen Sie dazu immer eine Zustimmungsfrage:

„Sind wir einer Meinung, dass ..."

## 4.4.2 14 Einwand-Techniken

### 1. Den Einwand isolieren

Wenn Sie nun den wirklichen Einwand identifiziert haben, konzentrieren Sie sich auf diesen. Durch eine Frage wie: „Ist es nur dieser Punkt, der einem Vertragsabschluss im Wege steht?" zwingen Sie auch Ihren Kunden, sich festzulegen. Sie führen so das Gespräch und strukturieren es.

## 2. Falsche, nur vorgeschobene Einwände mit dem „Abschlusshebel" beseitigen

Wenn Sie sicher sind, dass Ihr Kunde auf einem Vorwand beharrt, nehmen Sie ihn beim Wort: *„Wenn ich Ihnen nun zusichere, dass wir diesen Vertragspunkt ändern, unterschreiben Sie?"* Ihr Kunde muss nun Farbe bekennen oder er verliert sein Gesicht.

## 3. Die Rückfrage

Bitten Sie den Kunden, seinen Einwand zu wiederholen, zu präzisieren, einen Teil genauer zu erklären. Beim Wiederholen formulieren viele Kunden ihre Einwände viel schwächer, sie können so die „Schärfe" des Einwandes mildern.

## 4. Wiederholung in Frageform

Formulieren Sie den Kundeneinwand noch einmal in Frageform. Sie können so positiv formulieren und den Einwand bewusst in Ihre Richtung lenken.

## 5. In einen Wunsch verwandeln

Ziehen Sie aus dem Einwand einen positiven Schluss, indem Sie den Kunden dazu bringen, seine Bedenken in Wunschform noch einmal zu äußern.

*„Gut, Sie wünschen sich das Gerät in einer anderen Farbe. Welche Farbe würde Ihnen gefallen?"*

*„Angenommen, wir können Ihren Wunsch nach einer früheren Lieferung erfüllen – würden Sie dann kaufen?"*

## 6. Warum doch

Schaffen Sie gedanklich Rahmenbedingungen, unter denen der Kunde kaufen würde, obwohl derzeit etwas dagegen spricht. So erfahren Sie erstens, ob es tatsächlich nur an diesem einen Punkt scheitert, und zweitens erkennen Sie so vielleicht einen Weg, wie Sie zu einem Kompromiss kommen könnten.

*„Was könnte für Sie dafür sprechen, das Gerät trotzdem bei uns zu kaufen?"*

## 7. Refraiming

Bei dieser Methode stellen Sie den Einwand in einen neuen Kontext, zwingen den Kunden, seinen Blickwinkel zu ändern, indem er den Nachteil, den er jetzt zu erkennen glaubt, plötzlich als Vorteil sieht.

*„Ja, Sie sehen das richtig, die Lieferfristen sind länger als bei X. Das liegt jedoch an der derzeit sehr großen Nachfrage unserer Kunden, die dieses Produkt noch vor Jahresende in Ihrem Unternehmen haben wollen.*

## 8. Die Plus-/Minus-Methode

Stellen Sie sich eine Waage vor: In der einen Waagschale befindet sich das zugegebenermaßen „gewichtige" Argument Ihres Kunden. Legen Sie nun einige positive Gegenargumente in die andere Waagschale. Haben Sie die richtigen, dem Nutzen des Kunden entsprechenden Argumente gewählt, wird die zweite Waagschale zu Ihren Gunsten sinken!

### 9. Das Fernglas

Sein vorgebrachtes Problem erscheint dem Kunden in diesem Moment sehr gewichtig, weil es gerade im Mittelpunkt seiner Überlegungen und Betrachtungen steht. Drehen Sie das „Fernglas des Kunden" um, indem Sie die Rahmenbedingungen und andere Vorteile wieder in den Vordergrund rücken. Aus einiger Distanz betrachtet, erscheint der Einwand gleich viel weniger wichtig.

### 10. „Entwaffnen"

Geben Sie zu, dass der Kunde einen springenden Punkt angesprochen hat. Durch dieses Signal der Wertschätzung, diese „Streicheleinheit" wird er entwaffnet und aufnahmefähiger für Ihr Gegenargument.

### 11. In die Offensive gehen

Beweisen Sie dem Kunden, dass er, gerade weil er diese Bedenken hat, bei Ihnen an der richtigen Stelle ist. Sie nützen so den Einwand gekonnt für Ihre Argumentation.

### 12. Dem Einwand zuvorkommen

Wenn Sie Widerstand beim Kunden spüren, kommen Sie ihm zuvor, indem Sie den vermuteten Einwand selbst aussprechen und dem Kunden so den Wind aus den Segeln nehmen. Allerdings sollten Sie dabei auch den richtigen Einwand treffen, sonst wecken Sie möglicherweise „schlafende Hunde".

*„Sie denken möglicherweise, dass der Zahlungsmodus kompliziert klingt. Uns ist jedoch die Sicherheit unserer Kunden ein wichtiges Anliegen und deswegen haben wir diesen zusätzlichen Sicherheitscheck ins Programm genommen."*

### 13. Ein Beispiel aus der Praxis

Schildern Sie dem Gesprächspartner einen ähnlichen Fall, in dem ein Kunde trotz anfänglich gleicher Bedenken sehr zufrieden mit Ihrem Produkt war und mittlerweile zum Stammkunden geworden ist. Überlegen Sie solche „Referenzfälle" für Ihren Bereich. Sie müssen allerdings glaubhaft sein und auf Tatsachen beruhen.

### 14. Die Alternative, der Kompromiss

Wenn Sie merken, dass es Ihrem Kunden in erster Linie um einen Verhandlungserfolg geht, räumen Sie ihm bewusst einen Spielraum ein. Bieten Sie ihm eine Alternative, mit der Sie auch „gut leben" können. Bleiben Sie dabei jedoch seriös und vermeiden Sie das Gesprächsklima eines orientalischen Basars!

Während der Kundenbefragung oder spätestens bei der Einwandbehandlung werden Sie feststellen, dass Sie nicht jeden Wunsch jedes Kunden erfüllen können. Je eher Sie dies merken, desto besser. Es erspart Ihnen und Ihrem Kunden Frust bzw. Sie sparen so Zeit, die Sie nutzen können, um andere Aufträge oder Kunden zu gewinnen.

Nicht alle hier dargestellten Methoden sind immer einsetzbar. Mit einiger Erfahrung lernen Sie jedoch, wann welche Methode passt, um den Kunden zu überzeugen.

☞ **Tipp:**

Erstellen Sie für sich einen Einwandkatalog mit den am häufigsten vorgebrachten Einwänden, indem Sie unterschiedliche Argumente sammeln und schriftlich festhalten. Nutzen Sie dabei das Know-how der gesamten Firma und bitten Sie gerade ältere und erfahrene Kollegen um ihre Mitarbeit.

✋ **Beispiel – Einwandkatalog der Firma X:**

| Einwand | Entgegnung |
| --- | --- |
| Ich habe keine Zeit. | „Wir kennen den Zeitdruck vieler Kunden – oft fehlt die Zeit, sich gerade mit Neuerungen zu beschäftigen, die letztendlich helfen, Zeit zu sparen. <br> „Ja, das kann ich mir gut vorstellen. Was schlagen Sie vor?" |
| Das ist zu teuer. | „Gut, dass Sie diesen Punkt ansprechen. Wie viel sind Sie bereit, für diese Dienstleistung auszugeben?" <br> „Was haben Sie bisher für diese Dienstleistung ausgegeben?" <br> „Womit vergleichen Sie unsere Dienstleistung?" |
| Schicken Sie mir erst einmal Unterlagen. | „Gerne, welche Produkte interessieren Sie denn besonders?" <br> „Das mache ich gerne, und ich schlage vor, dass wir uns dann im Anschluss noch einmal unterhalten, welche Lösung aus unserem Standardprogramm für Sie speziell angepasst werden kann." |
| Ich möchte darüber noch einmal nachdenken. | „Das ist in Ordnung, wann werden Sie Ihre Entscheidung treffen?" <br> „Welcher Punkt ist für Sie dabei besonders wichtig?" <br> „Geht es dabei um die Finanzierung oder ist die Lieferfrist zu lange für Sie? |

Wir wollen Ihnen hier lediglich einen Denkanstoß liefern und erheben keinen Anspruch auf Vollständigkeit. Bedenken Sie jedoch immer: **Bleiben Sie mit Ihren Argumenten glaubwürdig und unaufdringlich!**

## 4.5 Von der Zustimmung zum Verkaufsabschluss

Die letzte ist die „heißeste" Phase des Verkaufsgesprächs. Die nervliche Belastung des Verkäufers ist am größten. War die Vorarbeit gut genug?

Die Entscheidung fällt: Haben Sie den Kunden überzeugt? Abschluss oder „leider nein"? Erfolg oder Misserfolg?

In dieser Phase ist das oberste Ziel, im richtigen Moment den Kaufabschluss herbeiführen zu können. Vergewissern Sie sich jetzt noch einmal:

- Sind Sie sicher, dass Ihr Kunde keine Einwände mehr hat?
- Haben Sie ihn überzeugt?

Doch Vorsicht! Am Telefon sehen Sie seine gerunzelte Stirn und seinen unentschlossenen Blick nicht. Achten Sie daher besonders auf sein Feedback und lesen Sie „zwischen den Zeilen". Achten Sie jetzt auf jedes Detail in seiner Stimme und in seinen Formulierungen. Verwendet er zum Beispiel wieder die Möglichkeitsform („*Da müsste die Zahlung vor dem 15. erfolgen ...*") oder macht er plötzlich häufige Pausen und räuspert er sich oft, ist durchaus Vorsicht angebracht. Interpretieren Sie jedoch nicht in jedes Zögern oder jede „unsichere" Formulierung gleich Ablehnung hinein. Ihr Fingerspitzengefühl ist jetzt gefragt.

Andererseits: Auch wenn Sie sich Ihrer Sache noch so sicher sind und von Ihren eigenen Argumenten restlos begeistert sind – „überfahren" Sie Ihren Kunden nicht mit einer vorschnellen Kaufaufforderung.

☞ **Tipp:**
Der Kunde bestimmt, ob die Einwandphase abgeschlossen ist!

Ihr Kunde sollte in dieser Phase nie Ihre innere Anspannung bemerken. Stellen Sie sich vor, Sie wären bei Ihrem Kunden vor Ort. Auch ein Telefonat ist im übertragenen Sinn ein „Hausbesuch". Lächeln Sie Ihren Kunden zustimmend an und drängen Sie ihn nicht zu sehr. Erfahrungsgemäß liegt hier eine große Gefahr im Telefonverkauf: Der Verkäufer lässt dem Gesprächspartner kaum Zeit zum Atmen und drängt auf den Abschluss. Das stößt nicht selten im letzten Moment doch noch auf Widerstand.

✋ **Beispiel:**
Herr Leicht, der neue Telefonverkäufer im Team der Firma „Forsch-Büromaschinen AG" telefoniert nun schon seit 30 Minuten mit einem Kunden. Er ist hoch motiviert, gut vorbereitet und weiß auf jeden Einwand eine professionelle Antwort. Diesen Kunden will er unbedingt überzeugen!

Kunde: „*Na, das klingt ja interessant ...*"

Herr Leicht: „Eben, und dabei haben Sie noch gar nicht von unserem neuen Zusatzservice gehört, unserem monatlichen Routine-Stammkunden-Check, inkludiert in unserem Premium-Service-Package!"

Kunde: „Ah, wovon?"

Herr Leicht: „Na, unser Premium-Service-Package! Habe ich das vorher nicht erwähnt?"

Kunde: „Nein, ich will ja nur den neuen Drucker ..."

Herr Leicht: „Ja, aber mit diesem Zusatzpackage haben Sie ungeahnte Möglichkeiten, viele unserer Kunden sind davon restlos begeistert!"

Kunde: „Das kostet sicherlich extra, oder?"

Herr Leicht: „Im Verhältnis zum Gesamtpreis ist das eine Lappalie."

Kunde: „Höre ich da heraus, dass Sie diesen Drucker für übertuert halten?"

Herr Leicht: „Aber nein, ganz im Gegenteil, wir sind am Markt die absoluten Preisbrecher mit diesem Produkt."

Kunde: „Also wenn das Gerät so billig ist, dass ein Zusatzservice notwendig ist, dann überlege ich mir das vielleicht doch noch einmal."

Herr Leicht: „Aber ..."

Kunde: „Sie sind ja ein sehr netter und engagierter junger Mann, Herr Seicht, ich melde mich dann wieder, sollte ich es mir doch noch anders überlegen. Danke, auf Wiedersehen!"

Herr Leicht starrt frustriert den Hörer an – was ist da nur schiefgelaufen?

Zerreden Sie Ihren Erfolg nicht. Hat der Kunde einmal ein klares „Abschlusssignal" („Na, das klingt ja interessant ...") gegeben, dann müssen Sie ihn nicht mehr weiter überzeugen. In unserem Beispiel hat der Verkäufer auch das zweite klare Kaufsignal seines Kunden („Nein, ich will ja nur den neuen Drucker ...") ungenutzt verstreichen lassen. Da hätte er spätestens einhaken müssen: „Ja, Herr X, die Entscheidung für diesen Drucker ist gut – Sie erhalten von mir per E-Mail eine Auftragsbestätigung. Ist das so für Sie in Ordnung?"

**Erfolg trotz Nichtabschluss?**

Telefonverkauf ist meist kein einmaliges „Erfolgsstück". Er ist vielmehr ein Prozess, bei dem mehrere Anrufe nötig sind, bevor es zu einem Vertragsabschluss kommt. Im Durchschnitt erfordert so ein Abschluss zwischen drei und sieben Anrufen! Geduld und Hartnäckigkeit sind also gefragt. Wer beim ersten „Nein" gleich aufgibt, der bringt sich um die Früchte seiner Arbeit.

☞ **Tipp:**

Akzeptieren Sie ein „Nein" und sehen Sie eine kurzfristige Niederlage als Chance für die Zukunft und als Möglichkeit zur Verbesserung!

Nur wer seine Fehler analysiert, wird aus ihnen lernen! Bevor Sie also ein negativ verlaufendes Gespräch abhaken, durchleuchten Sie es anhand folgender Checkliste:

☑ **Checkliste: Fehleranalyse**

| | ja | nein |
|---|---|---|
| ▸ War der Zeitpunkt meines Anrufes richtig gewählt? | ○ | ○ |
| ▸ War ich genügend vorbereitet? | ○ | ○ |
| ▸ Hatte ich alle wichtigen Informationen parat? | ○ | ○ |
| ▸ Habe ich gelächelt? | ○ | ○ |
| ▸ Habe ich meinen Gesprächspartner richtig angesprochen? (Name, Titel) | ○ | ○ |
| ▸ Habe ich mich genügend vorgestellt? | ○ | ○ |
| ▸ War das Gesprächsklima immer angenehm? | ○ | ○ |
| ▸ Habe ich gut genug zugehört? | ○ | ○ |
| ▸ Habe ich die Situation des Kunden richtig eingeschätzt? | ○ | ○ |
| ▸ Bin ich bei meiner Argumentation auf den Kunden ausreichend eingegangen? | ○ | ○ |
| ▸ Habe ich den Kundennutzen ausreichend herausgestrichen? | ○ | ○ |
| ▸ Habe ich genügend Fragen gestellt? | ○ | ○ |
| ▸ Habe ich manchmal zu schnell gesprochen? | ○ | ○ |
| ▸ Hatte ich das Gespräch immer im Griff? | ○ | ○ |
| ▸ Hatte ich während des Gespräches ein unangenehmes Stressgefühl? | ○ | ○ |
| ▸ Wusste ich auf alle Frage des Kunden eine Antwort? | ○ | ○ |
| ▸ Hatte ich Hemmungen, einen Abschluss herbeizuführen? | ○ | ○ |
| ▸ War mein Angebot für den Kunden passend? | ○ | ○ |
| ▸ Habe ich meinen Kunden möglicherweise überrollt? | ○ | ○ |
| ▸ Ist bis zur Abschlussphase alles gut gelaufen und hat der Kunde trotzdem abgelehnt? | ○ | ○ |
| ▸ War ich erleichtert, nachdem das Gespräch beendet war? | ○ | ○ |
| ▸ Was ist mir sonst noch aufgefallen? | | |

_____

_____

Schon ein einziger Punkt dieser Checkliste kann ausreichen, einen Kunden zu vertreiben. Doch zu erkennen, was man falsch gemacht hat, ist der wichtigste Schritt zur Optimierung seines Telefonverhaltens.

☞ **Tipp:**
Nehmen Sie Ihr Verkaufsgespräch einmal auf Tonband auf. Die Analyse fällt so leichter. Vielleicht bitten Sie auch einen Freund/Kollegen/Coach, Ihnen bei der „Ursachenforschung" zu helfen!

Und denken Sie immer daran:

- Verlieren Sie nie Ihren Optimismus, auch wenn es einmal nicht so läuft. Kein Meister fällt vom Himmel, und auch der größte Verkaufsprofi hat keine hundertprozentige Abschlussquote.
- Nehmen Sie vor allem Misserfolge nicht zu persönlich.
- Analysieren Sie Ihre Fehler und machen Sie es das nächste Mal besser.
- Nur wer ein „Nein" akzeptieren kann, ist bereit für ein „Ja".

## 4.6 Die acht goldenen Abschlussregeln

### 1. Die richtige Einstellung zum Erfolg

Nur wenn Sie selbst an einen Abschluss glauben, haben Sie Aussicht auf Erfolg. Der Kunde bemerkt Ihr Zögern und Ihre Zweifel, die Unsicherheit überträgt sich auf ihn. Er wird sich die Sache lieber noch einmal überlegen.

### 2. Das passende Abschlussargument

Kreieren Sie Ihr eigenes Erfolgs-Drehbuch: Die Spannung steigt darin bis zum letzten Argument! Heben Sie sich daher Ihr bestes Argument für den Schluss auf oder wiederholen Sie, was den Kunden am meisten beeindruckt hat. Vergessen Sie aber gerade bei diesem Abschlussargument nicht auf den Kundennutzen:

*„... und deswegen ist dieses Produkt die beste Lösung für Ihr Problem!"*

### 3. Auf den Punkt bringen

Formulieren Sie Ihren Appell zum Abschluss klar, unmissverständlich und eindeutig:

*„Sind Sie damit einverstanden, dass wir am 20. März mit unserem Servicepaket starten?"*

Wenn Sie das Gefühl haben, dass Ihr Kunde grundsätzlich nicht allzu entscheidungsfreudig ist, können Sie auch eine Alternativfrage formulieren:

„Ist Ihnen der 20. März oder der 5. April lieber?"

Ihr Kunde muss so Farbe bekennen.

### 4. Abschlusssignale beachten

Beim Telefonverkauf ist es wesentlich schwieriger, Kaufsignale des Kunden zu identifizieren. Sie sehen sein zustimmendes Nicken nicht, der Kunde kann das Produkt nicht angreifen, seine Körpersprache bleibt Ihnen großteils verborgen.

Schließen Sie daher aus seinen Äußerungen:

- Fragt er nur mehr nach Details?
- Beeindruckt ihn ein Detail besonders?
- Hat er auf die letzten Fragen nur mehr zustimmend geantwortet?

Ein kurzes Zögern nach Ihrem letzten Argument kann auch als Kaufsignal gedeutet werden. Wenn Sie genau hinhören, merken Sie auch am Telefon, wie Ihr Kunde zustimmend nickt, vielleicht murmelt er auch „mhm" oder „aha".

### 5. Den Abschluss nicht erzwingen wollen

Ihr Verkaufsgespräch ist kein Duell, bei dem es nur einen Überlebenden gibt. Üben Sie keinen unangenehmen Druck auf den Kunden aus, nur um rasch zum Erfolg zu kommen. Gerade erfolgsverwöhnte Verkäufer neigen dazu, den Kunden zu überfahren und seine Schwächen auszunützen. Am Telefon nützt eine „erpresste" Zustimmung wenig. Der Kunde wird sich im Nachhinein über das Gespräch ärgern und seinen Auftrag nicht bestätigen oder zurückziehen. So wird aus einem Abschluss leicht ein „Abschuss"!

### 6. Ein „Nein" akzeptieren

Denken Sie immer daran: Ein „Nein" muss nicht endgültig sein! Gerade an der Art, wie Sie ein Kunden-Nein akzeptieren, merkt der Kunde, ob es Ihnen um ihn oder nur um Ihren Erfolg geht. Vertrauen entsteht nur, wenn Sie in so einer Situation professionell, verständnisvoll und nicht persönlich beleidigt reagieren.

### 7. Aufhören, wenn es am schönsten ist!

Manche Verkäufer zögern den Moment der Wahrheit hinaus, aus Angst, eine Absage zu kassieren. Aber gerade durch dieses Zögern erhöhen Sie die Wahrscheinlichkeit eines Misserfolges.

### 8. Zerreden Sie Ihren Erfolg nicht!

Wenn Sie ein Kaufsignal Ihres Kunden missachten, wird er auch zögern. Die wenigsten Kunden am Telefon sagen: *„Kann ich jetzt bitte kaufen?"*

# 4.7 Gespräche mit Medienvertretern und Meinungsbildnern

Immer mehr Unternehmen haben erkannt, wie wichtig das Erscheinungsbild nach außen ist und wollen es nicht einfach dem Zufall überlassen. Das Telefon nimmt dabei eine wesentliche Stellung ein, es ist ja die schon viel zitierte „Visitenkarte", der erste Eindruck für viele Erstkontakte. Gezielte PR (Public Relation) ist daher auch am Telefon angesagt. Das öffentliche Bild eines Unternehmens wird dabei oft von den Medien geprägt. Der richtige Umgang mit den Vertretern dieser Medien am Telefon ist daher enorm wichtig. Obwohl PR eigentlich Chefsache ist, kommt genau in diesem Bereich jedem, der das Telefon abhebt, eine große Verantwortung zu:

- Er „transportiert" die Stimmung im Unternehmen nach außen.
- Er ist der erste Ansprechpartner für Journalisten und andere Medienvertreter.
- Er entscheidet, wohin der Anrufer weiterverbunden wird.
- Er legt oft schon durch sein professionelles Verhalten fest, wie die weitere Beziehung zu diesem Medium verlaufen wird.
- Er bestimmt so als „Visitenkarte" das Image des Unternehmens entscheidend mit.

**Der Umgang mit Journalisten**

Die ersten Ansprechpartner von Journalisten sind meist die Sekretärin oder enge Mitarbeiter des Entscheidungsträgers. Egal, wie der Kontakt zum Unternehmen grundsätzlich zustande gekommen ist, irgendwann landen Journalisten bei diesen Mitarbeitern und versuchen dann oft schon am Telefon, wichtige Informationen zu erlangen. Journalisten wissen ja, dass gerade diese Mitarbeiter zu den „bestinformierten" Personen im Unternehmen gehören.

Klären Sie daher grundsätzlich und rechtzeitig mit Ihrem Chef bzw. dem Management ab, inwieweit Sie telefonisch Auskunft geben dürfen. Auch wenn Sie jetzt vielleicht denken, dass so ein Fall bei Ihnen nie eintreten wird, kann das rascher passieren, als Ihnen lieb ist. Ein großer Unfall in einem Werk, ein plötzlich auftretender Verdacht gegen die Geschäftsleitung etc., und schon stehen Sie im Kreuzfeuer der Medien. Auch in einem kleinen, „unscheinbaren" Unternehmen kann das passieren. In solchen Situationen werden Sie dann meist – wenn unvorbereitet – von den Fragen der Journalisten überrollt!

Die richtige Behandlung von Journalisten will gelernt sein – schließlich haben Sie ja einen Profi in Fragetechnik und „Würmer aus der Nase ziehen" am Hörer! Was also sollen Sie beachten?

- Je besser es Ihnen gelingt, den Journalisten zum **„Partner"** zu machen, desto wohlwollender wird auch er mit Ihnen umgehen. Vermitteln Sie jedoch Ablehnung und Feindschaft, wird er alle seine „Waffen" auspacken. Signalisieren Sie also Verständnis für seine Arbeit und betonen Sie die Tatsache, dass es Ihnen auch um das Aufdecken der Wahrheit geht.

- Berücksichtigen Sie den **Zeitdruck**, unter dem Journalisten meist arbeiten. Sie haben keine Zeit, auf ausführliche Hintergrundinformationen zu warten. Informieren Sie daher über jene Tatbestände, über die schon gutes Informationsmaterial vorliegt.

- Bleiben Sie immer bei der **Wahrheit**. Lügen und Halbwahrheiten können in Journalistenhänden sehr gefährlich werden. Sagen Sie lieber weniger, aber diese Fakten müssen stimmen.

- Lassen Sie sich durch die professionelle Fragetechnik des Gesprächspartners nicht aus der **Ruhe** bringen. Überlegen Sie trotzdem jede Antwort genau und gewinnen Sie Zeit durch genaues Nachfragen: *„Habe ich Sie richtig verstanden, es geht Ihnen um ...?"*

- Klären Sie immer vorher ab, **wer** in Ihrem Untenehmen für PR **zuständig** ist, und wie Ihre Standardantworten zu aktuellen Themen lauten. Geben Sie den Namen und die Durchwahl des PR-Experten in Ihrem Haus weiter – das macht den Medienvertreter zum Verbündeten und zeigt Ihre Bereitschaft zur Zusammenarbeit.

- Bedanken Sie sich für das Interesse an Ihrem Unternehmen. Ein Gespräch, das **positiv beendet** wurde, bleibt auch dem anderen in guter Erinnerung und prägt das Unternehmensimage nachhaltig.

## 4.8 Zusammenfassung

Wird das Telefon zum Verkaufsinstrument, ist besondere Professionalität gefragt. Das Image der Telefonverkäufer ist nicht das beste, und sehr oft stößt man daher auf Ablehnung und Misstrauen. Es geht daher um das Aufbauen von Vertrauen und nicht um vorschnell „erpresste" Verkaufserfolge.

- Wählen Sie Ihre Kunden für den Telefonverkauf sorgfältig aus und planen Sie Ihr Verkaufsgespräch umfassend.

- Hören Sie Ihrem Kunden genau zu und erkennen Sie so seinen Bedarf und seine möglichen Kaufmotive.

- Erstellen Sie darauf aufbauend ein für Ihren Kunden passendes Angebot. Betonen Sie dabei vor allem den Nutzen für ihn und beschreiben Sie Ihr Angebot bildhaft.

- Gehen Sie positiv auf die Einwände des Kunden ein: Nehmen Sie sie ernst und erkennen Sie die wahren Hintergründe – nur so können Sie Einwände auch entkräften. Achten Sie dabei genau auf Ihre Formulierungen und nützen Sie die in diesem Kapitel vorgestellten Techniken. So beweisen Sie Kundennähe und können negative Äußerungen des Kunden positiv nutzen.

- Erkennen Sie, wann Ihr Kunde zum Kaufen bereit ist. Hören Sie seine „Abschluss-Signale" aus seinen Formulierungen heraus und reagieren Sie darauf mit Zustimmung und Verstärkung. Zerreden Sie die Entscheidung des Kunden nicht.
- Akzeptieren Sie aber auch ein „Nein". Es birgt oft die Chance eines späteren Verkaufsabschlusses in sich.
- Analysieren Sie die Gründe, warum ein Kunde abgelehnt hat. Wo können Sie Ihr Verkaufsverhalten am Telefon noch verbessern?
- Bedenken Sie immer, dass Telefonverkauf ein längerer Prozess ist und das Vertrauen des Kunden oft erst mühsam erworben sein will. Geben Sie daher nicht vorschnell auf und bleiben Sie am Ball.

Unsere acht goldenen Abschlussregeln sollen Sie bei Ihrem Verkaufserfolg am Telefon unterstützen.

Ihr Telefonverhalten ist immer auch ein imagebildender Faktor. Gerade im Umgang mit Medienvertretern und Meinungsbildnern aller Art ist dies von besonderer Bedeutung. Lassen Sie sich daher nie „kalt erwischen", sondern bauen Sie lieber vor. Klären Sie rechtzeitig, wie Sie in so einem Fall vorzugehen haben. Das vermittelt Ihnen die nötige Sicherheit im Ernstfall.

Betrachten Sie Medienvertreter nie als Feinde, sondern machen Sie sie zu Verbündeten. So beweisen Sie Professionalität im Umgang mit dem für Ihr Unternehmen so wichtigen Kommunikationsmittel Telefon!

# 5. DIE NACHBEARBEITUNG

## 5.1 Erfolge sichern – nachhaltige Kundenbindung

Haben Sie Ihr Ziel erreicht und einen Termin vereinbart, die wichtige Information erfragt oder einen Verkaufsabschluss in der Tasche, können Sie erleichtert durchatmen. Erledigt ist die Telefonarbeit aber noch lange nicht.

Erst wenn zum Beispiel beim Verkauf der Auftrag zur Zufriedenheit des Kunden abgewickelt wurde, haben Sie aus einem kurzfristigen Erfolg einen langfristigen Erfolg gemacht.

Gehen Sie unmittelbar nach jedem Telefonat Ihre Notizen durch:

- Haben Sie alle wesentlichen Vereinbarungen schriftlich erfasst?
- Wurden alle Punkte, die Sie vorbereitet haben, besprochen?
- Ist Ihnen zu bestimmten Details sonst noch etwas aufgefallen?
- Welche Aktionen sind notwendig?
- Wer ist dafür zuständig/verantwortlich?
- Bis wann muss was erledigt sein?
- Welche Informationen sind weiterzuleiten?
- Wer soll noch informiert werden?
- In welcher Form bestätigen Sie die Ergebnisse des Telefonats?
- Müssen Sie eine E-Mail schreiben?
- Kennen Sie die E-Mail-Adresse?
- Haben Sie die Rückruftermine in Ihren Terminkalender eingetragen?

Auch wenn ein Telefongespräch ohne konkretes Ergebnis oder ein Verkaufsgespräch ohne Abschluss geblieben ist, birgt es oft neue Chancen: Sie müssen Sie nur erkennen!

Überlegen Sie:

- Aus welchem Grund habe ich die gewünschte Information nicht erhalten?
- Wo könnte ein neuer Bedarf beim Kunden entstanden sein?
- Gibt es die Möglichkeit eines „Zusatzverkaufes"?
- Wo ist mein Anknüpfungspunkt für ein nächstes Gespräch?
- Wie gehe ich es beim nächsten Mal an?

Um diese Fragen treffsicher beantworten zu können, betrachten Sie das Gespräch noch einmal durch die Brille Ihres Gesprächspartners und analysieren Sie die Situation aus der Sicht des anderen.

✍ **Selbstcheck: Wie ist das Gespräch mit Ihrem Kunden verlaufen?**

|  | trifft zu | trifft teilweise zu | trifft nicht zu |
|---|---|---|---|
| ▶▶ Mein Kunde war verärgert über die Belästigung. | ○ | ○ | ○ |
| ▶▶ Mein Kunde hatte das Gefühl, ich sei nicht auf ihn eingegangen. | ○ | ○ | ○ |
| ▶▶ Er hat keinen Draht zu mir gefunden. | ○ | ○ | ○ |
| ▶▶ Mein Unternehmen steht bei ihm nicht sehr hoch im Kurs. | ○ | ○ | ○ |
| ▶▶ Mein Kunde stand unter extremem Zeitdruck. | ○ | ○ | ○ |
| ▶▶ Er war froh, das Gespräch zu beenden. | ○ | ○ | ○ |

**Beim Verkaufsgespräch:**

|  | trifft zu | trifft teilweise zu | trifft nicht zu |
|---|---|---|---|
| ▶▶ Mein Kunde ist grundsätzlich nicht bereit, gleich beim ersten Mal zuzustimmen. | ○ | ○ | ○ |
| ▶▶ Er hat im Moment einfach keinen Bedarf. | ○ | ○ | ○ |
| ▶▶ Er ist unsicher, ob er nicht vielleicht doch zugreifen sollte. | ○ | ○ | ○ |
| ▶▶ Mein Kunde ist zwar nicht an diesem Produkt interessiert, war aber von dem Gespräch positiv beeindruckt. | ○ | ○ | ○ |
| ▶▶ Er war erleichtert, dass er auflegen konnte, weil er meinen Verkaufsdruck als unangenehm empfunden hatte. | ○ | ○ | ○ |

☑ **Checkliste: Gesprächsnachbearbeitung**

1. Kontrollieren Sie die Richtigkeit und Vollständigkeit all Ihrer Telefonnotizen. ○
2. Ergänzen Sie, was Ihnen noch in Erinnerung geblieben ist. ○
3. Übertragen Sie wichtige Fakten in Akten bzw. Dateien. ○
4. Verfassen Sie eine schriftliche Bestätigung der telefonischen Absprachen per E-Mail möglichst im Anschluss an das Telefonat. ○
5. Was ist zu veranlassen?
   - ▸ _____ ○
   - ▸ _____ ○
   - ▸ _____ ○
6. Von wem ist was zu erledigen?
   - ▸ _____ ○
   - ▸ _____ ○
   - ▸ _____ ○
7. Bis wann/wo/wie?
   - ▸ _____ ○
   - ▸ _____ ○
   - ▸ _____ ○
8. Notieren und übertragen Sie bei Bedarf Rückruftermine in Ihren Kalender/den Kalender Ihres Chefs oder der betroffenen Mitarbeiter. ○
9. Versehen Sie die erforderlichen Tätigkeiten mit einer Priorität:

   Was ist dringend?
   - ▸ _____ ○
   - ▸ _____ ○
   - ▸ _____ ○

   Was ist wichtig?
   - ▸ _____ ○
   - ▸ _____ ○
   - ▸ _____ ○
10. Besprechen Sie die Telefonliste mit dem Chef/zuständigen Kollegen und stimmen Sie alle weiteren Aktivitäten ab. ○

☞ **Tipps zur Gesprächsnachbearbeitung beim Telefonverkauf:**

- Stellen Sie sicher, dass die Liefertermine eingehalten werden.
- Fragen Sie nach einiger Zeit in heiklen Fällen beim Kunden nach, ob der Auftrag zu seiner Zufriedenheit läuft.
- Vermitteln Sie ihm den Eindruck, auch nach erfolgreichem Abschluss immer für ihn da zu sein.
- Tragen Sie geplante oder mit dem Kunden vereinbarte Follow-up-Termine in Ihren Terminkalender ein.
- Melden Sie sich, wenn Sie ein neues Angebot für den Kunden haben.
- Melden Sie sich auch, wenn sich die Rahmenbedingungen beim Kunden verändert haben.
- Übertragen Sie alle Informationen in die Kundendatei.

## 5.2 Informationsweitergabe praxisgerecht

Nicht alle am Telefon erhaltenen Informationen sind für Sie alleine bestimmt. Sehr häufig muss zumindest ein Teil der Information weitergegeben werden. Wer zum Beispiel im Assistenz- oder Sekretariatsbereich tätig ist, zu dessen Kernkompetenzen gehört genau dieses Filtern der am Telefon erhaltenen Informationen. Wir wollen daher hier auf diesen wichtigen Teil der Nachbearbeitung eines Telefonates eingehen.

Klären Sie zunächst ab:

- **Wer** benötigt die erhaltene Information? Ist derjenige, den der Anrufer als Adressat seiner Botschaft genannt hat, der einzige, an den die Information weitergeleitet werden muss? Oder gibt es im Haus noch andere Interessenten, die zu informieren sind?
- **Welche** Information muss weitergegeben werden? Nicht jedes Detail ist auch wichtig. Zu viel Information blockiert die Informationswege und das Wesentliche wird dabei oft übersehen.
- **In welcher Form** sollte die Weitergabe erfolgen (elektronisch per E-Mail, als Telefonprotokoll, in Kurzform als formlose Telefonnotiz etc.)? Bereiten Sie die Informationen auf alle Fälle so auf, dass der Empfänger sofort erkennen kann, was wichtig ist und wo Handlungsbedarf seinerseits erforderlich ist. Eine übersichtliche und auf das Wesentliche beschränkte Telefonnotiz (siehe Kapitel 3) ist dabei hilfreich.
- **Wann** muss die Informationsweitergabe erfolgen? Sofort im Anschluss oder zu einer festgelegten „Informationszeit"? Gehen die meisten Telefoninformationen immer an die gleiche Person, ist es sinnvoll, täglich einen fixen „Info-Termin" zu vereinbaren. Der Zeitplan beider Beteiligten bleibt so

strukturiert und weitere Unterbrechungen durch neue Informationen werden minimiert. Wer den Großteil der erhaltenen Informationen per E-Mail weiterleitet, sollte das gleich im Anschluss an das Telefonat machen. So minimiert sich die Gefahr, relevante Aspekte, die man nicht notiert hat, zu vergessen, weil der gesamte Gesprächsverlauf noch im Gedächtnis haftet. Außerdem blockiert „Unerledigtes" Ihren Arbeitsablauf: Eine noch nicht weitergeleitete Telefonnotiz am Schreibtisch schafft ein permanent schlechtes Gewissen „in den Augenwinkeln".

- **Wo** erfolgt die Weitergabe? Kommt der Informationsempfänger zu Ihnen und holt sich die Information oder müssen Sie diese „liefern"? Schneller geht es meistens, wenn man die erhaltene Info gleich in E-Mail-Form weiterleitet. Manchmal ist es jedoch erforderlich, auch zusätzliche Hintergrundinformationen weiterzugeben. Nicht alles lässt sich ohne die Gefahr von Missverständnissen in einfache Worte fassen. Da spart es unter Umständen Zeit, die Information direkt zum Empfänger zu bringen, indem man ihn anruft oder aufsucht. So können zeitraubende spätere Abklärungen vermieden werden.

- **Mit welcher Zielsetzung** erfolgt die Informationsweitergabe? Je besser Sie über alle Hintergründe Bescheid wissen, umso effizienter können Sie die erhaltene Information auch filtern, nach Prioritäten reihen und an alle Betroffene weiterleiten.

**Sieben Grundregeln für Ihr Informationsmanagement**

1. Informieren Sie rechtzeitig, genau und vollständig. Wer wichtige Informationen ganz, teilweise oder auch nur für einen gewissen Zeitraum eigenmächtig zurückhält, „missbraucht" die Macht, die mit der Informationsverwaltung verbunden ist.

2. Geben Sie Informationen nur dann weiter, wenn Sie dazu auch ermächtigt oder beauftragt sind! Haben Sie dem Anrufer versprochen, gewisse Details vertraulich zu behandeln? Dann sollten Sie sich nach Möglichkeit auch daran halten!

3. Informieren Sie so objektiv wie möglich! Nicht Ihre persönliche Interpretation ist gefragt, sondern die tatsächliche Information. Sollten Sie jedoch über wichtige Zusatzinfos verfügen oder dem anderen gerne weitergeben wollen, in welcher Atmosphäre das Gespräch stattgefunden hat, so trennen Sie verbal klar die tatsächlich getätigten Aussagen von Ihren subjektiven Eindrücken.

4. Hüten Sie sich vor „Klatsch und Tratsch". Vermischen Sie Fakten nicht mit Gerüchten. Sie vermitteln dadurch keinen professionellen Eindruck, und den von Ihnen weitergeleiteten Informationen wird möglicherweise in Zukunft weniger Bedeutung beigemessen.

5. Holen Sie Feedback ein – wurde auch alles richtig verstanden? Wahr ist das, was der andere verstanden hat! Wer dem Telefongesprächspartner versprochen hat, sich um dessen Anliegen zu kümmern, der sollte auch noch einmal

"nachhaken", ob der Mitarbeiter, in dessen Zuständigkeit er die Angelegenheit übertragen hat, auch wirklich tätig geworden ist. Nach außen sind Sie als Empfänger des Telefonates der Verantwortliche!

6. Zerlegen Sie die Information in "verdaubare" Teile, bereiten Sie sie auf. Formulieren Sie klar, bestimmt und in möglichst knapper Form.
7. Missbrauchen Sie Ihre Macht in Bezug auf die Informationsbearbeitung nicht!

☞ **Tipp:**
Informationen sind erst dann effizient, wenn sie zu einer Aktion führen!

## 5.3 Telefonnummern-Verzeichnis

Egal, ob Sie schnell einen Flug buchen wollen, Ihre Kreditkarte nicht finden oder für Ihren Chef eine Notfallnummer heraussuchen sollen. Wer in so einer Situation rasch die richtige Nummer parat hat, erspart sich lästiges Suchen.

Legen Sie sich für Standardsituationen und Notfälle eine Liste mit allen notwendigen Nummern an – egal, ob am PC oder in der Lade gleich unter Ihrem Telefon. So eine Liste ist ein wichtiges Instrument, um Zeit zu sparen: Sie vermeiden unnötige Suchen nach den benötigten Telefonnummern.

Dieses Verzeichnis ist ein sehr individuelles Instrument, und unsere folgenden Vorschläge, was in so eine Liste hineingehört, erheben keinen Anspruch auf Vollständigkeit. Ergänzen Sie "Ihre" Liste laufend, streichen Sie nicht mehr benötigte Nummern und aktualisieren Sie geänderte Nummern.

---

☑ **Checkliste: Was alles auf eine Telefonliste gehört**

**Auskünfte:**

| | |
|---|---|
| Telefonauskunft | ○ |
| Auskunft international | ○ |
| Automatische Fahrplanauskunft der Bahn | ○ |
| Internationale Autoreservierung | ○ |
| Hotelbuchungen Service-Hotline | ○ |
| Airlines | ○ |
| Flugbuchungen Service-Hotline | ○ |
| Auskunft Zoll | ○ |
| Steuerberater | ○ |
| Rechtsanwalt | ○ |
| Erinnerungs- und Weckdienst | ○ |

**Notdienste:**

Polizei ○

Feuerwehr ○

Rettung/Krankentransport/Rettungsflugwacht ○

Pannendienst (Inland) ○

Pannendienst (Ausland) ○

Notfallnummer Autoversicherung ○

Notfallnummer anderer Versicherungen ○

Vergiftungszentrale ○

Ärztlicher Notdienst ○

Zahnärztlicher Notdienst ○

Apothekennotdienst ○

Installateurnotdienst ○

Elektrikernotdienst ○

Gebäudeunterhaltsnotdienst ○

Verbrechensopfer ○

Telefonseelsorge ○

Notrufnummer des Auswärtigen Amtes ○

**Service-Nummern:**

Internet-Provider-Hotline ○

Telefonservice-Hotline ○

Geräte-Service-Hotlines ○

Kaffee-Maschinen-Service ○

Büromaterial-Bestellservice ○

Botendienst ○

Internationaler Paketdienst ○

Putzdienst ○

Fleurop ○

**Sperr-Notrufe:**

Kreditkarten Mo–Fr ○

Kreditkarten Sa–So ○

| | |
|---|---|
| Mobiltelefon sperren Inland | ○ |
| Mobiltelefon sperren Ausland | ○ |
| **Weitere:** | |
| Notrufnummern im Ausland | ○ |
| Ländervorwahlen | ○ |
| Vorwahl von wichtigen Städten | ○ |
| Sonstige wichtige Notfallnummern | ○ |

## 5.4 Telefonkosten sparen

Telefonieren erfolgt heute vielfach über unterschiedliche Provider und mit unterschiedlichen Anlagen (Handy, Festnetz, Internet etc.). Die Kostenoptimierung wird zunehmend zu einem Brennpunkt-Thema.

Beginnen Sie das Projekt „Telefonkosten optimieren" immer mit einer genauen Analyse der derzeitigen Situation. Verschaffen Sie sich so einen Überblick, wo noch Potenzial für Einsparungen vorhanden ist.

☑ **Checkliste: Telefonkosten Ist-Analyse**

1. Wie hoch sind die gesamten Telefonkosten?
   _____

2. Aus welchen Positionen setzen sich diese zusammen?
   ▶ _____
   ▶ _____
   ▶ _____
   ▶ _____

3. Erfassen Sie alle Positionen lückenlos.   ○

4. Trennen Sie nun die Kosten nach der Art der Kommunikation, also z. B. in Festnetz, Mobilfunk, Internet und E-Mail-Dienste.
   ▶ _____
   ▶ _____
   ▶ _____
   ▶ _____

5. Durchforsten Sie alle Kostenstellen, ob sich nicht ein Teil der Telefonkosten in anderen Kostenarten „versteckt".

6. Erstellen Sie eine Übersicht über die Vertragsstruktur Ihrer Telefonkommunikation:

   ▸ Wo bestehen Bindungsklauseln?
   _____
   _____

   ▸ Wo werden Tarifsenkungen automatisch weitergegeben?
   _____
   _____

   ▸ Wie errechnen sich die Zeit- und Tarifeinheiten?
   _____
   _____

7. Errechnen Sie nun den Anteil der Telefonkosten an Ihren Gesamtkosten.
   _____
   _____

Wer sich aufgrund dieser Analyse zu weiteren Schritten veranlasst sieht, sollte nun genauer prüfen, wo jeweils noch Sparpotenziale vorhanden sind.

**Wie Sie Telefonkosten senken können:**

- ▸▸ Erfassen Sie sämtliche Telefonkosten Ihrer Abteilung oder Kostenstelle und machen Sie sie damit transparent (auch für die Mitarbeiter).
- ▸▸ Überlegen Sie ein Sperren gewisser kostenpflichtiger Nummern (siehe unten).
- ▸▸ Schaffen Sie klare und verbindliche Richtlinien für die Möglichkeit privater Nutzung von Firmenfestnetz und Firmen-Handy.
- ▸▸ Achten Sie auf eine sekundengenaue Abrechnung aller Telefonate.
- ▸▸ Achten Sie auf eine automatische Anpassung aller Tarife bei Tarifsenkungen.
- ▸▸ Wenn Sie einen Basisvertrag mit einem Full-Service-Provider abschließen, haben Sie nicht nur weniger Verwaltungsaufwand (nur einen Rechnungsleger), sondern auch eine bessere Übersicht über die Tarife der einzelnen Kommunikationsformen. Außerdem lassen sich so eher Preisnachlässe für Firmenkunden verhandeln.

- Internet-Telefonieren ist grundsätzlich billiger, allerdings nicht überall adäquat einsetzbar (siehe Kapitel 2.7).
- Vergleichen Sie Alternativangebote immer auch im Hinblick auf deren Service-Qualität: Ein günstiger Tarif allein ist nicht alles. Beratung, Rund-um-die-Uhr-Service, eine klare, detaillierte Rechnungslegung sind ebenfalls wichtige Vergleichsaspekte.
- Vergleichen Sie Ihre Tarifgestaltung immer wieder mit alternativen Anbietern. Einige unabhängige Vergleichsplattformen im Internet helfen Ihnen dabei, z. B.:
  - in Deutschland: www.verivox.de
  - in Österreich: www.konsument.at; www.tarifecheck.at
  - in der Schweiz: www.comparis.ch

**Achtung Falle: Service-Nummern**

Hinter manchen Vorwahlnummern verbirgt sich eine große Kostenfalle. Da können selbst sehr kurze Telefongespräche hohe Kosten verursachen.

Oft hängt die tatsächliche Gebühr eines Gespräches von der Zahl ab, die auf die Vorwahl folgt und aus welchem Netz angerufen wird.

**0180-Nummern:**

Das sind „Shared-Cost-Nummern", bei denen sowohl der Anrufer als auch der Angerufene zahlt. Die Abrechnung erfolgt über die Telefonrechnung. Wie hoch die Gebühren tatsächlich sind, ist von Fall zu Fall verschieden, da die Festschreibung der Tarife ausgelaufen ist.

**0137-Nummern:**

Das sind sogenannte „Televote-Rufnummern", die für Abstimmungen im Radio und im Fernsehen verwendet werden. Je nach Endziffer der Telefonnummer vergibt der Anrufer eine Stimme. Man unterscheidet grundsätzlich drei Varianten:

- 01370/-1 und 01375-9: Ein Computer registriert jeden Anruf und fordert anschließend zum Auflegen des Hörers auf.
- 01372: Auch hier registriert ein Computer den Anruf. Es ist außerdem möglich, dass der Anrufer in eine laufende Sendung weitervermittelt wird.
- 01373/-4: Der Anruf wird wie oben registriert und der Anrufer zum Auflegen aufgefordert.

**0190-Nummern:**

Das sind die teuersten Service-Nummern. Der Anrufer bezahlt den vollen Preis, die Abrechnung erfolgt ebenfalls über die Telefonrechnung. Auch hier entscheidet die Ziffer hinter der Vorwahl über den Minutenpreis.

**0900-Nummern:**

Diese Nummern ersetzen vielfach die 0190-Nummern; allerdings gibt es hier keine einheitlichen Preise, da der Betreiber selber festlegen kann, wie teuer der Anruf wird.

**0800-Nummern:**

Das sind sogenannte „Freecall"-Nummern, ein Anruf auf diese Nummern ist kostenlos. Allerdings kann es trotzdem teuer werden, wenn Sie während des Telefonates aufgefordert werden, eine bestimmte Taste auf Ihrem Telefon zu einem bestimmten Zweck zu drücken.

### Sperren von bestimmten Service-Nummern

Es ist möglich, auf Wunsch vom Netzbetreiber alle Verbindungen zu bestimmten Service-Nummern sperren zu lassen. Das kann jedoch bei einigen Anbietern zusätzlich Gebühren kosten. Denken Sie auch daran, dass es seriöse Anbieter mit 0190-Nummern gibt, wie z. B Faxabrufe der Stiftung Warentest in Deutschland oder von Verbraucherzentralen.

## 5.5 Voicemail

Auch Ihre Voicemail, Ihr Anrufbeantworter, ist eine akustische Visitenkarte, die Ihr Image beziehungsweise das Ihres Unternehmens prägt. Ein potenzieller neuer Kunde oder ein wichtiger Geschäftspartner hat oft schon einige Male den Text Ihrer Voicemail gehört, bevor er mit Ihnen persönlich gesprochen hat. Gehen Sie daher sehr achtsam mit diesem Medium um, und überlegen Sie genau, welchen Text und welche Stimme Ihr Anrufer hören soll.

Beachten Sie vor allem die Tücken dieses Kommunikationsmediums: Sie haben keine Möglichkeit, auf den Anrufer einzugehen – der Anrufbeantworter ist lediglich ein Informationsweitergabegerät, ein Einweg-Kommunikationsmittel.

☞ **Tipp:**

Bevor Sie Ihr Band besprechen, stellen Sie sich vor, Sie würden mit einer echten Person, einem liebenswerten Menschen sprechen, bei dem es Ihnen tatsächlich leid tut, dass Sie ihn gerade nicht persönlich sprechen können. Das bringt echtes Bedauern in Ihre Stimme!

Nehmen Sie sich auf alle Fälle genügend Zeit für das Besprechen Ihres Bandes. Schnell noch am Freitagabend oder kurz vor dem Urlaub sind schlechte Zeitpunkte. Sie würden zu diesen Zeitpunkten ja auch nicht Ihre Werbekampagne planen.

☞ **Weitere Tipps:**

- Achten Sie darauf, dass keine Nebengeräusche Ihre Ansage stören.
- Sprechen Sie möglichst lebendig und natürlich.
- Sprechen Sie nicht zu schnell.
- Halten Sie den Text so kurz wie möglich.
- Legen Sie besonderes Augenmerk auf Telefonnummern und Namen. Sprechen Sie diese besonders deutlich aus oder wiederholen Sie sie.
- Beginnen Sie mit einer freundlichen Begrüßung und verabschieden Sie sich mit einem Dank für den Anruf.
- Bitten Sie den Anrufer, zuerst seinen Namen und dann seine Telefonnummer aufs Band zu sprechen.
- Verwenden Sie im Fall von Nebenstellen nach Möglichkeit einen eigenen, persönlich vom Besitzer dieser Nebenstelle besprochenen Text.
- Bei kurzer Abwesenheit (z. B. Mittagspause) sollten Sie deutlich machen, dass Sie noch am selben Tag zurückrufen.
- Bei längerer Abwesenheit (z. B. Urlaub) nennen Sie das Datum, wann Sie wieder erreichbar sein und einen Rückruf tätigen werden.
- Wenn Sie Ihren Text lieber neutral halten wollen, sagen Sie, dass Sie so bald wie möglich zurückrufen werden.
- Passen Sie Ihren Text individuell an die jeweilige Situation an. Erstellen Sie so zum Beispiel einen eigenen Text für die Weihnachts-, Sommer- oder Osterferien.
- Nutzen Sie die Voicemail auch für Ankündigungen, so können Sie zum Beispiel schon einige Wochen vor Ihrem Betriebsurlaub im Ansagetext auf kommende Aktivitäten oder Ereignisse hinweisen.
- Achten Sie auf den genauen Einsatz Ihrer Voicemail: Sie sollte wirklich nur dann im Einsatz sein, wenn niemand da ist, der das Telefon abhebt.
- Legen Sie daher genau fest, wer wann für das Band verantwortlich ist.
- Alle Mitarbeiter im Unternehmen sollten den Ansagetext kennen. Es wirkt sehr unprofessionell, wenn ein Kunde einen Mitarbeiter auf einen Text anspricht und dieser keine Ahnung hat, wovon der Kunde spricht.

☹ **So nicht!**

*„Unser Büro ist im Moment leider nicht besetzt!"*

*„Sie rufen leider außerhalb unserer Geschäftszeiten an!"*

Das merkt der Anrufer ohnehin. Der zweite Text klingt außerdem wie ein Vorwurf an den Anrufer. So entsteht kein positives Image des Unternehmens. Vermeiden Sie daher alle Negativformulierungen.

☺ **Besser:**

„Wir sind von Montag bis Freitag von 8:00 bis 18:00 Uhr persönlich für Sie da."

✋ **Beispiel für einen Ansagetext vor dem Weihnachtsurlaub:**

„Guten Tag, dies ist der Anrufbeantworter von Andrea Fein, Firma Sauber. Ab Montag, 7. Januar, bin ich wieder persönlich zu erreichen. Bitte hinterlassen Sie eine Nachricht, ich rufe Sie am Montag zurück. Meinen Vertreter, Herrn Peter Berger, können Sie unter der Durchwahl 145 erreichen. Vielen Dank."

☑ **Checkliste: Voicemail**

|  | ja | nein |
|---|---|---|
| ▶▶ Haben Sie den richtigen Text am Band? | ○ | ○ |
| ▶▶ Ist der Anrufbeantworter wirklich nur außerhalb der Geschäftszeiten eingeschaltet? | ○ | ○ |
| ▶▶ Ist Ihre Ansage noch aktuell? | ○ | ○ |
| ▶▶ Enthält Ihr Text alle wichtigen Bestandteile? | | |
| ▶ Firmenname | ○ | ○ |
| ▶ Telefon/Faxnummer | ○ | ○ |
| ▶ Eventuell Entschuldigung, dass keine persönliche Entgegennahme des Gespräches möglich ist. | ○ | ○ |
| ▶▶ Wird der Text langsam und deutlich gesprochen? | ○ | ○ |
| ▶▶ Wird zu viel Information hineinverpackt? | ○ | ○ |
| ▶▶ Klingt die Stimme positiv und freundlich? | ○ | ○ |
| ▶▶ Passiert es oft, dass Kunden nicht auf den Anrufbeantworter sprechen? | ○ | ○ |
| ▶▶ Kontrolliere ich von Zeit zu Zeit diese Funktion durch einen Kontrollanruf? | ○ | ○ |
| ▶▶ Höre ich gleich morgens alle Anrufe ab? | ○ | ○ |

☹ **So nicht!**

Versuchen Sie nicht zwanghaft, originell zu sein. Kabarettistische Ansagetexte wirken auf den Anrufer eher abschreckend als animierend. Achten Sie lieber darauf, dass Ihr Text zum Anlass passt. Es ist zum Beispiel unfreiwillig komisch, wenn ein Anrufer am 24. Dezember folgenden Text zu hören bekommt:

„Leider ist unser Büro nicht besetzt, wir sind auf Urlaub. Sie erreichen uns erst wieder am 15. August! Wenn Sie eine Nachricht ..."

**Die „Voicemail" als Gesprächspartner**

Wenn Sie statt des gewünschten Gesprächspartners nur den Ansagetext hören, reagieren Sie gelassen und beachten Sie folgende Tipps:

- Atmen Sie entspannt ein und aus – so viel Zeit ist immer!
- Beginnen Sie erst nach dem Pfeifton zu sprechen, sonst geht ein Teil Ihrer Botschaft verloren.
- Sprechen Sie langsam, deutlich und laut.
- Das gilt besonders für Ihren Namen. Buchstabieren Sie diesen noch zusätzlich, so kommt es zu keinen Missverständnissen, und Sie ersparen dem anderen ein zeitraubendes mehrmaliges Abhören des Bandes.
- Hinterlassen Sie immer Ihre Nummer, auch wenn Sie wissen, dass der Angerufene diese bereits hat. Sprechen Sie die Nummer besonders langsam und deutlich, wiederholen Sie sie vor allem dann, wenn Sie meinen, dass der andere Ihre Nummer nicht hat.
- Halten Sie sich kurz: Weitere Details können bei einem Rückruf geklärt werden.

## 5.6 Telefonieren auf Englisch

Wer häufig auf Englisch telefoniert, für den wird es rasch zur Routine. Doch wer nur hin und wieder einen ausländischen Gesprächspartner am Telefon hat, fühlt sich meist zunächst unsicher und sucht nach den richtigen Worten. Da helfen einige eingelernte Formulierungen über die erste Hürde hinweg.

Um Ihnen diese Situation zu erleichtern, haben wir hier für Sie einige der wichtigsten Formulierungen für das Telefonieren auf Englisch zusammengestellt. Auch diese Aufstellung erhebt keinen Anspruch auf Vollständigkeit, aber als Erste-Hilfe-Liste ist sie sicherlich ein willkommener „Rettungsanker".

**1. Starting a call – introduction:**

This is Mrs. Miller speaking.

This is Allbau Co. My name is ...
Mrs. Miller speaking, good morning!
Mrs. Miller speaking, good afternoon!
Can I help you? / May I help you?
What can I do for you?

**2. Identifying caller:**
Excuse me, who am I speaking to?
Who's calling, please?
Who's speaking, please?
May I ask who's calling, please?
Sorry, I didn't catch your name.
Sorry, I didn't understand your name.
Can (could) you repeat your name?
Can you spell the name, please?
Can you spell it again/once more?
Can you spell it more slowly, please?
Could you repeat that (once more)?
Did I get your name correctly?

**3. Delaying caller, connecting:**
Who(m) would you like to speak (to)?
Who do you wish to speak?
I'll put you through to Mr. Miller.
Just a moment, I'll put you through in a minute.
Hold the line, please!
Hold on, please!
I'll see if he/she is in.
He/she will be with you in just a moment.
One moment, please.

**4. Person not available:**
Sorry, (but) the line is busy/engaged (at the moment).

I'm afraid Mr./Mrs. ... is not here at the moment.
I'm afraid Mr./Mrs. ... not in.
I'm afraid Mr./Mrs. ... not in the office today.
I'm afraid Mr./Mrs. ... out of town.
I'm afraid Mr./Mrs. ... in a meeting.
I'm afraid Mr./Mrs. ... on another line
I'm afraid Mr./Mrs. ... with a client.
Sorry, he'll be back in half an hour.
Sorry, he'll be back between 2 and 3 p.m.
Sorry, he'll be back in the afternoon.
Sorry, he'll be back tomorrow at 9.00 a.m.
Sorry, he'll be back next week.
It'll be a few minutes.
Shall we call you back later?
Would you like to have him/her call you back?
Can (could) I have your number, please?
Can I take a message?
Would you like to wait?
Would you like to call back later?
May I ask you to call back later?
Shall I put you through to his assistant?
Would you like to speak to someone else?
I'll tell Mr. X about your call when he comes back to the office tomorrow morning.
Yes, of course, I'll tell him/her.
I'll pass the message on.

**5. If you are the one who calls:**
This is Mr./Mrs. ... speaking.
I would like to speak to Mr. White.
Could/May I speak to Mr./Mrs. ..., please?
Can you put me through to Mr./Mrs. ..., please?
When can I speak to him?
Can I leave a message for him?

Can (could) you take a message for him?
Could you tell Mr./Mrs. ... that (your name) called, please?
Could you ask him/her to call me back?
Can you tell Mr. ... to call me as soon as he's free?
Could you give me his/her new number, please?

### 6. Technical problems:
Sorry, I can't hear you, can you speak up please?
Could you speak more slowly, please?
The connection is (very) bad/poor, can you call back later?
I didn't catch that. Would you repeat that, please?
I beg your pardon?
I can hear you clearly (now).
His new extension is 5543.
I'm sorry, I have dialled the wrong number.
Sorry, the line was cut off.
Sorry, we were interrupted.
Sorry, I think you spoke to my colleague (before).
I'm afraid there's no one here by that name.

### 7. When you don't understand:
Excuse me?
Sorry?
I'm afraid I didn't quite catch that.
I'm sorry. Could you please say that again?
I'm afraid we have a bad line. Could you repeat the date?
Could you spell that for me, please?

### 8. Making appointments:
When can we get together?
How about meeting in Vienna?
Are you free on Monday, the ...
Would Monday suit your schedule?

Would Monday be convenient?

How does the 18th, at 11 p.m. suit you?

What about 3 p.m.? Would this be a good time, or rather a little later?

That suits her/him fine.

The 18th is fine.

I'm afraid he'll be busy then.

I'm sorry but she/he has already got another appointment then.

I'm afraid Mr./Mrs. X won't be able to keep this appointment / has to cancel this appointment.

Can we call the meeting off?

Sorry to cause you this trouble.

I would like to apologize for the trouble you've been having.

Shall we fix up another time instead?

I would be grateful, if you could send me a confirmation.

### 9. Future appointments:

The presentation will probably take about an hour.

I'll call you back in just a moment.

I suppose he will be back in 15 minutes.

The flight leaves at 10 a.m.

We are going to present our new line at the trade fair.

### 10. Expressing regret:

Unfortunately ...

I'm afraid ...

I'm sorry, but ...

Much to our regret ...

Could you perhaps ...

Would you be so kind as to ...

### 11. Making reservations:

to reserve a room/a place/a seat

to make a reservation

to hold a reservation until

price per person/per room/per day

to confirm in writing/by fax/by email/by telephone

to cancel in writing/by fax ...

to confirm by (= latest possible time)

**12. Payment terms:**

Are there any other charges or fees?

What does that include?

**13. Closing the call:**

Thanks for calling (back).

Thanks for your help/assistance/the information

I look forward to hearing from you.

It has been a pleasure speaking to you, goodbye.

Have a nice day.

Thank you, goodbye.

**14. Leaving a message:**

This is Mrs. X of Meier & sons, ...

The reason I'm calling is ...

Could you please call me back at ...?

Thank you, good bye.

**A small telephone dictionary**

| Anrufbeantworter | answering machine |
| --- | --- |
| Anrufbeantworteransage | voicemail greeting |
| Anrufe nicht durchstellen | hold all calls |
| Anschluss | local number |
| Automatische Dienste | automated service |
| besetzt | engaged busy (US) |
| Besetztzeichen | engaged tone, busy signal (US) |
| Büronummer | work number |
| Durchwahl | direct line |
| falsch verbunden sein | have the wrong number |

| | |
|---|---|
| Festnetz | landline |
| Freizeichen | dialling tone, dial tone (US) |
| Funksignal | signal |
| Geheimnummer haben | ex-directory, have an unlisted number (US) |
| getrennt werden | to be disconnected |
| Handy | mobile phone, cell phone (US) |
| Hintergrundgeräusche | background sounds |
| in der Leitung bleiben | hold (the line) |
| internationale Nummern | international numbers |
| jemanden auf Lautsprecher schalten | to put somebody on (loud)speaker |
| jemanden auf stumm schalten | to put somebody on hold |
| Konferenzschaltung | conference call |
| Kopfhörer mit Mikrofon | headset |
| Landesvorwahl | country code |
| Leitung, Verbindung | line |
| Nebenstelle | extension |
| Notfall | emergency |
| Ortsvorwahl | dialling code, area code (US) |
| Piepser | pager |
| Privatnummer | home number |
| schlechte Verbindung | bad line |
| Störung | interference |
| Störungsdienst | fault reporting |
| Telefonauskunft | directory enquiries |
| Telefon-Display als Filter verwenden | screen calls |
| Telefonhörer | receiver |
| Telefon-Mailbox | voicemail |
| Telefonnotiz | note |
| Telefon mit Lautsprecherfunktion | speakerphone |
| Telefonverzeichnis | directory |
| Telefonzentrale | switchboard |
| Terminkalender | diary, appointment book (US) |
| Terminvereinbarung | appointment |
| Vermittlung | operator |
| Ziffer, Stelle | digit |

## 5.7 Zusammenfassung

Ist der Hörer wieder aufgelegt, ist die professionelle Arbeit des Telefonierens noch nicht ganz beendet. Jetzt ist es zunächst wichtig, die Notizen noch einmal aufmerksam durchzugehen und notfalls zu ergänzen. Eine kurze gedankliche Analyse des Gespräches hilft, eigene Fehler zu erkennen und sein Telefonverhalten laufend zu verbessern.

Wichtige Informationen, die zu weiteren Aktionen führen sollen, müssen jetzt an die entscheidenden Stellen weitergegeben werden. Die beste kommunikative Gesprächsführung nützt wenig, wenn dem Gespräch keine Taten folgen. Gehen Sie bewusst und professionell mit diesem Teil der Nachbearbeitung um und entscheiden Sie jeweils, an wen, wann, in welcher Form und wie ausführlich Sie informieren. Kontrollieren Sie, ob das, was Sie dem Anrufer versprochen haben, auch wirklich durchgeführt wurde. Machen Sie so das Anliegen des Gesprächspartners zu Ihrer eigenen Verantwortung.

Eine weitere Hilfe für professionelles Telefonieren ist das Anlegen eines individuellen Telefonnummern-Verzeichnisses. So haben Sie für die häufigsten Notfälle und für immer wiederkehrende Anrufe die jeweiligen Nummern schnell zur Hand und helfen, sich und anderen Zeit zu sparen.

Professionelles Telefonieren erfordert auch eine genaue Kostenkontrolle. Es ist bei der Vielfalt der angebotenen Telefondienstleistungen nicht immer leicht, den Überblick zu bewahren und zu erkennen, wo Sparpotenzial vorhanden ist. Helfen sie bei der firmeninternen Analyse der Telefonkosten mit, indem Sie eine übersichtliche Aufstellung aller Telefonkosten erstellen. Vergleichen Sie Alternativangebote am Markt und erkennen Sie Kostenfallen wie zum Beispiel bestimmte Service-Nummern. Gerade auch die Internet-Telefonie beweist, dass professionelles Telefonieren nicht immer auch teuer sein muss.

Ein weiterer wichtiger Mosaikstein professionellen Telefonverhaltens ist der richtige Umgang mit Voicemail bzw. Anrufbeantworter. Überlassen Sie diese wichtige Visitenkarte Ihres Unternehmens nicht einfach anderen, sondern gestalten Sie den Text und dessen Einsatzmöglichkeiten bewusst und im Sinne Ihrer Anrufer.

Für alle internationalen Telefon-Profis haben wir eine Liste mit den wichtigsten englischen Formulierungen beigefügt. Suchen Sie sich daraus die für Sie wichtigen Sätze heraus, wiederholen Sie diese laut und scheuen Sie sich nicht, sie ins nächste Gespräch mit einzubauen, wenn Sie am Telefon Folgendes hören: *„Good morning, this is ... speaking!"*

# 6. ZUM ABSCHLUSS: DIE NEUN WICHTIGSTEN TIPPS IM ÜBERBLICK

**Tipp Nummer 1: Bereiten Sie sich gut vor**

Verlassen Sie sich nicht nur auf Ihre Spontaneität. Wer Erfolg haben will, muss seine Telefongespräche auch richtig vorbereiten. Je besser Sie sich auf Ihren zukünftigen Gesprächspartner einstellen, desto überzeugender werden Sie im Gespräch agieren. Zur Vorbereitung gehört aber auch die richtige innere Einstellung zum Telefonieren an sich. Wer jedes Mal, wenn das Telefon läutet, nervös zusammenzuckt, wird nicht positiv in das Gespräch einsteigen. Betrachten Sie daher das Telefon nicht als Ihren persönlichen Feind, sondern viel mehr als wichtiges Werkzeug und Unterstützung auf dem Weg zur erfolgreichen Kommunikation zur Außenwelt.

**Tipp Nummer 2: Mit Ihrer Stimme zum Erfolg**

Wenn wir morgens aus dem Haus gehen, haben wir meist schon einiges in unser Aussehen investiert: Morgentoilette, Pflege, Haare waschen und stylen, bewusste Auswahl unserer Garderobe und unserer Accessoires … Aber haben wir uns auch um unsere Stimme gekümmert? Nein? Doch genau auf diese Stimme wird unsere Wirkung reduziert, wenn wir den ganzen Tag lang telefonieren. Niemand sieht die neue Uhr, die perfekte Krawatte, das neue Kleid. Aber jeder hört das nervöse Kratzen in der Stimme und den unfreundlichen, gestressten Ton. Arbeiten Sie also bewusst an Ihrer Stimme und trainieren Sie sie – gute Stimmung am Telefon ist kein Zufall, sondern das Ergebnis von Stimmtraining und -pflege!

**Tipp Nummer 3: Nutzen Sie die Macht des ersten Eindrucks**

Gerade am Telefon gibt es keine zweite Chance für einen ersten Eindruck! Hat sich der Anrufer erst einmal ein negatives Bild von Ihnen und Ihrem Unternehmen gemacht, wird es sehr schwer, aus dieser Schublade wieder herauszukommen. Daher ist besonders der Einstieg in ein Gespräch so wichtig. Sprechen Sie aus diesem Grund in dieser Phase besonders langsam, deutlich und legen Sie all Ihre Ausstrahlung in Ihre Stimme. Begrüßen Sie den Anrufer so, wie ein herzlicher Gastgeber seinen lang erwarteten Freund begrüßt, und nicht wie ein Automat einen anderen Automaten. Herzlichkeit geht hier vor aalglatter Perfektion, das „Du" kommt vor dem „Ich".

**Tipp Nummer 4: Formulieren Sie wie ein Profi**

Suchen Sie den Erfolg im Detail. Es sind nicht immer die großartigen und originellen Formulierungen, mit denen Sie beim Gesprächspartner punkten. Es sind vielmehr die kleinen, unscheinbaren „Zwischenworte", die über Sympathie oder Ablehnung, Zustimmung oder Widerspruch entscheiden. Formulieren Sie am Telefon nach Möglichkeit immer positiv und lösungsorientiert. Sagen Sie dem anderen, was Sie für ihn tun können und werden, statt sich zu rechtfertigen, was Sie leider nicht tun können. Hüten Sie sich vor leeren Worthülsen und Floskeln: Diese schieben den Gesprächspartner weit weg und signalisieren Unnahbarkeit. Bleiben Sie echt und authentisch: Sie bewerben sich ja nicht für den Literaturnobelpreis, sondern Sie wollen Verständigung von Mensch zu Mensch. So lassen sich auch schwierige Gesprächssituationen am Telefon leicht meistern.

### Tipp Nummer 5: Auch Schweigen ist (Telefon-)Kommunikation

Telefongespräche sind kein Duell. Es geht nicht darum, den anderen mit „Power-Rhetorik" in Grund und Boden zu reden. Verständigung entsteht nur dort, wo beide Gesprächspartner einander mit Respekt und Einfühlungsvermögen begegnen. Gehen Sie daher mit gutem Beispiel voran und üben Sie sich in der Rolle des respektvollen Zuhörers. Nur wer weiß, was der andere wirklich will, kann mit den eigenen Argumenten bei ihm punkten. Stellen Sie Fragen, statt Behauptungen aufzustellen. So können Sie das Gespräch immer in die von Ihnen gewünschte Bahn lenken, ohne die Zuhörerrolle zu verlassen. Zuhören wird so der Schlüssel zum Gesprächserfolg.

### Tipp Nummer 6: Trennen Sie Emotion und Sache

So sehr wir uns auch bemühen – wir sind nun mal keine rein rational funktionierenden Wesen. Gerade wenn es um wichtige Angelegenheiten geht, vermischen wir immer wieder die Fakten mit unseren Gefühlen. Doch weil Gefühle offiziell nichts im Geschäftsleben zu suchen haben, gestehen wir uns diese Gefühle nicht ein und verbannen sie ins Unterbewusste. Dort verlieren wir die Kontrolle über sie und ärgern uns dann maßlos, wenn ein Gespräch nicht ganz so verlaufen ist, wie geplant. Wir haben gespürt, wie wir immer ärgerlicher wurden, haben das den Gesprächspartner auch spüren lassen, aber im Endeffekt trotzdem nachgegeben. So haben wir Zugeständnisse gemacht, die uns jetzt im Nachhinein „im Magen liegen".

Machen Sie es daher genau umgekehrt: Machen Sie Ihre Zugeständnisse gegenüber der menschlichen Seite, den Emotionen des anderen, und bleiben Sie auf der sachlichen Ebene konsequent. Zeigen Sie Verständnis für die Situation und somit für die Emotion des anderen, ohne in der Sache von Ihrem Weg abzuweichen. Lernen Sie, Ihre eigenen Emotionen bewusst zu erkennen und dadurch auch kontrollierbar zu machen. So gelingt Ihnen dieser Balanceakt zwischen Sache und Emotion mit einiger Übung immer besser!

### Tipp Nummer 7: Nutzen Sie ein gutes Ende als Neuanfang

Auch der letzte Eindruck zählt! Selbst wenn Sie noch so unter Zeitdruck stehen, ist ein positiver Ausstieg aus dem Gespräch wichtig. Wer als Anrufer den Eindruck vermittelt bekommt, Sie wären erleichtert, endlich den Hörer wieder aufzulegen, der fühlt sich wie mit einem akustischen Fußtritt hinausbefördert. Wiederholen Sie noch einmal die wichtigsten Ergebnisse des Gespräches und klären Sie letzte Missverständnisse. Das spart viel Zeit und Energie. Sprechen Sie den anderen noch einmal mit seinem Namen an, bedanken Sie sich bei ihm und verabschieden Sie sich so, wie man sich von einem lieben Freund verabschiedet. Dieses Gefühl bleibt in Erinnerung und macht den Einstieg in ein weiteres Gespräch leichter. Der positive letzte Eindruck bleibt im Unterbewusstsein gespeichert und wird beim nächsten Kontakt automatisch wieder abgerufen!

### Tipp Nummer 8: Machen Sie Erfolge nachhaltig

Gehen Sie sorgsam mit den erhaltenen Informationen um und agieren Sie so als professioneller Informationsmanager. Verteilen und filtern Sie die Informationen, speichern Sie sie und sorgen Sie für die nötigen Aktionen. Denn der beste Gesprächserfolg am Telefon nützt wenig, wenn die versprochenen oder vereinbarten Handlungen nicht folgen. Die Nachbearbeitung eines Telefonates erfordert manchmal viel mühsame Kleinarbeit und fällt oft gerade sehr kommunikativen und extrovertierten Menschen schwer. Doch genau da zeigt sich die eigentliche Professionalität: im Zu-Ende-Führen. Genau geführte, sofort ergänzte und am richtigen Ort weiterverarbeitete Telefonnotizen sind das Kapital, das für Ihre nächsten Gesprächserfolge sorgt!

### Tipp Nummer 9: Bleiben Sie gelassen

Sollte es einmal nicht ganz so laufen, wie Sie es geplant haben, ist das noch lange kein Grund für Selbstzweifel. Durch keine Schulungsmaßnahme kann man so viel lernen wie aus den eigenen Fehlern. Nutzen Sie dieses Potenzial bewusst und analysieren Sie nicht so positiv verlaufene Gespräche. Doch auch und gerade erfolgreich verlaufene Gespräche sollten dieser Analyse unterzogen werden. Warum war ich erfolgreich? Was habe ich richtig gemacht? Welche Stärke kann ich daraus erkennen und in Zukunft bewusst in mein Telefonverhalten einbauen? Das schafft Selbstvertrauen und Gelassenheit. So werden Sie Schritt für Schritt zum Telefon-Profi – ganz aus eigener Kraft!

*Wir wünschen Ihnen viel Erfolg und Freude!*

# ANHANG

**☑ Checkliste: Telefonskript (z. B. bei Angebots-Übermittlung)**

**Vorüberlegungen**

Wen will ich sprechen, wer ist wirklich der Entscheidungsträger für mein Angebot?

_____

_____

Was habe ich für den Kunden, warum soll er „Ja" zu meinem Angebot sagen?

_____

_____

**Telefonzentrale**

- Bei Erstkontakten: Name, Vorname und Funktion des Entscheidungsträgers erfragen/notieren
- Name der direkten Mitarbeiter erfragen
- Durchwahltelefonnummer?
- Durchwahlfaxnummer?
- Mobilfunknummer?

**Verbindungsweg zur Zielperson/Sekretariat**

- Bei Erstkontakten: Verantwortungsbereich des Entscheidungsträger klären
- Antwort auf die „Worum geht es"-Frage
- Verantwortungsbereich (Macht) der Mitarbeiter und/oder Sekretärin abschätzen
- Mitarbeiter/Sekretärin der Zielperson mit in die Verantwortung für das Angebot einbeziehen

**Entscheidungsträger**

- Gesprächseinstieg
- Powervolle Begrüßung

- Starker Interessenwecker (Aufhänger)
- Gesprächsbereitschaft festlegen – bringt er/sie einen Einwand oder einen Vorwand?
- Erlaubnis für Bedarfsanalyse („Ja", um Fragen zu stellen)

**Verkaufsgespräch**

- Analysefragen stellen
- Problemfragen aus den Antworten entwickeln
- Nutzen des Angebots darstellen (Überlegungen: Welche Vorteile bietet mein Angebot im Vergleich zu meinen Hauptwettbewerbern?)

**Abschluss**

- Feedbackliste anwenden (Zusammenfassung)
- Abschlussfrage stellen
- Antworten (Gegenfragen) auf Einwände des Gesprächspartners eingehen (siehe Rubrik Einwandkatalog)
- Erneut Abschlussfragen stellen
- Auch oder gerade bei negativem Gesprächsverlauf nach Empfehlung fragen
- Wenn Ziel 1 nicht erreicht wurde, versuchen Sie Ziel 2 (zum Beispiel Übersenden von Unterlagen)
- Nächsten Schritt mit Gesprächspartner vereinbaren
- Gesprächsinhalt, insbesondere die Vereinbarungen, zusammenfassen
- „Danke für den Anruf" und freundlich verabschieden

**Schema für einen individuellen Gesprächsleitfaden zur eigenen Bearbeitung:**

1. Einleitende Aussagen und Bedarfserhebung:

_____
_____
_____
_____
_____
_____
_____
_____

2. Inhaltspräsentation, Vorteile und „Schlüsselfragen":

_____
_____
_____
_____
_____
_____
_____
_____

3. Einwandbehandlung und Abschluss des Gespräches:

_____
_____
_____
_____
_____
_____
_____
_____

## Beispiel eines Gesprächsleitfaden für Reklamationsgespräche

### 1. Schritt: Schaffen eines positiven Gesprächsklimas

- **Sofort** mit Konzentration und einem freundlichen Gruß auf den Kunden reagieren
- Mit dem **Namen** ansprechen
- **Verständnis** für die Kundenemotion: *„Ich verstehe Ihre Verärgerung."*
- Kunden **ernst nehmen**, aktiv zuhören
- Durch **Fragen** Emotion abbauen: *„Es geht für Sie um ..."*

### 2. Schritt: Problem analysieren

- Offene Fragen, um die **wahre Ursache** zu erkennen (z. B.: wie, welche, wann etc.)
- **Positiv** formulieren: *„Ich werde die Daten ermitteln."* statt *„Das weiß ich jetzt nicht."*
- **Bestimmt und konkret** formulieren, keine Möglichkeitsformen
- **Keine** Fachbegriffe und Abkürzungen
- Wichtiges **notieren** und dies dem Kunden auch mitteilen
- Sache und Emotion **trennen**: *„konkret"*, *„genau"* verwenden
- **Keine** Standardfloskeln verwenden, z. B.: *„Tut mir leid"*
- **Feedback** vom Kunden einholen: *„Ist das so für Sie in Ordnung?"*

### 3. Schritt: Suche nach der gemeinsamen Lösung

- **Positiv** formulieren, ohne „Reklamation", „Beschwerde", „Problem"
- Bei tatsächlichen Fehlern offen **entschuldigen**
- Den Kunden das Gesicht wahren lassen, auf den eigenen Ton achten!
- Der Meinung des Kunden die eigene ohne Bewertung gegenüberstellen: *„Sie sehen die Sache so, dass ... Aus unserer Sicht ist es so, ..."*
- Betonen der **gemeinsamen Lösung**: *„Wir werden das gemeinsam so machen ..."*
- Auf die klaren **Spielregeln** hinweisen: *„Unsere Richtlinien sind ..."*
- Die **eigenen Aktivitäten** nennen: *„Ich werde mich für Sie erkundigen, Sie hören von mir bis ..."*

4. Schritt: Positiver Ausstieg als Neuanfang

- **Zustimmungsfragen**: *„Sind wir uns einig, dass …"*
- Ergebnisse zusammenfassen und nochmals das **Feedback** bzw. die Bestätigung des anderen einholen
- Für die Anregung, den Anruf (nicht für die Reklamation) **danken**
- Bei der Verabschiedung den **Namen** des Kunden nennen

## Buchstabiertabellen

|   | Österreich | Deutsch | Englisch | Amerikanisch | International | NATO |
|---|---|---|---|---|---|---|
| A | Anton | Anton | Andrew | Abel (ei) | Amsterdam | Alfa |
| Ä | Ärger | Ärger | | | | |
| B | Berta | Berta | Benjamin | Baker | Baltimore | Bravo |
| C | Cäsar | Cäsar | Charlie | Charlie | Casablanca | Charlie |
| Ch | | Charlotte | | | | |
| D | Dora | Dora | David | Dog | Dänemark | Delta |
| E | Emil | Emil | Edward | Easy | Edison | Echo |
| F | Friedrich | Friedrich | Frederick | Fox | Florida | Foxtrott |
| G | Gustav | Gustav | George | George | Gallipoli | Golf |
| H | Heinrich | Heinrich | Harry | How | Havanna | Hotel |
| I | Ida | Ida | Isaac | Item | Italia | India |
| J | Julius | Julius | Jack | Jig | Jerusalem | Juliet |
| K | Konrad | Kaufmann | King | King | Kilogramm | Kilo |
| L | Ludwig | Ludwig | Lucy | Love | Liverpool | Lima |
| M | Martha | Martha | Mary | Mike | Madagaskar | Mike |
| N | Nordpol | Nordpol | Nellie | Nan | New York | November |
| O | Otto | Otto | Oliver | Oboe | Oslo | Oscar |
| Ö | Österreich | Ökonom | | | | |
| P | Paula | Paula | Peter | Peter | Paris | Papa |
| Q | Quelle | Quelle | Queenie | Queen | Quebec | Quebec |
| R | Richard | Richard | Robert | Roger | Roma | Romeo |
| S | Siegfried | Samuel | Sugar | Sugar | Santiago | Sierra |
| Sch | Schule | Schule | | | | |
| T | Theodor | Theodor | Tommy | Tare | Tripoli | Tango |
| U | Ulrich | Ulrich | Uncle | Uncle | Uppsala | Uniform |
| Ü | Übel | Übermut | | | | |
| V | Viktor | Viktor | Victor | Victor | Valencia | Victor |
| W | Wilhelm | Wilhelm | William | William | Washington | Whiskey |
| X | Xaver | Xanthippe | Xmas | X(eks) | Xanthippe | X-Ray |
| Y | Ypsilon | Ypsilon | Yellow | Yoke | Yokohama | Yankee |
| Z | Zürich | Zeppelin | Zebra | Zebra | Zürich | Zulu |

# LITERATUREMPFEHLUNGEN

Cerwinka, G., Schranz, G.:
**Die Büro-Bibel**
Linde Verlag, Wien

Cerwinka, G., Schranz, G.:
**Professioneller Telefonverkauf**
Carl Ueberreuter, New Business Line, Frankfurt

Cerwinka, G., Schranz, G.:
**Beim ersten Eindruck gewinnen**
Linde-Verlag, Wien

Cerwinka, G., Schranz, G.:
**Wie kommuniziere ich souverän mit Gästen?**
Redline Wirtschaftsverlag, Heidelberg

Cerwinka, G., Schranz, G.:
**Die Macht der versteckten Signale**
Carl Ueberreuter Wirtschaftsverlag, Wien

Cerwinka, G., Schranz, G.:
**Souverän im Sekretariat**
Carl Ueberreuter Wirtschaftsverlag, Wien

Cerwinka, G., Schranz, G.:
**Nervensägen**
Linde-Verlag, Wien

Klaus Merg, Torsten Knödler:
**Überleben im Job**
Redline Wirtschaft, Heidelberg

Saxer, U.:
**Bei Anruf Erfolg**
Telefon-Seminar für Manager und Verkäufer/Hörbuch
Rusch Verlag, Kreuzlingen/Konstanz

Schäfer-Elmayer, T.:
**Der Business Elmayer**
Ecowin Verlag, Salzburg

Schulz v. Thun, F.:
**Miteinander reden, Band 1, 2 und 3**
Rororo Verlag, Reinbek bei Hamburg

**Das Sekretärinnen-Handbuch**
Fachverlag für Sekretärinnen & Assistentinnen, Bonn

# Interessante Links

- http://inhalt.monster.ch/9837_de-ch_p1.asp (Richtig telefonieren – Der erste Eindruck zählt)
- www.arbeitsratgeber.com/telefonieren-am-arbeitsplatz_0190.html
- www.calltraining.com
- www.focus.de/karriere
- www.sekada-daily.de
- www.sekretaerinnen.de
- www.sekretaria.de
- www.telefonkonferenz.info

# SCHLAU IN NULL KOMMA NICHTS!

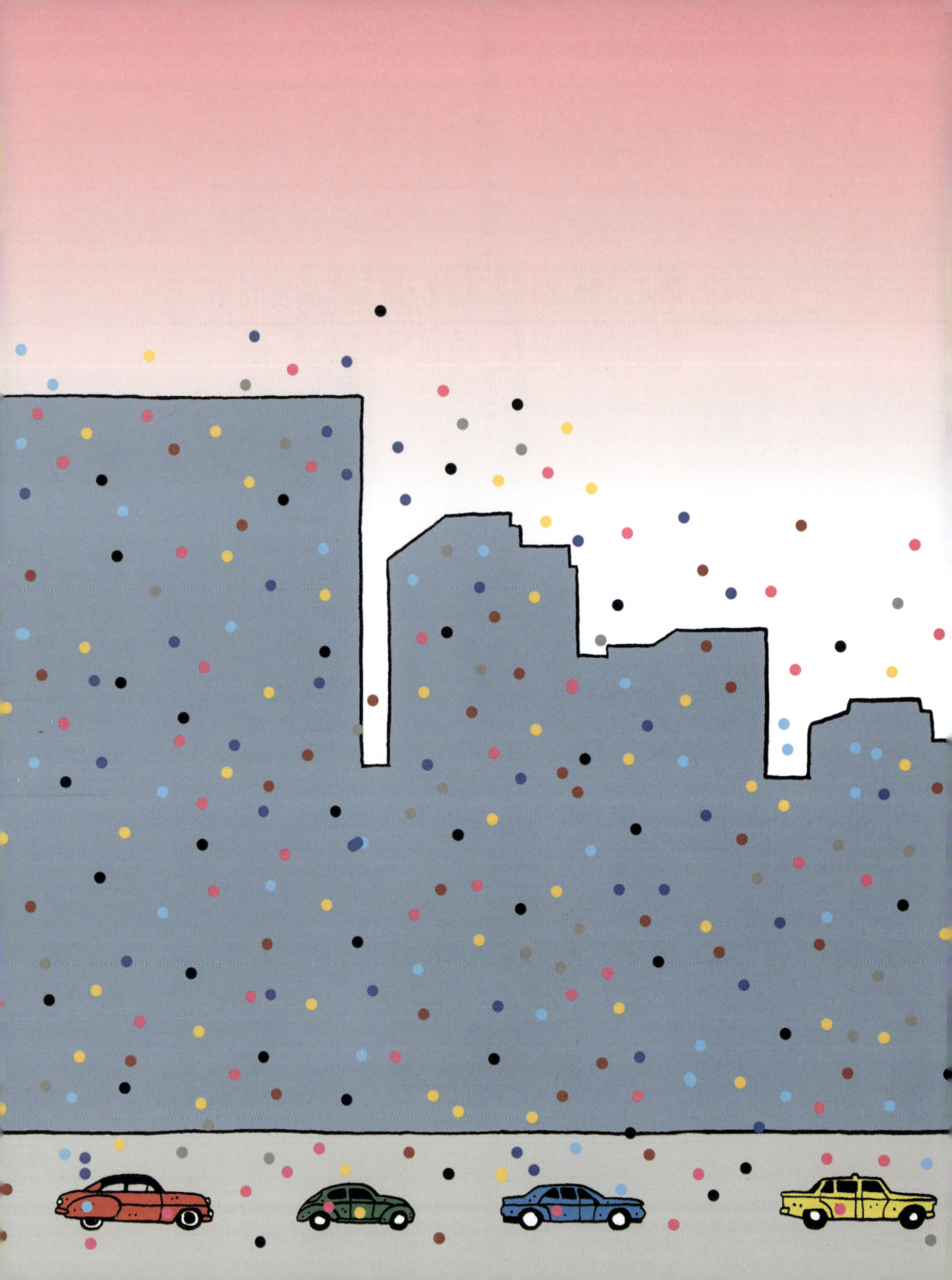

# SCHLAU IN NULL KOMMA NICHTS!

## Die spannendsten Fragen der Naturwissenschaft einfach erklärt

Robert Dinwiddie

Moewig ist ein Imprint der Edel Germany GmbH

Copyright © für die deutsche Ausgabe
2010 Edel Germany GmbH, Hamburg
www.moewig.com | www.edel.com
1. Auflage 2010

Projektkoordination der deutschen Ausgabe:
Nina Schnackenbeck
Übersetzung: Carsten Heinisch, Michael Sailer
Redaktion und Satz der deutschen Ausgabe:
bookwise Medienproduktion GmbH, München
Umschlaggestaltung: Groothuis, Lohfert,
Consorten, Hamburg | www.glcons.de

Alle Rechte vorbehalten. All rights
reserved. Das Werk darf – auch
teilweise – nur mit Genehmigung des
Verlages wiedergegeben werden.

Copyright © 2010 Quarto Publishing,
Originaltitel: *Bite-Size Science*

Konzept, Gestaltung und Produktion:
Quarto Publishing plc
The Old Brewery
6 Blundell Street
London N7 9BH

Projektleitung: Chloe Todd Fordham
Design: James Lawrence
Konzept: Paul Carslake
Illustrationen: Michael Chester
Ergänzender Text: Steve Parker
Redaktion: Cathy Meeus
Art director: Caroline Guest
Creative director: Moira Clinch
Herausgeber: Paul Carslake

Printed in China

ISBN 978-3-86803-440-0

# Inhalt

| | |
|---|---|
| Einführung | 6 |
| **Kapitel 1:** | |
| **Materie** | 10 |
| Atome und Elemente | 12 |
| Was hält die Atome zusammen? | 14 |
| Radioaktivität | 16 |
| Kristalle und Moleküle | 20 |
| Teilchenphysik | 22 |
| Dunkle Materie | 24 |
| | |
| **Kapitel 2:** | |
| **Energie** | 26 |
| Formen der Energie | 28 |
| Ihr persönlicher Energieverbrauch | 30 |
| Elektromagnetische Strahlung | 32 |
| Masse, Energie und Kernspaltung | 34 |
| | |
| **Kapitel 3:** | |
| **Das Universum** | 36 |
| Jenseits unserer Erde | 38 |
| Unsere Galaxis | 40 |
| Die sichtbaren Sterne | 42 |
| Die Sonne und ihre Zyklen | 44 |
| Sternensterben | 46 |
| Schwarze Löcher | 48 |
| Umlaufbahnen und Gravitation | 50 |
| Raumsonden | 52 |
| Expansion des Universums | 54 |
| Leben außerhalb der Erde | 56 |

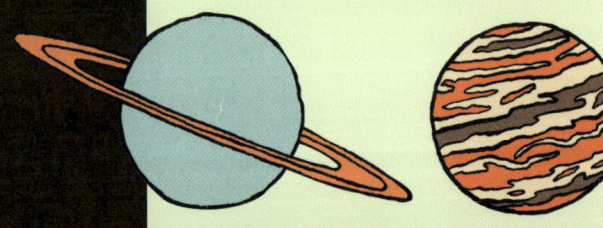

## Kapitel 4:
**Ursprünge** 58
Der Urknall 60
Entstehung des Sonnensystems 64
Entstehung von Erde und Mond 66
Entstehung des Lebens 68
Die Erdgeschichte 70
Die Evolution 74
Was uns Fossilien verraten 76
Stammbaum des Lebens 78

## Kapitel 5:
**Die Erde** 80
Der Aufbau der Erde 82
Plattentektonik 84
Erdbeben und Vulkane 86
Meeresströmungen 88
Die Gezeiten 90
Der Meeresspiegelanstieg 92
Die Erdatmosphäre 94
Das Wetter 96
Blitze 98

## Kapitel 6:
**Unsere Umwelt** 100
Luftverschmutzung 102
Das Ozonloch 104
Biomagnifikation 106
Die globale Erwärmung 108
Quellen von Treibhausgasen 110
Erneuerbare Energien 112
Atommüll 114
Biobrennstoffe 116
Elektroautos 118
Recycling 120

## Kapitel 7:
**Gesundheit** 122
Hauptfaktoren der Gesundheit 124
Ernährung und Übergewicht 126
Bakterien und Viren 130
Pandemien 132
Impfstoffe 134
Risiken für die Gesundheit 136
Sonne und Haut 138
Sport und Doping 140
Tierversuche 142

## Kapitel 8:
**Gene** 144
Was sind Gene? 146
Gene und Vererbung 148
Genetische Spuren unserer Vorfahren 150
Gentherapie 152
Genmanipulierte Lebensmittel 154
Klonen 156
Der genetische Fingerabdruck 158
Stammzellenforschung 160

## Kapitel 9:
**Schwierig, schwierig** 162
Die Relativitätstheorie 164
Die Quantenmechanik 168
Die Weltformel oder: Theorie für alles 170

Register 172
Bildnachweis/Danksagung 176

# Einführung

Dieses Buch richtet sich an alle, die endlich mitreden wollen; an Schüler, Lehrer, Eltern und all die Personen, deren naturwissenschaftliche Kenntnisse ein wenig verschüttet sind, die sich aber gern schlaumachen wollen über Themen, die in Zeitungen, im Fernsehen und Internet, im Beruf oder im Freundeskreis immer wieder aufkommen. Zu diesen Gebieten kann alles Mögliche gehören, vom Impfschutz bis zu den aktuellen Forschungen mit Teilchenbeschleunigern (und ihrem tieferen Sinn), von Entdeckungen in der Genetik bis zum Pro und Kontra der Biotreibstoffe im Vergleich zu anderen erneuerbaren Energien.

Ziel dieses Buches ist es, die Kenntnisse der Leser über die wissenschaftlichen Grundlagen bei umstrittenen Themen zu vertiefen, etwa über die Ursachen für den Klimawandel, die Argumente für und gegen Stammzellenforschung, Endlagerung von radioaktiven Abfällen oder Tierversuche in der Medizin. Nur mit Sachkenntnis kann man sich eine begründete Meinung bilden und fundiert an der Diskussion beteiligen. Wo immer möglich, sind Fakten und Argumente für beide Seiten solcher kontroversen Themen in möglichst objektiver Weise gegenübergestellt, damit der Leser seine eigene Meinung bilden und eigene Schlüsse ziehen kann.

## Zu den Inhalten dieses Buches

Natürlich muss dieses Werk eine Auswahl treffen. Ich habe bewusst nicht versucht, die gesamte Naturwissenschaft umfassend abzudecken, dann wäre das Buch um ein Vielfaches dicker. Stattdessen wollte ich nur eine relativ begrenzte Zahl von Themen behandeln und Ihnen als Leser „häppchenweise" nur so viel Informationen geben, dass Sie auf den Geschmack kommen, aber nicht durch zu viele Details übersättigt werden. Meine Themenauswahl richtet sich an verschiedenen Faktoren aus, darunter:

# EINFÜHRUNG

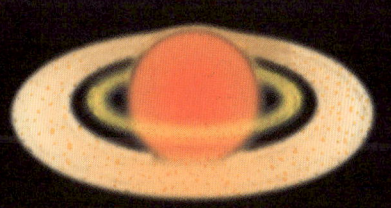

- Was findet man in den Nachrichten, worüber spricht man, was ist umstritten (z. B. Klimawandel, Grippe-Epidemien, genmanipulierte Lebensmittel, DNA-Untersuchungen, Doping, Stammzellenforschung, Wetter)?

- Welche Themen sind für sich interessant, weil sie ungewöhnlich, aufregend oder beeindruckend sind (z. B. Schwarze Löcher, Dunkle Materie, die Quantentheorie, der Zusammenhang von Masse und Energie, Klonen)?

- Welche Themen sind von rein wissenschaftlicher Bedeutung? Viele davon sind für das Verständnis weiterer wissenschaftlicher Bereiche wesentlich, und man kann sie daher kaum übergehen. Dazu gehören z. B. Atome und Moleküle (die Grundlage der gesamten Chemie und eines Großteils der Physik), die Plattentektonik (die bedeutendste Theorie der Geologie), die Evolution (ein Oberthema der Biologie) und der Urknall (eine Grundidee von Physik und Astronomie).

- Was entspricht meinen eigenen Interessen, meinen Vorlieben und meinem Wissen – oder genauer: meinen Wissenslücken?

## Der Aufbau dieses Buches

Ich habe den Stoff in neun Kapitel aufgeteilt. Die ersten beiden Kapitel behandeln einige Grundlagen im Zusammenhang mit Materie und Energie, also den wichtigsten Bausteinen unserer Welt. Es folgen Kapitel über das Weltall, die Ursprünge (wie die Welt so wurde, wie sie heute ist, vom Urknall an), den Planeten Erde und seine Lebensformen, die Umwelt, die Gesundheit und die Genetik. Das letzte Kapitel behandelt einige schwie- rige, doch faszinierende Themen der modernen Physik, darunter die Relativitätstheorie und die sogenannte Weltformel.

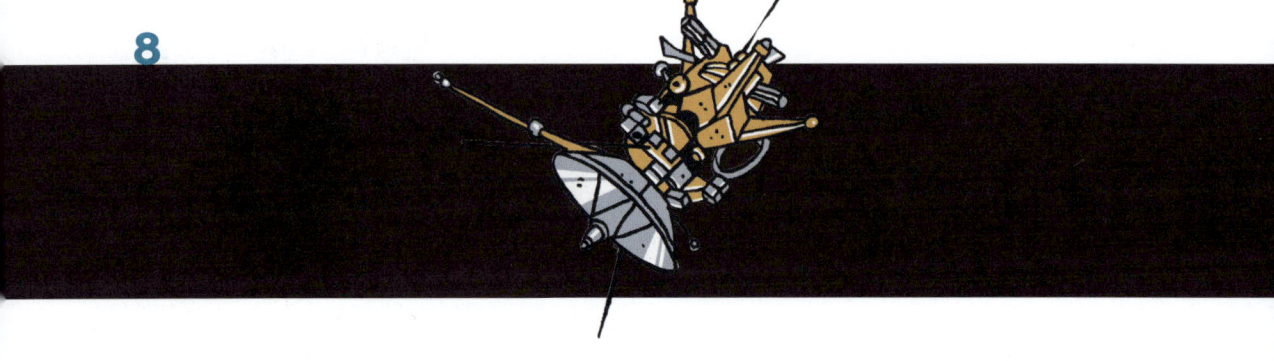

### Klartext-Kästen und Illustrationen

In diesem Buch wird vor allem viel Wert auf Klarheit gelegt, um komplexe wissenschaftliche Zusammenhänge verständlich zu machen. Wo immer möglich, werden Fachausdrücke vermieden; wo dies nicht möglich ist, wird ihre Bedeutung in einem gleich danebenstehenden „Klartext-Kasten" näher erläutert.

Das Buch ist großzügig mit Bildern illustriert, darunter Diagramme im „Passt auf einen Bierdeckel"-Stil, Schritt-für-Schritt-Bildfolgen und sogar Cartoons. Sie alle sollen die Erläuterungen zu dem behandelten Thema veranschaulichen, vom Aufbau eines Atoms bis zum Ursprung des Sonnensystems. Viele Bilder stützen sich auf Alltagsanalogien, die teilweise auch aus dem Lebensmittelbereich kommen – schließlich wird das Wissen hier „häppchenweise" serviert. Wenn wir uns beispielsweise den Aufbau der Erde anschauen, wird unser Planet als ein durchgeschnittenes hartgekochtes Ei dargestellt. Auf den ersten Blick mag das merkwürdig oder schlicht albern wirken, aber tatsächlich lassen sich mit der Analogie von Schale, Eiweiß und Dotter die Größenverhältnisse der Erdschalen – also Kruste, Mantel und Kern – bemerkenswert gut abbilden. Solche Analogien können das Wissen im Kopf verfestigen. Bilder aus der Welt des Essens erläutern auch die Atomspaltung (ein Apfel wird mit der Axt zerteilt) oder die Expansion des Universums (ein Hefeteig geht beim Backen auf). Einflüsse auf die Gesundheit werden mit einem Kartenspiel verglichen, die Plattentektonik mit einem Gepäckförderband am Flughafen usw. Eher konventionelle Bildfolgen stützen und verdeutlichen die Analogien zusätzlich.

# EINFÜHRUNG

## Maße und Einheiten

Messungen in der Naturwissenschaft enthalten immer zwei Angaben – Zahl und Einheit. Nur beide zusammen ergeben einen Sinn, eine Längenangabe wie „18" wäre sinnlos. Erst mit der zugehörigen Einheit weiß man, ob es sich um eine kurze Strecke handelt (18 Zentimeter) oder um eine lange (18 Lichtjahre). Doch solche Einheiten müssen auch einheitlich sein. 1795 schuf die französische Akademie der Wissenschaften ein System mit Einheiten, die der Natur entnommen und somit an jedem Ort gleich sind: ein Meter = ein Zehnmillionstel der Entfernung vom Nordpol zum Äquator; ein Kilogramm = die Masse von einem Liter Wasser. Eine Sekunde war vorher schon klar definiert: $1/86\,400$ eines Tages. Größere und kleinere Einheiten wurden mit Vielfachen von 10 in Bezug auf diese Einheiten definiert, z. B. ein Zentimeter als $1/100$ Meter oder ein Kilometer als 1000 Meter. Die Faktoren werden mithilfe bestimmter Vorsilben ausgedrückt (siehe Tabelle). Dieses System gilt in seinen Grundzügen bis heute weltweit, auch wenn in einigen Ländern – allen voran in den USA – noch immer ein anderes Einheitensystem mit ausgesprochen „krummen" Umrechnungsfaktoren gebräuchlich ist (dort gilt: 12 Inch = 1 Foot, 3 Feet = 1 Yard, 1760 Yards = 1 Mile). In diesem Buch werden durchgängig metrische Einheiten verwendet.

Robert Dinwiddie
Oktober 2009

### Einheitenvorsätze

| Vorsilbe | Abkürzung | Wert |
|---|---|---|
| Exa | E | $10^{18}$ |
| Peta | P | $10^{15}$ |
| Tera | T | $10^{12}$ |
| Giga | G | $10^{9}$ (1 Mrd.) |
| Mega | M | $10^{6}$ (1 Mio.) |
| Kilo | k | $10^{3}$ (1000) |
| Hekto | h | $10^{2}$ (100) |
| Deka | da | $10^{1}$ (10) |
| Dezi | d | $10^{-1}$ ($1/10$) |
| Zenti | c | $10^{-2}$ ($1/100$) |
| Milli | m | $10^{-3}$ ($1/1000$) |
| Mikro | µ | $10^{-6}$ ($1/1\text{ Mio.}$) |
| Nano | n | $10^{-9}$ ($1/1\text{ Mrd.}$) |
| Piko | p | $10^{-12}$ |
| Femto | f | $10^{-15}$ |
| Atto | a | $10^{-18}$ |

# 1 Materie

**INHALT**

- Atome und Elemente **12**

- Was hält die Atome zusammen? **14**

- Radioaktivität **16**

- Kristalle und Moleküle **20**

- Teilchenphysik **22**

- Dunkle Materie **24**

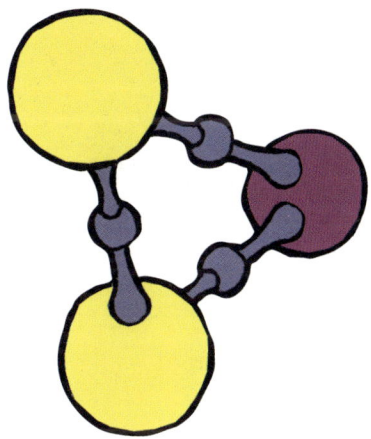

In diesem Kapitel geht es um Materie, den wichtigsten Bestandteil unserer Welt neben der Energie. Üblicherweise stellt man sich vor, Materie und Energie seien etwas Unterschiedliches. Wenn wir uns in Kapitel 2 aber näher mit der Energie befassen, werden wir sehen, dass sie eng zusammengehören. Ein Hauptziel dieses ersten Kapitels ist es zu beschreiben, woraus die Materie besteht. Doch zunächst wollen wir erklären, was genau wir unter Materie eigentlich verstehen.

## Definition von Materie

In einer brauchbaren Definition beschreibt man Materie als etwas, das ein Volumen und eine Masse aufweist. Was „Volumen" bedeutet, ist relativ leicht verständlich: Ein Körper mit Volumen hat schlicht die Eigenschaft, einen Raum zu füllen. Bei der Erläuterung von „Masse" hingegen wird es schon etwas kniffliger, denn die Physiker können sie auf zwei Arten definieren. Zum einen ist Masse etwas, das einen Körper darin beeinflusst, wie rasch er seine Bewegung ändert, wenn eine Kraft auf ihn wirkt. Die Masse gibt also an, wie schwierig („träge") ein Körper zu verschieben ist. Zum anderen kann man die Masse als die Eigenschaft eines Körpers definieren, die angibt, welche Gravitationskraft er auf andere Körper ausübt. Zusammengefasst ist Materie also etwas, das einen Raum einnimmt, nur gegen einen Widerstand zu bewegen ist und durch Gravitation andere Körper anzieht.

## Woraus besteht Materie?

Die am besten untersuchte Art von Materie – nicht die einzige und auch nicht die häufigste – besteht aus winzigen Objekten, den Atomen und ihren Bestandteilen. Dass es Atome gibt, vermutete man schon vor 2500 Jahren, doch erst im 19. Jahrhundert konnten Wissenschaftler sie nachweisen. Anfang des 20. Jahrhunderts wusste man, dass Atome eine innere Struktur haben. Dieses Kapitel beginnt mit einem Blick auf die Atomstruktur, dann geht es um die Radioaktivität, die durch Störungen im stabilen Atomaufbau entsteht. Anschließend schauen wir uns an, wie sich Atome zu größeren Einheiten wie Molekülen und Kristallen verbinden, und wir behandeln die Bestandteile der Atome. Zuletzt betrachten wir die Dunkle Materie, eine geheimnisvolle Form der Materie, die im Universum häufig vorkommt, über die man aber nur sehr wenig weiß.

## MATERIE

**Fakten im Überblick**

- Atome bestehen aus Protonen, Neutronen und Elektronen. Elektronen sind viel kleiner als Protonen und Neutronen.
- Der Atomkern in der Mitte, der die Protonen und Neutronen enthält, umfasst rund 99,9 Prozent der Atommasse.
- Die Größe (Durchmesser) eines Atoms liegt zwischen 50 und 500 Milliardstel Millimeter, je nach Art bzw. Element des Atoms.
- Neben 94 verschiedenen natürlich auftretenden Elementen wurden bis 2009 etwa 23 weitere Elemente künstlich erzeugt.

# Atome und Elemente

### Elemente und Verbindungen

Schon vor Jahrhunderten wussten die Chemiker, dass man bestimmte Substanzen zerlegen kann – etwa durch starke Hitze oder Zufuhr von elektrischem Strom. Dabei entstehen andere Substanzen, die man „Verbindungen" nennt. Alltägliche Beispiele sind etwa Wasser, Kreide oder Salz. Andere Substanzen wie Kohle, Kupfer oder Sauerstoff schienen jedoch nicht weiter zerlegbar zu sein; man nannte sie Elemente.

Nach dem Beweis, dass sich Materie aus Atomen zusammensetzt, wurde auch klar, dass jedes Element aus einer bestimmten Art von Atomen besteht, die sich von den Atomen anderer Elemente unterscheidet. Alle Atome eines bestimmten Elements haben eine Eigenschaft gemein – die gleiche Anzahl von Protonen im Kern. Die Anzahl der Protonen nennt man auch die Ordnungszahl. Heute sind 94 natürlich vorkommende Elemente bekannt, von Wasserstoff (Ordnungszahl 1) bis zu Plutonium (Ordnungszahl 94). Einige Elemente kommen in der Natur aber nur in winzigen Mengen vor.

Einfach alles auf der Erde – und soweit die Forscher wissen auch im ganzen Universum – besteht aus Atomen. Es gibt mehr als 90 verschiedene Atomarten, und jede gehört zu einem besonderen chemischen Element. Dazu zählen etwa Wasserstoff-, Sauerstoff-, Kohlenstoff- und Goldatome.

### Atomaufbau

Bis ins ausgehende 19. Jahrhundert stellte man sich die Atome als kleine, harte Kugeln vor, so wie Billardkugeln, ohne innere Struktur. Doch 1897 zeigte der britische Physiker J. J. Thomson, dass Atome manchmal dazu gebracht werden können, elektrisch geladene Teilchen abzugeben, die noch kleiner sind als die Atome selbst – die sogenannten Elektronen. Diese Entdeckung warf sofort die Frage auf, ob Atome vielleicht aus kleineren Bausteinen zusammengesetzt sind. Innerhalb der nächsten 30 Jahre konnten weitere Experimente diese Vermutung belegen. Heute weiß man, dass Atome eine dichte Region im Zentrum enthalten, den Kern, der aus Protonen und Elektronen besteht. Der Kern ist von der sogenannten Elektronenwolke umgeben, dem Bereich, in dem sich die Elektronen bewegen.

**Klartext**

**ELEKTRON:**
Jedes Elektron hat etwa 1/2000 der Masse eines Protons oder Neutrons und ist negativ geladen. Ein elektrisch neutrales Atom enthält ebenso viele Elektronen, wie Protonen im Kern sind. Je nach Element kann die Anzahl der Protonen jeden Wert zwischen 1 und über 100 annehmen.

Kern (Protonen und Neutronen)

Elektron

Das Atom besteht überwiegend aus leerem Raum

Der Kern nimmt nur einen winzigen Bereich in der Mitte ein

Elektronenwolke, deren Dichte von der Wahrscheinlichkeit abhängt, dort zu einem beliebigen Zeitpunkt ein Elektron zu finden

### Der Mythos
Diese Zeichnung eines Atoms in einem verbreiteten Schulbuch aus der Mitte des 20. Jahrhunderts zeigt einen recht großen Kern im Zentrum, um den die Elektronen etwa in der Art wie Satelliten um die Erde kreisen.

### Die Wahrheit
Doch der Kern ist viel kleiner als gezeigt, und die Elektronen nehmen nicht einen bestimmten Ort oder eine bestimmte Bahn ein: Sie bewegen sich zwar um den Kern, doch man findet sie nur mit höherer Wahrscheinlichkeit in einem bestimmten Bereich.

**Klartext**

**KERN:** Der Atomkern besteht aus positiv geladenen Protonen und ungeladenen Neutronen. Ihre jeweilige Anzahl hängt von dem chemischen Element ab, zu dem das Atom gehört.

### Analogie: Ein Atom so groß wie ein Stadion
Stellen Sie sich vor, ein Atom wäre so groß wie ein Stadion – Durchmesser rund 150 Meter. Sein Kern wäre dann so groß wie die Kugel in der Pfeife des Schiedsrichters. Dies gilt (mit kleinen Abweichungen nach oben oder unten) für die Atome nahezu aller Elemente. Die Elektronen wären in diesem Bild kaum größer als Staubkörnchen und würden sich überall durch das Stadion bewegen; allerdings würde man sie mit höherer Wahrscheinlichkeit in ganz bestimmten Abständen zum Kern finden.

## MATERIE

# Was hält die Atome zusammen?

Die Elektronen sind negativ geladen und bleiben durch die elektromagnetische Anziehungskraft des Kerns im Atom. Der Kern ist wegen der Protonen positiv geladen und wird seinerseits durch die sehr starke Kernkraft zusammengehalten.

**Wie kann es sein, dass Protonen, die eigentlich nicht eng zusammen sein können, sich im Kern jedes Atoms dann doch ballen?**

Im Innern eines Atomkerns stehen sich zwei Kräfte gegenüber: die elektromagnetische Kraft – durch sie stoßen sich gleichnamige Ladungen (wie Protonen) ab, und ungleichnamige Ladungen ziehen sich an – und die sogenannte Kernkraft, die Protonen und Neutronen zusammenhält. Normalerweise setzt sich die Kernkraft durch …

**DIE WIRKUNGEN DER ELEKTROMAGNETISCHEN KRAFT**
Gleichnamige elektrische Ladungen (positiv-positiv oder negativ-negativ) stoßen sich durch die elektromagnetische Kraft ab. Das ist der Grund, warum sich die positiv geladenen Protonen im Kern ständig gegenseitig zurücktreiben.

WAS HÄLT DIE ATOME ZUSAMMEN? **15**

### DIE WIRKUNGEN DER KERNKRAFT

Zum Glück überwindet die noch stärkere Kernkraft die elektromagnetische Kraft und hält die Protonen und Neutronen zusammen. Wäre das nicht der Fall, gäbe es die uns bekannte Welt nicht, denn jedes neu gebildete Atom würde sofort zerplatzen. Die Kernkraft hängt eng mit einer weiteren Kraft zusammen, die innerhalb der Protonen und Neutronen wirkt – die sogenannte Starke Kraft (siehe dazu „Zusammengesetzte Teilchen", Seite 23).

4 — Ich komme nicht weg. Irgendetwas hält mich zurück!

5 — Die Kernkraft ist wohl zu stark für uns.

6 — Aber ich mag euch immer noch nicht. Und ich finde euch auch nach wie vor abstoßend!

### EINE BINDUNG VON LIEBE UND HASS

Protonen und Neutronen bleiben auf engstem Raum fest aneinandergebunden. Die allermeisten Kerne bleiben über Jahrmilliarden unverändert, nur bei einigen wenigen führt der Kampf zwischen elektromagnetischer Kraft und Kernkraft zum Zerplatzen des Kerns. Das ist der sogenannte radioaktive Zerfall (siehe Seite 16).

**16** MATERIE

**Fakten im Überblick**

- Radioaktivität entsteht, weil die Kerne bestimmer Isotope (Formen der Elemente) instabil sind.
- Radioaktive Isotope strahlen in unterschiedlicher Intensität energiereiche Teilchen und manchmal auch gesundheitsschädliche Gammastrahlung aus.
- In einem Gramm des stark radioaktiven Isotops Radium-226 finden pro Sekunde etwa 37 Milliarden Kernzerfälle statt.
- Weil die Strahlung eines radioaktiven Isotops auf der Instabilität der Kerne beruht, kann man die Strahlung auf chemischem Weg nicht beseitigen.

# Radioaktivität

## Was sind Isotope?

Jedes chemische Element kann in mehreren verschiedenen Formen auftreten, den sogenannten Isotopen. Diese unterscheiden sich in der Anzahl der Neutronen im Kern (die Anzahl der Protonen, die Ordnungszahl, ist gleich). Man kennzeichnet Isotope mit einer Zahl, z. B. Sauerstoff-14 oder Blei-206. Die Zahl ergibt sich als Summe der Protonen und Neutronen im Kern. Manche Isotope sind stabil, andere instabil. So ist Kohlenstoff-12 – das bei Weitem häufigste Kohlenstoffisotop – stabil, das viel seltenere Kohlenstoff-14-Isotop ist dagegen instabil und zerfällt.

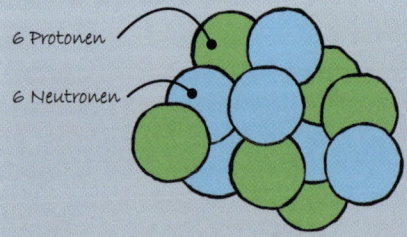

Kern von Kohlenstoff-12 (stabil)
6 Protonen
6 Neutronen

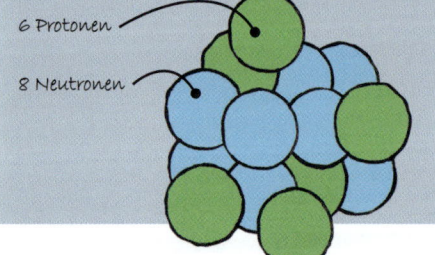

Kern von Kohlenstoff-14 (instabil)
6 Protonen
8 Neutronen

Nicht alle Atome sind stabil. Die meisten halten zwar ein paar Hundert Milliarden Jahre, doch einige weisen bestimmte Kombinationen von Protonen und Neutronen in ihrem Kern auf und sind deshalb instabil. Ursache dafür ist das Gegeneinander der Kräfte im Kern (siehe Seite 14). Das führt dazu, dass die Kerne dieser Atome sich irgendwann zersetzen oder sich zumindest irgendwie verändern. Diesen Prozess bezeichnet man als radioaktiven Zerfall.

## Radioaktiver Zerfall

Instabile Atome, die dem radioaktiven Zerfall unterliegen, heißen radioaktive Isotope (bestimmte Formen chemischer Elemente, siehe Kasten links). Die meisten natürlich vorkommenden Elemente haben neben einem oder mehreren stabilen Isotopen auch mehrere radioaktive Isotope. Nur ein paar Elemente mit besonders großem Kern (z. B. Uran, Radium und alle künstlichen Elemente) treten ausschließlich als radioaktive Isotope auf.

Beim Zerfall geben radioaktive Isotope energiereiche Teilchen, manchmal auch eine sehr energiereiche Strahlung ab (siehe rechte Seite). Dabei wandeln sie sich in Atome eines anderen Elements um und erzeugen große Mengen Wärme, manchmal auch Licht. Ein Stückchen Radium beispielsweise leuchtet im Dunkeln und strahlt über Jahrhunderte Wärme ab. Manchmal ist das beim radioaktiven Zerfall entstehende Element auch radioaktiv. Das führt dann zu einer ganzen „Zerfallsreihe" von instabilen Isotopen, die mit der Zeit ineinander zerfallen.

# RADIOAKTIVITÄT 17

## Arten des radioaktiven Zerfalls

Die Kerne radioaktiver Isotopen setzen beim Zerfall verschiedene Teilchen frei, sogenannte Alpha- und Betateilchen. Sie können auch Gammastrahlen aussenden. Diese drei Arten der Emission sind unterschiedlich energiereich, durchdringend und gesundheitsgefährdend.

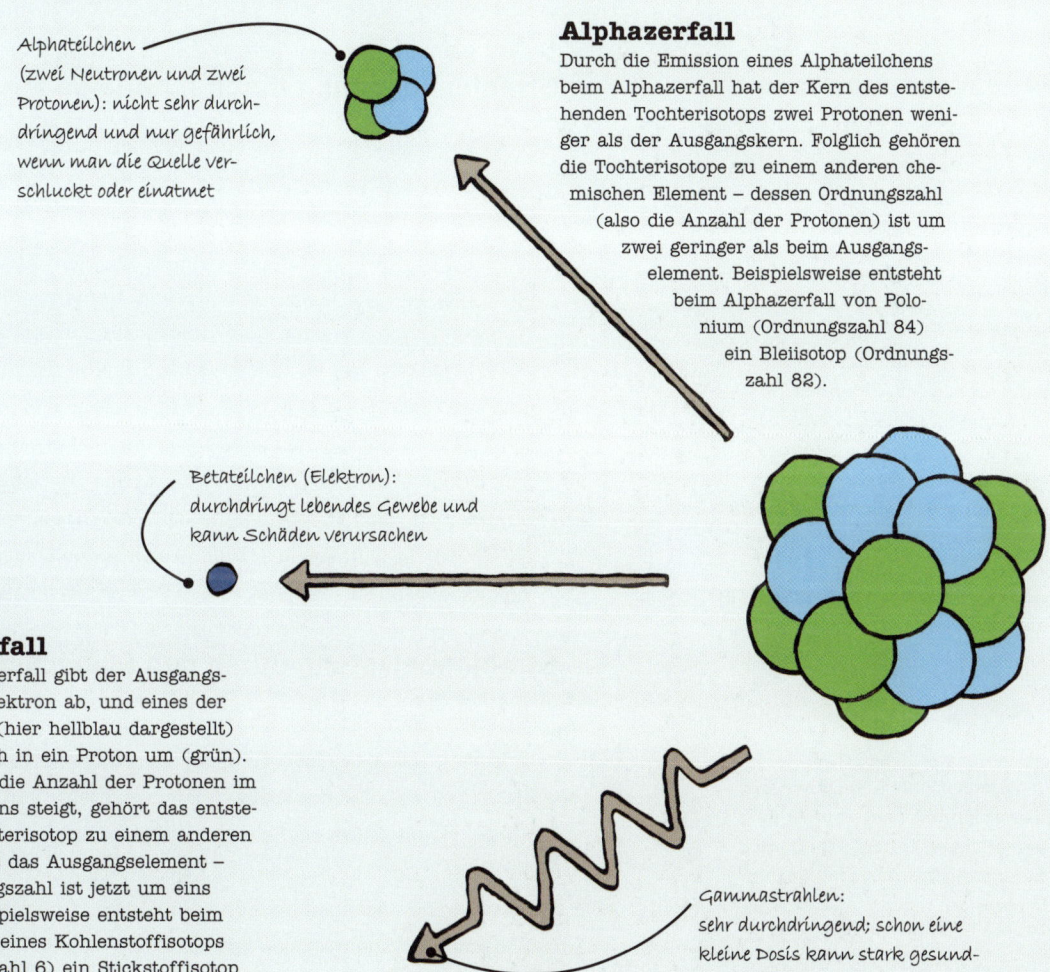

*Alphateilchen (zwei Neutronen und zwei Protonen): nicht sehr durchdringend und nur gefährlich, wenn man die Quelle verschluckt oder einatmet*

### Alphazerfall
Durch die Emission eines Alphateilchens beim Alphazerfall hat der Kern des entstehenden Tochterisotops zwei Protonen weniger als der Ausgangskern. Folglich gehören die Tochterisotope zu einem anderen chemischen Element – dessen Ordnungszahl (also die Anzahl der Protonen) ist um zwei geringer als beim Ausgangselement. Beispielsweise entsteht beim Alphazerfall von Polonium (Ordnungszahl 84) ein Bleiisotop (Ordnungszahl 82).

*Betateilchen (Elektron): durchdringt lebendes Gewebe und kann Schäden verursachen*

### Betazerfall
Beim Betazerfall gibt der Ausgangskern ein Elektron ab, und eines der Neutronen (hier hellblau dargestellt) wandelt sich in ein Proton um (grün). Weil damit die Anzahl der Protonen im Kern um eins steigt, gehört das entstehende Tochterisotop zu einem anderen Element als das Ausgangselement – die Ordnungszahl ist jetzt um eins höher. Beispielsweise entsteht beim Betazerfall eines Kohlenstoffisotops (Ordnungszahl 6) ein Stickstoffisotop (Ordnungszahl 7).

*Gammastrahlen: sehr durchdringend; schon eine kleine Dosis kann stark gesundheitsgefährdend sein*

### Gammazerfall
Gammastrahlen sind eine sehr energiereiche Form der elektromagnetischen Strahlung (siehe Seite 32), also eher eine Art Lichtwelle denn ein Teilchen. Gammastrahlen werden nie allein abgegeben, sondern immer zusammen mit Alpha- oder Betateilchen. Dabei geht der Kern von einem instabilen Zustand mit höherer Energie in einen stabileren Zustand mit weniger Energie über. Anders als beim Alpha- und Betazerfall ändert sich beim Gammazerfall die Anzahl der Protonen oder Neutronen im Kern nicht.

## 18 MATERIE

**Fakten im Überblick**

- Einige radioaktive Isotope haben eine Halbwertszeit von mehreren Tausend Billionen Jahren, so etwa Selen-82.
- Etwa 80 Prozent der mittleren Strahlenbelastung stammt von natürlichen radioaktiven Quellen.
- Dieses mittlere Niveau der Strahlenbelastung ist dennoch um einen Faktor 100 kleiner als der Wert, der das Krebsrisiko um ein Prozent steigen ließe.
- Man setzt radioaktive Isotope u. a. zur Diagnose und Behandlung von Krankheiten, bei Rauchmeldern, in Papierfabriken und in Kernkraftwerken ein.

### Halbwertszeiten

Radioaktive Isotope unterscheiden sich erheblich darin, wie instabil sie sind, d. h. wie schnell sie zerfallen. Man gibt die Stabilität (oder Instabilität) eines bestimmen Isotops mithilfe seiner Halbwertszeit an. Die Halbwertszeit eines Isotops ist die Zeitspanne, nach der die Hälfte einer bestimmten Anzahl von Atomen zerfallen ist. Allerdings zerfallen die Atome eines radioaktiven Isotops nicht alle gleichzeitig nach einer bestimmten Zeit, sondern eines nach dem anderen, völlig zufällig. Sehr instabile Isotope haben extrem kurze Halbwertszeiten (Bruchteile von Sekunden), bei den stabileren liegen die Halbwertszeiten bei Tausenden, Millionen oder gar Milliarden Jahren.

Ein echtes Problem besteht darin zu entscheiden, was man mit dem Atommüll aus Kernreaktoren machen soll, der Isotope mit großer Halbwertszeit enthält. Das Problem ist ernst, weil das Material über enorm lange Zeiten radioaktiv – und damit potenziell gefährlich – bleibt.

## Strahlenbelastung durch natürliche Quellen

Jeder von uns erfährt ein geringes Maß an radioaktiver Strahlung durch natürliche Quellen, darunter auch radioaktive Substanzen in Boden und Luft. Die Hauptquelle der Strahlung ist Radon, ein farbloses radioaktives Gas, das sich durch den Zerfall von Uran bildet und aus dem Boden austritt. Hohe Radonwerte gehen insbesondere von uranhaltigem Gestein aus (beispielsweise Granit). Überall dort, wo es im Boden hohe Anteile dieser Gesteine gibt, kann sich das Gas in schlecht gelüfteten Gebäuden gefährlich sammeln. In Gegenden, wo bekanntermaßen viel Radon aus dem Boden austritt (in Deutschland vor allem im Schwarzwald, Bayerischen Wald, Fichtelgebirge und Erzgebirge), sollte man die Radonkonzentration in schlecht zu lüftenden Räumen (Keller, Tiefgeschosse u. a.) von Zeit zu Zeit überprüfen lassen.

## Strahlenbelastung durch den Menschen

Zusätzlich zur natürlichen Strahlenbelastung tritt noch eine (relativ kleine) radioaktive Belastung auf, die durch die Tätigkeit des Menschen während der letzten gut hundert Jahre verursacht wurde. Hauptquellen sind die überirdischen Atomwaffentests, der Einsatz der Atombomben im Zweiten Weltkrieg sowie Störfälle und Leckagen bei Kernkraftwerken. Vor dieser Strahlenbelastung kann man sich kaum schützen. Einige Menschen erfahren noch eine zusätzliche Belastung durch medizinische Diagnostik (z. B. Röntgen) oder Therapie (z. B. bei der Behandlung von Tumoren). Solche Maßnahmen werden allerdings nur dann angeordnet, wenn der Nutzen die möglichen Risiken durch die Strahlung überwiegt.

# Radioaktivität – Fluch oder Segen?

Viele halten Radioaktivität für grundsätzlich schädlich. Allerdings werden radioaktive Isotope in unserer modernen Welt in mannigfacher Weise mit großem Nutzen eingesetzt. Der springende Punkt bei jeder Debatte über den Einsatz ist, inwieweit man die entsprechende Anwendung sicher beherrschen und so die Verseuchung der Umwelt oder gesundheitliche Risiken ausschließen kann. Die meisten Anwendungen sind unumstritten, nur eine erregt seit Jahrzehnten erbitterte Debatten: die Energiegewinnung aus Kernbrennstoffen durch Kernspaltung (siehe Seite 35).

| Aspekt | Wie und warum? |
|---|---|
| Gesundheitsgefahren  | Mittlere und hohen Dosen von Radioaktivität erhöhen das Krebsrisiko, weil die Strahlung das Erbgut in den Zellen so schädigen kann, dass die Zellen unkontrolliert wuchern. Schäden in den Keimzellen (Spermien, Eizellen oder deren Vorläufer) können zu Gendefekten beim Nachwuchs führen. |
| Medizinische Therapien | Mit der Gammastrahlung, die von bestimmten radioaktiven Isotopen ausgeht, lassen sich Tumore behandeln und Krebszellen abtöten. |
| Medizinische Diagnostik | Wenn man radioaktive Isotope in den Blutkreislauf spritzt und dann ihre Ausbreitung durch den Körper verfolgt, kann man Tumorzellen lokalisieren und andere ernste Beschwerden diagnostizieren. |
| Quelle erneuerbarer Energie | Die natürliche Radioaktivität der Erde erzeugt Wärme, die man durch geothermische Kraftwerke nutzen kann (siehe Seite 112). Erdwärme gilt als erneuerbare Energie. |
| Sterilisation | Mit Gammastrahlung aus radioaktiven Isotopen kann man Mikroben beispielsweise auf chirurgischen Instrumenten abtöten. Die Bestrahlung von Lebensmitteln erhöht deren Haltbarkeit. |
| Einsatz in der Industrie | In der Industrie setzt man radioaktive Isotope etwa bei der Papierherstellung ein, um die Dicke zu prüfen. Dabei nutzt man aus, dass die Strahlen verschieden dickes Papier unterschiedlich stark durchdringen. |
| Einsatz im Haushalt | Rauchmelder arbeiten mit einem Alphastrahler. Die Alphateilchen ionisieren die Luft in dem Gerät und ermöglichen einen geringen Stromfluss. Tritt Rauch ein, wird der Strom unterbrochen und ein Alarm ausgelöst. |
| Altersbestimmung | In der Geologie und Archäologie misst man die Radioaktivität von Gestein, alten Knochen oder Werkzeugen und kann so ihr Alter bestimmen – ein unschätzbares Hilfsmittel für die Forschung. |
| Weitere Forschung | Mit verschiedenen radioaktiven Isotopen lassen sich der molekulare Aufbau sowie chemische Prozesse in Tieren und Pflanzen untersuchen. |
| Kernenergie | Einige radioaktive Isotope nutzt man als Brennstoff in Kernreaktoren. Anders als fossil befeuerte Kraftwerke liefern sie Energie, ohne dabei Kohlendioxid in die Atmosphäre freizusetzen (das Treibhausgas Kohlendioxid gilt als Hauptursache für die globale Erwärmung). Gegen Kernenergie spricht das nicht abschätzbare Risiko, dass radioaktive Substanzen freigesetzt werden, die noch immer nicht gelöste Problematik der Endlagerung von radioaktivem Atommüll (siehe Seite 114) und vieles mehr. |

## Fakten im Überblick

- In einem Molekül sind zwei oder mehr Atome miteinander verbunden. Kristalle bestehen aus einer großen Zahl von Atomen, die in einem regelmäßigen Muster angeordnet sind.

- Atome können sich auf zweierlei Art verbinden: Bei der ionischen Bindung tauschen sie Elektronen aus, bei der kovalenten Bindung teilen sie sich die Elektronen.

- Man kennt Millionen verschiedener Moleküle. Es gibt keine Obergrenze, was bedeutet, dass man beliebig viele Molekültypen erzeugen könnte.

# Kristalle und Moleküle

Die meisten Atome kommen nicht allein vor, sondern sind an andere Atomen gebunden. Die „Fesseln" zwischen ihnen heißen chemische Bindungen, von denen es zwei Arten gibt: Ionische Bindungen treten in großen, regelmäßigen Strukturen auf, den sogenannten Kristallen. Kovalente Bindungen koppeln zwei oder mehr Atome zu sogenannten Molekülen – eine Anordnung verbundener Atome mit einer bestimmten Form, die aber nicht so ausgedehnt ist wie ein Kristall. Einige Moleküle enthalten nur Atome eines Elements, weit mehr bestehen aus Atomen von zwei oder mehr Elementen. Die meisten Verbindungen (Substanzen aus mehr als einem Element) treten als Kristall oder als Molekül auf. Oft haben sie völlig andere Eigenschaften als die Ausgangselemente. Beispielsweise hat Natriumchlorid (Kochsalz) gar nichts gemein mit dem grauen, reaktionsfreudigen Metall Natrium oder mit dem stechend riechenden, grünen Gas Chlor.

### Chemische Formeln

Jede Verbindung hat eine Formel – eine Art Kürzel, das angibt, welche Arten von Atomen (d. h. welche Elemente) die Verbindung in welchem Verhältnis enthält. So ist etwa die Formel für Methan (der Hauptbestandteil von Erdgas) $CH_4$. Auf ein Kohlenstoffatom (C) kommen hier vier Wasserstoffatome (H).

### Ionische Bindungen

Damit sich eine ionische Bindung zwischen Atomen bildet, muss etwas Besonderes passieren: Die Atome müssen elektrisch geladen sein, also Elektronen aufnehmen oder abgeben. Elektrisch geladene Atome heißen Ionen: Ein Atom, das ein oder mehr Elektronen abgibt, ist ein positiv geladenes Ion, ein Atom, das ein oder mehr Elektronen aufnimmt, ist ein negativ geladenes Ion. Zwischen den Ionen wirkt die elektrostatische Anziehungskraft und lässt einen Kristall entstehen. Ionische Bindungen sind also nichts anderes als die elektrostatischen Anziehungskräfte zwischen den Ionen in einem Kristall.

**1. ELEKTRONENAUFNAHME UND -ABGABE**

Natriumatome neigen dazu, bei Wechselwirkung mit anderen Atomen ein Elektron zu verlieren, denn die Elektronenabgabe macht ihren inneren Aufbau stabiler. Entsprechend nehmen Chloratome gern ein Elektron auf. Man darf also vermuten, dass fast unausweichlich Elektronen ausgetauscht werden, wenn Atome dieser Elemente in Kontakt kommen – und so ist es tatsächlich.

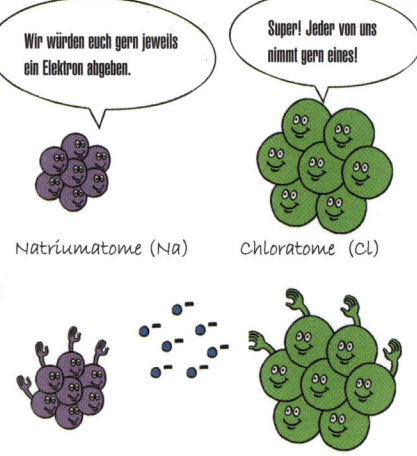

# KRISTALLE UND MOLEKÜLE

## Kovalente Bindungen

In kovalenten Bindungen werden die Elektronen zwischen den Atomen nicht ausgetauscht, sondern gemeinsam genutzt. Im Allgemeinen teilen sich Atome die Elektronen leicht, wenn das entstehende Molekül stabiler ist und eine geringere Gesamtenergie hat als die Einzelatome zusammen. Die „gesparte" Energie wird dabei in Form von Wärme frei. Man kann Atome aber auch dazu bringen, sich zu verbinden, wenn die Energie des Moleküls größer ist als die der Einzelatome. Um diesen Prozess zu starten, muss dann Energie in Form von Wärme zugeführt werden.

Für die meisten Paarungen von Elementen gibt es eine bevorzugte, d. h. eine stabilste Anordnung. Bei der Verbindung von Wasserstoff und Sauerstoff etwa entsteht bevorzugt $H_2O$ (Wasser). Eine weniger stabile Anordnung ist $H_2O_2$ (Wasserstoffperoxid, ein Bleichmittel). Andere Verbindungen wie $H_3O$ können nicht vorkommen, denn sie wären viel weniger stabil als Wasser und würden sich rasch zu Wasser zersetzen.

### 1. DIE KONFERENZ DER DREI ATOME

Ein Sauerstoffatom kann seine Stabilität erhöhen, indem es einige seiner Elektronen mit anderen Atomen teilt; dazu müssen diese Atome aber selbst auch Elektronen zum Teilen haben. In diesem Fall liefert jedes Wasserstoffatom eines und das Sauerstoffatom zwei Elektronen „in die gemeinsame Kasse", also ein Elektron für jedes Wasserstoffatom. Man spricht von einer einfachen kovalenten Bindung des Sauerstoffatoms mit jedem der Wasserstoffatome.

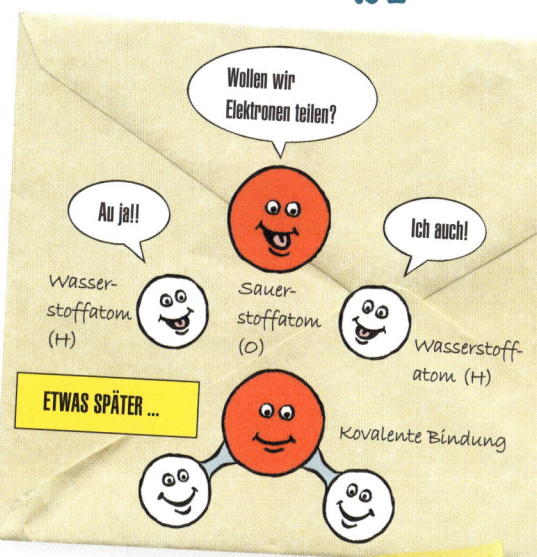

### 2. MOLEKÜLBILDUNG

Die drei Atome – zwei Wasserstoffatome (H) und ein Sauerstoffatom (O) – verbinden sich zu einem Wassermolekül ($H_2O$). Die Elektronenwolken der Wasserstoffatome verschmelzen dabei teilweise mit der äußeren der beiden Elektronenwolken um den Sauerstoffkern.

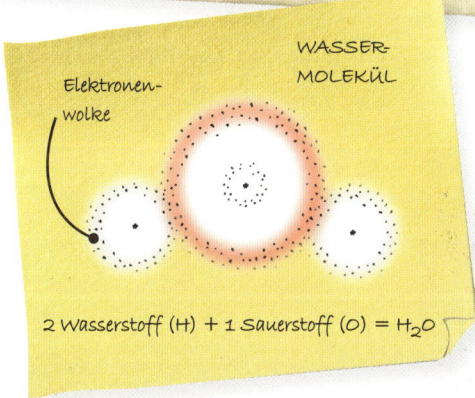

2 Wasserstoff (H) + 1 Sauerstoff (O) = $H_2O$

### 2. ANZIEHUNG

Beim Elektronenaustausch hat jedes Natriumatom negative Ladung abgegeben, ist also ein positiv geladenes Ion. Entsprechend sind die Chloratome jetzt negative Ionen. Die Ionen ziehen sich durch die elektrostatische Kraft gegenseitig an.

Positiv geladene Natriumionen (Na+)

Negativ geladene Chlorionen (Cl-)

### 3. KRISTALLBILDUNG

Augenblicklich ordnen sich die Natrium- und Chlorionen in einem regelmäßigen dreidimensionalen Gitter an, dem Kristall. Er besteht aus der Verbindung Kochsalz (Natriumchlorid, NaCl). Ein größerer Salzkristall als der hier gezeigte kann eine unglaubliche Anzahl von Ionen enthalten.

Kristall aus Natriumchlorid (Kochsalz)

## Fakten im Überblick

- Man kennt etwa 60 verschiedene Elementarteilchen und eine große Anzahl zusammengesetzter Teilchen (d. h. Teilchen, die aus mehreren Elementarteilchen bestehen).
- Das Higgs-Boson ist ein noch nicht nachgewiesenes Teilchen, von dem man glaubt, dass es anderen Teilchen seine Masse gibt.
- Zu den bekannten Elementarteilchen gehören die Neutrinos; jede Sekunde durchdringen einige Billionen Neutrinos unseren Körper.

# Teilchenphysik

In der Teilchenphysik untersucht man subatomare Teilchen, also Teilchen, die kleiner sind als Atome. Dreien davon sind wir schon begegnet: Protonen, Neutronen und Elektronen. Noch vor gut 80 Jahren galten sie als die einzigen subatomaren Teilchen, und nur wenige Wissenschaftler glaubten, es könne noch mehr geben. Doch bis heute wurden einige Hundert weitere entdeckt, viele davon jedoch sind extrem instabil.

## Klartext

**ANTITEILCHEN UND ANTIMATERIE:** Zu den meisten subatomaren Teilchen gibt es ein Antiteilchen, also ein völlig identisches Teilchen, nur mit entgegengesetzter elektrischer Ladung.

Beispielsweise ist das Antiteilchen des Elektrons ein Positron: Es hat die gleichen Eigenschaften wie ein Elektron, ist aber positiv geladen. Alle Antiteilchen zusammen werden auch als Antimaterie bezeichnet.

Wenn ein Teilchen und sein Antiteilchen aufeinandertreffen, vernichten sie sich gegenseitig in einem Energieblitz. Aus noch unbekannten Gründen scheint es im Universum weit weniger Antimaterie zu geben als Materie.

### Elementarteilchen

**Quarks**

 Up-Quark

 Down-Quark

 Charm-Quark

 Strange-Quark

 Top-Quark

 Bottom-Quark

**Andere Teilchen**

 Elektron

Neutrino

 Gluon

 Photon

### Der „Teilchenzoo"

Die ersten dieser neuen Teilchen wurden entdeckt, als man kosmische Strahlen – Teilchen mit hoher Energie aus dem Weltall – auf irdische Materie lenkte und untersuchte, was passiert. Später fand man noch mehr, als man bekannte Teilchen in Beschleunigern aufeinanderschoss. Um 1970 waren so viele Teilchen bekannt, dass man von einem ganzen „Teilchenzoo" sprach.

Um Ordnung in den „Zoo" und die Wechselwirkungen der Teilchen zu bringen, entwickelte man eine neue physikalische Theorie, das Standardmodell. Demnach gibt es zwei Arten von subatomaren Teilchen: Elementarteilchen, die keine weitere Unterstruktur haben, und zusammengesetzte Teilchen (sogenannte Hadronen), die aus mehreren Elementarteilchen bestehen.

Die wichtigsten Elementarteilchen, aus denen die Materie besteht, nennt man Quarks (gesprochen Kworks). Quarks gibt es in sechs verschiedenen Arten, den sogenannten Flavors oder „Geschmacksrichtungen". Protonen und Neutronen sind aus jeweils drei Quarks zusammengesetzt. Weitere Elementarteilchen im Standardmodell sind die Elektronen, die sehr leichten Neutrinos sowie verschiedene „Austauschteilchen" (darunter das Photon und das Gluon). Die Austauschteilchen vermitteln die Kräfte zwischen Materieteilchen und haben weiteren Einfluss auf die grundlegende Beschaffenheit der Materie. Nur ein Teilchen, das es laut Standardmodell geben muss, wurde bis heute noch nicht experimentell nachgewiesen: das Higgs-Boson (siehe rechts).

## TEILCHENPHYSIK

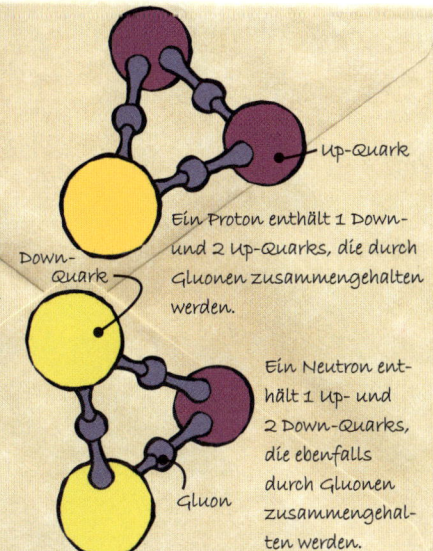

### Zusammengesetzte Teilchen

Diese Teilchen, auch als Hadronen bezeichnet, bestehen aus Quarks bzw. aus Quarks und ihren Antiteilchen (siehe Kasten links). Am bekanntesten sind das Proton und das Neutron; sie bestehen jeweils aus drei Quarks und werden durch die sogenannte Starke Kraft zusammengehalten. Diese Kraft wird durch ein Austauschteilchen namens Gluon vermittelt.

Ein Proton enthält 1 Down- und 2 Up-Quarks, die durch Gluonen zusammengehalten werden.

Ein Neutron enthält 1 Up- und 2 Down-Quarks, die ebenfalls durch Gluonen zusammengehalten werden.

### Das Higgs-Boson

Der LHC soll die Existenz eines Teilchens namens Higgs-Boson nachweisen oder widerlegen. Das Higgs-Boson gibt, wenn es denn existiert, anderen Teilchen seine Masse. In der Theorie sollen sich sehr bald nach dem Urknall ein unsichtbares Kraftfeld und das zugehörige Austauschteilchen gebildet haben, das Higgs-Feld und das Higgs-Boson. Alle Teilchen, die mit dem Feld in Kontakt kamen, erhielten durch das Higgs-Boson ihre Masse, und zwar umso mehr, je stärker die Wechselwirkung war. Teilchen ohne Kontakt zum Higgs-Feld haben dagegen keine Masse.

Die künftige Entwicklung der Teilchenphysik hängt entscheidend davon ab, ob diese Theorie zum Ursprung der Masse richtig ist. Für die Physiker ist die Antwort auf diese Frage daher eine recht dringende Angelegenheit, und deshalb wurde so viel Geld in die Entwicklung und den Bau des LHC gesteckt. Die Forschungen am LHC können aber auch andere noch ungelöste Fragen beantworten: Sind die verschiedenen Kräfte in der Natur (etwa die Kräfte, die die Atome zusammenhalten) Teil einer einzigen einheitlichen Kraft, die sich kurz nach dem Urknall in verschiedene Formen aufspaltete? Was ist eigentlich Dunkle Materie (siehe Seite 24)? Und hat das Universum mehr Raumdimensionen, als wir momentan wissen?

### Der Large Hadron Collider

Der Large Hadron Collider (LHC; auf Deutsch: Großer Hadronen-Speicherring) am Europäischen Kernforschungszentrum CERN bei Genf in der Schweiz ist die weltgrößte Forschungsanlage, die in der Teilchenphysik eingesetzt wird. In diesem Teilchenbeschleuniger in einem ringförmigen Tunnel werden Strahlen von subatomaren Teilchen erzeugt, auf nahezu Lichtgeschwindigkeit beschleunigt und dann aufeinandergeschossen. Im LHC lässt man Hadronen kollidieren. Ziel ist es, jene hochenergetischen Bedingungen zu rekonstruieren, die in den allerersten Phasen unmittelbar nach der Entstehung des Universums beim Urknall herrschten. Die Physiker sind zuversichtlich, auf diese Weise mehr über die Grundlagen der Materie und die Wechselwirkungen zwischen den Teilchen zu erfahren.

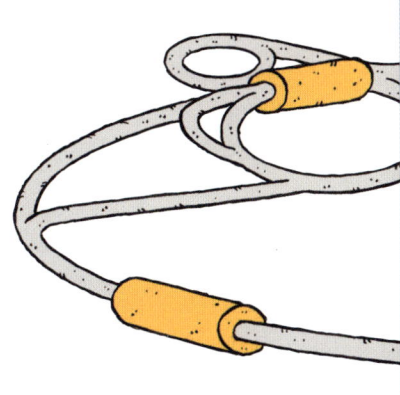

### Fakten zum LHC

- Umfang des Tunnels: 26,7 km
- Tiefe: 50–175 m unter dem Erdboden
- Anzahl der Großmagnete, um die Teilchenstrahlen auszurichten: 1600
- Umläufe eines Protons durch den Tunnel: 11 000 pro Sekunde
- Baukosten: ca. 3 Mrd. Euro
- Kosten für die einzelnen Experimente: ca. 2 Mrd. Euro
- Inbetriebnahme: Frühjahr 2010

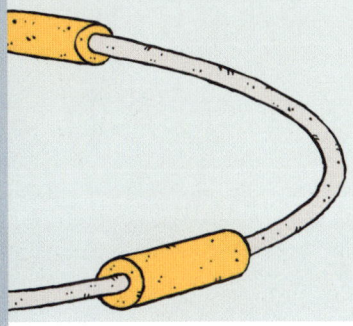

**24** MATERIE

**Fakten im Überblick**

- Etwa 23 Prozent der Gesamtmasse im Universum sollen aus der rätselhaften „Dunklen Materie" bestehen. Die sichtbare, aus Atomen bestehende Materie macht kaum fünf Prozent aus.

- Der große Rest der Masse des Universums geht auf ein rätselhaftes Phänomen zurück, die sogenannte Dunkle Energie. Sie soll die immer schnellere Ausdehnung des Universums verursachen.

- Dunkle Materie könnte aus toten Sternen, Staub, Schwarzen Löchern, sogenannten Neutrinos und einigen weiteren, noch unbekannten Formen der Materie bestehen.

# Dunkle Materie

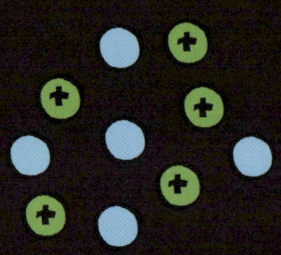

Die moderne Wissenschaft weiß zwar eine unglaubliche Menge über Atome und viel auch über noch kleinere Teilchen, doch seltsamerweise ist bis heute unbekannt, woraus der größte Teil der Materie im Universum besteht. Seit über 70 Jahren ist den Astronomen klar, dass es neben den sichtbaren Bestandteilen im Universum noch große Mengen eines rätselhaften unsichtbaren Materials geben muss, der sogenannten Dunklen Materie.

## Woraus könnte die Dunkle Masse bestehen?

Es gibt mehrere Kandidaten, die als Dunkle Materie infrage kommen. Wenn sie vor allem aus noch unbekannten Teilchen besteht, sollte man diese Teilchen mit Experimenten an Forschungsanlagen wie dem Large Hadron Collider finden können.

### KALTE MATERIE
Dunkle Materie könnte aus ganz normaler, bekannter Materie bestehen, die wir aber nicht sehen, weil sie weder Licht noch Strahlung abgibt. Das könnten tote oder erloschene Sterne (Braune Zwerge), Planeten, aber auch kalte interstellare Staubwolken sein.

### NEUTRINOS
Neutrinos haben eine winzig kleine Masse und sind extrem schwierig nachzuweisen. Die Wissenschaftler vermuten jedoch, dass so viele von ihnen durch das All flitzen, dass ihre Gesamtmasse einen ganzen Teil der Dunklen Materie ausmachen könnte.

### SCHWARZE LÖCHER
Die meisten Schwarzen Löcher sind Überbleibsel von Sternexplosionen, wenn auch schwierig nachzuweisen. Es könnte so viele von ihnen geben – Reste von Explosionen der allerersten Sterne –, dass sie nennenswert zur Dunklen Materie beitragen.

### WIMPs
Dunkle Materie könnte auch aus Teilchen bestehen, die zurzeit nicht nachzuweisen sind und von denen man nichts weiß, nur dass sie eine Masse haben. Ihr Name WIMPs steht für weakly interacting massive particles (schwach wechselwirkende Teilchen mit Masse).

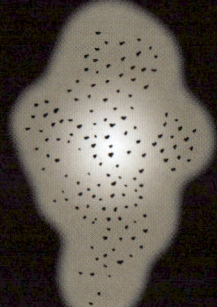

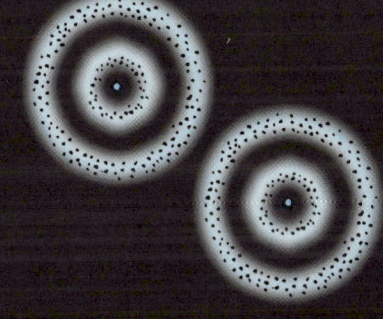

## Hinweise auf Dunkle Materie

Die meisten Hinweise auf die Existenz der Dunklen Materie stammen aus Untersuchungen von Galaxien. Diese rotieren langsam um sich selbst; damit sie dabei nicht ihre Randbereiche in die Weiten des Raums schleudern, müssen sie so viel Masse haben, dass die Gravitationskraft groß genug ist, alles zusammenzuhalten. Die sichtbaren Sterne in den Galaxien weisen aber nicht genügend Masse auf, um eine so große Gravitationskraft zu erzeugen; es muss also noch etwas anderes geben, was die „fehlende" Masse beisteuert. Ähnliches gilt für Galaxienhaufen; sie ballen sich zusammen, obwohl ihre Masse zu gering scheint, das Auseinanderdriften zu verhindern. Auch das soll die Dunkle Materie zwischen den Galaxien erklären.

### MIT DUNKLER MATERIE

Etwas Unsichtbares hält die Galaxienhaufen durch Gravitationskraft zusammen. Dieses Etwas muss eine Masse haben, denn nur Masse übt eine Gravitation aus. Mit Teleskopen und anderen Instrumenten wurde aber bislang nichts in den Lücken zwischen den Galaxien gefunden, das irgendeine nachweisbare Strahlung abgibt.

### OHNE DUNKLE MATERIE

Wenn es nichts gäbe, was die Galaxien in einem Haufen zusammenhält (wenn also Dunkle Materie gar nicht existieren würde), dann müssten die Galaxien wegen der Expansion des Universums (siehe Seite 54) auseinanderdriften. Doch nicht nur zwischen den Galaxien, sondern auch in den Galaxien selbst müsste es Dunkle Materie geben, damit sie durch die Rotation nicht zerreißt.

Anziehung durch Gravitation

Dunkle Materie

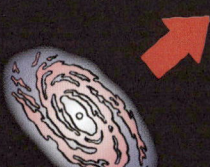

Sichtbare Galaxie aus atomarer Materie, die Licht und andere Strahlung abgibt

# 2 Energie

**INHALT**

- Formen der Energie  **28**

- Ihr persönlicher Energieverbrauch  **30**

- Elektromagnetische Strahlung  **32**

- Masse, Energie und Kernspaltung  **34**

Das Universum ist voller Energie. In diesem Kapitel untersuchen wir die wichtigsten Energieformen, darunter Licht und andere elektromagnetische Strahlung sowie verschiedene Formen von gespeicherter („potenzieller") Energie. Wir schauen uns auch die besondere Beziehung zwischen Energie und Masse an.

## Was ist Energie?

Man kann Energie nicht einfach auf einen Labortisch legen und untersuchen. Dennoch haben wir eine ungefähre Vorstellung davon: Energie macht Objekte oder Personen „aktiver" als andere. Wissenschaftler definieren Energie als die Fähigkeit, Arbeit zu verrichten. Weniger formal klingt das so: Dank der Energie können wir viele Dinge machen. Energie lässt unsere Autos fahren, macht unsere Häuser hell und warm, treibt unsere Computer an oder sorgt für die Musik aus dem iPod. Die Energie der Sonne heizt die Ozeane und die Atmosphäre auf, wodurch Wind, Meeresströmungen, Wolken und Regen entstehen. Sonnenlicht ist letztlich auch die Quelle für die Energie in der Nahrung, deretwegen der wir uns bewegen, atmen, wachsen und denken können.

## Energieumwandlungen

Im Lauf der Geschichte hat der Mensch gelernt, Energie von der einen Form in eine andere umzuwandeln und für viele Zwecke anzuwenden. Mit Feuer konnte man die in Holz (später in Kohle) enthaltene Energie als Wärme und Licht nutzen; seit der industriellen Revolution gibt es Maschinen, die Kohleenergie in Bewegung umformen; und im Nuklearzeitalter entdeckten die Wissenschaftler, dass man die Masse eines Atomkerns zum Teil in gewaltige Energiemengen umwandeln kann.

Bei all diesen Transformationen wird insgesamt keine Energie gewonnen oder verloren, allerdings kommt – sei es bei einem Fahrrad, einer Kanone oder einer Dampfmaschine – immer etwas weniger nutzbare Energie heraus als man hineinsteckt, weil ein Teil als Wärme an die Umgebung abgegeben wird. Der Anteil der nutzbaren Energie wird als „Energieeffizienz" bezeichnet. Die Forscher streben bei der Entwicklung neuer Techniken und Verfahren nach immer höheren Wirkungsgraden. Fortschritte dabei könnten einen nennenswerten Beitrag zum künftig sparsameren Umgang mit Energie leisten.

## ENERGIE

**Fakten im Überblick**

- Es gibt zwei Hauptformen der Energie: Bewegungsenergie und potenzielle (gespeicherte) Energie.
- Man kann Energie weder zerstören noch schaffen, sondern nur von einer Form in eine andere umwandeln.
- Wissenschaftlich ist Energie die Fähigkeit, Arbeit zu verrichten. Man misst sie in der Einheit Joule.
- Der persönliche Energiebedarf einer Person hängt vom Gewicht und dem Ausmaß der körperlichen Betätigung ab.

# Formen der Energie

**Klartext**

**ARBEIT UND ENERGIE:**
Energie ist das, was uns Arbeit verrichten lässt, und Arbeit überführt Energie von einer Form in eine andere. Arbeit wird verrichtet, wenn eine Kraft (deren Stärke man in der Einheit Newton misst) über eine bestimmte Weglänge wirkt.

**JOULE:**
Arbeit und Energie werden in der Einheit Joule gemessen. Arbeit von 1 Joule wird verrichtet, wenn eine Kraft von 1 Newton über einen Weg von 1 Meter wirkt. Verschiebt man beispielsweise eine Kiste 2 Meter auf dem Boden mit einer Kraft von 800 Newton, verrichtet man eine Arbeit von 800 Newton x 2 Meter = 1600 Joule.

**KILOKALORIE:**
Die ältere Energieeinheit Kilokalorie (kurz: Kalorie, kcal) wird heute nur noch für Lebensmittel verwendet (ursprünglich gab sie die Energie an, die 1 Liter Wasser um 1 °C erwärmt). Eine Kalorie (kcal) sind 4200 Joule oder 4,2 Kilojoule (kJ).

**LEISTUNG:**
Leistung ist die Geschwindigkeit, mit der eine Arbeit verrichtet oder Energie umgewandelt wird. Die Einheit ist das Watt. 1 Watt entspricht einer Energieumwandlungsgeschwindigkeit von 1 Joule pro Sekunde. Eine Glühbirne mit 60 Watt wandelt also pro Sekunde 60 Watt elektrische Energie in Wärme und Licht um.

Energie kommt in vielen Formen vor, die sich in zwei Kategorien zusammenfassen lassen. Die Bewegungsenergie eines Objekts hängt mit der Bewegung des Objekts selbst oder mit der Bewegung seiner Atome und Moleküle zusammen. Die potenzielle Energie ist gespeicherte Energie. Dazu gehört auch Energie, die ein Objekt aufgrund seiner Lage relativ zu anderen Objekten hat.

## Bewegungsenergie

Die einfachste Form der Bewegungsenergie ist die kinetische Energie (nach dem griechischen Wort für Bewegung), die ein Objekt hat, wenn es sich fortbewegt (z. B. ein geworfener Ball, aber auch Wind). Thermische Energie (Wärme) äußert sich in den mikroskopischen Bewegungen und Schwingungen der Atome und Moleküle. Elektrische Energie ist die Energie der Elektronen, die sich in einem Leiter bewegen. Wellenenergie ist in den Meereswellen enthalten, die über die Meeresoberfläche wandern, und Schallenergie besteht aus Wellen von Verdichtungen und Verdünnungen, die sich durch Luft oder andere Substanzen ausbreiten. Auch Strahlungsenergie – wie das sichtbare Licht und andere elektromagnetische Strahlung (siehe Seite 32) – kann man als Bewegungsenergie auffassen.

## Potenzielle Energie

Eine der offensichtlicheren Formen der potenziellen Energie ist elastische Energie, die ein Körper speichert, wenn er durch eine Kraft verformt wird (etwa eine gespannte Feder oder ein gedehntes Gummiband). Chemische Energie steckt in den Bindungen zwischen den Atomen bestimmter Substanzen, etwa in Erdöl oder in Fetten und Zuckern im Körper. Potenzielle Gravitations-

**WIE WANDELT MAN ENERGIE UM?**
Ein Haufen Steine hat eine gewisse potenzielle Gravitationsenergie. Wenn die Steine durch die Schwerkraft herabfallen, wird die Energie abgebaut.

Beim Fallen werden die Steine immer schneller. Ihre potenzielle Gravitationsenergie wird dabei immer geringer, doch eine andere Form der Energie – ihre kinetische Energie (Bewegungsenergie) – nimmt immer stärker zu: Die potenzielle Gravitationsenergie und die kinetische Energie wandeln sich ineinander um.

energie hat ein Körper nur dadurch, dass er eine bestimmte Lage in Bezug auf andere Körper hat – so hat ein Stein oben auf einem Berg eine höhere potenzielle Energie als ein vergleichbarer Stein am Fuß des Berges. Zur potenziellen Energie gehört auch die in den Atomkernen gespeicherte Energie, die man in Atomkraftwerken nutzt (siehe Seite 34–35).

## Energieumwandlungen

Man kann Energie weder schaffen noch zerstören – das besagt der Energieerhaltungssatz. Wann immer man Arbeit verrichtet, wird weder Energie gewonnen noch geht welche verloren; stattdessen wandelt man Energie von einer Form in eine andere um. Wenn Sie ewa eine schwere Kiste über den Boden schieben, wird die in Ihren Muskeln gespeicherte chemische Energie in Wärmeenergie umgewandelt; der Boden und die Unterseite der Kiste sind dann etwas wärmer. Bei dem auf dieser Seite abgebildeten Beispiel des Steineabladens wird zuerst die potenzielle Gravitationsenergie der Steine in kinetische Energie und diese dann, sobald die Steine auf dem Lkw auftreffen, in Wärme und Schallenergie umgewandelt. Elektrische Energie wird von einem Tauchsieder in Wärme, von einem Fernseher in Licht, Schall und Wärme überführt. Auf der ganzen Erde wandelt sich ständig und in großem Maßstab Energie von einer Form in eine andere um. Pflanzen verarbeiten die Strahlungsenergie der Sonne in gespeicherte chemische Energie. Sonnenstrahlen lassen erwärmte feuchte Luft aufsteigen und erzeugen Wolken. Wenn das Wasser der Wolken als Regen herabfällt, kann man die potenzielle Energie des fließenden Wassers in einem Wasserkraftwerk nutzen und daraus elektrische Energie gewinnen.

Wenn die Steine auf die Ladefläche auftreffen, tritt eine andere Energieumwandlung auf: Da sie sich nicht mehr bewegen, gibt es keine kinetische Energie mehr; ein kleiner Teil davon wird als Schallenergie (Krach) frei, das Meiste jedoch als Wärme. Die aufprallenden Steine sind also wärmer als oben auf der Klippe, jedoch nur sehr geringfügig (bei einem Stein, der 10 m tief fällt, nimmt die Temperatur kaum um ein Hundertstel Grad zu).

# Ihr persönlicher Energieverbrauch

Jeder von uns hat einen bestimmten täglichen Energieverbrauch, der vor allem von der Art und der täglichen Dauer der körperlichen Betätigung, aber auch vom Körpergewicht abhängt. Ist der Energieverbrauch größer als die jeweilige Energiezufuhr durch die Nahrung, nimmt man auf längere Sicht ab, im anderen Fall erhöht sich das Körpergewicht.

### Joggen oder ähnliche anstrengende Betätigungen

Beim raschen Laufen oder bei anderen anstrengenden Sportarten verbraucht man etwa 10 bis 25 Kilokalorien pro Minute, abhängig vom Körpergewicht.

Um zu berechnen, wie viele Kalorien Sie dabei pro Tag verbrauchen, teilen Sie Ihr Gewicht (in Kilogramm) durch 5 und multiplizieren diese Zahl mit der Anzahl der Minuten, die Sie diesen Sport täglich betreiben.

### Radfahren oder ähnliche mäßig anstrengende Betätigungen

Beim nicht zu schnellen Radfahren oder anderen mäßig anstrengenden Sportarten wie Schwimmen verbraucht man 5 bis 12 Kilokalorien pro Minute, abhängig vom Körpergewicht.

Um zu berechnen, wie viele Kalorien Sie dabei pro Tag verbrauchen, teilen Sie Ihr Gewicht (in Kilogramm) durch 10 und multiplizieren diese Zahl mit der Anzahl der Minuten, die Sie diesen Sport täglich betreiben.

### Von der Sonne in die Steckdose

Die Strahlungsenergie der Sonne ...

... wird in den Blättern der Pflanzen durch Photosynthese in energiehaltige Verbindungen umgewandelt.

Abgestorbene Pflanzen können über Jahrmillionen zu Kohle (oder Erdöl oder Erdgas) werden. Die in den Pflanzen gespeicherte chemische Energie bleibt erhalten.

## Gehen und andere leichte Betätigungen

Beim Spazierengehen oder anderen leichten Betätigungen wie Golf oder Garten- und Hausarbeit verbraucht man 160 bis 440 Kilokalorien pro Stunde, abhängig vom Körpergewicht.

Um zu berechnen, wie viele Kalorien Sie dabei pro Tag verbrauchen, nehmen Sie Ihr Gewicht (in Kilogramm) mal 4 und multiplizieren diese Zahl mit der Anzahl der Stunden, die Sie diese leichten Tätigkeiten täglich ausüben.

## Sitzende Tätigkeit

Wenn Sie sich körperlich nicht anstrengen, etwa vor dem Fernseher oder Computer sitzen oder lesen, verbrauchen Sie 60 bis 165 Kilokalorien pro Stunden, abhängig vom Körpergewicht.

Um zu berechnen, wie viele Kalorien Sie dabei pro Tag verbrauchen, nehmen Sie Ihr Gewicht mal 1,5 und multiplizieren diese Zahl mit der Anzahl der Stunden, die Sie täglich sitzend verbringen (Schlafen nicht mitgerechnet).

## Rechnen Sie es aus

Um einen groben Überblick über Ihren Energieverbrauch zu gewinnen, notieren Sie, wie viele Stunden (oder Bruchteile davon) pro Tag auf die unterschiedlich anstrengenden Tätigkeiten entfallen. Schätzen Sie anhand der obigen Faustregeln Ihren Energieverbrauch ab und addieren Sie. Dann zählen Sie die Energie dazu, die Sie im Schlaf verbrauchen (rechte Spalte), denn selbst im Schlaf benötigt der Körper etwas Energie, um sich am Leben zu erhalten. Die Summe gibt Ihren gesamten Energieverbrauch an.

### Energieverbrauch im Schlaf

| Ihr Gewicht (kg) | Kalorien (kcal) |
| --- | --- |
| 40 | 450 |
| 50 | 480 |
| 60 | 520 |
| 70 | 560 |
| 80 | 600 |
| 90 | 640 |
| 100 | 680 |
| 110 | 720 |

In einem Kraftwerk wird die chemische Energie von Kohle, Erdgas oder Erdöl durch Erhitzung von Wasser in Wärmeenergie (Dampf) umgewandelt. Der Wasserdampf betreibt eine Turbine, die Bewegungsenergie erzeugt.

Ein Stromgenerator wandelt die Bewegungsenergie der Dampfturbine in elektrische Energie um.

Zu Hause betreibt die elektrische Energie Glühlampen oder Geräte wie Wasserkocher oder Fernseher. Dabei werden Licht, Wärme oder Ton und Bild erzeugt.

**ENERGIE**

## Fakten im Überblick

- Elektromagnetische Strahlung umfasst viele verwandte Energieformen, darunter Licht, Radiowellen, Mikrowellen und Röntgenstrahlen.

- Jegliche elektromagnetische Strahlung breitet sich im leeren Raum mit Lichtgeschwindigkeit aus (rund 300 Millionen Meter pro Sekunde).

- Elektromagnetische Strahlung breitet sich als Welle aus; die Wellenlänge (Größe) variiert je nach Art stark – von Milliardstel Millimeter bis Tausende Kilometer.

- Elektromagnetische Strahlung hat aber nicht nur Welleneigenschaften, sondern verhält sich manchmal auch wie ein Strom energiereicher Teilchen.

# Elektromagnetische Strahlung

### RADIOWELLEN
Radiowellen haben die größte Wellenlänge aller Strahlungsformen. Technisch unterscheidet man verschiedene Wellenlängenbänder, darunter Langwelle (LW), Mittelwelle (MW) und Ultrakurzwelle (UKW). Bei Sendungen auf LW oder MW mischt man das hörbare Schallsignal so mit der Radio-Trägerwelle, dass sich die Amplitude der Trägerwelle ändert (sogenannte Amplitudenmodulation, AM). Einen besseren und weniger störanfälligen Klang erhält man auf UKW; hier wird die Frequenz der Trägerwelle verändert (Frequenzmodulation, FM).

Eine der verbreitetsten und nützlichsten Energieformen ist Strahlungsenergie (elektromagnetische Strahlung). Sie tritt in vielen verschiedenen Erscheinungsformen auf. Das Spektrum umfasst Radio- und Mikrowellen, das sichtbare Licht, infrarote und ultraviolette Strahlung, Röntgen- und Gammastrahlen. Die Sonne schickt ausschließlich Strahlungsenergie zur Erde, vor allem sichtbares Licht mit etwas Infrarot und Ultraviolett. Allen diesen Strahlungsarten ist gemein, dass sie sich als Wellen ausbreiten. Sie unterscheiden sich vor allem durch den Abstand zwischen den Wellen (als Wellenlänge der Strahlung bezeichnet). Und alle Formen der elektromagnetischen Strahlung breiten sich im leeren Raum mit derselben hohen Geschwindigkeit aus, der Lichtgeschwindigkeit.

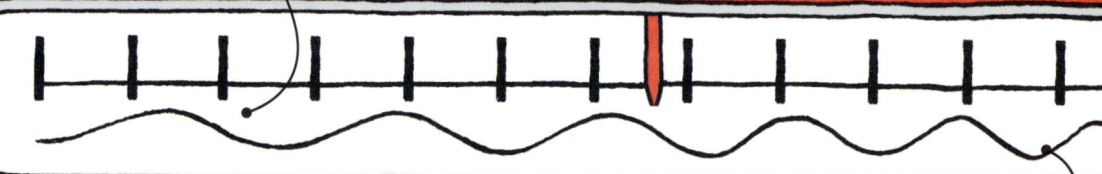

### Stärke
Die „Stärke" einer elektromagnetischen Strahlung kann man auf zwei Arten beurteilen: Zunächst haben die verschiedenen Arten – Radiowellen, Licht, Röntgenstrahlung usw. – eine unterschiedliche innere Energie, und zwar umso mehr, je kleiner ihre Wellenlänge ist. Gamma- und Röntgenstrahlen sind also energiereicher (stärker) als Licht oder Radiowellen. Zum zweiten hängt die Stärke auch von der Menge der Strahlung ab, die eine Quelle aussendet; so ist beispielsweise ein Suchscheinwerfer stärker als ein Blitzlicht.

### MIKROWELLEN
Nach Radiowellen haben Mikrowellen die größte Wellenlänge. Mikrowellen werden für die verschiedensten Technologien verwendet, darunter Mobilfunk, Mikrowellenherde, Satellitenfernsehen, kabellose Verbindungen über Bluetooth und Wireless LAN (Wi-Fi) sowie GPS-Geräte zur Navigation.

## Lichtwellen und Farbe

Das sichtbare Licht nimmt nur einen kleinen Teil des elektromagnetischen Spektrums ein, der zwischen 400 und 700 nm liegt (ein Nanometer, nm, ist ein Milliardstel Meter oder Millionstel Millimeter). Die verschiedenen Bereiche im sichtbaren Licht gehören zu unterschiedlichen Farben. So hat Rot eine Wellenlänge von ca. 680–700 nm, Blau von 420–450 nm. Nur die Regenbogenfarben – Rot, Orange, Gelb, Grün, Blau und Violett – haben eine „eigene" Wellenlänge. Alle anderen Farben wie die verschiedenen Braunschattierungen oder Pastellfarben entstehen durch die Mischung verschiedener Wellenlängen. Auch Weiß ist eine Mischung, zusammengesetzt aus allen Regenbogenfarben.

## Wellenlänge

Elektromagnetische Strahlung besteht aus regelmäßigen Änderungen im elektrischen und magnetischen Feld, die sich in bestimmter Richtung ausbreiten. Bei einer bestimmten Strahlung (etwa Blau) haben alle Wellenberge und -täler einen gleichmäßigen Abstand. Der Abstand zwischen den Wellenbergen wird als die Wellenlänge dieser Strahlung bezeichnet.

**SICHTBARES LICHT**
Dieser schmale Bereich des elektromagnetischen Spektrums liegt zwischen den Infrarot- und den Ultraviolettwellen.

**ULTRAVIOLETTSTRAHLUNG**
UV-Licht ist eine relativ kurzwellige, hochenergetische Strahlung. Man nutzt sie etwa in Solarien und einigen Lasern.

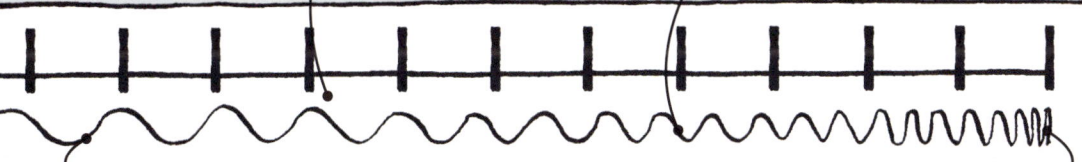

**INFRAROTSTRAHLUNG**
Nach den Mikrowellen folgt die Infrarotstrahlung. Dazu gehört Wärmestrahlung, sie wird aber auch z. B. für Fernbedienungen genutzt.

**RÖNTGEN- UND GAMMASTRAHLEN**
Die medizinisch genutzte Röntgen- und die von einigen radioaktiven Isotopen abgegebene Gammastrahlung haben die kürzeste Wellenlänge und die höchste Energie.

*Radiant*

**ENERGIE**

**Fakten im Überblick**

- Man kann sich Masse und Energie als zwei Erscheinungsformen von ein und derselben Größe vorstellen.
- Eine winzige Masse lässt sich in gewaltige Mengen Energie umwandeln.
- Sowohl bei der Kernspaltung als auch bei der Kernfusion wird Masse in Energie umgewandelt.
- Kernspaltung wird technisch in Atomkraftwerken genutzt, Kernfusion ist die Energiequelle der Sonne.

# Masse, Energie und Kernspaltung

Die wohl bemerkenswerteste Form der Energie überhaupt ist die Kernenergie. Bei ihrer technischen Nutzung in Atomkraftwerken bedient man sich der Kernspaltung. Bei diesem Prozess bringt man Kerne von Atomen wie Uran durch eine Kettenreaktion dazu, sich in kleinere Teile zu zerlegen; dabei setzen sie Energie frei. Oft heißt es, Kernenergie sei die „im Atom gespeicherte Energie"; genauer sollte man von „Energie aus Masse" sprechen.

### Warum „Vakuum"?

Wenn man von Lichtgeschwindigkeit spricht, ist damit in der Regel die Geschwindigkeit im Vakuum (leerer Raum) gemeint. Durch das Vakuum breitet sich Licht schneller aus als irgendwo sonst. In Materie ist Licht immer etwas langsamer, in Glas z. B. knapp 200 Millionen Meter pro Sekunde.

Was das bedeutet, zeigt die Abbildung rechts, wo ein Apfel mit einem Beil in zwei Teile gespalten wird. Bei genauem Wiegen wird man feststellen, dass die beiden Hälften zusammen ein bisschen weniger wiegen als der ganze Apfel, der Rest klebt am Beil. Wird ein Atom gespalten, verschwindet nur ganz wenig der Masse – sie wandelt sich in Energie um. Albert Einstein fand 1905 als Erster die Erklärung mit seinem Prinzip der „Äquivalenz von Masse und Energie". Demnach sind Masse und Energie nicht zwei verschiedene Dinge, sondern zwei Erscheinungsformen derselben Größe. Wenn aber Masse und Energie äquivalent (gleichwertig) sind, kann man das eine in das andere umwandeln. In der wohl berühmtesten Formel der Welt (unten) zeigte Einstein, dass Masse und Energie über die Vakuumlichtgeschwindigkeit zusammenhängen. Da die Lichtgeschwindigkeit einen so hohen Wert hat (ca. 300 Millionen Meter pro Sekunde), entspricht schon eine winzige Masse einer riesigen Energiemenge. Daher setzen Prozesse wie die Kernspaltung so große Energiemengen frei.

$$E = mc^2$$

Mit dieser berühmten Formel zeigte Einstein, dass Energie und Masse zusammenhängen. Darin ist E die Energie, m die Masse und c die Vakuumlichtgeschwindigkeit.

Stellen wir uns vor, 2 g Apfel bleiben beim Spalten am Beil hängen und werden in Energie verwandelt. Dann berechnet man die Energie folgendermaßen: Masse × Lichtgeschwindigkeit zum Quadrat = $0{,}002 \text{ kg} \times (300 \text{ Mio. m/s})^2$ = 180 Billionen Joule – das würde reichen, über 5000 Haushalte ein Jahr lang mit Energie zu versorgen!

MASSE, ENERGIE UND DIE KERNSPALTUNG    35

ENERGIE AUS MASSE
Stellen Sie sich den Kern eines Uranatoms als einen Apfel mit einer Masse von 150 g vor.

Nun zerschlägt man den Apfel mit einem Beil in zwei Teile – das entspricht in diesem Bild der Kernspaltung. (Zur Spaltung eines Urankerns schießt man ein Neutron in den Kern, der dadurch so instabil wird, dass er zerfällt.)

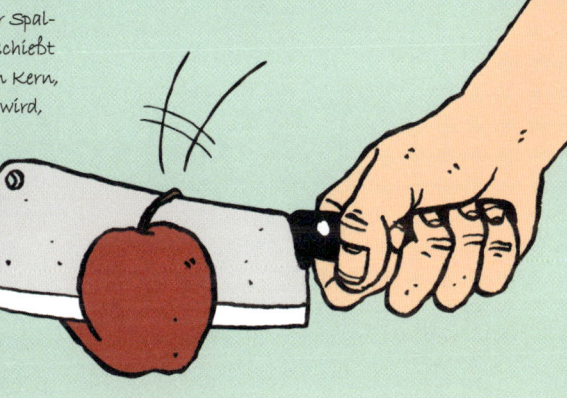

Beim Spalten des Apfels sind ein paar Tröpfchen Saft verspritzt (bei der Uranspaltung werden einige Neutronen frei, die die Kettenreaktion fortführen). Doch wenn man die zwei Teile und die Tröpfchen zusammen wiegt, kommt man nur auf insgesamt 148 g: Zwei Gramm der Ausgangsmasse scheinen verschwunden zu sein!

Bei der Suche nach der fehlenden Masse entdeckt man, dass diese an der Klinge des Beils haftet. (Beim Spalten eines Urankerns hat sich die fehlende Masse in Energie umgewandelt.)

## Von Masse zu Energie

Es gibt zwei Möglichkeiten, wie eine kleine Änderung im Atomkern zur Umwandlung winziger Massenbeträge in gewaltige Energiemengen führen kann:

• die Spaltung von Kernen in kleinere Teile („Kernfission");

• die Verschmelzung von Kernen zu größeren Kernen („Kernfusion").

## Kernspaltung (Fission)

Kernspaltung tritt in der Natur beim radioaktiven Zerfall auf (siehe Seiten 16–20). Man kann sie aber auch künstlich einleiten und so Energie freisetzen: Bei der technischen Nutzung in einem Atomkraftwerk startet man eine kontrollierte Kettenreaktion in entsprechendem spaltbarem Material (meist ein Uranisotop). Eine unkontrollierte Kettenreaktion ist die Grundlage von Kernspaltungswaffen (den sogenannten Atombomben).

## Kernfusion

Kernfusion tritt in der Natur im Innern der Sonne und anderer Sterne auf. Fusionsprozesse wie in unserer Sonne, bei denen Sonnenenergie entsteht, sind damit letztlich auch die Quelle sämtlicher irdischer Energievorräte. Bei der Fusion entstehen im Innern der Sterne größere Atomkerne. Über die Jahrmilliarden sind alle Atome, aus denen das Universum besteht (bis auf die leichtesten, Wasserstoff und Helium) durch Fusionsprozesse im Innern von Sternen gebildet worden (siehe Seite 62–63).

Auf der Erde ist die Kernfusion nur mit Wasserstoffbomben realisiert worden. Seit Jahrzehnten arbeiten Wissenschaftler daran, die Kernfusion in einem kontrollierten Prozess zur Energiegewinnung auch technisch nutzbar zu machen, bislang aber nur mit mäßigem Erfolg.

# Das Universum

## INHALT

- Jenseits unserer Erde **38**
- Unsere Galaxis **40**
- Die sichtbaren Sterne **42**
- Die Sonne und ihre Zyklen **44**
- Sternensterben **46**
- Schwarze Löcher **48**
- Umlaufbahnen und Gravitation **50**
- Raumsonden **52**
- Expansion des Universums **54**
- Leben außerhalb der Erde **56**

In diesem Kapitel geht es um das Weltall oder genauer: um das heute von der Erde aus beobachtbare Universum. Zunächst fassen wir die riesigen Entfernungen und die gewaltigen Zahlen bei der Beschreibung des Universums zusammen. Dazu bewegen wir uns weg von Erde und Mond zu anderen Planeten und unserer Sonne, dann zu nahen Sternen. Danach verlassen wir unsere Galaxis (die Milchstraße) und gelangen schließlich zu fernen Galaxien.

## Abläufe im Universum

Wir schauen uns die Vorgänge im Universum an. Dabei behandeln wir viele Themen, vom Aufbau der Milchstraße über das Leben und Sterben der Sterne bis zu den Sonnenzyklen, die sich auch auf der Erde bemerkbar machen. Wir sehen, was beim Tod eines Sternes entstehen kann, etwa Supernovae, Neutronensterne und Schwarze Löcher. Danach sprechen wir über Gravitation und Umlaufbahnen, die nötigen Vorkehrungen, um Raumsonden zur Erforschung des Sonnensystems zu starten, und die Erkenntnis, dass sich das Universum ausdehnt. Zum Schluss geht es kurz um die Wahrscheinlichkeit von Leben außerhalb der Erde.

## Was ist das „beobachtbare" Universum?

Das beobachtbare Universum ist das, was wir beim Blick in den Himmel sehen – sei es mit bloßem Auge oder mit Teleskopen und anderen Instrumenten. Aus verschiedenen Gründen sind das beobachtbare und das gesamte heutige Universum nicht dasselbe. Das liegt daran, dass der größte Teil der Materie im Universum unsichtbar ist (das ist die sogenannte Dunkle Materie, die wir schon in Kapitel 1 kurz besprochen haben). Außerdem können wir wegen der gewaltigen Entfernungen und der begrenzten Lichtgeschwindigkeit die meisten Objekte im Weltall nicht in ihrem heutigen Zustand sehen, sondern nur so, wie sie einmal waren. Das bedeutet, dass wir Sterne meist in dem Zustand sehen, in dem sie vor einigen zehn, hundert oder tausend Jahren waren, sehr ferne Galaxien sogar im Zustand, in dem sie sich vor Milliarden Jahren befanden. Einige große Bereiche des Universums könnten sich seit dem Urknall sogar so schnell von uns entfernt haben, dass uns Licht von dort niemals erreicht. Das heißt, sie liegen dann jenseits des „kosmischen Horizonts". In diesem Fall ist das gesamte Universum weit größer als das beobachtbare Universum.

## 38 DAS UNIVERSUM

**Fakten im Überblick**

- Unsere Nachbarschaft im All ist das Sonnensystem – die Sonne und alles, was sie umkreist. Die Sonne macht 99,8 Prozent der Masse unserer direkten Nachbarschaft aus.

- Die Entfernung von der Erde zu unserem nächsten Nachbarn, dem Mond, beträgt im Mittel etwa 30 Erddurchmesser. Ein Raumschiff braucht drei Tage für den Weg.

- Der Teil des Sonnensystems, in dem sich die Planeten befinden, misst 10 Milliarden Kilometer im Durchmesser – ein Raumschiff bräuchte rund 10 Jahre dafür.

- Jenseits unseres Sonnensystems erstreckt sich das Nichts, bis man nach etwa 40 Billionen Kilometern den nächstgelegenen Stern erreicht.

# Jenseits unserer Erde

Das Weltall ist riesig. Wir leben in einem winzigen Eckchen unseres Sonnensystems, und das wiederum ist ein Teil der Milchstraße, einer Galaxie mit Milliarden Sternen. Jenseits der Milchstraße gibt es Zigmilliarden anderer Galaxien. Die Maße und Abstände selbst der sichtbaren Teile sind jenseits unseres Vorstellungsvermögens: So hat etwa die Sonne einen Durchmesser von rund 1,4 Millionen Kilometern und ist 150 Millionen Kilometer von der Erde entfernt.

Wie können wir uns solche Zahlen veranschaulichen? Stellen Sie sich den Abstand von der Sonne zur Erde (150 Millionen Kilometer) als eine 100 Meter lange Rennbahn vor. Die Sonne befindet sich am Startpunkt und misst gut 90 Zentimeter im Durchmesser, wie ein großer Gymnastikball. Die Erde von der Größe einer Erbse (8 Millimeter) liegt an der Ziellinie. Der Mond ist so groß wie ein Reiskorn (2 Millimeter). In diesem Maßstab umkreist der Mond die Erde im Abstand von 25 Zentimetern. Die Apollo-Mondraketen haben in den 1960er und 1970er Jahren drei Tage für die Strecke von der Erde zum Mond gebraucht.

**Die AE**
Der Abstand zwischen Erde und Sonne, unten als 100 m lange Rennbahn dargestellt, wird als Astronomische Einheit (AE) bezeichnet. Mit ihr kann man bequem große Entfernungen innerhalb des Sonnensystems ausdrücken. 1 AE sind 150 Millionen Kilometer.

Der Abstand von der Erde zur Sonne ist hier als 100 m lange Rennbahn gezeichnet. In diesem Maßstab hat die Sonne (auf der Startlinie) einen knappen Meter Durchmesser.

Dieses Seil soll bis zum nächstgelegenen Stern reichen. Wenn der Abstand Erde–Sonne der Breite einer Doppelseite in diesem Buch entspricht, ...

... dann muss das Seil 100 Kilometer lang sein.

**JENSEITS UNSERER ERDE** 39

Jetzt schauen wir uns die Lage der anderen Planeten im Sonnensystem an. Merkur ist linsengroß, knapp 40 Meter von der Startlinie entfernt. Venus, etwa gleich groß wie die Erde, liegt 28 Meter vor dem Ziel (die Raumsonde Venus Express brauchte fünf Monate für den Weg von der Erde zur Venus). Mars liegt hinter der Ziellinie, 52 Meter hinter der Erde. Der apfelsinengroße Jupiter liegt draußen auf dem Parkplatz, und der etwa gleich große Saturn ist schon fast einen Kilometer vom Stadion entfernt (die Raumsonde Voyager 1 hat etwas über drei Jahre gebraucht, um ihn zu erreichen). Uranus ist walnussgroß und schon zwei Kilometer entfernt, und bis zum etwa gleich großen Neptun sind es gut drei Kilometer.

## Wie weit ist es bis zum nächsten Stern?

Unsere Sonne ist nur einer von mehreren Hundert Milliarden Sternen in der Milchstraße. Doch selbst der nächstgelegene aller dieser Sterne, Proxima Centauri, ist unvorstellbar weit entfernt. Er läge etwa 27 000 Kilometer vor unserem „Stadion". Wenn der Abstand Erde–Sonne so groß wäre wie eine Doppelseite in diesem Buch, dann müsste man bis zum nächsten Stern ein 100 Kilometer langes Seil spannen!

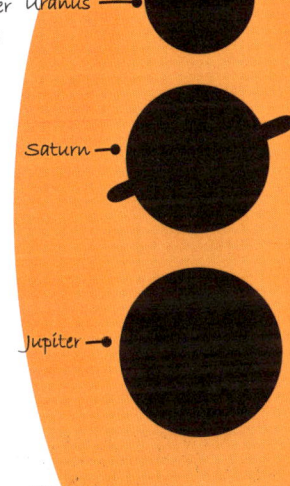

**RELATIVE ABMESSUNGEN** Der Durchmesser der Sonne (orange) ist etwa 110-mal größer als die Erde. Selbst der größte Planet, Jupiter, ist dagegen ein Zwerg: Die Sonne ist noch 10-mal größer als er, und sie ist über 280-mal so groß wie der kleinste Planet, Merkur.

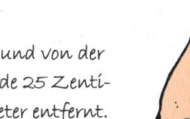

Wenn wir den Abstand Erde–Sonne mit der Rennbahn vergleichen, ist der Mond so groß wie ein Reiskorn (oder eine Graupe, er ist ja rund) ...

... und von der Erde 25 Zentimeter entfernt.

Die Erde liegt auf der Ziellinie, so groß wie die Erbse zwischen den Fingern eines Läufers (oben). Wenn der Läufer die Erbse auf die Bahn wirft, wäre sie kleiner als dieser Punkt >>> .

# 40 DAS UNIVERSUM

## Fakten im Überblick

- Unsere Galaxis ist nur eine von geschätzt rund 80 Milliarden Galaxien im beobachtbaren Universum.
- Das Licht, das uns von den am weitesten entfernten Galaxien erreicht, ist 13 Milliarden Jahre alt – fast so alt wie das Universum.
- Es gibt drei häufige Galaxientypen: Spiralgalaxien wie die unsere, elliptische (eiförmige) und irreguläre (unregelmäßig geformte) Galaxien.
- Kugelsternhaufen findet man in den Außenbezirken unserer Galaxis. Sie sehen verschwommenkugelig aus und enthalten je bis zu eine Million Sterne.

# Unsere Galaxis und darüber hinaus

## Klartext

**LICHTJAHR:** Ein Lichtjahr (Abkürzung Lj) ist die Entfernung, die das Licht in einem Jahr zurücklegt: etwa 9,5 Billionen Kilometer.

**VON ZU HAUSE BIS INS TIEFSTE WELTALL IN 14 SCHRITTEN**

Ihre Nachbarschaft umfasst ein Gebiet von vielleicht 2 × 2 km.

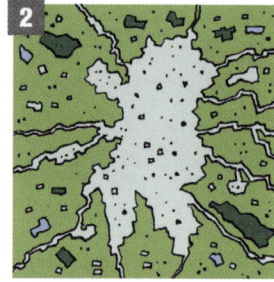

Eine typische Stadt hat etwa 10 km Durchmesser.

Zum äußeren Sonnensystem (9 Mrd. km) gehören die Bahnen aller Planeten.

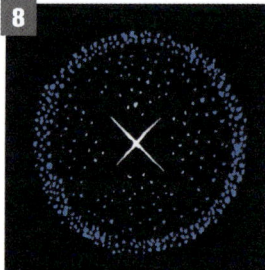

Die Kometen kommen aus der Oort'schen Wolke (2 Lichtjahre Durchmesser), die das Sonnensystem umgibt.

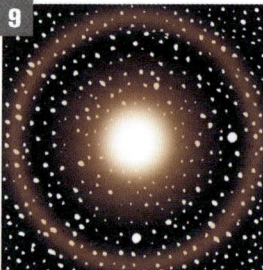

Der unserem Sonnensystem nächste Stern ist Proxima Centauri, rund 4,35 Lichtjahre entfernt.

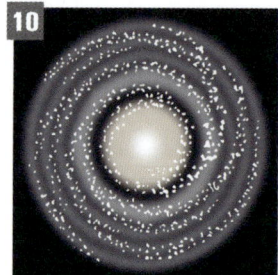

Die Milchstraße mit ihrem dichten „Bauch" und mehreren Spiralarmen hat einen Durchmesser von 100 000 Lichtjahren.

100 000 Lichtjahre

- Hof („Halo") aus Gas und Sternen
- Dünne Scheibe aus Sternen, Gas und Staub
- Superdichtes Schwarzes Loch im Zentrum

## UNSERE GALAXIS UND DARÜBER HINAUS   41

Das Universum ist hierarchisch aufgebaut: Die Erde ist Teil des Sonnensystems; dies gehört zu unserer Galaxis (der Milchstraße), die wiederum nur eine von etwa 50 Galaxien der Lokalen Gruppe ist. Zur Lokalen Gruppe gehören außerdem noch eine andere große Spiralgalaxie, die Andromeda-Galaxie, und viele kleinere Galaxien. Alle zusammen sind Teil einer Ansammlung von Galaxiengruppen, dem Lokalen Supercluster. Das beobachtbare Universum – der kugelförmige Bereich, aus dem uns das Licht seit dem Anbeginn der Welt erreichen kann – erreicht 90 Billionen Lichtjahre im Durchmesser. Möglicherweise gibt es darum herum noch einen größeren Bereich, aus dem uns das Licht nicht erreicht hat und nie erreichen wird.

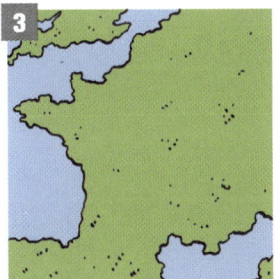
Die meisten Staaten in Europa messen an ihrer breitesten Stelle kaum mehr als 1000 km.

Die Erdkugel erreicht ungefähr 12 700 km im Durchmesser. Auf ihrer Oberfläche gibt es Wasser und Leben.

Das System Erde-Mond hat einen Durchmesser von 700 000 bis 800 000 km (die Mondbahn ist nicht kreisrund).

Die Sonne sowie die vier inneren Planeten bilden das innere Sonnensystem, das einen Durchmesser von 456 Mio. km erreicht.

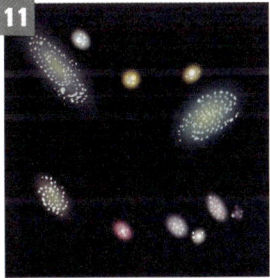
Der Durchmesser der Lokalen Gruppe (unsere Nachbargalaxien und die Milchstraße) misst etwa 10 Mio. Lichtjahre.

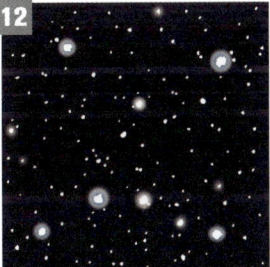
Der Lokale Superhaufen (Virgo-Superhaufen") hat 100 Mio. Lichtjahre im Durchmesser.

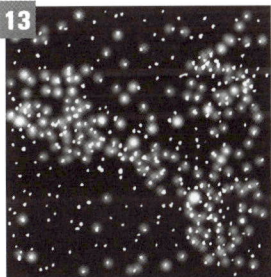
Der Virgo-Superhaufen gehört zur Lokalen Superhaufengruppe, deren Durchmesser 1 Mrd. Lichtjahre misst.

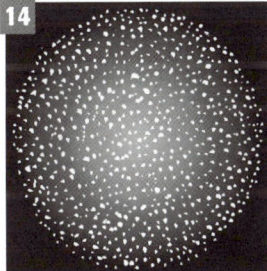
Das beobachtbare Universum misst Zigmilliarden Lichtjahre im Durchmesser. Es besteht aus Galaxienhaufen und „Leere".

### Die Milchstraße – unsere Galaxis
Von der Seite her gesehen scheint die Milchstraße aus einer dünnen Scheibe mit einer Verdickung („Bulge") in der Mitte zu bestehen. Die Bulge enthält über 100 Milliarden Sterne und in der Mitte ein superdichtes Schwarzes Loch. Umgeben sind Scheibe und Bulge von einem Hof (dem sogenannten Halo) von Sternen und vielen Kugelsternhaufen.

## DAS UNIVERSUM

**Fakten im Überblick**

- Unsere Galaxis enthält 200 bis 400 Milliarden Sterne, doch selbst unter optimalen Bedingungen kann man nur rund 9000 von ihnen mit bloßem Auge erkennen.
- Alle einzeln erkennbaren Sterne sowie die riesige Anzahl lichtschwächerer Sterne liegen höchstens 4000 Lichtjahre vom Sonnensystem entfernt.
- Die Sterne in einem Sternbild befinden sich von der Erde aus gesehen alle etwa in derselben Richtung; im dreidimensionalen Raum müssen sie aber nicht unbedingt eng beieinanderliegen.

### Sternbilder

In dunkler Nacht, weit weg von allen künstlichen Lichtquellen, kann man Tausende Sterne am Himmel sehen. Alle helleren (und viele nicht ganz so helle) Sterne sind in Sternbildern zusammengefasst – Muster am Himmel, in denen man mit einiger Fantasie Tiere, Gegenstände oder mythologische Figuren erkennen kann. Obwohl die Sterne in einem Sternbild aussehen, als lägen sie dicht beieinander, können im dreidimensionalen Raum Hunderte Lichtjahre dazwischen liegen. Sternbilder tragen lateinische Namen, aber es gibt auch deutsche Bezeichnungen.

**NORMA-CYGNUS-ARM**
Dieser Spiralarm hat zwei Teile: Der Bereich Norma („Winkelmaß") liegt dicht am galaktischen Zentrum und ist von der Erde aus nicht zu sehen, der Bereich Cygnus („Schwan") bildet den äußeren Teil.

**PERSEUS-ARM**
Mit dem neuen Spitzer-Weltraumteleskop wurde klar, dass dieser Spiralarm (und der Scutum-Crux-Arm) bedeutender sind als die anderen Spiralarme. Sie haben auch eine höhere Sterndichte.

100 000 Lichtjahre

**SIE SIND HIER**
Zwischen den gelben Pfeilen liegt unser Sonnensystem. Die meisten mit bloßem Auge sichtbaren Sterne befinden sich in diesem Bereich des Orion-Arms. Er ist etwa 25 000 Lichtjahre vom galaktischen Zentrum entfernt.

# Die sichtbaren Sterne

Die auffälligsten Objekte unserer Galaxis – auffällig, weil sie so viel Licht und andere Strahlungsenergie abgeben – sind die Sterne, riesige Kugeln aus Plasma (elektrisch geladenes Gas). Durch Fusionsreaktionen im Innern erzeugen sie gewaltige Mengen an Energie und leuchten. Fast alle Sterne, die wir am Nachthimmel erkennen können, liegen auf einem kleinen Teil eines Spiralarms unserer Galaxis. Diese Arme – vier große und einige kleinere – gehen von dem dicken, sternhaltigen Bereich („Bulge") im galaktischen Zentrum aus.

### SCUTUM-CRUX-ARM
Da sich dieser Spiralarm hinter dem galaktischen Zentrum erstreckt, ist der größte Teil von der Erde aus nicht sichtbar. Der Bereich Scutum („Schild") liegt dicht am galaktischen Zentrum, der Bereich Crux („Kreuz") weiter außen.

### SAGITTARIUS-ARM
Dieser Spiralarm heißt so, weil ein großer Teil im Sternbild Sagittarius („Schütze") liegt. Er enthält einige sogenannte Nebel (Gaswolken) und Sternenhaufen, die von der Erde aus mit einem guten Fernglas zu sehen sind.

### ORION-ARM
Der Orion-Arm ist einer der kleineren Spiralarme der Milchstraße und zweigt in der Nähe des Sagittarius-Arms ab. Er ist 30 000 Lichtjahre lang und je 1000 Lichtjahre breit und hoch. Neben Staub und großen Nebeln aus Wasserstoffgas enthält er Milliarden Sterne.

## Ein Sternenleben

In unserer Galaxis – und in anderen Galaxien – bilden sich fortwährend neue Sterne aus riesigen Gaswolken, die sich unter Einfluss ihrer eigenen Gravitation zusammenziehen. Wenn sich eine solche Wolke zusammenballt, wird ihr Zentrum immer dichter und heißer. Schließlich ist es so heiß, dass eine Kernfusion in Gang kommt (siehe Seite 35). Dadurch entstehen viel Licht, Wärme (die die Fusion aufrecht erhält) und weitere Formen elektromagnetischer Strahlung. Diese gelangt in kleinen Energiepaketen – sogenannten Photonen – nach außen und erzeugt dabei einen bestimmten Druck im Innern, sodass der Stern eine bestimmte Größe behält und nicht völlig in sich zusammenbricht.

Praktisch das gesamte Leben eines Sternes – Anfangsgröße und Farbe, Lebensdauer und sein späteres Schicksal – hängen von der Ausgangsmasse ab. Die langlebigsten Sterne – das sind die meisten – haben eine geringe Masse. Sie bestehen als matt leuchtende rote Sterne mehrere Zigmilliarden Jahre. Mittelgroße gelbe Sterne wie unsere Sonne leben etwas kürzer, und die größten und heißesten Sterne – blau und weiß leuchtende Riesen – gehen relativ rasch in einem gewaltigen Schauspiel zugrunde (siehe Seite 46–47).

## DAS UNIVERSUM

**Fakten im Überblick**

- Die Sonne gibt einen konstanten Strom geladener Teilchen ab, den Sonnenwind. Er breitet sich mit einer Geschwindigkeit von bis zu 1,4 Mio. km/h im Raum aus.

- Die regelmäßige Änderung der Aktivität der Sonnenoberfläche – der sogenannte Sonnenfleckenzyklus – beeinflusst auch unser Leben auf der Erde.

- Sonnenflecken sind relativ kühle, dunkle Bereiche auf der Sonnenoberfläche. In einem Zyklus schwankt ihre Anzahl zwischen 0 und ca. 100.

- Die Temperatur der Sonne beträgt zwischen 15 Mio. °C im Innern und rund 5500 °C auf ihrer Oberfläche.

# Die Sonne und ihre Zyklen

„Unser" Stern, die Sonne, ist zwar extrem heiß und energiereich, aber sie ist doch ein recht durchschnittlicher gelber Stern. In ihrem Innern wird bei rund 15 Millionen Grad Celsius durch Kernfusion eine gewaltige Menge Energie erzeugt. Die gelangt durch Strahlung und Konvektion nach außen und wird dann von der Sonnenoberfläche als Wärme und Licht abgegeben. Daneben gibt die Sonne noch weitere Strahlung ab, darunter UV-, Röntgen- und Gammastrahlung, Radiowellen sowie einen beständigen Strom elektrisch geladener Teilchen, den sogenannten Sonnenwind.

## Der Sonnenfleckenzyklus

Die Sonne ist ein riesiger Ball aus elektrisch geladenem Gas. Sie dreht sich um ihre eigene Achse, wodurch Magnetfeldlinien entstehen. Weil aber die verschiedenen Teile des Sonneninnern unterschiedlich schnell rotieren, „verheddern" sich die Magnetfeldlinien und verwickeln sich. Das führt zu diversen Störungen auf der Sonnenoberfläche, wie etwa Sonnenflecken, Solarfackeln und sogenannten Protuberanzen (eine Art „Vulkanausbrüche"). Diese Störungen kommen und gehen im Abstand von etwa elf Jahren und beeinflussen auch die Erde.

### Sonnenflecken

Die Zyklen der Sonnenaktivität zeigen sich am deutlichsten in den Sonnenflecken – relativ kühle und daher dunkle Bereiche auf der Sonnenoberfläche. Sie entstehen, wenn sich die Magnetfeldlinien nahe der Oberfläche verknäulen und dann den Wärmefluss aus dem Innern behindern. In jedem Sonnenfleckenzyklus schwankt die Anzahl der Sonnenflecken zwischen null („solares Minimum") bis etwa 100 während eines solaren Maximums. Auch die Lage der Flecken ändert sich: Zu Beginn eines Zyklus liegen sie weit vom Sonnenäquator entfernt, beim solaren Maximum findet man sie eher in Äquatornähe.

### TATSÄCHLICH!

Bei einer sehr heftigen Sonnenfleckenaktivität im Oktober 1991 entstanden so große Störungen im Erdmagnetfeld, dass es in ganz Nordamerika zu Stromausfällen kam.

**Sonnenfleckenzyklus der letzten Jahre**

Einige Flecken, weit weg vom Sonnenäquator → Immer mehr Flecken, näher am Äquator → Keine Flecken

1975 → 1976 → 1977 → 1978 → 1979 → 1983 → 1986 → 1987 → 1989 → 1990

## Sonnenfackeln und Massenausbrüche

Anhand der Sonnenflecken sind die Änderungen während eines Sonnenzyklus zwar am besten sichtbar, doch andere, gleichzeitig stattfindende Phänomene wirken sich stärker auf die Erde aus. Dazu gehören Sonnenfackeln und koronale Massenausbrüche. Dabei werden große Menge geladener Teilchen in den Raum geblasen und verursachen eine Art kosmischen Tsunami.

## Auswirkungen des Sonnenfleckenzyklus

Wenn es besonders viele Störungen auf der Sonnenoberfläche gibt, spricht man von einem solaren Maximum; ein solches Maximum gab es zuletzt im Jahr 2001, das nächste steht 2011–2012 bevor. Im solaren Maximum sendet die Sonne viel mehr geladene Teilchen und andere Strahlung ab als sonst. Wenn diese Teilchen auf das Erdmagnetfeld treffen, kommt es zu elektrischen Störungen in der Atmosphäre (in hohen Breiten als Polarlicht sichtbar). Dadurch können Rundfunkübertragungen gestört werden, manchmal gibt es auch Stromausfälle und Beschädigungen von Stromleitungen und Satelliten. Möglicherweise beeinflusst der Sonnenfleckenzyklus auch Wetter und Klima. So fiel etwa ein Kälteeinbruch im England des 17. Jahrhunderts, bei dem die Themse regelmäßig zufror, mit einer langjährig verringerten Sonnenfleckenaktivität zusammen. Heute gibt es Hinweise darauf, dass eine gesteigerte Sonnenaktivität und schwere Regenfälle in Afrika zusammenhängen könnten. Allerdings hat man bis heute keine überzeugende Erklärung dafür, wie eine geänderte Sonnenaktivität solche Effekte verursachen sollte. Auch für den häufig erklärten Einfluss der Sonnenaktivität auf die Gesundheit der Menschen gibt es keinerlei glaubwürdige Theorie.

KORONALER MASSENAUSBRUCH: Ein großer Batzen Plasma wird von der Sonnenatmosphäre ausgestoßen und gelangt in den Weltraum.

PHOTOSPHÄRE: die sichtbare Oberfläche der Sonne, rund 5500 °C heiß (zum Vergleich: Eisen schmilzt bei 1540 °C).

KORONA: eine Schicht aus elektrisch geladenem Gas oberhalb der sichtbaren Sonnenoberfläche, über 1 Mio. °C heiß.

SONNENFACKEL: sehr heiße, helle Eruption in der Sonnenatmosphäre. Ursache ist die Verwirbelung der Magnetfeldlinien.

SONNENFLECKEN: relativ kühle, dunkle Bereiche auf der Photosphäre.

PROTUBERANZ: ein riesiger Bogen oder eine Wolke aus dichtem, heißem Gas über der Photosphäre.

Solares Maximum: rund 100 Flecken, hauptsächlich in Äquatornähe.

Flecken gehen zurück.

1991 → 1995 → 1997 → 1998 → 1999 → 2000 → 2001 → 2004

## DAS UNIVERSUM

**Fakten im Überblick**

- Wenn am Ende ihrer Lebensdauer der Brennstoff verbraucht ist, schrumpfen leichte Sterne zusammen und verlöschen.
- Ein mittelgroßer Stern wie unsere Sonne schwillt zu einem Roten Riesen an und fällt dann zu einem Weißen Zwerg zusammen.
- Ein sehr massereicher Stern explodiert in einer gewaltigen Supernova. Zurück bleibt ein Neutronenstern oder ein schwarzes Loch.
- Ein Neutronenstern ist so dicht, dass ein stecknadelkopfgroßes Stück auf der Erde mehr wiegen würde als ein Blauwal.

# Sternensterben

Sterne leben nicht ewig, einige leuchten aber doch einige Zigmilliarden Jahre oder gar noch länger. Irgendwann allerdings ist der Wasserstoff verbraucht, aus dem der Stern durch Kernfusion seine Energie gewinnt. Was dann passiert, hängt von der Sternmasse ab: Einige Sterne verlöschen einfach, und andere explodieren in einem gewaltigen Schauspiel.

## Leichte und mittelschwere Sterne

Wenn ein Stern mit sehr niedriger Masse – viel weniger als die Sonne – seinen Wasserstoff verbraucht hat, zieht er sich zusammen, kühlt ab und verlischt. Ein mittelschwerer Stern wie die Sonne bläht sich zu einem sogenannten Roten Riesen auf, dann schrumpft er wieder, und die Kernfusionsreaktion wechselt (statt Wasserstoff wird dann Helium „verbrannt"). Darauf bläht er sich erneut auf, wirft seine äußeren Schichten ab, und das Innere fällt zu einem kleinen Stern zusammen, einem sogenannten Weißen Zwerg. Der Weiße Zwerg kühlt ab, verlischt langsam und wird zu einem Schwarzen Zwerg.

## Massereiche Sterne

Sterne mit sehr hoher Masse (sechsmal so viel wie die Sonne und mehr) haben ein anderes Schicksal. Diese Sterne sind besonders groß, heiß und hell; sie „verbrennen" ihre Masse so rasch, dass sie nur relativ kurz leben. Sie ent-

## Sind Supernovae gefährlich?

### Begrenzte Reichweite

Hitze und Strahlung einer Supernova breiten sich in der ganzen Galaxie aus, doch ihre Intensität nimmt mit der Entfernung ab. Damit eine Supernova die Erde und das irdische Leben ernsthaft schädigen könnte, müsste sie näher als etwa 100 Lichtjahre entfernt sein – das ist über 20-mal so weit wie bis zum nächstgelegenen Stern Proxima Centauri. Zum Glück ist kein Stern, der als Kandidat für eine Supernova infrage käme, der Erde so nahe. Wir können also ruhig schlafen, von einer Supernova droht uns keine Gefahr.

### Gefahrenzone: 100 Lichtjahre!

Supernovae sind nur weiter als 100 Lichtjahre von unserem Sonnensystem entfernt zu erwarten. Damit liegt die Erde außerhalb der Gefahrenzone.

Entfernung zum Sonnensystem → 0     100 Lichtjahre     200 Lichtjahre

# STERNENSTERBEN 47

wickeln sich dann zu riesigen Sternen („Überriesen"). Während sie nacheinander alle ihre chemischen Elemente durch Kernfusionsreaktionen verbrauchen, ziehen sie sich mehrfach zusammen und blähen sich wieder auf. Schließlich explodieren sie in einer gewaltigen Supernova, wobei die Energie von mehreren Milliarden Wasserstoffbomben frei wird. Supernovae sind wichtige „Schmelztiegel" für einige chemische Elemente, die zum Teil nur bei den hier auftretenden extrem Temperaturen entstehen können (siehe Seite 63).

## Der Lebenszyklus unserer Sonne

Die Sonne ist ein kleiner bis mittelgroßer Stern mit so wenig Masse, dass sie am Ende ihres Lebens nicht als Supernova explodieren kann. Sie leuchtet und „verbrennt" schon seit rund 4,5 Milliarden Jahren ihren Wasserstoff. In etwa fünf Milliarden Jahren wird er verbraucht sein. Wenn sie sich dann zu einem Roten Riesen aufbläht, wird sie so groß werden, dass sie die Erde und die anderen Planeten verschluckt. Etwa eine Milliarde Jahre später wird aller Brennstoff verbraucht sein. Sie wird sich in einen Weißen Zwerg verwandeln und dann über mehrere Milliarden Jahre zu einem Schwarzen Zwerg abkühlen.

## Die Reste einer Supernova

Wenn ein Stern als Supernova explodiert, kann es zwei Arten von Resten geben:
• ein Schwarzes Loch (siehe Seite 48–49) oder
• einen Neutronenstern. Neutronensterne bestehen völlig aus Neutronen und haben eine äußerst hohe Dichte. Eine ihrer Erscheinungsformen ist der Pulsar, ein schnell rotierender Himmelskörper mit einigen Kilometern Durchmesser, der sehr stark strahlt. Pulsare, die in bestimmter Weise zur Erde orientiert sind, kann man von der Erde aus erkennen, denn sie blinken wie ein Leuchtturm (weil sie sich so schnell drehen). In einigen Fällen ist das Blinken regelmäßiger als eine Atomuhr. Die ersten Pulsare wurden in den 1960er Jahren entdeckt, doch dass es sie geben muss, wurde schon in den 1920er Jahren vorhergesagt.

## Der nächstgelegene Kandidat

Der rote Überriese Beteigeuze ist der nächstgelegene Stern, der realistischerweise innerhalb der nächsten 1000 Jahre als Supernova enden könnte. Möglicherweise ist Beteigeuze sogar schon explodiert, und die Strahlung hat uns nur noch nicht erreicht. In diesem Fall würde er einige Monate lang heller leuchten als der Mond, doch da er mehr als 600 Lichtjahre entfernt ist, würden auf der Erde keine Schäden angerichtet werden.

300 Lichtjahre   400 Lichtjahre   500 Lichtjahre   600 Lichtjahre   700 Lichtjahre

## DAS UNIVERSUM

### Fakten im Überblick

- Ein Schwarzes Loch ist ein Bereich im Weltraum, in dem die Gravitationskraft so stark ist, dass ihr weder Materie noch Licht entkommt.
- In unserer Galaxis gibt es vermutlich Millionen Schwarzer Löcher. Sie entstehen beim Sterben großer Sterne.
- Die Astronomen glauben, dass sich im Zentrum unserer Galaxis ein Schwarzes Loch befindet, dessen Masse vier Millionen Mal größer ist als die der Sonne.
- Obwohl aus einem Schwarzen Loch kein Licht entkommen kann, geben Schwarze Löcher eine schwache Strahlung ab, die Hawking-Strahlung.

# Schwarze Löcher

Ein Schwarzes Loch ist ein astronomisches Objekt, dessen Masse auf einen Punkt der Größe null mit unendlicher Dichte konzentriert ist. Eine solche Massenkonzentration nennt man Singularität. Rings um die Singularität ist die Gravitationskraft so groß, dass nichts – nicht einmal Licht – ihrer Anziehung entkommt. Daher spricht man von einem Schwarzen Loch.

## Wie entstehen Schwarze Löcher?

Man unterscheidet zwei Haupttypen: Ein stellares Schwarzes Loch bildet sich beim Tod eines sehr großen Sterns, der keinen Brennstoff mehr für die Kernfusion in seinem Innern hat und als Supernova explodiert (siehe Seite 46–47). Dabei implodiert ein Teil des Sterns und zieht sich so stark zusammen, bis seine gesamte Masse in einem einzigen Punkt konzentriert ist. Supermassive Schwarze Löcher findet man im Zentrum der meisten Galaxien; sie könnten bei der Bildung der Galaxien entstanden sein.

### Nachweis von Schwarzen Löchern

Da Schwarze Löcher kein Licht und keine Materie entkommen lassen, sind sie nicht leicht zu entdecken. Aus „sicherer" Entfernung betrachtet – also nicht näher als einige Millionen Kilometer, wenn man sich ziemlich rasch bewegt –, würde ein Schwarzes Loch wie eine winzige schwarze Kreisscheibe aussehen, die sich gegen den schwarzen Hintergrund des Alls kaum ausmachen ließe. Man kann das Loch aber anhand des Verhaltens von Gas, Staub, Sternen und anderer Materie in seiner Nähe identifizieren, die von seiner Gravitation beeinflusst werden. Bislang haben die Astronomen einige Objekte in unserer Galaxis gefunden, die möglicherweise Schwarze Löcher sind, denn sie ziehen Gas von nahen Sternen an, das Gas umkreist sie und verschwindet schließlich. Diese Objekte dürften Schwarze Löcher sein, die beim Tod von Sternen entstanden sind. Die Astronomen sind aber sicher, dass es auch noch ein supermassives Schwarzes Loch im Zentrum unserer Galaxis gibt. Darauf deutet das Verhalten mehrerer Sterne hin, die ein kompaktes Objekt mit hoher Masse umkreisen, das aber nicht sichtbar ist.

*Eine Senke in Raum und Zeit*
Man kann ein Schwarzes Loch als unendlich tiefe Senke – eine Gravitationssenke – in Raum und Zeit auffassen. Objekte sowie Licht und andere Strahlung, die ihr zu nahe kommen, können in die Senke hineinfallen und sie nie mehr verlassen.

*In der Umgebung und im Innern eines Schwarzen Lochs sind Raum und Zeit stark gekrümmt. Ursache ist die extreme Konzentration der Masse im Mittelpunkt.*

*Das Schwarze Loch ist vom sogenannten Ereignishorizont (rot) umgeben. Er gibt die Grenze an, jenseits derer weder Materie noch Licht den Bereich des Schwarzen Lochs verlassen können.*

**SCHWARZE LÖCHER**     **49**

## Eigenschaften der Schwarzen Löcher

Schwarze Löcher sind so ungewöhnliche Objekte, dass man sie nur mit einer mathematisch komplizierten Theorie beschreiben kann, der allgemeinen Relativitätstheorie (siehe Seite 166). Diese Theorie wurde ursprünglich von Albert Einstein entwickelt. Sie besagt, dass Raum und Zeit nicht verschiedene Dinge sind, sondern dass man sie in einer vierdimensionalen Größe zusammenfassen kann, der sogenannten Raumzeit. Nach der allgemeinen Relativitätstheorie entsteht die Gravitation dadurch, dass eine Masse das Gewebe aus Raum und Zeit verzerrt. Bei einem extrem dichten, massereichen Objekt wie einem Schwarzen Loch entsteht eine sehr große Krümmung der Raumzeit, eine unendlich tiefe Senke. Der Rand dieser Senke heißt Ereignishorizont. Alles, was sich dieser Senke nähert und den Ereignishorizont überquert, wird förmlich eingesogen, zerquetscht und von der Singularität in der Mitte verschluckt. Auch Licht und andere Strahlung geraten in die Senke und können sie nie mehr verlassen.

Licht oder Materie, die in die Senke geraten, bewegen sich in Spiralen zur Mitte hin. Jede Materie wird dabei zerrissen und zerquetscht.

In dieser Darstellung soll die Tiefe der Senke der zunehmend stärker werdenden Gravitation entsprechen. In der Mitte ist die Senke unendlich tief, die Gravitation dort also unendlich groß.

## DAS UNIVERSUM

**Fakten im Überblick**

- Eine Umlaufbahn entsteht aus dem Zusammenspiel der Gravitationskraft zwischen zwei Körpern und ihrer Bewegung.
- Eine geschlossene Bahn ist in der Natur nie genau kreisrund, sondern elliptisch (also in Form eines gestreckten Kreises).
- Weil die Bahn der Erde um die Sonne eine Ellipse ist und kein Kreis, steht die Erde im Januar etwas sonnennäher als im Juli.
- Manche Kometen bewegen sich auf einer nicht geschlossenen Bahn in Form einer Hyperbel oder Parabel um die Sonne und kommen nie wieder.

# Umlaufbahnen und Gravitation

Viele Körper im All bewegen sich auf Umlaufbahnen um andere Objekte, z. B. Planeten um die Sonne, Monde um die Planeten, Satelliten oder Raumschiffe um die Erde, Sterne um andere Sterne und das ganze Sonnensystem um das Zentrum unserer Galaxis. Ein klassisches Beispiel für eine Umlaufbahn ist die Bahn des Mondes um die Erde, die Sir Isaac Newton Mitte des 17. Jahrhunderts untersuchte. Er schuf damit die Grundlage für das Verständnis der Gravitationskraft und der Bewegungsgesetze.

Newton wurde klar, dass die Kraft, die auf der Erde ein Objekt zu Boden fallen lässt, auch in das All hinein wirkt und den Mond auf seiner Bahn hält. Newton untersuchte die Bewegungen vieler Himmelskörper und formulierte damit das universelle Gravitationsgesetz. Demnach soll jeder Körper im Universum eine Anziehungskraft – die Gravitationskraft – auf jeden anderen Körper ausüben; die Stärke dieser Kraft zwischen zwei Körpern soll nur von ihrer Masse und ihrer Entfernung abhängen.

### Umlaufbahnen im Modell

**1.** Stellen Sie sich eine Zauberinsel vor, die in einem Meer mit einigen merkwürdigen Eigenschaften liegt.

**2.** Alle Strömungen fließen zur Insel hin. Außerdem können hier Schiffe ohne Wasserwiderstand über das Meer fahren (so wie auch das All einem Raumschiff keinen Widerstand entgegensetzt).

**3.** Ein Mann fährt in einem kleinen Boot an der Insel vorbei. Als er merkt, dass er beim Passieren der Insel keinen Wasserwiderstand mehr hat, schaltet er den Motor ab, um Sprit zu sparen, und stellt das Steuerruder auf „geradeaus". Er erwartet, dass das Boot auf gerader Linie an der Insel vorbeigleitet und sich seine Geschwindigkeit nicht ändert.

# UMLAUFBAHNEN UND GRAVITATION

## Die Bewegung von Objekten

Newtons Beschreibung der Gravitation ist eng verknüpft mit seinen anderen wichtigen Gesetzen zur Bewegung von Objekten. Nach dem ersten dieser Gesetze bleibt ein Objekt, solange keine Kraft wirkt, immer in Ruhe oder bewegt sich mit gleichbleibender Geschwindigkeit entlang einer geraden Linie. Das zweite Gesetz sagt, dass eine Kraft (wie die Gravitation) eine „Beschleunigung" eines Körpers bewirkt, durch die sich seine Geschwindigkeit oder seine Richtung (oder beides) ändert.

Diese Gesetze lassen sich auch auf die Bewegung des Mondes um die Erde anwenden: Wenn wir die Gravitationskraft plötzlich abschalten könnten, dann würde sich der Mond mit konstanter Geschwindigkeit in gerader Linie von der Erde wegbewegen. Doch die Gravitation ist immer da. Der Mond erfährt durch sie also in jedem Moment eine Beschleunigung (einen „Zug") zum Erdmittelpunkt hin. Daher wird die sonst geradlinige Bewegung des Mondes gekrümmt. Die Richtung der Beschleunigung und damit der Bewegung ändern sich in jedem Augenblick, und das führt zu einer fast kreisförmigen Bahn. Obwohl also der Mond permanent zur Erde hin beschleunigt wird, erreicht er sie nie – und das bleibt auch so, solange der Mond nicht langsamer wird und das Gleichgewicht der Kräfte sich nicht ändert.

## Verschiedene Bahnformen

Der größte Unterschied zwischen verschiedenen Umlaufbahnen ist ihre Form. Alle geschlossenen Bahnen (die immer und immer wieder durchlaufen werden) sind ellipsenförmig (ein gestreckter Kreis). Viele Bahnen wie die Mondbahn sind fast kreisförmig, andere – z. B. die von Pluto um die Sonne – sind lang gestreckt.

4. Aber der Mann hat nicht an die Strömungen gedacht. Bald merkt er, dass das Boot – obwohl er es auf einem Kurs steuert, der es von der Insel wegführen sollte – die Insel umkreist. Warum? Sobald das Boot ein kleines Stück weiter geradeaus gefahren ist, lenken die unsichtbaren Strömungen es wieder in Richtung auf die Insel hin.

5. Der Mann versucht, den Motor wieder zu starten, doch der Sprit ist alle. Schließlich bemüht er sich, das Boot dadurch zu stoppen, dass er kräftig in die Richtung pustet, in die sich das Boot bewegt.

6. Tatsächlich wird das Boot immer langsamer, und durch die Strömungen wird es in langen Spiralen an die Küste der Insel gedrückt. Ganz ähnlich kommt übrigens auch ein Raumschiff wieder zur Erde zurück, wenn die Bremsraketen entgegen der Flugrichtung auf der Raketenbahn das Schiff verlangsamen.

## DAS UNIVERSUM

**Fakten im Überblick**

- Seit Beginn der Raumfahrt 1957 wurden über 140 Raumsonden für die Forschung gestartet. Einige waren auch erfolgreich.

- Eine Sonde muss auf mindestens 11,2 km/s (40 000 km/h) beschleunigt werden, damit sie die Erdumlaufbahn verlässt.

- Eine Raumsonde ist mehrere Monate oder Jahre unterwegs, bis sie andere Planeten des Sonnensystems erreicht.

- Mit der heutigen Raketentechnik würde es ein paar Hundert Jahre dauern, bis eine Raumsonde den nächsten Stern außerhalb des Sonnensystems erreichen könnte.

# Raumsonden

Mit Ausnahme der bemannten Mondmissionen in den späten 1960er und frühen 1970er Jahren lief die Erforschung des Sonnensystems während der letzten 50 Jahre großteils mithilfe von Raumsonden ab – unbemannte Raumfahrzeuge mit Kameras und Messinstrumenten.

Bis heute haben Raumsonden alle Planeten besucht (außer den Zwergplaneten Pluto, aber eine Sonde ist unterwegs), außerdem einige Monde, Asteroiden und Kometen. Vier haben das Sonnensystem verlassen. Um die Sonden zu fernen Planeten so schnell und wirtschaftlich wie möglich zu ihrem Ziel zu schicken, nutzt man oft in einer Art Schleudertechnik die Gravitation aus. Das nennt man Swing-by.

### Die Mission Cassini-Huygens
Die Sonde Cassini-Huygens – ein amerikanisch-europäisches Gemeinschaftsprojekt – braucht fast sieben Jahre bis zum Saturn. Um Treibstoff zu sparen, wurde sie in mehreren Swing-by-Manövern um Erde, Venus (zweimal) und Jupiter gelenkt. Dabei holte sie jedesmal ordentlich „Schwung".

**1.** Start am 15. Oktober 1997. Cassini-Huygens bewegt sich anfangs in einer Erdumlaufbahn und macht sich dann auf den Weg zur Venus.

**2.** Erstes Swing-by-Manöver um die Venus am 26. April 1998. Die Sonde holt Schwung und wird schneller.

**3.** Der zweite Venus-Swing-by am 24. Juni 1999 erhöht die Geschwindigkeit weiter.

**4.** Am 18. August 1999 folgt ein Swing-by um die Erde, anschließend geht die Sonde auf Kurs Richtung Jupiter.

### Einige unbemannte Raumsonden

| Mission | Startdatum | Ziel |
|---|---|---|
| Luna 1 (Lunik 1) (UdSSR) | 2. Jan. 1959 | Mond |
| Mariner 6 (NASA) | 30. Mai 1971 | Mars |
| Voyager 2 (NASA) | 20. Aug. 1977 | Jupiter Saturn Uranus Neptun |
| Giotto (ESA) | 2. Juli 1985 | Halley'scher Kor |
| Exploration Rover | 7. Juli 2003 | Mars |

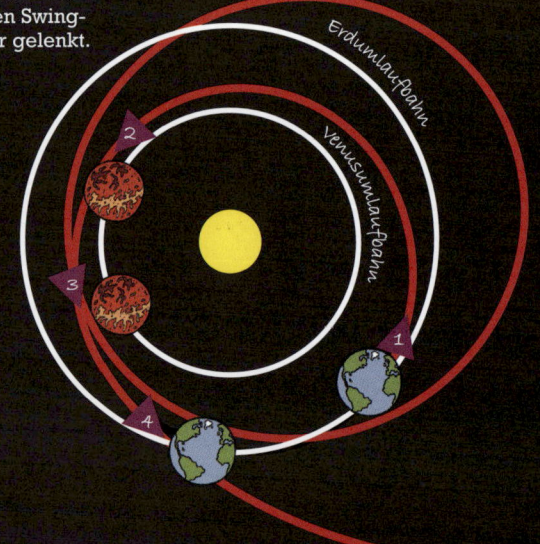

**6.** Am 1. Juli 2004 tritt Cassini-Huygens in die Saturnumlaufbahn ein, seither umkreist sie den Riesenplaneten. Kurz nach der Ankunft wird die Minisonde Huygens gestartet und landet auf Titan, dem größten Saturnmond. Sie sendet etliche Bilder der Oberfläche an Cassini.

| Dauer | Zweck und Ergebnisse |
|---|---|
| 3½ Tage bis zum Mond | Luna 1 war die erste erfolgreiche Raumsonde. Sie machte Messungen des Sonnenwinds, überflog die Mondoberfläche und gelangte dann in eine Umlaufbahn um die Sonne. |
| 5½ Monate bis zum Mars, 1 Jahr Umkreisung und Fotografieren der Oberfläche | Die erste Sonde zu einem anderen Planeten funkte Tausende Bilder von der Marsoberfläche und bestätigte damit, dass es dort Vulkane, Krater und Canyons gibt. |
| 2 Jahre bis zum Jupiter, weitere 2 Jahre bis zum Saturn, 4½ Jahre bis zum Uranus, 3½ Jahre bis zum Neptun | Funkte einige Tausend sehr detaillierte Fotos der vier Gasplaneten, ihrer Monde und ihrer Ringe. Sie hat mittlerweile das Sonnensystem verlassen. |
| 8 Monate bis zum Halley'schen Kometen | Die europäische Sonde machte die ersten Nahaufnahmen eines Kometenkerns und führte Messungen in den Gas- und Staubwolken um dessen Kern durch. |
| 6 Monate bis zum Mars, danach 5 Jahre lang Erkundung der Oberfläche | Zwei Trägerraketen brachten zwei automatische Geländefahrzeuge auf den Mars. Diese erforschten die Geologie des Planeten und suchten nach Hinweisen auf Wasser. |

**5.** Der Swing-by um Jupiter am 30. Dezember 2000 macht die Sonde noch schneller. Sie nimmt rund 26 000 Bilder von dem Planeten auf, dann schlägt sie den Kurs Richtung Saturn ein.

**TATSÄCHLICH!**

Die Sonde Cassini-Huygens wog beim Start 5,7 t – das entspricht in etwa dem Gewicht von fünf VW Golf.

## Fakten im Überblick

- Die Theorie von der Expansion des Universums stammt aus dem Jahr 1929. Der amerikanische Astronom Edwin Hubble stellte sie nach seinen Beobachtungen auf.
- Die Theorie ist das Hauptmerkmal des Urknall-Modells vom Universum.
- Hubble entdeckte, dass ferne Galaxien sich von der Erde entfernen, und zwar umso schneller, je weiter sie entfernt sind.
- Dass das Universum sich ausdehnt, ist unbestritten, aber es gibt verschiedene Theorien für die Ursache.

# Expansion des Universums

Wenn Sie die Expansion des Universums verstehen wollen, müssen Sie sich die Theorie der „Rotverschiebung" klar machen. Sterne verschiedener Art – Rote Riesen, Weiße Zwerge usw. – strahlen Licht und andere elektromagnetische Strahlung mit verschiedenen Wellenlängen in jeweils eigener Mischung ab, die für jeden Stern so typisch ist wie ein Fingerabdruck für den Menschen. Auch Galaxien haben solche „Fingerabdrücke". Wenn ein bestimmter Stern oder eine Galaxie sich von uns wegbewegt, dann unterscheidet sich der Strahlungs-Fingerabdruck etwas von dem eines ruhenden Objekts gleicher Art: Licht und andere Wellen sind komplett „gedehnt", d. h. ihre Wellenlänge ist ein wenig gestreckt. Weil rotes Licht im Spektrum längere Wellenlängen hat, nennt man das Rotverschiebung. Je größer die Geschwindigkeit ist, mit der sich das Objekt vom Beobachter entfernt, umso größer ist die Rotverschiebung.

**Zusammenhang mit dem Dopplereffekt**
Stellen Sie sich ein vorbeirasendes Polizeiauto vor. Wenn der Wagen sich Ihnen nähert, klingt die Sirene heller, als wenn er sich entfernt. Das ist der Dopplereffekt. Etwas Ähnliches misst man bei den Lichtwellen von den Sternen.

## Weite Galaxien entfernen sich immer mehr

Schon in den frühen 1920er Jahren wusste man, dass viele Sterne unserer Galaxis, aber auch andere rätselhafte, unscharfe Objekte am Himmel rot verschoben sind – sie bewegen sich also von der Erde fort. Damals wurden die Teleskope so leistungsstark, dass innerhalb der unscharfen Objekte einzelne Sterne zu erkennen waren. Nun wurde es auch möglich, ihre Entfernung abzuschätzen. Der amerikanische Astronom Edwin Hubble stellte 1925 fest, dass es sich bei diesen Objekten um ganze Galaxien handelte, außerhalb unserer Galaxis und sehr weit entfernt. In den nächsten Jahren verglich Hubble seine Messwerte für die Entfernung dieser Galaxien mit den vorher berechneten Rotverschiebungen. Das verblüffende Ergebnis heißt heute Hubble'sches Gesetz: Je weiter eine Galaxie weg ist, desto größer ist ihre Rotverschiebung, und umso schneller entfernt sie sich von uns. Das Gesetz galt beim Blick in jede Himmelsrichtung für Massen von Galaxien. Den Astronomen wurde rasch klar, dass sich Galaxien, die sich mit zunehmendem Abstand immer schneller von der Erde entfernen, auch voneinander entfernen. Mit anderen Worten: Das Universum selbst muss sich ausdehnen.

# EXPANSION DES UNIVERSUMS

Man kann die Expansion des Universums mit dem Aufgehen eines Rosinenbrots vergleichen. Die Rosinen sind die Galaxien, der Hefeteig ist der Weltraum.

Wenn das Brot aufgeht, entfernen sich die Rosinen voneinander, der aufgehende Teig nimmt sie mit.

Ähnlich dehnt sich auch der Weltraum aus und nimmt die Galaxien mit. Die Galaxien selbst werden jedoch nicht größer, weil sie durch die Gravitation zusammengehalten werden.

## Schlüssel für den Urknall

Wenn sich alle Galaxien im Universum voneinander entfernen, dann müssen sie früher einmal viel dichter beieinander gewesen sein. Das Universum muss dann erheblich dichter (und heißer) gewesen sein als heute. Hubbles Theorie markiert einen der Ausgangspunkte für die Entwicklung des Urknallmodells unseres Universums. Seit den 1930er Jahren haben die Astronomen die Geschwindigkeit der Expansion (die sogenannte Hubble-Konstante) immer besser abgeschätzt – und damit lässt sich auch der Zeitpunkt des Urknalls exakter bestimmen.

Die Expansion betrifft nur extrem große Entfernungen; innerhalb begrenzter Gebiete – etwa einer Galaxie – hält die Gravitation alles beisammen. Sie sollte dann auch die Expansion insgesamt verlangsamen, indem sich die Galaxien gegenseitig anziehen. Doch neuere Messungen zeigen, dass sich die Expansion beschleunigt. Die Forscher sprechen von einer „Anti-Gravitation", die die Expansion antreibt; wir sind dieser Kraft schon als „dunkle Energie" begegnet (siehe Seite 24–25).

### Der Raum im All

Die „Rosinenbrot-Analogie" (oben) hat einen Haken: Wenn sich das Brot ausdehnt, expandiert es in den Raum, den wir Ofen nennen und der in einem Raum namens Küche ist. Doch wohin dehnt sich der Weltraum aus? Es gibt ja keinen „Überraum", in den hinein er sich ausdehnen könnte. Folglich ist er einfach da, und alles innerhalb des Weltraums entfernt sich voneinander.

**Klartext**

**ROTVERSCHIEBUNG:** Dabei handelt es sich um eine Änderung der Lichtwellenlänge, aus der man erkennt, dass ihre Quelle sich entfernt.

**HUBBLE'SCHES GESETZ:** Je ferner eine Galaxie, umso größer ist ihre Rotverschiebung, und umso schneller entfernt sie sich.

## Fakten im Überblick

- Bis jetzt gibt es noch keine glaubwürdigen und innerhalb der Wissenschaft weithin anerkannten Hinweise auf außerirdisches Leben.
- Die für 2020 geplante Mission zum Jupitermond Europa soll u. a. nach einem Ozean suchen, den man unter der Mondoberfläche vermutet.
- Vier NASA-Sonden haben das Sonnensystem verlassen. Sie tragen Plaketten mit eingravierten Zeichnungen und Tonträger als Botschaften für Außerirdische.

# Leben außerhalb der Erde

### Die Drake-Gleichung

Der amerikanische Astronom Frank Drake wollte 1961 überschlagen, wie viel intelligentes Leben es in unserer Galaxis geben könnte. Dazu stellte er eine Gleichung mit sieben Faktoren auf, ihr Produkt gibt eine Abschätzung. Da einige Faktoren nur grob geschätzt werden können, gibt es eine ganze Spanne von möglichen Ergebnissen. Die Rechnung könnte so aussehen:

*Jährliche Rate für die Bildung passender Sterne in unserer Galaxis: 20*
x
*Anteil der passenden Sterne, bei denen sich Planeten bilden: 0,8*
x
*Mittlere Anzahl der bewohnbaren Planeten pro Planetensystem: 0,1*
x
*Anteil von bewohnbaren Planeten, auf denen sich Leben entwickelt: 0,9*
x
*Wahrscheinlichkeit, dass sich aus Leben eine intelligente Zivilisation entwickelt: 0,8*
x
*Wahrscheinlichkeit, dass eine intelligente Zivilisation interstellar kommuniziert: 0,9*
x
*Mittlere Lebensdauer dieser Zivilisationen in Jahren: 5000*
=
*Anzahl von Zivilisationen, mit denen wir in Kontakt treten könnten:* **5184**

Bislang sind die einzig bekannten Lebensformen auf der Erde beheimatet. Doch weil das Universum so riesig ist und Leben, wie wir es kennen, bei den unterschiedlichsten Bedingungen gedeihen kann, glauben viele, dass es auch anderswo Leben geben muss. Allein unsere Galaxis enthält Hunderte Milliarden Sterne, ein großer Teil davon mit Planeten. Selbst wenn nur ein Bruchteil dieser Planeten Bedingungen bieten sollte, die dem Leben zuträglich sind, müsste eine gewaltige Anzahl von Planeten potenziell bewohnbar sein. Die Antwort auf die Frage, ob es Lebensformen außerhalb der Erde gibt, hängt demnach vor allem davon ab, wie leicht oder wie schwer Leben entsteht: Entwickelt es sich nur als Produkt einer höchst unwahrscheinlichen Reihe von Umständen oder bildet es sich fast zwangsläufig, wenn die Startbedingungen günstig sind (siehe Seite 68–69)?

## Würden wir es überhaupt erkennen?

Unsere Vorstellungen von Leben sind sehr stark von den Kennzeichen des irdischen Lebens beeinflusst. Es ist aber ungewiss, ob diese gemeinsamen Merkmale – etwa eine auf dem Element Kohlenstoff basierende Chemie – auch für alle außerirdischen Lebensformen charakteristisch sein müssen.

Um außerirdische Lebensformen innerhalb des Sonnensystems zu finden, wurden bereits Raumsonden zu potenziellen Himmelskörpern geschickt und Bilder der Planeten sowie ihrer Monde nach Anzeichen untersucht – bislang ohne Erfolg. Außerhalb des Sonnensystems suchen wir vor allem nach Funksignalen von Außerirdischen. Mittlerweile kann man auch nach erdähnlichen Planeten Ausschau halten, die ihren Stern umkreisen. Außerdem senden wir selbst seit gut 30 Jahren Funksignale in Richtung einiger naher sonnenähnlicher Sterne. Doch selbst wenn es auf den Planeten dort intelligente Lebensformen geben sollte, die unsere Botschaften verstehen, können wir keine Antwort innerhalb der nächsten Jahrhunderte erwarten.

# 4 Ursprünge

**INHALT**

- Der Urknall **60**
- Entstehung des Sonnensystems **64**
- Entstehung von Erde und Mond **66**
- Entstehung des Lebens **68**
- Die Erdgeschichte **70**
- Die Evolution **74**
- Was uns Fossilien verraten **76**
- Stammbaum des Lebens **78**

Dieses Kapitel erzählt die in der Wissenschaft weithin unumstrittene Geschichte, wie unser Planet und seine Bewohner entstanden. Die Mehrheit der Physiker glaubt heute, dass sowohl die Zeit als auch die Energie (die Quelle der Materie) sich vor etwa 13,7 Milliarden Jahren im sogenannten Urknall bildeten. Für diese Ansicht gibt es überwältigende Belege, und sie ist bis zu winzigen Zeiträumen hin gut untersucht.

## Nach dem Urknall

Schon relativ kurze Zeit nach dem Urknall – dem Big Bang – bildeten sich die Atome, aus denen unsere Welt besteht, aus einfacheren Bestandteilen. Nach und nach sammelte sich die Materie aus diesen Atomen und formte Galaxien. In einer Ecke unserer Galaxis bildete sich aus einer gewaltigen Wolke von Gas und Staub unser Sonnensystem. In einem Teil des Sonnensystems stießen zwei junge Planeten zusammen, es entstanden Erde und Mond. Innerhalb der nächsten 600 Millionen Jahre tauchten die ersten primitiven Lebensformen in den Ozeanen der Erde auf und hinterließen ihre Spuren. Wie uns Fossilienfunde verraten, führte die Evolution dann im Lauf der langen Erdgeschichte dazu, dass eine gewaltige Zahl immer neuer Arten erschien, von denen schon sehr viele wieder ausgestorben sind.

## Die Energiequelle

Woher kam die Energie, die den Urknall schürte? Einigen Physikern zufolge entstand sie aus dem absoluten Nichts. Demnach soll sich, als das Universum entstand, eine ungeheure Menge an potenzieller Gravitationsenergie gebildet haben – also Energie einer Masse, die eine bestimmte Lage relativ zu anderer Materie hat. Seltsamerweise hatte diese Energie einen negativen Wert. Da die Gesamtenergie vorher und nachher null war, müssen gleichzeitig positive Energie, die sich in Materie verwandelt, und gleich viel negative potenzielle Gravitationsenergie, die diese Materie durchdringt, entstanden sein. Der Prozess, in dem eine positive und negative Energie aus dem Nichts entsteht, nennen Physiker Quantenfluktuation. Kleinere Quantenfluktuationen kommen in der subatomaren Welt andauernd vor. Ob aber eine Quantenfluktuation so groß sein kann, dass daraus ein Universum wie unseres entsteht, ist eine bis heute ungelöste Frage.

## URSPRÜNGE

**Fakten im Überblick**

- Am Beginn seiner inflationären Ausdehnung war das Universum rund 1 Million Trilliarden ($10^{27}$) °C heiß.
- Als sich die ersten Protonen und Neutronen bildeten (nach ca. 1 Mikrosekunde), war es auf 10 Trillionen ($10^{13}$) °C abgekühlt.
- Eine sehr kurze Zeit nach dem Urknall waren die Fundamentalkräfte (wie Gravitation und Elektromagnetismus) in einer einzigen Kraft vereint.
- Unmittelbar nach dem Urknall könnte es für sehr kurze Zeit viele Teilchen gegeben haben, die heute unbekannt sind.

# Der Urknall

In seiner Frühzeit bestand das Universum aus einem Hexenkessel von Teilchen und deren Antiteilchen, die sich aus Energie bildeten und dann gegenseitig wieder in Energie zurückverwandelten. Dieses „Zerstrahlen" wird als Annihilation bezeichnet. Bei seiner Ausdehnung kühlte das Universum ab. Schließlich war die Temperatur so niedrig, dass sich Teilchen und Antiteilchen nicht mehr aus Energie bilden konnten. Die allermeisten Teilchen und Antiteilchen zerstrahlten, doch aus unbekannten Gründen sind etwas mehr Teilchen als Antiteilchen entstanden; daher blieb ein Rest von freien Teilchen erhalten, darunter Quarks und Elektronen. Aus den freien Quarks bildeten sich Protonen und Neutronen.

*In der Mixtur aus Teilchen und Energie (Photonen) bilden sich aus der Energie für kurze Zeit Teilchen und Antiteilchen, die gegenseitig wieder zu Energie zerstrahlen.*

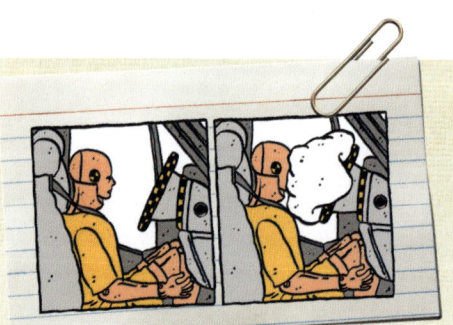

Während der ersten Sekundenbruchteile nach dem Urknall muss sich das Universum unglaublich schnell ausgedehnt haben – um einen Faktor von mindestens $10^{26}$ (eine 1 mit 26 Nullen). Mit dieser „Inflation" will man erklären, warum die Eigenschaften des sichtbaren Universums (wie Dichte und Temperatur) recht gleichmäßig sind. Ohne die rasche Inflation wäre es viel „klumpiger". Diese Phase kann man mit dem Aufblähen eines Airbags in einem Auto vergleichen, der sich von einem kleinen schrumpeligen Etwas zu einem viel größeren, glatten Kissen aufbläst.

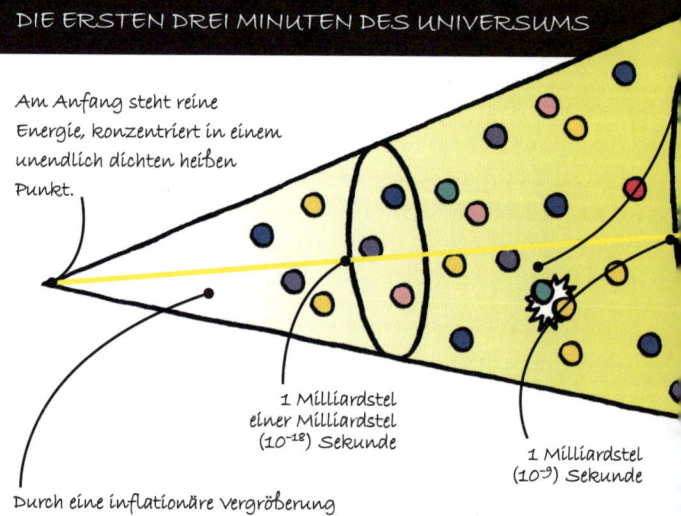

**DIE ERSTEN DREI MINUTEN DES UNIVERSUMS**

*Am Anfang steht reine Energie, konzentriert in einem unendlich dichten heißen Punkt.*

*Durch eine inflationäre Vergrößerung bläht sich das Universum in einem Milliardstel eines Milliardstels einer Milliardstel ($10^{-27}$) Sekunde von Miniformat auf Basketballgröße auf.*

*1 Milliardstel einer Milliardstel ($10^{-18}$) Sekunde*

*1 Milliardstel ($10^{-9}$) Sekunde*

**DER URKNALL** 61

## Anhaltspunkte für den Urknall

Die meisten Wissenschaftler halten die Urknalltheorie für zutreffend. Sie stützen sich dabei auf mehrere Befunde:

• Dass das Universum sich in alle Richtungen ausdehnt, legt nahe, dass es einmal sehr viel dichter und kompakter gewesen sein muss (siehe Seite 54).

• In den 1960er Jahren wurde eine schwache Strahlung nachgewiesen (die kosmische Hintergrundstrahlung), die das gesamte All durchdringt. Ihre Quelle muss ein gleichmäßig heißes, dichtes Objekt sein, das einst das ganze Universum gefüllt hat.

• Mathematische Modelle für die Entwicklung des Universums, die von einem extrem heißen, dichten Punkt ausgehen, stimmen verblüffend genau mit der Realität überein.

> **Klartext**
>
> **ANTITEILCHEN:**
> Bei einem Antiteilchen handelt es sich um ein subatomares Teilchen mit derselben Masse und mittleren Lebensdauer wie das zugehörige Teilchen selbst, aber mit der entgegengesetzten elektrischen Ladung. Das Antiteilchen eines Quarks ist ein Antiquark, das Antiteilchen eines Elektrons ist ein Positron.

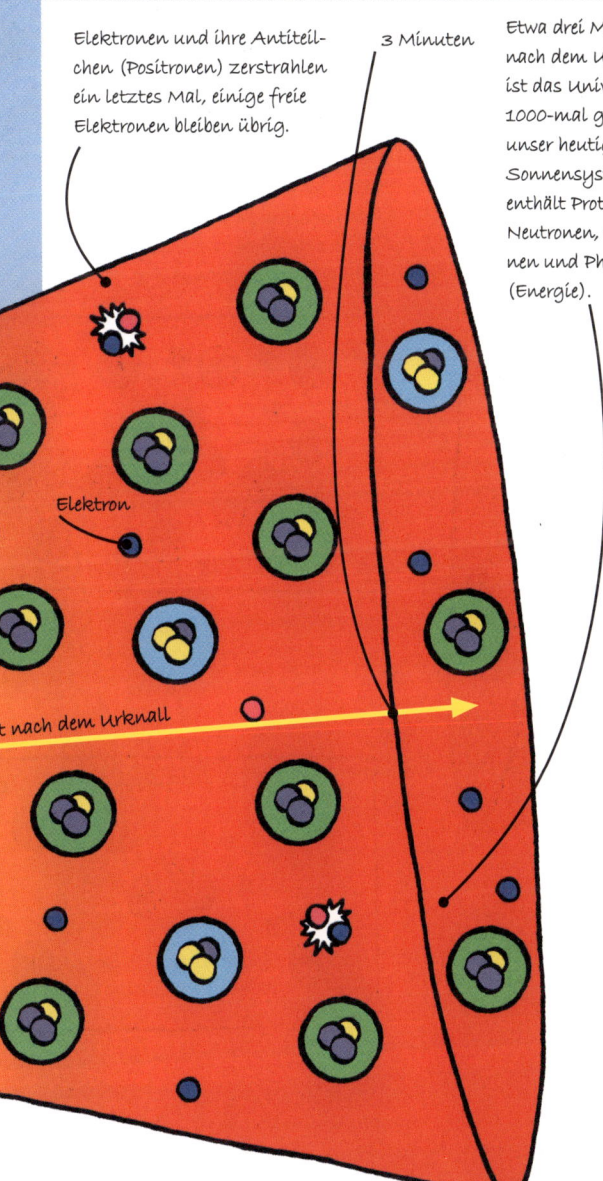

Quarks und Antiquarks zerstrahlen ein letztes Mal. Einige freie Quarks bleiben übrig, die sich zu Protonen und Neutronen vereinen. Das Universum ist jetzt größer als unser heutiges Sonnensystem.

Elektronen und ihre Antiteilchen (Positronen) zerstrahlen ein letztes Mal, einige freie Elektronen bleiben übrig.

Etwa drei Minuten nach dem Urknall ist das Universum 1000-mal größer als unser heutiges Sonnensystem. Es enthält Protonen, Neutronen, Elektronen und Photonen (Energie).

## 62 URSPRÜNGE

### Der Ursprung der Atome und Elemente

Die ersten Atome (Wasserstoff und Helium) entstanden schon wenige Minuten nach dem Urknall. Erst durch das Leben und Vergehen der Sterne wurden in den Milliarden Jahren darauf auch weitere chemische Elemente gebildet.

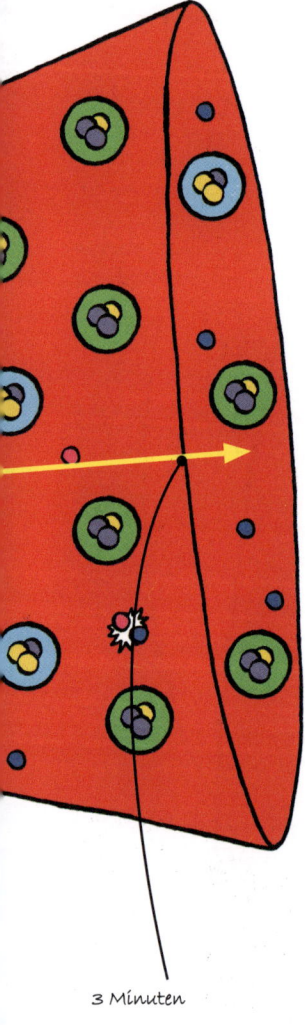

3 Minuten

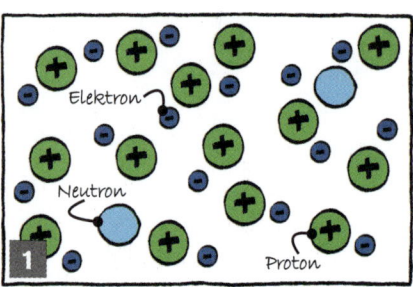

**1** Drei Minuten nach dem Urknall enthält das Universum viele freie Protonen und Elektronen sowie einige Neutronen (etwa sieben Protonen kamen auf jedes Neutron).

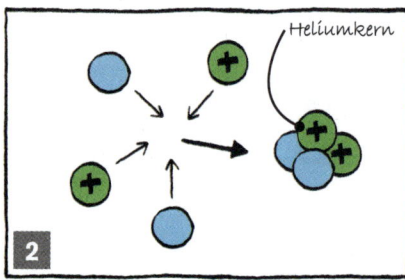

**2** Während der nächsten 17 Minuten fällt die Temperatur so weit, dass praktisch alle Neutronen sich paarweise mit Protonen verbinden konnten. So entstehen Heliumkerne.

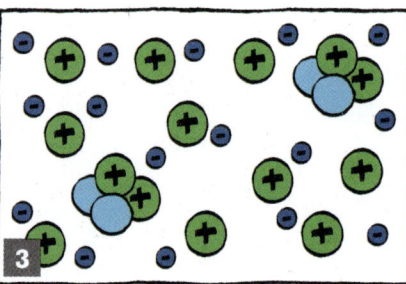

**3** Dabei bleiben riesige Mengen freier Protonen übrig, etwa zwölfmal so viele wie Heliumkerne.

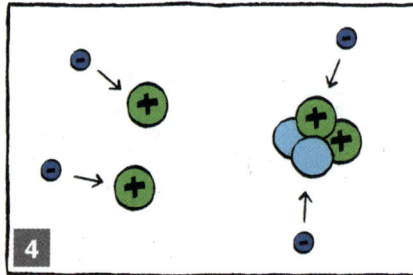

**4** Rund 380 000 Jahre später ist das Universum weiter abgekühlt. Die freien Protonen und die Heliumkerne fangen Elektronen ein und bilden so die ersten Atome.

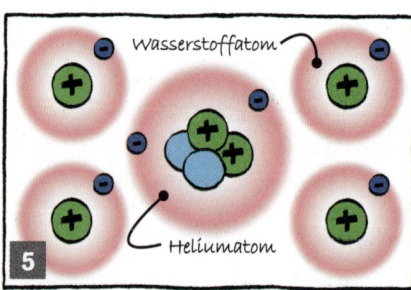

**5** Mit den eingefangenen Elektronen werden aus den freien Protonen Wasserstoffatome und aus den Heliumkernen Heliumatome.

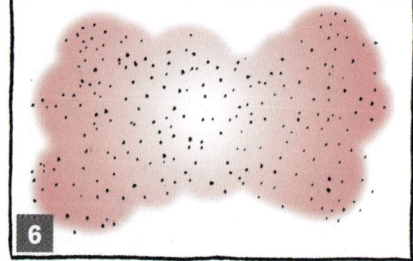

**6** Eine sehr lange Zeit danach besteht die gewöhnliche Materie des Universums aus einer riesigen, sich ausdehnenden Gaswolke, die fast vollständig aus Wasserstoff und Helium besteht.

# DER URKNALL

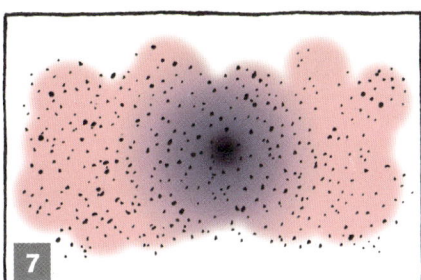

**7** Nach ein paar Hundert Millionen Jahren entstehen durch Gravitation in dieser Wolke dichtere Bereiche und daraus komplexere Strukturen – die ersten Galaxien.

**8** Gasklumpen innerhalb der Galaxien ziehen sich zu Sternen zusammen. In den größten Sternen entstehen die Kerne neuer Elemente wie Sauerstoff und Eisen.

## Klartext

**HELIUM:**
Ein chemisches Element, normalerweise ein sehr leichtes, reaktionsträges Edelgas, das aus einzelnen Heliumatomen besteht. Es ist das nach Wasserstoff häufigste Element im sichtbaren Universum, weil in den ersten 20 Minuten nach dem Urknall so viele Heliumkerne entstanden.

**9** Die größten dieser Sterne explodieren am Ende ihres kurzen Lebens als Supernovae (siehe Seiten 46–47). Dabei entstehen weitere, noch schwerere Elemente wie Gold und Uran.

**10** Die Supernova-Explosionen, aber auch das stille Sterben und Vergehen der kleineren Sterne verteilt die Atome der neuen chemischen Elemente über die riesigen Wolken aus Wasserstoff und Helium, die noch heute den größten Teil der gewöhnlichen Materie im Universum ausmachen. Durch chemische Reaktionen zwischen den Atomen entstehen feine Staubteilchen. So ist die Bühne frei für den nächsten Schritt – die Bildung von Sternen wie unserer Sonne mit einem Planetensystem.

## Fakten im Überblick

- Das Sonnensystem bildete sich vor etwa 4,7 bis 4,54 Milliarden Jahren. Es entstand aus einer riesigen Gas- und Staubwolke.
- Die Sonne begann als Stern zu leuchten, als Druck und Temperatur in der sich zusammenziehenden Wolke hoch genug wurden und die Kernfusion zündete.
- Prozesse wie bei der Entstehung der Sonne und der Planeten lassen sich überall in unserer Galaxis beobachten.
- Möglicherweise wurde die Bildung des Sonnensystems durch die Schockwelle einer Supernova ausgelöst. Beweise dafür gibt es aber nicht.

# Entstehung des Sonnensystems

Man glaubt, dass die ersten Galaxien sich etwa 500 Millionen Jahre nach dem Urknall gebildet haben. Während der folgenden mehreren Milliarden Jahre reicherten sich die einzelnen Galaxien nach und nach mit neuen chemischen Elementen aus den Sternen und Supernovae an. In unserer Galaxis, der Milchstraße, begann sich vor rund 4,7 Milliarden Jahren eine etwa ein Lichtjahr große Wolke zusammenzuziehen. Daraus wurde schließlich unser Sonnensystem. Diese Wolke, der sogenannte solare Urnebel, bestand hauptsächlich aus Wasserstoff- und Heliumgas, enthielt aber auch ein wenig Staub mit metallischen Elementen sowie Partikel aus Wasser- und Methaneis. Wie aus dieser Wolke die Sonne und die Planeten entstanden, ist unten skizziert.

### Nebel in der Milchstraße

Für die Astronomen ist ein „Nebel" eine Wolke aus Staub und Gas in einem ansonsten leeren Bereich der Galaxis. Einige große Nebel umfassen auch Sternentstehungsgebiete, andere sind Überreste einer Supernova oder anderer Sterne (siehe Seite 46–47).

## Die Bildung von Sonne und Planeten

Die gängigste Hypothese für die Bildung des Sonnensystems ist die hier dargestellte Nebulartheorie. Sie liefert plausible Erklärungen für viele der grundlegenden Eigenschaften des Sonnensystems, beispielsweise warum die Umlaufbahnen der Planeten um die Sonne alle in derselben Ebene liegen und warum die Planeten alle denselben Umlaufsinn haben. Der gesamte Prozess – vom Kollaps des solaren Urnebels bis zur Herausbildung der die Sonne umkreisenden Planeten – dauerte etwa 100 Millionen Jahre.

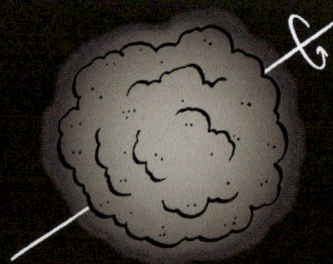

**1.** Eine riesige, langsam rotierende Wolke aus kaltem Gas, Staub und Eis, deren Masse ein Mehrfaches der heutigen Sonnenmasse betrug, begann sich unter dem Einfluss der Gravitation zusammenzuziehen.

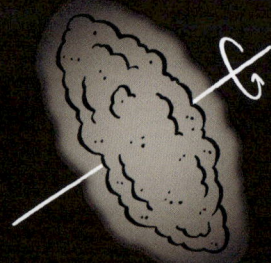

**2.** So wie ein Eisläufer sich bei einer Pirouette schneller dreht, wenn er die Arme anzieht, drehte sich auch die Wolke umso schneller, je kleiner sie wurde. Die Wolke flachte sich ab und erhielt einen dichteren Bereich in der Mitte, der sich nach und nach erwärmte.

# ENTSTEHUNG DES SONNENSYSTEMS

## Die Entstehung der Himmelskörper

Man unterscheidet vier Arten von Himmelskörpern, die um die Sonne kreisen: die inneren Gesteinsplaneten, die äußeren riesigen Gasplaneten, kleine Gesteinsbrocken (Asteroiden) sowie kleine Körper aus Eis und Gestein, darunter auch die Kometen. Die unten skizzierte Nebulartheorie erklärt, wie sie aus verschiedenen Bereichen der protoplanetaren Scheibe entstanden:

• Nahe der Protosonne war die Temperatur so hoch, dass nur Gestein und Metall fest bleiben konnten; andere Stoffe verdampften, und das Gas in diesem Bereich wurde durch die Sonnenstrahlung großteils zerstreut. Später entstanden aus steinigen und metallischen Brocken die inneren Planeten, darunter die Erde.

• In den kühleren, äußeren Bereichen der Scheibe enthielten die festen Teilchen nicht nur Gestein, sondern auch verschiedene Eisarten. Die hier entstehenden Planetesimale ballten sich zu vier großen Objekten aus Gestein und Eis zusammen, den späteren riesigen Gasplaneten. Sie hatten so viel Masse, dass sie gewaltige Mengen verschiedener Gase anziehen und daraus eine dichte Atmosphäre bilden konnten.

• Aus den restlichen Planetesimalen im Außenbereich der Scheibe entstanden Kometen und andere Kleinkörper aus Eis und Gestein.

• Die Planetesimale im mittleren Bereich der Scheibe konnten sich nicht zu einem Planeten zusammenballen – vermutlich wegen des störenden Einflusses der Jupitergravitation. Stattdessen bildete sich der Asteroidengürtel.

## Wie alt ist das Sonnensystem?

Das Bildung des Sonnensystems war vor etwa 4,57 bis 4,54 Milliarden Jahren abgeschlossen. Woher wissen die Forscher das? Die wichtigsten Indizien stammen von Meteoriten, also Gesteinsbrocken, die aus dem All auf die Erde gefallen sind. Einige von ihnen (die primitiven oder chondritischen Meteoriten) gelten allgemein als Überreste aus der Entstehungszeit des Sonnensystems. Viele von ihnen wurden datiert – sie waren alle etwa 4,56 Milliarden Jahre alt. Offenbar kam damals die Bildung des Sonnensystems zum Abschluss, und zwar recht schnell. Andernfalls würde man größere Altersunterschiede bei den primitiven Meteoriten feststellen.

## Klartext

**PLANETESIMAL:**
Eines der zahllosen kleinen Objekte aus Gestein bzw. Gestein und Eis innerhalb der rotierenden Scheibe, aus der sich das Sonnensystem bildete.

**METEORIT:**
Ein steiniger oder metallischer Körper, der aus dem All auf die Erdoberfläche gelangte. Einige Meteoriten könnten Planetesimale sein, die sich nie mit anderen zu einem Planeten vereinigt haben. Andere sind Bruchstücke größerer Objekte oder Brocken vom Mars oder dem Mond, die durch Einschläge dort losgeschlagen wurden.

**3.** Schließlich wurde die Wolke zu einer Art Scheibe mit einer Aufwölbung in der Mitte. Das ist die protoplanetare Scheibe. In ihrem Innern stießen Staub- und Eisteilchen zusammen und hafteten aneinander. Über einige Zigmillionen Jahre wuchsen die Teilchen zu großen steinigen und/oder eisigen Körpern zusammen, den Planetesimalen.

**4.** Als die Planetesimale einige Kilometer Durchmesser hatten, zogen sie durch ihre Gravitation immer schneller noch mehr Staub und Eis an. Mittlerweile hatte sich die Wölbung in der Mitte zu einem dichten heißen Körper zusammengezogen, der sogenannten Protosonne.

**5.** Vor etwa 4,57 Milliarden Jahren wurde aus der Protosonne ein Stern: unsere Sonne, die Licht und Wärme abgab. Damals hatten sich die meisten Planetesimale schon zu größeren Körpern, den Protoplaneten, zusammengeballt. Vor etwa 4,54 Milliarden Jahren entstanden daraus in heftigen Prozessen die inneren Planeten und die Kerne der äußeren Planeten.

## Fakten im Überblick

- Nach dem Zusammenstoß, von dem man glaubt, dass daraus Erde und Mond entstanden sind, rotierten die beiden viel schneller als heute. Ein Erdentag dürfte damals nur fünf Stunden gedauert haben.

- Auf der Erdoberfläche gibt es kein Gestein mehr aus dieser Zeit, da die Erdoberfläche danach noch mindestens einmal geschmolzen ist.

- Das älteste Mondgestein ist älter als das älteste Gestein der Erde, wohl weil die Oberfläche des Mondes bald nach seiner Entstehung teilweise erstarrte und danach nie wieder schmolz.

# Entstehung von Erde und Mond

Unser Planet bildete sich durch die allmähliche Zusammenballung und Anlagerung von Staub und später auch steinigen und metallischen Teilchen, die in der protoplanetaren Scheibe um die spätere Sonne kreisten (siehe Seite 64–65). Schließlich entstand vor etwa 4,54 Milliarden Jahren eine glühendheiße Kugel aus geschmolzenem Gestein und Metall, die Proto-Erde. Nach Ansicht der meisten Planetologen stieß etwa 10 bis 50 Millionen Jahre später ein anderer junger Planet – man nennt ihn Theia – mit der Proto-Erde zusammen. Die bei dem Zusammenprall „verspritzten" Brocken ballten sich später zum Mond zusammen.

### Woher kam Theia?

Nach einer Theorie bildete sich Theia zur selben Zeit wie die Proto-Erde und lief in derselben Umlaufbahn um die Sonne, war aber weit von der Proto-Erde entfernt. Aus ungeklärter Ursache wurde die Bahn von Theia aber irgendwann instabil, sodass sie mit der Proto-Erde zusammenstieß.

## Wie sich die Proto-Erde bildete

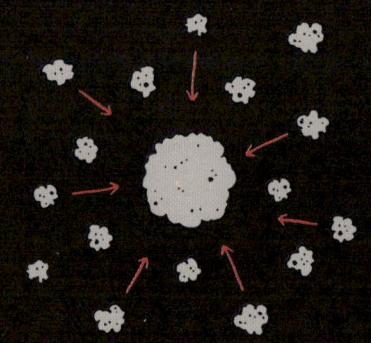

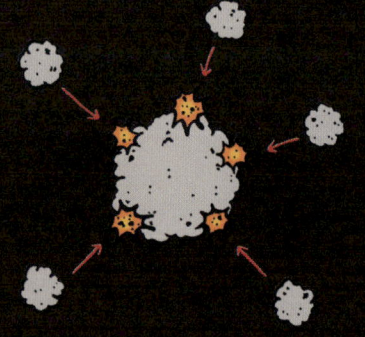

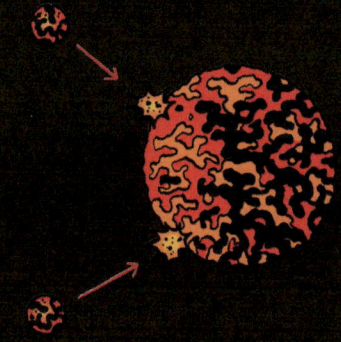

**1.** Innerhalb der protoplanetaren Scheibe aus Staub und Gas mit der späteren Sonne im Zentrum ballten sich die Staubkörner durch Stöße und die Gravitation zusammen. Durch diese sogenannte Akkretion entstanden immer größere Körper (Planetesimale).

**2.** Die größeren Planetesimale wuchsen am schnellsten. Als sie ein paar Kilometer Durchmesser erreicht hatten, war ihre Gravitationskraft so groß, dass Zusammenstöße immer häufiger und immer heftiger wurden.

**3.** Bei den Zusammenstößen wurden riesige Mengen Wärmeenergie frei, und als die letzte dieser Kollisionen zwischen den nun recht großen Körpern (Protoplaneten) auftrat, war die Erde eine glühende Kugel aus geschmolzenem Gestein.

# ENTSTEHUNG VON ERDE UND MOND

## Die Entstehung des Mondes

Es gibt viele verschiedene Theorien über die Entstehung des Mondes, aber nur die hier genannte hat sich weithin durchgesetzt. Eines der Hauptargumente für diese Theorie ist, dass sie erklären kann, warum der Mond nur einen kleinen, die Erde aber einen großen Eisenkern hat. Demnach bildete sich der Mond aus den äußeren Schichten von Theia und der Proto-Erde, die eisenhaltigen Kerne der beiden Protoplaneten hingegen verschmolzen zum heutigen Erdkern.

## Welche Folgen hatte der Zusammenstoß?

Der gewaltige Zusammenprall zwischen Theia und der Proto-Erde sowie der dabei entstandene Mond hatten erhebliche Auswirkungen auf die Erde und ihre weitere Geschichte. Zunächst soll der Stoß die Drehachse der Proto-Erde gekippt haben – diese Neigung verursacht heute die Jahreszeiten. Dann hatte die Existenz des Mondes aber die Neigung der Drehachse stabilisiert und somit wahrscheinlich die klimatischen Änderungen im Verlauf der Erdgeschichte abgemildert.

Weitere wichtige Effekte gab es vermutlich durch die Anziehungskraft des Mondes auf die Erdoberfläche. Als die Erdkruste sich erstmals verfestigte, war der Mond näher an der Erde, die Kräfte waren also größer. Sie könnten die Erdkruste „durchgeknetet" und so die Plattentektonik (siehe Seite 84–85) in Gang gesetzt haben. Zudem verursachten sie die Gezeiten in den Meeren (siehe Seite 90–91). Für Organismen in den Gezeitenzonen bedeutet das, dass sich ihre Lebensbedingungen zweimal täglich ändern – damit könnte der Mond möglicherweise auch die Entwicklungsgeschwindigkeit des Lebens auf der Erde beeinflusst haben.

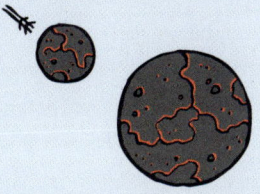

**1.** 10 bis 50 Millionen Jahre nach ihrer Entstehung wurde die Proto-Erde von einem anderen jungen Planeten in Marsgröße getroffen – von Theia.

**2.** Riesige Mengen Material aus den äußeren Schichten der zusammenstoßenden Körper „verspritzten", die schweren eisenreichen Kerne verschmolzen.

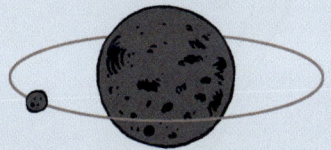

**3.** Das herausgeschleuderte Material bildete einen Ring aus teilweise geschmolzenem Geröll und umkreiste die Erde. Einzelne Teilchen davon ballten sich zu größeren Körpern zusammen und „saugten" den Rest auf.

**4.** Wohl innerhalb weniger Monate hatte sich aus dem Material in der Umlaufbahn der Mond gebildet. Zu diesem Zeitpunkt waren Erde und Mond heiß und flüssig. Die äußere Kruste des Mondes, später auch die der Erde, verfestigte sich zunehmend, und die beiden Körper kühlen seitdem weiter ab.

**AKKRETION:** Der Fachbegriff beschreibt die Zusammenballung kleiner Teilchen zu einem größeren Objekt nur durch gegenseitige Gravitation und langsame Stöße.

Klartext

## URSPRÜNGE

**Fakten im Überblick**

- Die ältesten Spuren irdischen Lebens, die in einigen alten Gesteinen und Felsformationen gefunden wurden, sind etwa 3,5 Milliarden Jahre alt.

- Nach der gängigsten Theorie entwickelte sich das Leben in den Ozeanen aus chemischen Bausteinen, die in der frühen Atmosphäre entstanden.

- Vor etwa 4,5 bis 3,5 Milliarden Jahren gab es zahlreiche Kometeneinschläge auf der Erde. Möglicherweise kamen die Bausteine des Lebens auf diesem Weg aus dem Weltall auf unseren Planeten.

# Entstehung des Lebens

Während der letzten gut hundert Jahre hat es viele verschiedene Versuche gegeben, die Entstehung des Lebens aus unbelebter Materie zu erklären. Kennzeichen aller bekannten Lebensformen ist, dass sie auf bestimmten organischen (d.h. kohlenstoffhaltigen) Verbindungen mit großen, komplexen Molekülen aufbauen, etwa Proteinen und Nukleinsäuren. Wo auch immer das Leben entstand, müssen die chemischen Bausteine für diese Moleküle (oder ihre Vorläufer) vorhanden gewesen sein. Die geläufigste Theorie besagt, dass diese Bausteine bei Reaktionen einiger einfacher Gase aus der damaligen Erdatmosphäre entstanden. Sie wurden dann in die Ozeane ausgewaschen und vereinten sich dort zu komplizierteren Substanzen.

### 1 Einfache Gase

Die frühe Erdatmosphäre dürfte eine Reihe einfacher Gase wie Wasserstoff, Methan, Ammoniak und Wasserdampf enthalten haben, allerdings keinen freien Sauerstoff. Elektrische Entladungen in der Atmosphäre (Blitze) lieferten die Energie, sodass sich diese Gasmoleküle zu etwas komplexeren Substanzen wie Aminosäuren vereinten.

### 2 Die Ursuppe

Als sich Aminosäuren (vielleicht auch weitere Kohlenstoffverbindungen) gebildet hatten, wurden sie aus der Atmosphäre ausgewaschen und gelangten in die Ozeane. Dort reicherten sie sich zu einer „chemischen Ursuppe" an und bildeten komplexere, für das Leben charakteristische Moleküle.

**Klartext**

**NUKLEINSÄUREN:**
Komplexe Substanzen in Lebewesen und Grundlage der Gene, in denen die Baupläne der Organismen verschlüsselt sind. Die bekannteste Nukleinsäure ist die DNA (Desoxiribonukleinsäure; im Deutschen auch DNS abgekürzt), der Speicher der Erbinformationen.

### 3 Die ersten Replikatoren

Damit aus den Molekülen Leben entstehen konnte, müssen sich in Milliarden von zufälligen Reaktionen zwischen ihnen Moleküle gebildet haben, die sich selbst reproduzieren konnten. Diese sogenannten Replikatoren waren die frühesten Vorläufer der DNA, aus der die Gene – die verschlüsselten Erbinformationen – von heutigen Lebensformen bestehen (siehe auch Seiten 146–147).

### 4 Chemie des frühen Lebens

Als weitere Bedingung für das Leben müssen sich Möglichkeiten entwickelt haben, der Umgebung Energie zu entnehmen. Einigen Biologen zufolge bildeten sich die ersten Lebensformen am Meeresboden in der Nähe heißer Quellen (sogenannten Black Smokers), die große Mengen Wärmeenergie sowie energiehaltige Substanzen wie Methan in die Meere abgeben. Ein späterer Entwicklungsschritt, der sich als extrem wichtig für die weitere Evolution herausstellte, sind die Organismen, die durch einen Prozess namens Photosynthese Energie aus dem Sonnenlicht aufnehmen können.

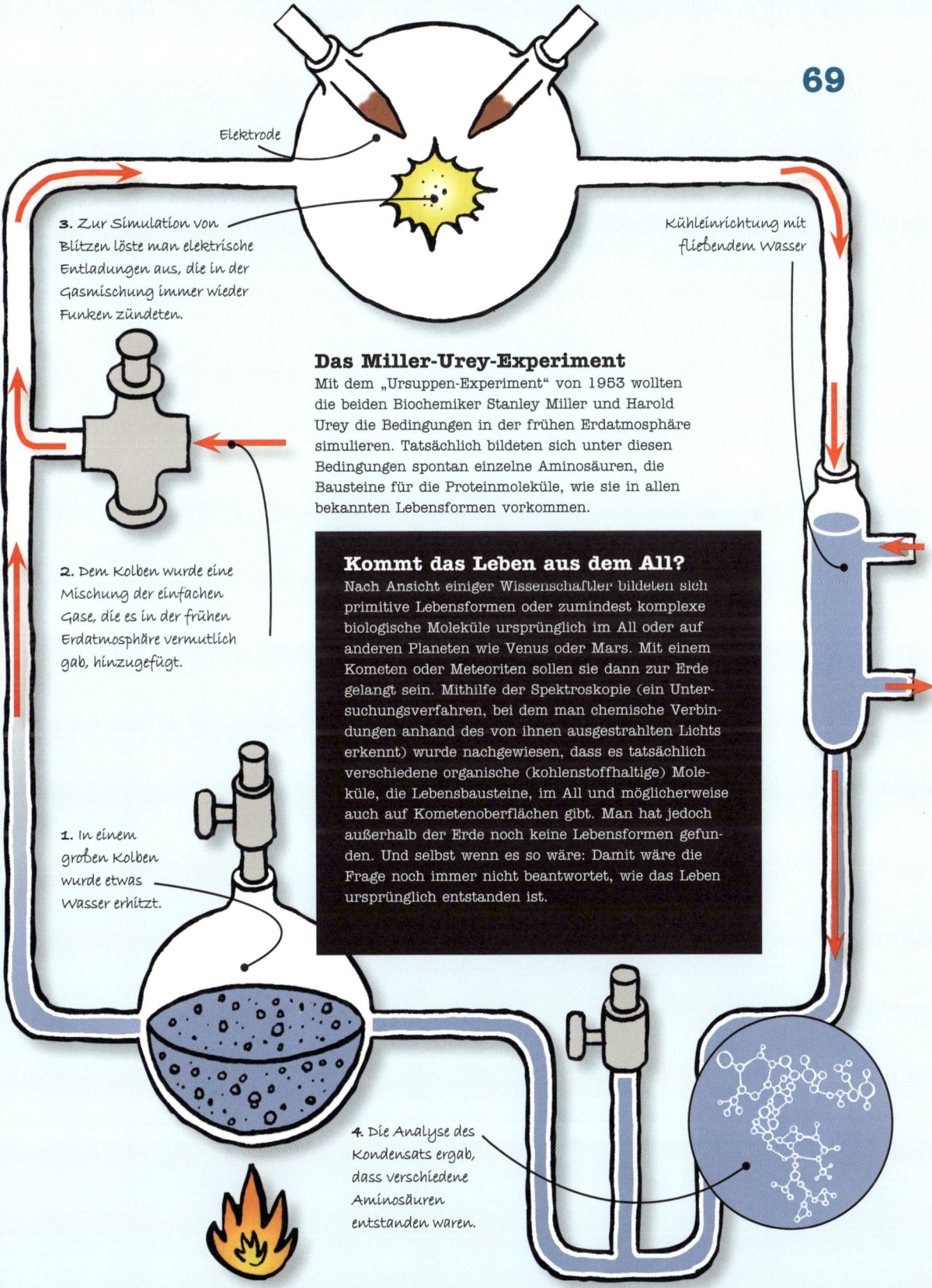

## 70 URSPRÜNGE

**Fakten im Überblick**

- Würde man die gesamte Erdgeschichte in einem Jahr zusammenfassen, entspricht ein Tag 12,5 Millionen Jahren.

- In diesem Jahresablauf treten die ersten Tiere und Pflanzen im Spätherbst auf.

- Anfang Dezember gehen die ersten Fische an Land und entwickeln sich zu amphibischen Tieren mit Beinen.

- Die Ordnung der Primaten, zu der heute Lemuren, Affen, Menschenaffen und wir Menschen gehören, taucht erst in der letzten Dezemberwoche auf.

# Die Erdgeschichte

In den 4,54 Milliarden Jahren seit seiner Entstehung hat unser Planet unglaubliche Veränderungen erlebt, von langen Zeiträumen schwerer Bombardements mit Asteroiden und Kometen bis zu Zeiten, in denen er komplett eisbedeckt war. Etwa über drei Viertel der Zeit, die die Erde schon besteht, existiert Leben. Die verschiedenen geologischen Prozesse und Ereignisse hatten direkte Auswirkungen auf die Evolution. So wurden einige Lebensformen erst möglich, als die Erdatmosphäre und die Ozeane sich chemisch so verändert hatten, dass sie überhaupt gedeihen und sich entwickeln konnten. Umgekehrt haben auch die Existenz und das Absterben lebender Organismen den Erdchemismus verändert, etwa indem sie die Atmosphäre mit Sauerstoff anreicherten oder dicke Schichten von Kalziumkarbonat auf dem Meeresboden entstehen ließen. Auch Katastrophen wie Asteroideneinschläge oder große Vulkanausbrüche hatten Einfluss auf die Evolution, meist durch ein Massenaussterben vieler Arten.

Stellt man die gesamte Erdgeschichte in einem Jahreskalender dar (rechts), dann verkörpert jeder Monat rund 380 Millionen Jahre. Über einige Monate, insbesondere den Dezember, weiß man durch die Untersuchung von Gesteinen und Fossilien sehr viel. Andere Monate (wie April und Mai) dagegen liegen völlig im Dunkeln – nicht unbedingt, weil nichts passierte, sondern weil die Spuren der Ereignisse zum größten Teil nicht erhalten sind.

**Klartext**

**STROMATOLITH:** Fein geschichtetes Sedimentgestein aus den mineralischen Resten von Mikroorganismen. Stromatolithe treten heute noch auf, die ältesten fossilen Exemplare sind rund 3,5 Milliarden Jahre alt. Sie finden sich in Westaustralien.

**Januar / Februar / März**

- 1. Februar: Bildung der Proto-Erde
- 3.–6. Februar: Zusammenstoß der Proto-Erde mit einem anderen jungen Planeten, Bildung des Systems Erde–Mond
- 7. Februar: Bildung der ältesten erhaltenen mineralischen Ablagerungen
- 8.–9. März: Bildung der ältesten erhaltenen Gesteinsformationen
- 14.–17. März: Auftreten der ersten einfachen Lebensformen in den Ozeanen
- 20. Februar: Bildung der ersten Ozeane
- 26.–30. März: Erste Stromatolithe (von Mikroorganismen erzeugte Sedimentgesteine)

**DIE ERDGESCHICHTE** **71**

# Die Geschichte der Erde als Jahreskalender

| April | Mai | Juni | Juli | August | September | Oktober | November | Dezember |
|---|---|---|---|---|---|---|---|---|
| 1 | 1 | 1 | 1 | 1 | 1 | 1 | 1 | 1 |
| 2 | 2 | 2 | 2 | 2 | 2 | 2 | 2 | 2 |
| 3 | 3 | 3 | 3 | 3 | 3 | 3 | 3 | 3 — Erste baumartige Pflanzen an Land |
| 4 | 4 | 4 | 4 | 4 | 4 | 4 | 4 | 4 |
| 5 | 5 | 5 | 5 | 5 | 5 | 5 | 5 | 5 |
| 6 | 6 — Schneller Anstieg des Sauerstoffs durch die ersten Organismen, die Photosynthese betreiben | 6 | 6 | 6 | 6 | 6 | 6 | 6 |
| 7 | 7 | 7 | 7 | 7 | 7 | 7 | 7 | 7 |
| 8 | 8 | 8 | 8 | 8 | 8 — Massenaussterben vieler Arten, möglicherweise durch heftige Vulkanausbrüche | 8 | 8 | 8 |
| 9 | 9 | 9 | 9 | 9 | 9 | 9 | 9 | 9 |
| 10 | 10 | 10 | 10 | 10 | 10 | 10 | 10 | 10 |
| 11 — Erste Mikroorganismen im Gebiet des heutigen Südafrikas, die Fossilien hinterlassen | 11 | 11 | 11 | 11 | 11 | 11 | 11 | 11 |
| 12 | 12 | 12 | 12 | 12 | 12 | 12 | 12 | 12 |
| 13 | 13 | 13 | 13 | 13 | 13 | 13 — Erste Säugetiere | 13 | 13 |
| 14 | 14 | 14 | 14 | 14 — Saurier sind die vorherrschende Lebensform auf der Erde | 14 | 14 | 14 | 14 |
| 15 | 15 | 15 | 15 | 15 | 15 | 15 | 15 | 15 |
| 16 | 16 | 16 | 16 | 16 | 16 | 16 | 16 | 16 |
| 17 | 17 | 17 | 17 | 17 | 17 | 17 | 17 | 17 |
| 18 | 18 | 18 | 18 | 18 | 18 | 18 | 18 | 18 |
| 19 | 19 | 19 | 19 | 19 | 19 | 19 — Erste hartschalige Tiere in den Ozeanen | 19 | 19 |
| 20 | 20 | 20 | 20 | 20 | 20 | 20 | 20 | 20 |
| 21 | 21 | 21 | 21 | 21 | 21 | 21 | 21 | 21 |
| 22 | 22 — Asteroideneinschlag im Gebiet des heutigen Südafrikas, der einen Einschlagkrater mit einem Durchmesser von 300 km hinterlässt | 22 | 22 | 22 | 22 | 22 | 22 | 22 |
| 23 | 23 | 23 | 23 | 23 | 23 | 23 | 23 — Großer Meteoriteneinschlag, der vermutlich zum Aussterben der Saurier führt | 23 |
| 24 | 24 | 24 | 24 — Erste Wirbeltiere (Fische) in den Ozeanen | 24 | 24 | 24 | 24 | 24 |
| 25 | 25 | 25 | 25 | 25 | 25 | 25 | 25 | 25 |
| 26 | 26 | 26 | 26 | 26 | 26 | 26 | 26 | 26 |
| 27 | 27 | 27 | 27 | 27 | 27 | 27 | 27 | 27 |
| 28 | 28 | 28 | 28 | 28 — Auffaltung der Himalaya-Kette | 28 | 28 | 28 | 28 |
| 29 | 29 | 29 | 29 | 29 | 29 | 29 — Entwicklung des modernen Menschen | 29 | 29 |
| 30 | 30 | 30 | 30 | 30 | 30 | 30 | 30 | 30 |
| | 31 | | 31 | 31 | | 31 | | 31 |

## URSPRÜNGE

## Die letzte Viertelstunde

Wenn man die gesamte Erdgeschichte in einem Jahreskalender darstellt, entspricht die letzte Viertelstunde dieses Kalenders (31. Dezember, von 23.45 Uhr bis Mitternacht) den letzten 130 000 Jahren. In diesem Bild umfasst jede Minute 8630 Jahre und jede Sekunde etwa 144 Jahre. Vor ein paar Tagen sind die Saurier ausgestorben, ihre letzten Abkömmlinge leben heute noch: die Vögel. Vor ein paar Minuten entwickelte sich, ziemlich sicher irgendwo in Afrika, der moderne Mensch. Die bedeutendsten Ereignisse der letzten 15 Minuten waren eine Eiszeit über praktisch den gesamten Zeitraum, ein großes Absinken und Wiederansteigen des Meeresspiegels, die Ausbreitung des Menschen über die ganze Welt und das Aussterben zahlreicher großer Säugetiere, wahrscheinlich als Ergebnis menschlicher Aktivitäten.

### Zwei Minuten ... die Zeit läuft

**23:58** Vor 20 000–14 000 Jahren: Der moderne Mensch besiedelt Amerika.

**23:58** Vor 18 000 Jahren: Die Eispanzer der letzten Eiszeit erreichen ihre maximale Ausdehnung und bedecken weite Teile Nordamerikas, Europas und Sibiriens. Südlich davon leben Mammuts, Riesenhirsche, Pferde und Wollnashörner.

**23:58:30** Vor 12 500–12 000 Jahren: Ende der letzten Eiszeit. Die Gletscher ziehen sich zurück, das Eis schmilzt, der Meeresspiegel steigt, Becken wie die Nordsee werden geflutet.

**23:58:40** Vor 12 000 Jahren: Erster Ackerbau in der Türkei, im Nahen Osten und in Mesopotamien.

**23:58:40–23:59:25** Vor 12 000–5000 Jahren: Viele große Säugetiere – darunter Wollmammut, Säbelzahntiger, Riesenfaultier und Höhlenbär – sterben aus, möglicherweise aufgrund der Bejagung durch den modernen Menschen.

**23:58:45** Vor ca. 11 500 Jahren: Beginn der Neusteinzeit (Neolithikum) im Nahen Osten.

**23:59** Vor ca. 10 000 Jahren: Erste geschichtliche Aufzeichnungen.

**23:59:10** Vor 8200 Jahren: Größere Eiszeit, die einige Jahrhunderte dauerte.

**23:59:20** Vor ca. 5500 Jahren: Erste Stadtstaaten in Mesopotamien.

**23:59:30** Vor ca. 4500 Jahren: Bau der Pyramiden von Gizeh.

**23:59:40** Vor ca. 3000 Jahren: Beginn der Eisenzeit im Nahen Osten.

**23:59:50–59** Vor 400–150 Jahren: Kleine Eiszeit, eine Abkühlung im Nordatlantikraum.

### DIE LETZTEN 130 000 JAHRE IM KURZDURCHLAUF

**23:52** VOR 74 000 JAHREN: DURCH EINEN VULKANAUSBRUCH STIRBT DER MENSCH FAST AUS
Der Supervulkan Toba auf Sumatra schleudert Riesenmengen Asche in die Atmosphäre. Es kommt zu einem sogenannten vulkanischen Winter, in dessen Verlauf die Temperatur weltweit für mehrere Jahre sinkt.

**23:50–23:53** VOR 85 000–60 000 JAHREN: DER FRÜHE MODERNE MENSCH VERLÄSST AFRIKA.

**23:47** VOR 115 000 JAHREN: DIE LETZTE GROSSE EISZEIT BEGINNT
Sie dauert über 100 000 Jahre an. Der Meeresspiegel fällt um mehr als einen Meter.

**23:45–23:47** VOR 130 000–114 000 JAHREN: WÄLDER IN DER ARKTIS
Warmperiode zwischen zwei Eiszeiten. Der Meeresspiegel liegt vier bis sieben Meter höher als heute. Die Wälder reichen bis an den Polarkreis. Der anatomisch moderne Mensch kommt nur in Afrika vor.

**GESCHICHTE DER ERDE**

**23:54–23:56** VOR 55 000–30 000 JAHREN: DER MENSCH BREITET SICH AUS Der frühe moderne Mensch gelangt nach Südasien, Australien, Europa und Ostasien (in dieser Reihenfolge). Er lebt als Jäger und Sammler.

**23:57–23:59** VOR 24 000 JAHREN: DER NEANDERTALER STIRBT AUS.

**23:59:59** 1883: AUSBRUCH DES KRAKATAU Die Eruption des indonesischen Vulkans forderte Zehntausende Tote und verursacht einen „vulkanischen Winter".

**23:56** VOR 32 000–10 000 JAHREN: DER MENSCH WIRD KREATIV Beispiele für Höhlenmalerei in Europa.

**23:59:25** VOR 5000 JAHREN: KATASTROPHE IM INDISCHEN OZEAN Ein Meteorit schlägt im Indischen Ozean ein und erzeugt Riesen-Tsunamis – vielleicht der Ursprung der Sintflut-Mythen.

## URSPRÜNGE

### Fakten im Überblick

- Unter Evolution versteht man die Veränderung einer Art, die zumindest teilweise durch die sogenannte natürliche Auslese verursacht wird. Sie kann letztlich zur Entwicklung neuer Arten führen.
- Die natürliche Auslese ist der Hauptmechanismus der Anpassung von Lebewesen an ihre Umgebung und Lebensumstände. Sie manifestiert sich über Generationen hinweg.
- Weitere Prozesse der Evolution sind die Entstehung von Variationen innerhalb einer Art, der Kampf um Nahrung zwischen den einzelnen Lebewesen einer Art sowie Fortpflanzung und Vererbung.

# Die Evolution

Auf unserem Planeten existiert eine fantastische Vielfalt an Lebensformen, die allesamt erstaunlich komplex sind. Vor rund 150 Jahren veröffentlichte der englische Naturforscher Charles Darwin eine Theorie, wie sich all diese Lebensformen aus gemeinsamen Vorfahren entwickelten: durch den Prozess der Evolution aufgrund natürlicher Auslese. In Verbindung mit einer Quelle für Variationen innerhalb einer Population – die durch Mutationen im Erbgut auftreten – erklärt die natürliche Auslese, wie und warum sich mit der Zeit bestimmte Populationen entwickeln. Werden dann bestimmte Gruppen von anderen Populationen derselben Art isoliert, kann es zur Entstehung neuer Arten kommen. Schließlich erklärt die Theorie auch, wie über lange Zeiträume hinweg aus einfachen Lebensformen komplexere entstehen können.

### Klartext

**ART:** Eine Gruppe von Lebewesen, die anders ist als alle anderen Arten. Zwei Mitglieder derselben Art zeugen fruchtbare Nachkommen.

**MUTATION:** Eine zufällige, dauerhafte Veränderung im Erbgut einer lebenden Zelle, die entweder keine oder positive oder negative Auswirkungen auf die Nachkommen hat.

### Von Variation zur Artenbildung

ISOLATION
Stellen wir uns eine Mäusepopulation auf einem Kontinent vor, der in einen Nord- und einen Südteil zerbricht. Damit gibt es zwei getrennte Mäusepopulationen, die sich nicht mehr vermischen können. Nehmen wir nun an, dass sich die Lebensbedingungen auf beiden Teilkontinenten in entgegengesetzte Richtung verändern und irgendwann erheblich voneinander unterscheiden.

ARTENBILDUNG
Einige Zigtausend Generationen später haben sich die Mäusepopulationen – hauptsächlich aufgrund von Mutationen und natürlicher Auslese – an die unterschiedlichen Lebensbedingungen angepasst und auseinanderentwickelt: Die Mäuse im Norden sind größer und haben relativ kurze Schwänze sowie ein braungeflecktes Fell. Die südlichen Mäuse dagegen sind alle weiß mit orangefarbigen Ohren und langen Schwänzen. Beide Populationen unterscheiden sich genetisch so stark, dass sich die Individuen nicht mehr miteinander kreuzen können, d. h. aus den Populationen haben sich zwei verschiedene Arten entwickelt.

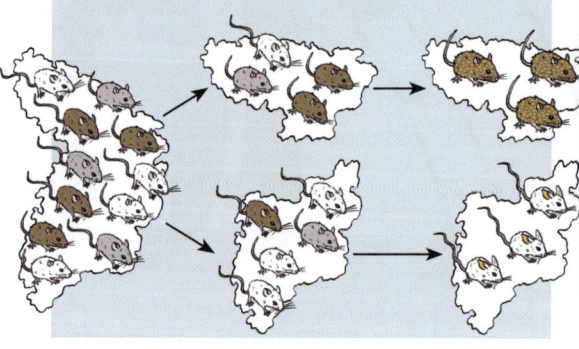

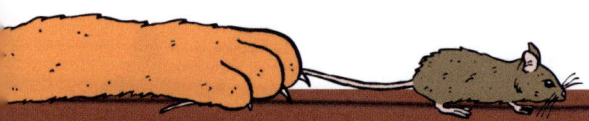

# Natürliche Auslese, Evolution und Artbildung

Wenn wir eine Mäusegruppe in einer bestimmten Region genauer betrachten, können wir erkennen, wie die natürliche Auslese – der wichtigste Prozess der Evolution – funktioniert. Zusammen mit der geografischen Isolierung der zwei Mäusegruppen (Kasten links) kann sie zur Bildung neuer Arten führen.

### 1. VARIATIONEN
In einer Mäusepopulation können drei verschiedene Fellfarben (in jeweils gleichen Anteilen) und zwei verschiedene Schwanzlängen vorkommen. Diese Variationen sind Ergebnis von Mutationen in den Genen der Vorfahren. Drei zufällig gewählte Mäusepaare aus dieser Population ...

### 2. WETTBEWERB
... haben jede Menge Nachwuchs. Die jungen Mäuse dürfen nicht von Beutegreifern gefressen werden, damit sie sich fortpflanzen können. Die Fähigkeit dazu hängt auch davon ab, dass die Mäuse erfolgreich um Nahrung und Partner kämpfen.

### 3. AUSLESE
Die Auslese ist wie ein Sieb, das manche „Eigenschaften" aussiebt, andere dagegen durchlässt. Diese Eigenschaften können alles sein, was die Chancen eines Lebewesens beeinflusst, heranzuwachsen und sich fortzupflanzen.

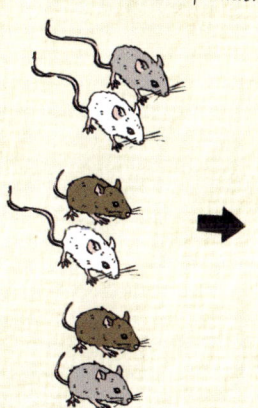

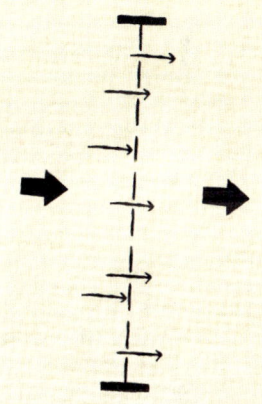

### 4. ÜBERLEBENDE DER AUSLESE
Nur ein bestimmter Prozentsatz der Mäuse gelangt durch das „Auslesesieb" bis zur Geschlechtsreife, sodass sie sich fortpflanzen können. In diesem Beispiel könnten Fressfeinde die Mäuse mit weißem Fell oder langem Schwanz leichter fangen. Dunkles Fell und kurzer Schwanz wären dann ein Auslesevorteil, weißes Fell und langer Schwanz dagegen ein Auslesenachteil.

### 5. VERERBUNG
Durch den Mechanismus der Vererbung könnte die nächste Mäusegeneration einen höheren Anteil an dunklen, kurzschwänzigen Tieren haben als die Ausgangspopulation. Damit hätte sich die Mäusepopulation erheblich verändert. Über viele Generationen hinweg kann dieser Prozess zusammen mit gelegentlichen Mutationen zu weiteren signifikanten Änderungen in der Population führen, sowohl auf der genetischen Ebene (das Erbmaterial, das von einer Generation an die nächste weitergegeben wird) als auch auf der äußeren Ebene der sichtbaren Eigenschaften dieser Mäusepopulation. Diese Änderungen sind es, die mit dem Begriff „Evolution" gemeint sind.

## Fakten im Überblick

- Fossilien können mikroskopische Spuren von Bakterienzellen, aber auch ganze Saurierskelette oder versteinerte Baumstümpfe sein.
- Geschätzt 99,9 Prozent aller Arten, die jemals gelebt haben, sind heute ausgestorben. Wir kennen sie, falls überhaupt, nur als Fossilien.
- Hunderte oder gar Tausende ausgestorbener Arten (Tiere, Pflanzen sowie andere Organismen) kennen wir gut durch ihre Fossilien.
- Fossilien sind nicht nur erhaltene Körper oder Körperteile von Tieren, sondern auch andere Spuren wie etwa Fußabdrücke oder Kot.

# Was uns Fossilien verraten

Fossilien vermitteln anhand der Überreste von Pflanzen, Tieren oder anderen Organismen, die sich im Gestein abzeichnen, ein Bild des früheren Lebens auf der Erde. Die Fossilierung tritt auf vielerlei Art auf, etwa durch Versteinerung der Knochen eines toten Tieres tief unter der Erdoberfläche. Insgesamt ist der Vorgang aber eher selten; nur ein kleiner Bruchteil aller jemals lebenden Arten dürfte Fossilien gebildet haben.

## Fossilien und die Evolution

Mithilfe von Fossilien konnten Forscher enträtseln, wie sich das Leben auf der Erde entwickelte. Im 19. Jahrhundert erkannte man, dass einzelne Gesteinsschichten verschiedene Gruppen von Fossilien enthalten, meist von Arten, die es heute nicht mehr gibt. Damit wurde klar, dass Tiere und Pflanzen aussterben können. Zur selben Zeit erkannte man auch, dass es auf der Erde mehrere Zeitalter gab, die sich in verschiedenen Gesteinsschichten manifestieren. Fossilien in diesen Schichten geben Hinweise auf die Lebensformen zu diesen Zeiten und lassen darauf schließen, welche Lebensbedingungen damals herrschten.

Einige Fossilien aus unterschiedlichen Gesteinsschichten zeigen eindeutig ähnliche Arten von Tieren oder Pflanzen, etwa Seeigel, Farne, Saurier oder Einhufer. Betrachtet man eine bestimmte Gruppe, lassen sich beim Übergang von alten zu neueren Schichten oft schrittweise Änderungen erkennen. Solche Untersuchungen sind sehr wichtig, um den Verlauf der Evolution in der Vergangenheit nachzuzeichnen.

### Menschliche Fossilien oder: Der Mensch stammt aus Afrika

Seit dem 19. Jahrhundert wurden in verschiedenen Teilen der Welt versteinerte Skelettteile mehrerer Dutzend Hominiden (Vorfahren des modernen Menschen) entdeckt. Funde, die älter waren als zwei Millionen Jahre, gab es aber nur in Afrika. Jüngere Funde – zwischen zwei Millionen und 30 000 Jahren alt – fand man dagegen in Teilen von Afrika, Asien und Europa. Offenbar gab es vor rund zwei Millionen Jahren eine erste Auswanderungswelle von Hominiden aus Afrika. Andere Untersuchungen legen nahe, dass sich der moderne Mensch vor etwa 200 000 bis 100 000 Jahren in Afrika entwickelte und dass erst vor rund 65 000 Jahren die ersten kleineren Menschengruppen Afrika verließen. Diese Gruppen vermehrten sich und breiteten sich schubweise über alle Erdteile aus; dabei verdrängten sie andere Hominiden, die ausstarben, wie z. B. die Neandertaler. Überzeugende Belege für diese Theorie liefern Vergleiche der DNA (des Erbguts) von Menschen aus verschiedenen Teilen der Welt (siehe Seiten 150–151).

**WAS UNS FOSSILIEN VERRATEN** **77**

## Wie sich Fossilien bilden

Bevor ein totes Tier (oder eine abgestorbene Pflanze) als Fossil wieder an der Erdoberfläche erscheint, durchläuft es einen langen, komplizierten Prozess. Dass alle dafür erforderlichen Bedingungen exakt erfüllt sind, kommt aber nur selten vor.

> **TATSÄCHLICH!**
> Fossilien, die sich in der unten beschriebenen Weise bildeten, sind steinartig und stabiler als die Knochen des lebenden Tieres. Man nennt sie Versteinerungen.

**1.** Zunächst muss das Tier an einem Ort sterben, der bald danach von Sedimenten wie Sand oder Schlick bedeckt wird. Typisch für solch einen Ort sind die Uferzone oder der Grund eines Sees.

**2.** Die Weichteile werden von Aasfressern verzehrt. Über den Rest machen sich kleine Organismen her, oder er zersetzt sich, sobald der Körper von Schlick bedeckt ist. Zurück bleiben harte Teile wie Knochen und Zähne.

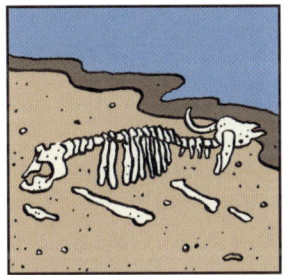

**3.** Wenn sich neue Sedimentschichten absetzen, gelangt das Skelett tief unter die Oberfläche. Durch den hohen Druck verbacken die Sedimentteilchen zu Gestein, das das Skelett umschließt.

**4.** Mineralienhaltiges Grundwasser sickert durch das Sediment. Die Mineralstoffe setzen sich in den Hohlräumen des Knochens ab und können ihn ganz oder teilweise ersetzen.

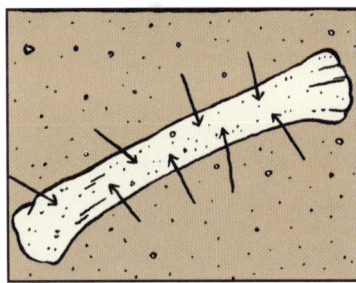

**5.** Damit das Fossil entdeckt wird, muss sich die Gesteinsschicht, in der es liegt, durch Erdbewegungen heben. Wasser, Wind oder Eis können dann die darüberliegenden Schichten abtragen, bis das Fossil schließlich freiliegt.

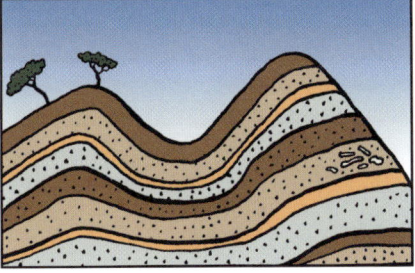

## URSPRÜNGE

**Fakten im Überblick**

- In den gebräuchlichsten Klassifikationen werden alle Lebewesen in fünf oder sechs Reiche eingeteilt.

- Die Reiche werden in sogenannte Stämme unterteilt. Darunter gibt es weitere Unterteilungen wie Klassen, Ordnungen, Familien und Arten.

- Ein kompletter Baum des Lebens müsste viele Millionen Endpunkte haben, und zwar einen für jede Art.

- Man schätzt, dass es allein sechs bis zehn Millionen bekannter sowie noch unentdeckter Insektenarten gibt.

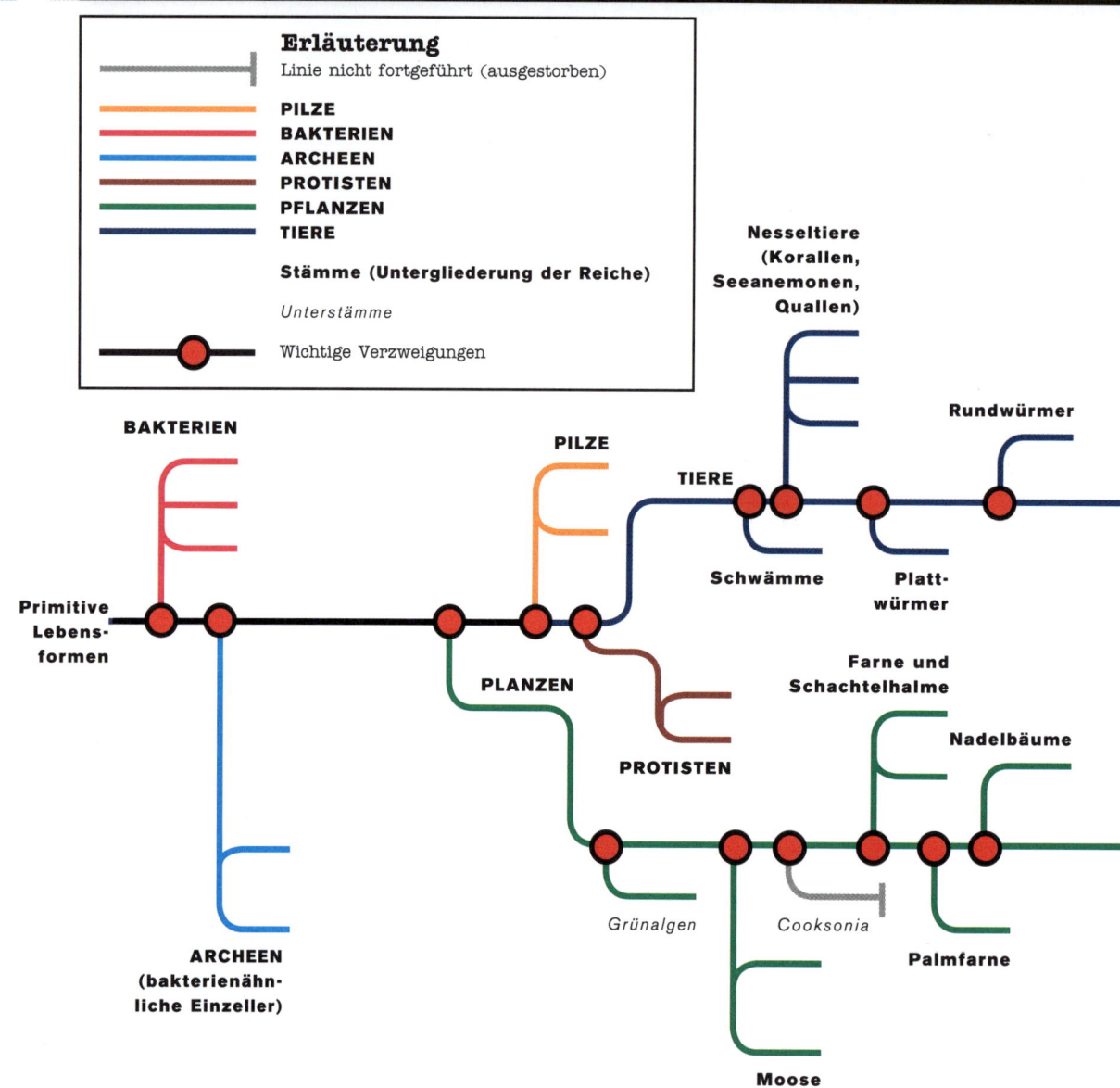

# Stammbaum des Lebens

Durch die Untersuchung von lebenden Organismen und Fossilien hat man herausgefunden, welche Verwandtschaftsverhältnisse zwischen ihnen bestehen. Dieses Wissen wurde über viele Jahrzehnte zusammengetragen, und noch immer werden neue Lebensformen entdeckt, sowohl lebende als auch ausgestorbene. Würde man alle Verwandtschaftsbeziehungen in einem großen Diagramm eintragen, ergäbe sich das Bild eines Baumes, der sich immer weiter verzweigt. Die Biologen unterscheiden in diesem Baum heute drei Hauptkategorien („Domänen") der Lebewesen. Die beiden ersten – Bakterien und Archeen – umfassen relativ einfache Zellen ohne Kern und heißen Prokaryoten (vom griechischen *pro* „bevor" und *karyon* „Kern"). Die dritte Domäne, die sich vor über zwei Milliarden Jahren abgespalten hat, umfasst die Eukaryoten (griech. *eu* „echt" und *karyon* „Kern"); ihre Zellen sind komplexer und haben einen Kern. Die Eukaryoten fächern sich in Reiche auf – wie Pflanzen und Tiere –, die man wiederum in Stämme wie Weichtiere oder Gliederfüßer unterteilt.

**Klartext**

**STAMM:** Hierarchische Rangstufe in der biologischen Systematik, die innerhalb der Reiche der Lebewesen ganz oben steht. Das Tierreich etwa umfasst zahlreiche Stämme, die sich wiederum in Klassen untergliedern.

# 5 Die Erde

**INHALT**

- Der Aufbau der Erde **82**
- Plattentektonik **84**
- Erdbeben und Vulkane **86**
- Meeresströmungen **88**
- Die Gezeiten **90**
- Der Meeresspiegelanstieg **92**
- Die Erdatmosphäre **94**
- Das Wetter **96**
- Blitze **98**

Unsere Welt ist ein ruheloser Planet, dessen Dynamik vor allem auf zwei Energiequellen beruht – zum einen auf der gewaltigen Wärmeentwicklung in seinem Innern und zum anderen auf den ungeheuren Mengen Energie, die die Sonne ausstrahlt. Dieses Kapitel zeigt, wie unser Planet funktioniert.

## Innere Kräfte

Die Energiequellen im Erdinnern speisen sich aus dem Zerfall radioaktiver Isotope in tiefen Gesteinsschichten. Die dabei entstehende Wärme versetzt diese Gesteine in heftige Bewegungen, wodurch die Wärme nach außen dringen kann. Dadurch treiben ganze Blöcke der äußeren Erdhülle, tektonische Platten genannt, langsam um den Planeten. Diese Plattenbewegungen sind die Ursache, warum einst in einem „Superkontinent" verbundene Erdteile wie Afrika, Südamerika, Antarktis und Australien heute von gewaltigen Ozeanen getrennt sind, und sie erklären eine Reihe weiterer geologischer Phänomene. Dazu zählen etwa die Entstehung von Gebirgen, Erdbeben, Vulkanen und das ausgedehnte System von Gebirgskämmen und tiefen Gräben, die man am Grund der Weltmeere entdeckt hat. Durch die Plattenbewegungen wird zudem das Gestein der äußeren Erdschicht, der Erdkruste, Stück für Stück quasi „recycelt".

## Die Wirkung der Sonnenenergie

Die Energie der Sonne, die auf die Atmosphäre und die Gewässer einwirkt, erzeugt Phänomene wie Wind und Meeresströmungen und sorgt für die Verdunstung von der Ozeanoberfläche. Sie regelt außerdem das Klima, das Wetter und den Wasserkreislauf der Erde. Diese wiederum sind für die Verwitterung, die Erosion und die Ablagerung von Sedimenten verantwortlich, wodurch sich die Landoberfläche der Erde beständig verändert. In diesem Kapitel betrachten wir die Mechanismen von Meeresströmungen und Gezeiten sowie nachrichtenträchtige Phänomene wie die riesige Kunststoffmüllhalde im Pazifik und den gegenwärtigen Anstieg des Meeresspiegels. Darüber hinaus erläutern wir die Struktur der Erdatmosphäre und die Ursachen von gutem und schlechtem Wetter (darunter auch Erklärungen für Warm- und Kaltfronten). Zuletzt betrachten wir das ebenso merkwürdige wie beeindruckende Schauspiel der Blitze.

## DIE ERDE

**Fakten im Überblick**

- Die Erde ist hauptsächlich aus drei Schalen aufgebaut: Kruste (außen), Erdmantel (mittlere Schicht) und Kern (im Zentrum).
- Unser Wissen über das Innere der Erde verdanken wir größtenteils der Untersuchung von Erdbebenwellen.
- 99 Prozent des Gesteins im Erdinnern sind heißer als 1000 °C.
- Der radioaktive Zerfall erzeugt im Erdinnern schneller Wärme als der gegenwärtige Energieverbrauch der gesamten Menschheit.

# Der Aufbau der Erde

Als unser Planet entstand, war er für Jahrmillionen eine geschmolzene (flüssige) oder halb geschmolzene Kugel. Durch die Gravitation sammelten sich dichtere Stoffe im Zentrum und weniger dichte an der Oberfläche an. Als sich die Erde verfestigte, bildeten sich drei Hauptschalen: die dünne Kruste aus relativ leichtem Material, der Erdmantel mit einer tiefer reichenden Schicht aus dichterem Gestein und der schwere Erdkern aus Eisen und Nickel.

**Klartext**

**GEOTHERMIE:** Als Erdwärme oder Geothermie wird die Wärme im Innern der Erde bezeichnet, die durch den Zerfall radioaktiver Elemente wie Uran und Thorium entsteht.

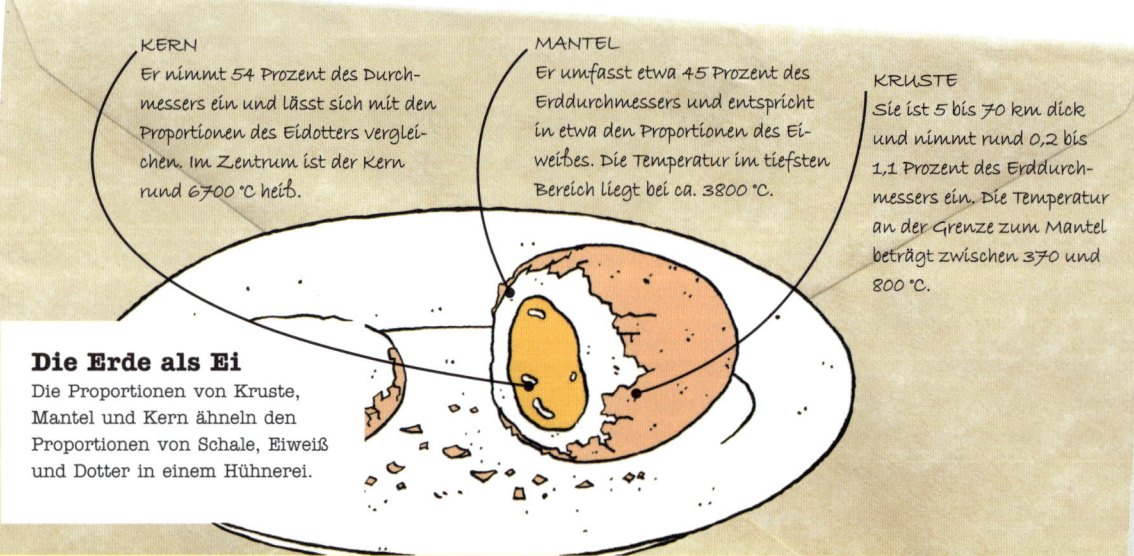

**KERN**
Er nimmt 54 Prozent des Durchmessers ein und lässt sich mit den Proportionen des Eidotters vergleichen. Im Zentrum ist der Kern rund 6700 °C heiß.

**MANTEL**
Er umfasst etwa 45 Prozent des Erddurchmessers und entspricht in etwa den Proportionen des Eiweißes. Die Temperatur im tiefsten Bereich liegt bei ca. 3800 °C.

**KRUSTE**
Sie ist 5 bis 70 km dick und nimmt rund 0,2 bis 1,1 Prozent des Erddurchmessers ein. Die Temperatur an der Grenze zum Mantel beträgt zwischen 370 und 800 °C.

**Die Erde als Ei**
Die Proportionen von Kruste, Mantel und Kern ähneln den Proportionen von Schale, Eiweiß und Dotter in einem Hühnerei.

### ANHALTSPUNKTE FÜR DEN ERDKERN

Dass ein Ei einen Dotter hat, weiß jedes Kind, doch woher weiß die Wissenschaft, dass die Erde einen Kern aus Eisen hat? Diese Erkenntnis verdanken wir vor allem der Analyse von Erdbebenwellen. Manche davon verbreiten sich durch die ganze Erdkugel hindurch und lassen sich messen, wenn sie wieder an die Oberfläche kommen. Aus ihrem Muster errechneten Wissenschaftler im 20. Jahrhundert, dass das Zentrum der Erde besonders dicht ist. Man schätzte Größe und Dichte des Kerns und erkannte, dass der Kern hauptsächlich aus Eisen besteht, weil das zur berechneten Dichte passt. Außerdem erklärt ein Kern aus Eisen auch das Magnetfeld der Erde.

# DER AUFBAU DER ERDE

## Das tiefste Loch auf Erden

Das tiefste künstliche Loch in der Erdkruste, die "Supertiefe Kola-Bohrung", liegt im Nordwesten Russlands, nahe der Grenze zu Norwegen. Die Bohrung wurde im Mai 1970 mit dem Ziel begonnen, herauszufinden, wie sich die Temperatur in der Kruste mit der Tiefe verändert und welche Gesteinsarten in der Erdkruste anzutreffen sind. 1989 erreichte die Bohrung ihren tiefsten Punkt bei mehr als 12 km, wo die Temperatur wesentlich höher als erwartet war. Ursprünglich hatten die Geologen geplant, noch tiefer zu gehen, aber nachdem die zu er-wartende Temperatur in 15 km Tiefe auf 300 °C nach oben korrigiert werden musste, verwarf man das Vorhaben, weil bei dieser Hitze kein Bohrer mehr funktioniert hätte.

a. Baltische Kontinentalkruste, 34 km dick

b. Kola-Bohrung, 12,26 km tief

## Geothermalenergie

Das Erdinnere erzeugt eine gewaltige Hitze, die größtenteils vom Zerfall radioaktiver Elemente herrührt. Ein kleiner Teil der Wärme stammt außerdem noch aus der Zeit der Entstehung des Planeten. Die Freisetzung dieser Energie trägt maßgeblich zur Bewegung der tektonischen Platten bei (siehe Seite 84). Die aus dem Erdinnern dringende Wärme ist eine mögliche Quelle zur nachhaltigen Energiegewinnung für erneuerbare Energien. Sie tritt jedoch nur in wenigen, hauptsächlich vulkanischen Gebieten aus. Länder in Zonen signifikanter vulkanischer Aktivität wie Island und Neuseeland decken ihren Energiebedarf zu einem großen Teil aus diesen Quellen.

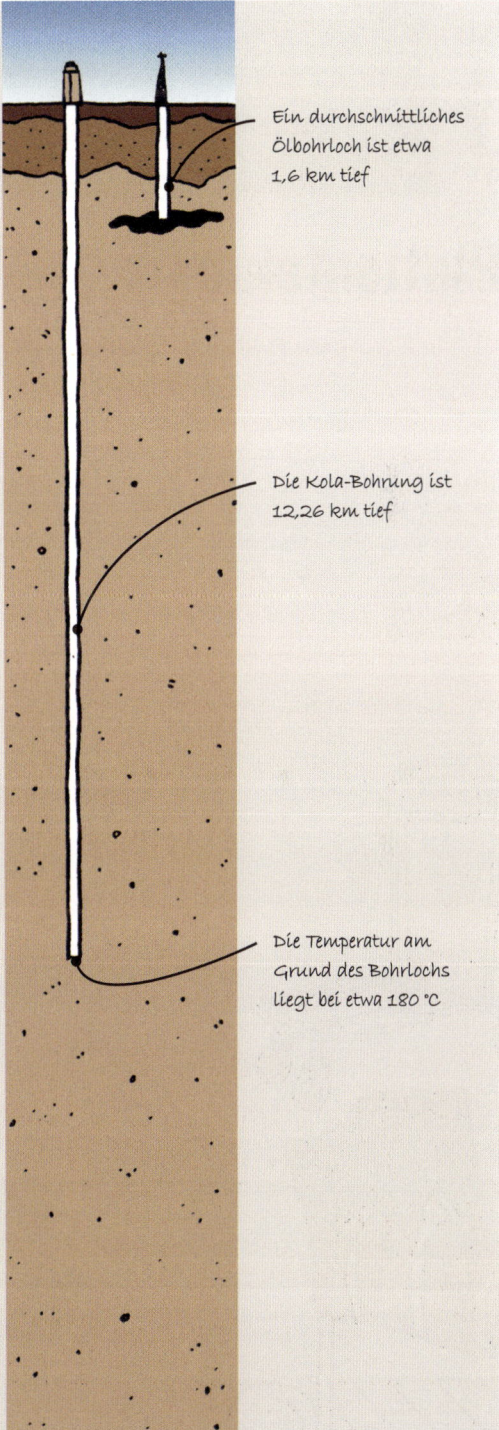

Ein durchschnittliches Ölbohrloch ist etwa 1,6 km tief

Die Kola-Bohrung ist 12,26 km tief

Die Temperatur am Grund des Bohrlochs liegt bei etwa 180 °C

## DIE ERDE

**Fakten im Überblick**

- Die äußere Schale der Erde besteht aus sieben großen und neun bis zehn mittelgroßen Platten sowie zahlreichen kleinen Mikroplatten.
- Die Platten bewegen sich unterschiedlich schnell. Im Verhältnis zum Mantel verschieben sie sich um 1,3–7,5 cm pro Jahr.
- Vor etwa 200 Millionen Jahren waren alle Kontinente miteinander verbunden. Durch die tektonischen Bewegungen wurden sie getrennt.
- Eine der größten Platten – die Afrikanische Platte – ist dabei, sich entlang dem Grabenbruch in Ostafrika zu teilen.

# Plattentektonik

Unter Plattentektonik versteht man die anerkannte Theorie, dass die äußere Schale der Erde, die Lithosphäre, aus Platten besteht, die sich wie ein 3D-Puzzle zusammenfügen. Von Prozessen im Erdinnern angetrieben, wandern sie langsam umher. Die meisten Platten tragen einen Kontinent oder einen Teil davon, der sich mitbewegt. Entdeckt wurden diese Bewegungen im frühen 20. Jahrhundert. Damals nannte man den Vorgang „Kontinentaldrift", verstand jedoch die Mechanismen noch nicht, die dahinterstecken. Schließlich stellte man fest, dass gewaltige Konvektionsströme im Erdinnern Segmente der Lithosphäre wie auf einem Förderband über die Erdoberfläche schieben.

### Das tektonische Förderband

Plattentektonik funktioniert ähnlich wie ein schlecht gebautes Gepäckausgabesystem am Flughafen. Manche der vielen Förderbänder laufen in entgegengesetzter Richtung, andere aufeinander zu. Die Bänder in unserem unten dargestellten Beispiel bewegen sich langsam; einige der Laufrollen sind zu nah beieinander, wodurch sich die Fördergurte zusammenschieben und Falten werfen.

Der Punkt, an dem das Band nach unten läuft, ähnelt der Zone, in der die Kante einer Platte unter eine benachbarte Platte geschoben wird. Förderbänder bleiben hier manchmal hängen, bis sie sich plötzlich durch Druck lösen, was eine plötzliche Bewegung erzeugt, ähnlich einem Erdbeben.

Diese Stelle wirkt wie ein Grabenbruch am Meeresboden, wo sich Platten ständig neu bilden und von dem Bruch wegtreiben.

**PLATTENTEKTONIK** 85

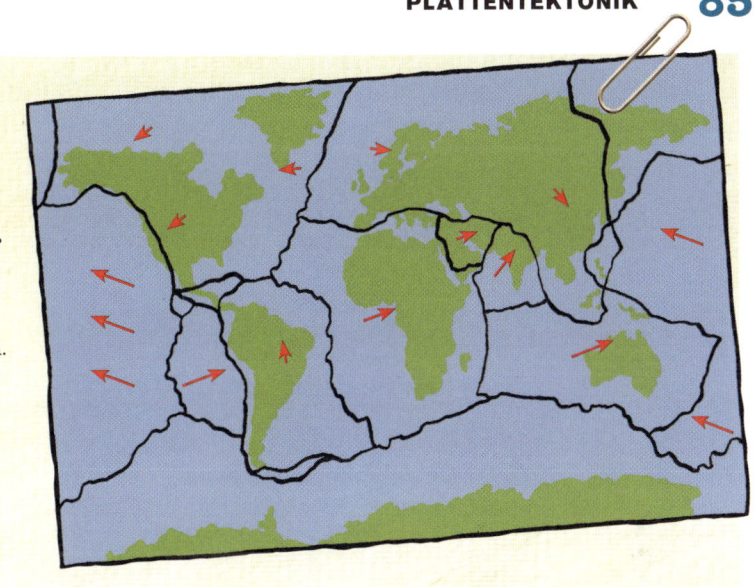

### Die Erdplatten

Die Größe und die Form der Platten unterscheiden sich voneinander. Aufgrund ihrer Bewegung (rote Pfeile) können Kontinente kollidieren, wobei Gebirgszüge wie der Himalaya aufgefaltet werden. Wird eine Platte unter eine andere gedrückt, bilden sich tiefe Grabenbrüche am Meeresboden; die Spannungen verursachen heftige Erdbeben und vulkanische Aktivität. Auch an all jenen Stellen, an denen die Plattenkanten nicht kollidieren, sondern aneinanderreiben, kommt es oft zu Erdbeben.

Die Stromversorgung der Rollen entspricht der treibenden Kraft der Plattentektonik – den Konvektionsströmen im Innern der Erde.

Wenn zwei Bänder zusammenlaufen, stapelt sich das Gepäck übereinander und türmt sich auf – ähnlich wie zwei miteinander kollidierende Kontinente, die einen Gebirgszug aufschieben.

Die Gepäckstücke werden von den Bändern wie Kontinente aufeinander zu und voneinander weg getragen.

### Klartext

**LITHOSPHÄRE**: Die starre, in tektonische Platten aufgespaltene äußere Schale der Erde bezeichnet man als Lithosphäre. Sie besteht aus der Erdkruste und der obersten Schicht des Mantels.

**KONVEKTION**: Zyklisch verlaufender Prozess der Wärmeübertragung. Erwärmte Materie steigt auf, bewegt sich zu den Seiten hin, kühlt ab und sinkt wieder ab.

## Fakten im Überblick

- Täglich ereignen sich weltweit Hunderte kleine Erdbeben; katastrophal zerstörerische Erschütterungen kommen nur etwa einmal pro Jahr vor.
- Mehr als 95 Prozent der großen Erdbeben treten an Plattengrenzen auf, wo eine Platte sich unter die Kante einer benachbarten Platte schiebt.
- Pro Monat kommt es weltweit zu etwa 50 Vulkanausbrüchen. Die meisten sind zum Glück von geringer Stärke und Dauer.
- Der größte Vulkan der Welt, der Mauna Loa auf Hawaii, soll schätzungsweise ein Volumen von 75 000 Kubikkilometern haben.

# Erdbeben und Vulkane

Die meisten großen Erdbeben und der überwiegende Teil der Vulkanausbrüche sind die Folge tektonischer Prozesse. Die Kontinentalplatten gleiten normalerweise nicht geschmeidig aneinander vorbei, vielmehr verlaufen die Bewegungen an den Kanten ruckartig. In manchen Gegenden sind die aneinandergrenzenden Gesteinsmassen durch Druck verkeilt und bewegen sich lange Zeit nicht. Während dieser Phasen bauen die Kräfte, die die Bewegung antreiben, in dem betroffenen Gebiet kontinuierlich potenzielle Dehnungsenergie auf. Die Kräfte und der Druck werden schließlich so stark, dass es zum Bruch – etwas „gibt nach" – und einer plötzlichen Bewegung zwischen den Gesteinsmassen kommt. Dabei entlädt sich die aufgestaute Energie in Form mächtiger Schockwellen, einem Erdbeben. In extremen Fällen taumelt der ganze Planet leicht auf seiner Achse.

### Typen von Schockwellen

Es gibt verschiedene Arten von Erdbebenwellen. Dazu zählen etwa Primär- oder P-Wellen und Sekundär- oder S-Wellen, die sich durch die festen (P-Wellen auch durch die flüssigen) Anteile des Erdinnern ausbreiten und fortsetzen. Langsamere Oberflächenwellen breiten sich nur innerhalb der Erdkruste aus.

### Warum brechen Vulkane aus?

Wie bei den meisten Erdbeben spielt sich ein Großteil der vulkanischen Aktivitäten an Plattengrenzen ab, wo sich die Kante einer Platte unter eine andere schiebt. Tief unter der Oberfläche setzt aus dem absinkenden Plattensegment austretendes Wasser den Schmelzpunkt des umgebenden Gesteins herab. Das Gestein schmilzt und wird zu heißem, flüssigem Magma, das langsam nach oben dringt.

Bei Vulkanausbrüchen tritt das Magma an der Erdoberfläche aus, entweder ruhig in Form flüssiger Lavaströme oder explosiv in Form von Aschewolken und Schlackeauswürfen. Außer an Plattengrenzen treten Vulkane auch an Hotspots auf, an denen die Hitze aus der Tiefe in schmalen Kanälen durch den Erdmantel nach oben steigt. Diese Hitzeströme bringen das umgebende Gestein zum Schmelzen, sodass sich Magma bildet, das sich eruptiv auf die Erdoberfläche ergießt.

### Warum brechen manche Vulkane nicht aus?

Manche Vulkane sind über Jahrzehnte oder sogar Jahrhunderte inaktiv, meist weil eine große Menge verfestigten Magmas den Vulkanschlot verschlossen hat. Während dieser Zeit kann sich unter dem Vulkan eine riesige Kammer voller Magma bilden und wachsen, wodurch der Druck ständig ansteigt. Schließlich bringt ein Auslöser wie ein leichtes Erdbeben die Lava zum Ausbruch, und der aufgestaute Druck sorgt für eine dramatische Eruption. Dies war die Ursache einiger der verheerendsten Vulkanausbrüche aller Zeiten. Beim Mount St. Helens in den USA etwa wurde im Mai 1980 die obere Hälfte des Vulkans förmlich weggesprengt und im Umkreis von 600 Quadratkilometern alles von heißem Gas verbrannt und mit Asche bedeckt.

ERDBEBEN UND VULKANE    **87**

## Vorhersage von Erdbeben

Kann man Erdbeben vorhersagen? Ja, zumindest was die Gebiete betrifft, in denen wahrscheinlich irgendwann Erdbeben auftreten werden. Wann dies sein könnte, lässt sich dagegen nur schwer sagen. Experten achten auf Zeichen wie Bodenhebungen, die für wachsende Spannung im Gestein sprechen. Hilfreich ist auch die Suche nach seismischen Lücken – Regionen in Erdbebenzonen, die seit Längerem ungewöhnlich ruhig sind. Anhand der Erdbebengeschichte einer Region können Wissenschaftler berechnen, wie wahrscheinlich ein neues Erdbeben innerhalb eines bestimmten Zeitraums ist.

## Auswirkungen von Erdbeben

Den Punkt im Erdinnern, von dem die Energie eines Bebens ausgeht, nennt man Erdbebenherd, der Punkt direkt darüber an der Erdoberfläche bezeichnet man als Epizentrum. Die größten Schäden, die von den starken Erschütterungen beim Auftreffen der Schockwellen herrühren, treten in der Nähe des Epizentrums auf. Nicht erdbebensichere Gebäude sind vom Einsturz bedroht. Manche Bodenarten verlieren bei starken Erdbeben ihre Festigkeit, dadurch können zuvor abgesicherte Gebäude buchstäblich im Erdboden versinken.

## Aufbau und Lösung von Spannung

Der Prozess, der zu Erdbeben führt, lässt sich nachbilden, indem man ein Gummiband an einem Ziegelstein befestigt und daran zieht.

**1.** Legen Sie den Ziegel auf den Boden oder auf eine raue Tischplatte. Befestigen Sie ein Gummiband daran und ziehen Sie.

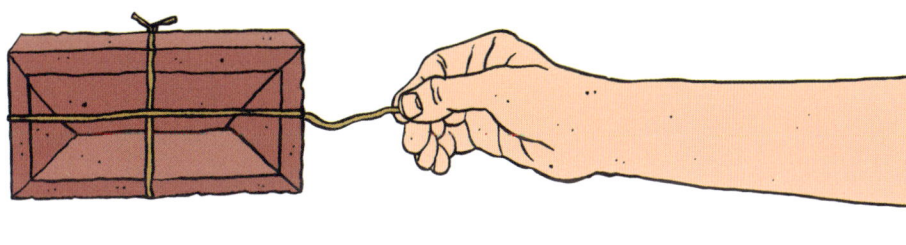

**2.** Beim Dehnen baut sich in dem Gummiband Spannungsenergie auf. Die Kraft, die an dem Stein zieht, wächst kontinuierlich, aber der Stein bewegt sich nicht, weil er von der Reibung des Untergrunds festgehalten wird.

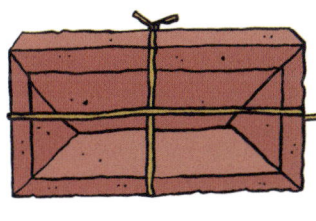

**3.** Je mehr sich das Gummiband dehnt, desto höher ist die potenzielle Energie. Auch die auf den Stein wirkende Zugkraft und Reibung werden stärker.

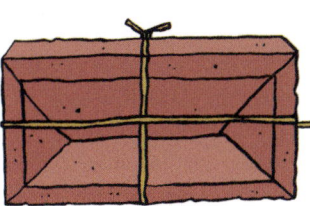

**4.** Die der Bewegung entgegenwirkende Reibung wird schließlich überwunden, und der Stein ruckt vorwärts. Zugleich löst sich die Spannungsenergie im Gummiband auf und wandelt sich in Geräuschenergie und kinetische Energie um. Der Unterschied zu einem Erdbeben ist, dass die Energie dabei in Schockwellen umgesetzt wird, die sich durch den Untergrund ausbreiten.

## DIE ERDE

### Fakten im Überblick

- In den Meeren gibt es mehr als 50 separate Oberflächenströmungen; manche davon, wie der Golfstrom, wirken über gewaltige Entfernungen.
- Die globale thermohaline Zirkulation verbindet Ozeanströmungen an der Oberfläche mit denen in der Tiefe. Es kann Jahrhunderte dauern, bis ein „Paket" Meerwasser einen Zyklus der Zirkulation durchlaufen hat.
- Warme Meeresströmungen sorgen dafür, dass Nordeuropa um 5 °C wärmer ist, als es eigentlich wäre. Hingegen wird z. B. Hawaii um ein paar Grad abgekühlt.
- Miteinander verbundene Oberflächenströme bewegen sich in der nördlichen Hemisphäre im Uhrzeigersinn, in der südlichen entgegengesetzt.

# Meeresströmungen

Die Ozeane der Erde haben vielfältige Bedeutung für unser Leben, nicht nur als Nahrungslieferanten. Neben Wellen und Gezeiten gibt es in den Meeren eine Reihe miteinander verbundener Strömungen, die gewaltige Mengen von Wärmeenergie transportieren. Diese Strömungen prägen und stabilisieren das Klima in verschiedenen Teilen der Welt. Außerdem wühlen sie kontinuierlich Nährstoffe und andere Chemikalien auf und spielen daher eine wichtige Rolle für das Leben in den Meeren.

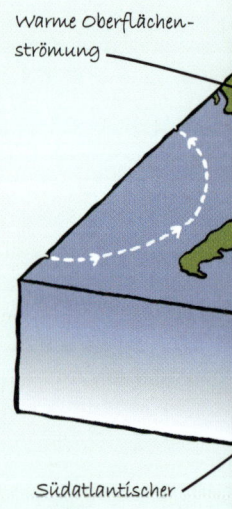

*Sargassosee und pazifischer Müllstrudel*

*Warme Oberflächenströmung*

*Südatlantischer Wirbel*

### Die Sargassosee und der große pazifische Müllstrudel

Neben der thermohalinen Zirkulation (siehe rechte Seite) wälzen diverse andere, vom Wind angetriebene Strömungen die obersten Wasserschichten an der Meeresoberfläche um. Im Pazifik und Atlantik verbinden sich mehrere Ströme zu gewaltigen Wirbeln, die auf der nördlichen Erdhälfte im Uhrzeigersinn und auf der südlichen Hemisphäre umgekehrt rotieren. Diese Wirbel sammeln alles anfallende Treibgut in den strömungsarmen Bereichen ihres Zentrums. Eine Folge davon fiel erstmals in den 1990er Jahren auf: Der in den Ozeanen treibende Kunststoffmüll konzentriert sich in den Wirbeln und bildet regelrechte Plastikteppiche. Die größte Masse an herumwirbelndem Plastik, der sogenannte pazifische Müllstrudel, hat sich im Nordpazifik gebildet und ist doppelt so groß wie Deutschland. Schätzungen zufolge enthält er mehr als 100 Millionen Tonnen Kunststoff, von Fußbällen über Plastiktüten bis hin zu Zahnbürsten. Ein weiteres betroffenes Gebiet ist die etwa 1400 km östlich von Florida gelegene Sargassosee, die sich im Zentrum des nordatlantischen Wirbels befindet. Ursprünglich war sie für die auf ihrer Oberfläche treibenden Algen der Gattung *Sargassum* bekannt, nun findet man dort riesige Mengen Plastikmüll.

Diese Ansammlungen von Kunststoff – ein gewisser Teil davon stammt von Schiffen und Bohrinseln, der Rest vom Festland – töten jährlich über eine Million Seevögel und mehr als 100 000 Meeressäuger. Die Tiere verschlucken versehentlich Plastikstücke, die dann ihre Verdauung schädigen. Das Problem wird sich in Zukunft noch verstärken, wenn wir nicht lernen, sparsamer mit Kunststoffen umzugehen, und das Entsorgungsproblem zu lösen.

### Klartext

**THERMOHALINE ZIRKULATION:** Von Unterschieden in Temperatur und Salzgehalt, nicht aber vom Wind angetriebene Wasserzirkulation in den Ozeanen. Sowohl Temperatur als auch Salzgehalt beeinflussen die Dichte des Wassers.

## Das globale Förderband

Ein Teil des Strömungssystems ist die auch als globales Förderband bekannte thermohaline Zirkulation. Sie wirkt weltweit und verbindet relativ schnelle, warme Oberflächenströmungen mit tieferen, langsameren Strömen eiskalten, salzigen Wassers. Sie ähnelt einem gigantischen Förderband, das Wärme über die Erdoberfläche verteilt. Besonders wichtig ist die Wirkung der thermohalinen Zirkulation im Nordatlantik, in den sie Wärme aus den Tropen transportiert. Durch diese Erwärmung genießt der Nordwesten Europas ein wesentlich milderes Klima als dort eigentlich aufgrund der geografischen Breite herrschen würde.

Der Hauptantrieb des Förderbands ist das Absinken großer Mengen von Meerwasser im äußersten Norden des Atlantiks. Es wird ausgelöst durch den Zustrom wärmeren Wassers aus dem Süden, das seine Wärme in der Nähe des Nordpols verliert und dadurch kälter und dichter wird. Am Meeresgrund angekommen, bewegt sich dieses Wasser extrem langsam voran – nur ein paar Meter pro Tag – und steigt schließlich im Indischen Ozean und im Pazifik wieder an die Oberfläche. Von dort treiben es Oberflächenströmungen zurück in den Nordatlantik. Mit diesem Strömungssystem verbunden sind auch Wasserbewegungen in den südlichen Meeren.

Wissenschaftler befürchten, dass die globale Erwärmung (siehe Seite 108) den Ablauf der Zirkulation stören oder sogar zum Stillstand bringen könnte. Ironischerweise wäre eine der Folgen eine starke Abkühlung des Klimas im Nordwesten Europas.

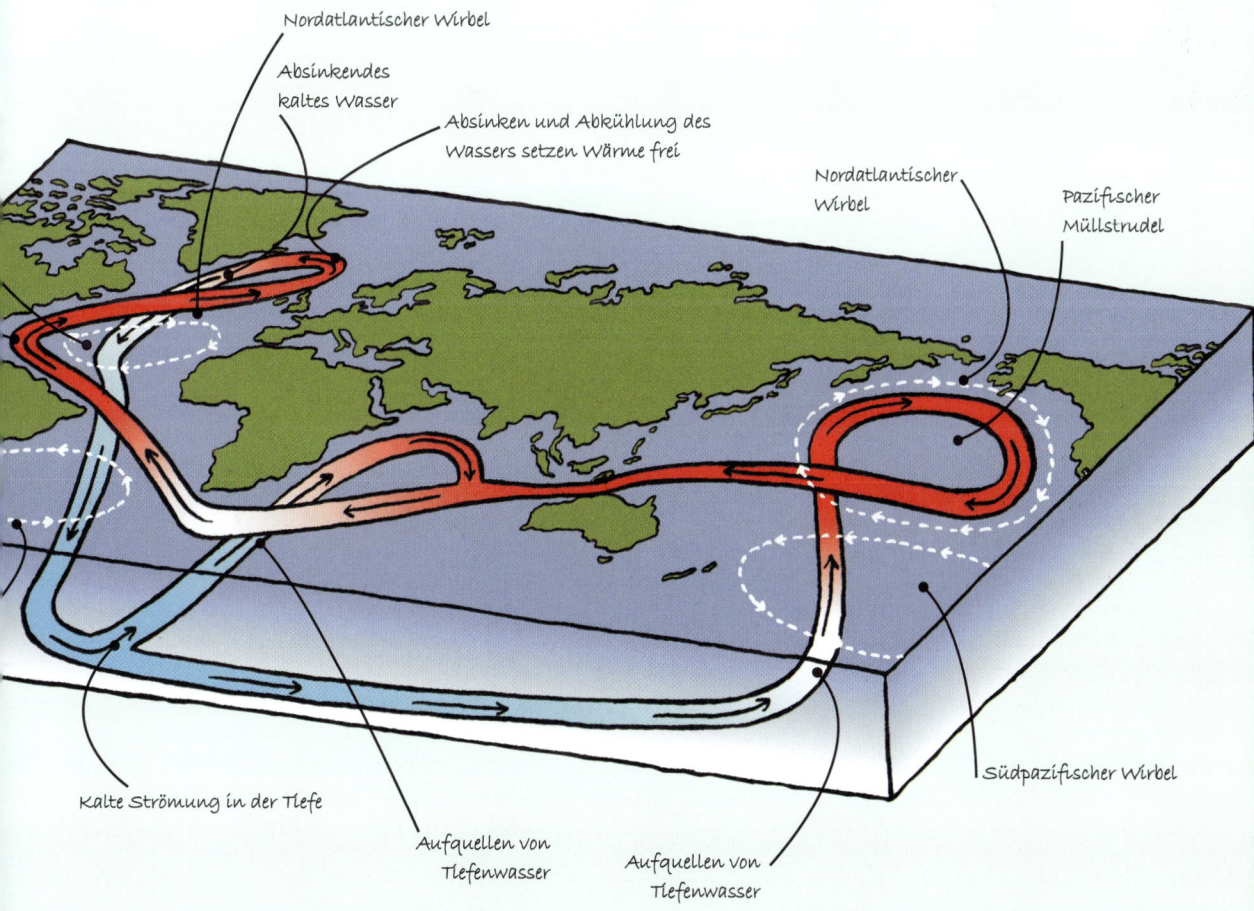

## DIE ERDE

**Fakten im Überblick**

- Ursache der Gezeiten ist eine Kombination aus der Rotation der Erde und der Wechselwirkung ihrer Anziehungskraft mit der des Mondes.
- Die Stärke der Gezeiten verändert sich aufgrund zusätzlicher Wechselwirkungen zwischen Erde und Sonne im Lauf eines Monats (Nipptide und Springtide).
- Die weltweit größten Tidenunterschiede treten in der Bucht von Fundy in Kanada auf – die Differenz zwischen Ebbe und Flut beträgt bis zu 17 m.
- Viele Küstengebiete erleben zwei Fluten pro Tag, in anderen gibt es nur eine Flut oder gar keine Wirkung der Gezeiten.

# Die Gezeiten

**Klartext**

**SPRINGFLUT:** Besonders auffällige und heftige Flut, die alle zwei Wochen auftritt, wenn der Unterschied zwischen Ebbe und Flut am größten ist. Die Ursache ist, dass Erde, Mond und Sonne zu dieser Zeit mehr oder weniger auf einer geraden Linie liegen.

Regelmäßige Änderungen des Meeresspiegels, Gezeiten genannt, entstehen durch Wechselwirkungen der Gravitation von Erde, Mond und Sonne in Verbindung mit der Erdrotation. Es gibt zwei grundlegende Gezeitenzyklen: einen täglichen und einen über zwei Wochen. Der bekannte täglich wiederkehrende Zyklus von Ebbe und Flut beruht auf der Wechselwirkung zwischen Erde und Mond. Im vierzehntägigen Zyklus verändert sich die Stärke der täglichen Gezeiten zwischen schwacher Nipptide (mit wenig Unterschied zwischen Ebbe und Flut) und der kräftigeren Springtide, die eine Woche später eintritt. Diesen Kreislauf bewirkt das Zusammenwirken der Gravitation von Erde und Sonne in Kombination mit dem Effekt des Mondes.

### Was verursacht Ebbe und Flut?

Das Grundmuster der Gezeiten ist eine Folge der Rotation der Erde und ihrer Wechselwirkung mit dem Mond.

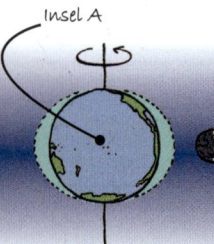

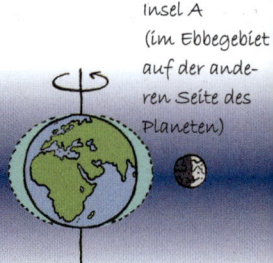

**1.** Die Erde dreht sich in 24 Stunden einmal um ihre Nord-Süd-Achse. Aufgrund der Wechselwirkung mit dem Mond (siehe rechte Seite) bilden die Ozeane leichte Wasserberge auf beiden Seiten des Planeten.

**2.** Während sich der Planet dreht, schwappen diese Wasserberge über die Oberfläche. Anders gesagt, bestimmte Punkte auf der Oberfläche drehen sich in diese Anhebung des Wassers hinein und wieder hinaus. Insel A im Pazifik startet in Ebbeposition …

**3.** … und erreicht etwa 6¼ Stunden später eine der Wasserberg-Regionen des Ozeans, wodurch es auf der Insel zur Flut kommt.

**4.** Weitere 6¼ Stunden später liegt die Insel in der zweiten Ebbezone auf der anderen Seite des Planeten, …

# DIE GEZEITEN 91

Am besten versteht man die Ursache der Gezeiten, wenn man sich vorstellt, die Erdoberfläche wäre gleichmäßig mit Wasser bedeckt. Dann könnten die Wasserberge (siehe links unten) reibungslos über den Erdball rauschen, während er sich dreht. In Wirklichkeit sorgen Landmassen und Meeresbecken unterschiedlicher Tiefe dafür, dass die Gezeiten in manchen Gegenden stark vom Standardmuster abweichen. So haben etwa viele Gebiete am Meer zwei Fluten am Tag, andere wiederum nur eine.

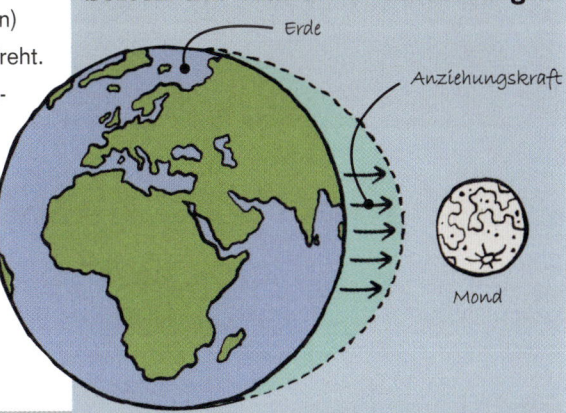

## Warum bilden sich auf beiden Seiten des Planeten Wasserberge?

**Klartext**

**ZENTRIFUGALKRAFT:**
Zentrifugal bedeutet wörtlich „vom Zentrum fliehend". Wenn sich ein Objekt kreisförmig bewegt, muss es ständig von einer Kraft zum Zentrum des Kreises gezogen werden. In entgegengesetzter Richtung wirkt die Zentrifugal- oder Fliehkraft, die darauf zurückgeht, dass sich Objekte normalerweise auf geraden Bahnen bewegen. Die Zentrifugalkraft bewirkt, dass flüssige Teile des Objekts vom Zentrum der Rotation weg streben.

Warum die Meere auf einer Seite der Erde einen Wasserberg bilden, ist leicht zu verstehen: Er entsteht, weil der Mond die Ozeane durch seine Gravitation anzieht (siehe Bild oben).

Die Ursache des zweiten Wasserbergs ist etwas komplizierter. Indem der Mond die Erde einmal pro Monat umkreist, bewirkt er ein leichtes kreisförmiges „Schwanken" der Erdbewegung. Dabei werden die Ozeane durch die sogenannte Zentrifugalkraft etwas vom Zentrum der Bewegung abgedrängt. Der Effekt ähnelt dem eines Suppentellers, den man im Kreis dreht. Die Suppe entfernt sich vom Mittelpunkt der Drehbewegung und schwappt auf der gegenüberliegenden Seite über den Tellerrand (siehe unten).

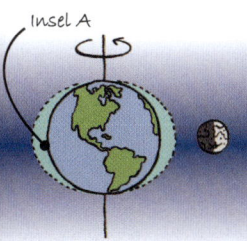

**5.** ... und schließlich, noch einmal 6¼ Stunden später, bewegt sich die Insel in die zweite Wasserberg-Zone des Ozeans und erlebt eine zweite Flut. Insgesamt gab es also innerhalb von 25 Stunden zweimal Ebbe und zweimal Flut. Es sind keine 24 Stunden, weil sich der Mond mittlerweile auf seiner eigenen Kreisbahn um die Erde ein Stück bewegt hat.

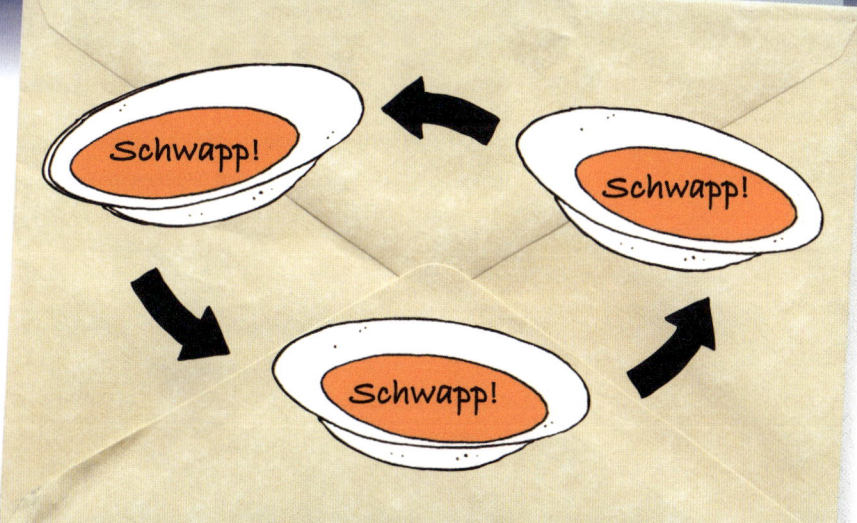

## Fakten im Überblick

- Der globale Meeresspiegel steigt derzeit um etwa 3 mm pro Jahr.
- Die globale Klimaerwärmung ist eine der Hauptursachen des gegenwärtigen Meeresspiegelanstiegs.
- Forscher der Vereinten Nationen prognostizieren für dieses Jahrhundert einen weiteren Anstieg um 18–60 cm.
- Ein Anstieg von etwa 50 cm würde viele Millionen Bewohner von tief liegenden Küstengebieten und Inseln heimatlos machen.

# Der Meeresspiegelanstieg

Der globale Meeresspiegel – die mittlere Höhe der Ozeane ohne Berücksichtigung lokaler Besonderheiten sowie Landhebungen und -senkungen – war die letzten 3000 Jahre meist relativ stabil. Er stieg durchschnittlich pro Jahr nur um Bruchteile von Millimetern an. Im 20. Jahrhundert jedoch zeigten regelmäßige Messungen der Küstenpegel, dass der Meeresspiegel zwischen ein und zwei Millimetern pro Jahr ansteigt. Seit 1993 sind durch die Kartierung der Ozeanoberflächen via Satellit viel genauere Messungen möglich. Sie ergeben, dass sich der globale Meeresspiegel derzeit um etwa drei Millimeter pro Jahr erhöht.

Die große Frage ist, ob die Klimaerwärmung den Meeresspiegelanstieg in gefährlicher Weise beschleunigt (siehe rechte Seite). Forscher der UN prognostizieren, dass der globale Meeresspiegel bis Ende des 21. Jahrhunderts um weitere 18–60 Zentimeter ansteigen wird, je nachdem, wie sehr sich die Atmosphäre und die Ozeane weiterhin erwärmen. Das bedeutet, dass in den nächsten 90 Jahren ein Anstieg von durchschnittlich zwei bis sechs Millimetern pro Jahr zu erwarten ist.

### Lokale Effekte erschweren die Sache

Misst man den Meeresspiegel im Verhältnis zum Festland (etwa durch Pegelanzeiger an Molen), wird das Ergebnis durch lokale Besonderheiten verzerrt. Manche Kontinente steigen an oder sinken ab. Gebiete, die während der letzten Eiszeit von Gletschern bedeckt waren, heben sich im Verhältnis zu den Meeren bis heute (wie das Polster eines Sessels nach dem Aufstehen).

### Gefährdete Gebiete

Im schlimmsten Fall würden durch den Meeresspiegelanstieg Millionen Bewohner tief liegender Flussdeltas an Küsten heimatlos werden. Ein Anstieg um mehr als 1 m würde etwa Bangladesch zu einem Sechstel und viele andere Gebiete, wie die Bahamas, vollständig überfluten.

## Worst Case: Abschmelzen der Eiskappen

Wenn die Erderwärmung anhält, wird der grönländische Eisschild vollständig schmelzen und der Meeresspiegel um sieben Meter ansteigen. Das könnte in ein paar Jahrhunderten geschehen und würde die meisten Küstenstädte überfluten, darunter auch Hamburg, London und New York. Schmelzen sogar die Polkappen ab, würde der Pegel um katastrophale 60 Meter steigen – doch dieses Worst-Case-Szenario ist in den nächsten Hunderten von Jahren zum Glück äußerst unwahrscheinlich.

# DER MEERESSPIEGELANSTIEG

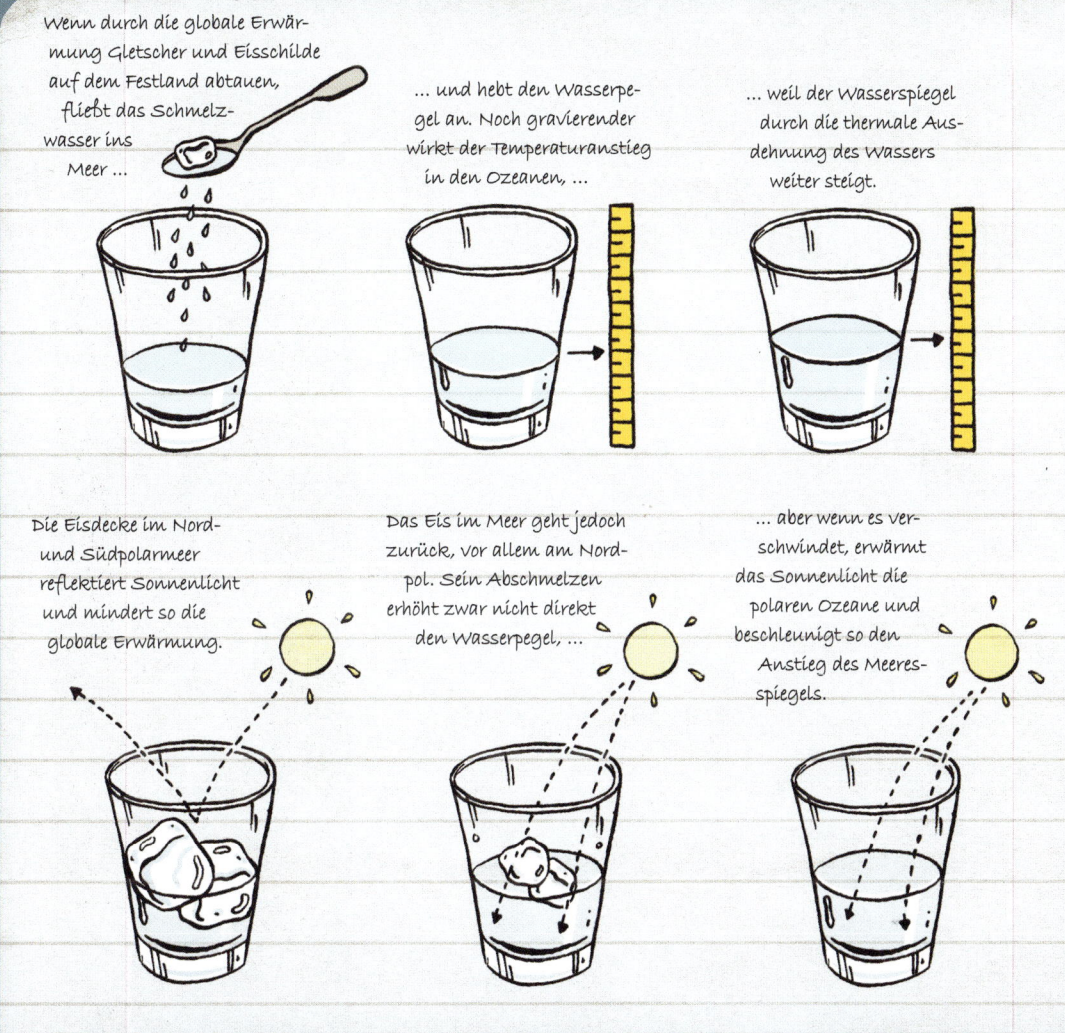

> > > > **Die wärmebedingte Ausdehnung des Meerwassers gilt als wichtigste Ursache des Meeresspiegelanstiegs. Auch das Abschmelzen der Gebirgsgletscher und des grönländischen Eisschilds trägt dazu bei. Der antarktische Eisschild hingegen hat bislang noch kaum etwas von seinen Eismassen eingebüßt, doch das kann sich ändern, wenn die Klimaerwärmung anhält.**

## DIE ERDE

**Fakten im Überblick**

- Die Atmosphäre besteht aus mehreren Schichten. Was wir „Wetter" nennen, spielt sich nur in der untersten Schicht ab, der Troposphäre.
- Die Temperatur in der Atmosphäre variiert zwischen -100 °C in etwa 80 km Höhe und 1700 °C in Höhen über 145 km.
- Die Sonne heizt die Troposphäre auf, wodurch die Luft in sogenannten Zellen zirkuliert. Diese spielen eine wichtige Rolle bei der Entstehung unterschiedlicher Klimazonen.
- In den oberen Schichten der Erdatmosphäre ist die Luft so dünn, dass es fast keinen Reibungswiderstand gibt. Dort oben kreisen daher viele Satelliten.

# Die Erdatmosphäre

Die Atmosphäre umgibt unseren Planeten wie eine unsichtbare Hülle aus Gasen. Ihre Struktur und Zusammensetzung beeinflussen Klima, Funkverkehr und den Energieaustausch zwischen verschiedenen Teilen der Erdoberfläche. Da sie die Erdoberfläche vor schädlicher Strahlung abschirmt, Wärme speichert und Gase wie Sauerstoff, Stickstoff und Kohlendioxid liefert, hat die Atmosphäre eine Schlüsselrolle bei der Entstehung des Lebens gespielt.

## Vier Schichten

Die Atmosphäre besteht im Wesentlichen aus vier Schichten. In der untersten, der bis zu 12 km mächtigen Troposphäre, spielen sich all die Veränderungen ab, die unser Wetter ausmachen. Darüber reicht bis in eine Höhe von rund 85 km die relativ ruhige und stabile, aber sehr kalte Stratosphäre. Sie enthält die schützende Ozonschicht (siehe Seite 104). Oberhalb der Stratosphäre, ab etwa 80 Kilometer über der Erdoberfläche, schließt sich die Ionosphäre an. Hier ist die Luft durch die ultraviolette Strahlung der Sonne größtenteils ionisiert (elektrisch aufgeladen). Die Ionosphäre ist von großer praktischer Bedeutung, weil sie bestimmte Arten von Radiowellen reflektiert. Der Rückprall der Wellen von der Ionosphäre ermöglicht es, Funkbotschaften über weite Strecken der Erdoberfläche zu übertragen. In rund 1000 km Höhe schließlich leitet die äußerste Schicht der Atmosphäre, die Exosphäre, in das Weltall über.

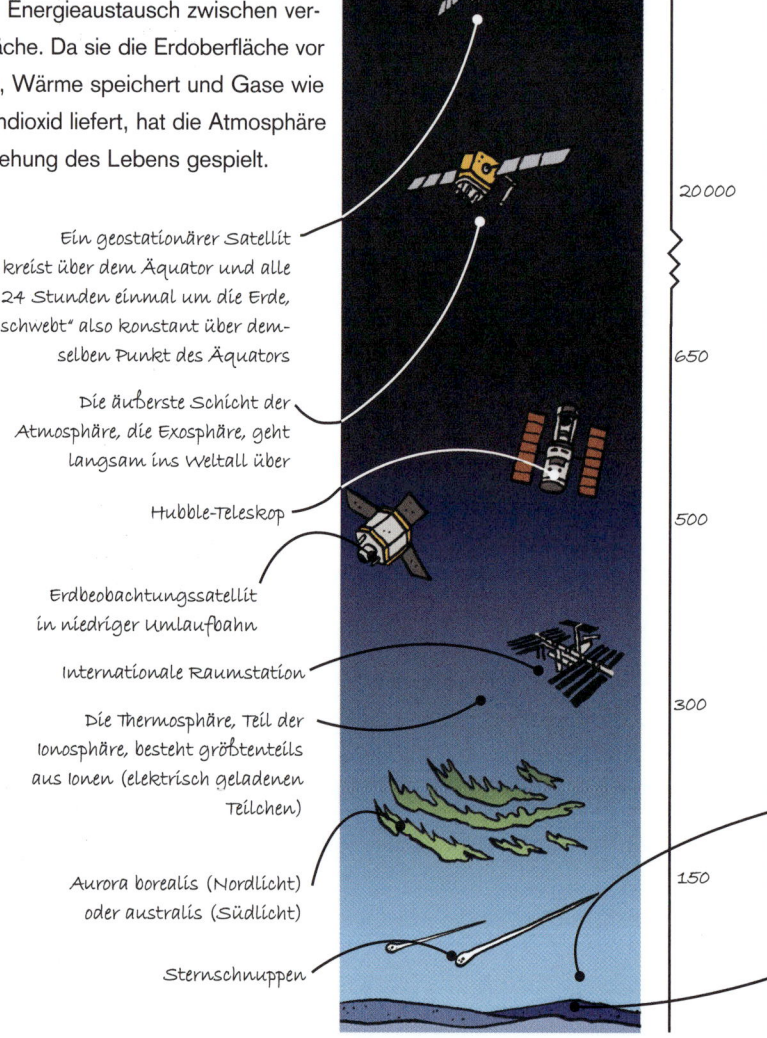

Höhe (Kilometer)

35 785 — Ein geostationärer Satellit kreist über dem Äquator und alle 24 Stunden einmal um die Erde, „schwebt" also konstant über demselben Punkt des Äquators

20 000 — Die äußerste Schicht der Atmosphäre, die Exosphäre, geht langsam ins Weltall über

650

500 — Hubble-Teleskop

— Erdbeobachtungssatellit in niedriger Umlaufbahn

— Internationale Raumstation

300 — Die Thermosphäre, Teil der Ionosphäre, besteht größtenteils aus Ionen (elektrisch geladenen Teilchen)

150 — Aurora borealis (Nordlicht) oder australis (Südlicht)

— Sternschnuppen

# DIE ERDATMOSPHÄRE

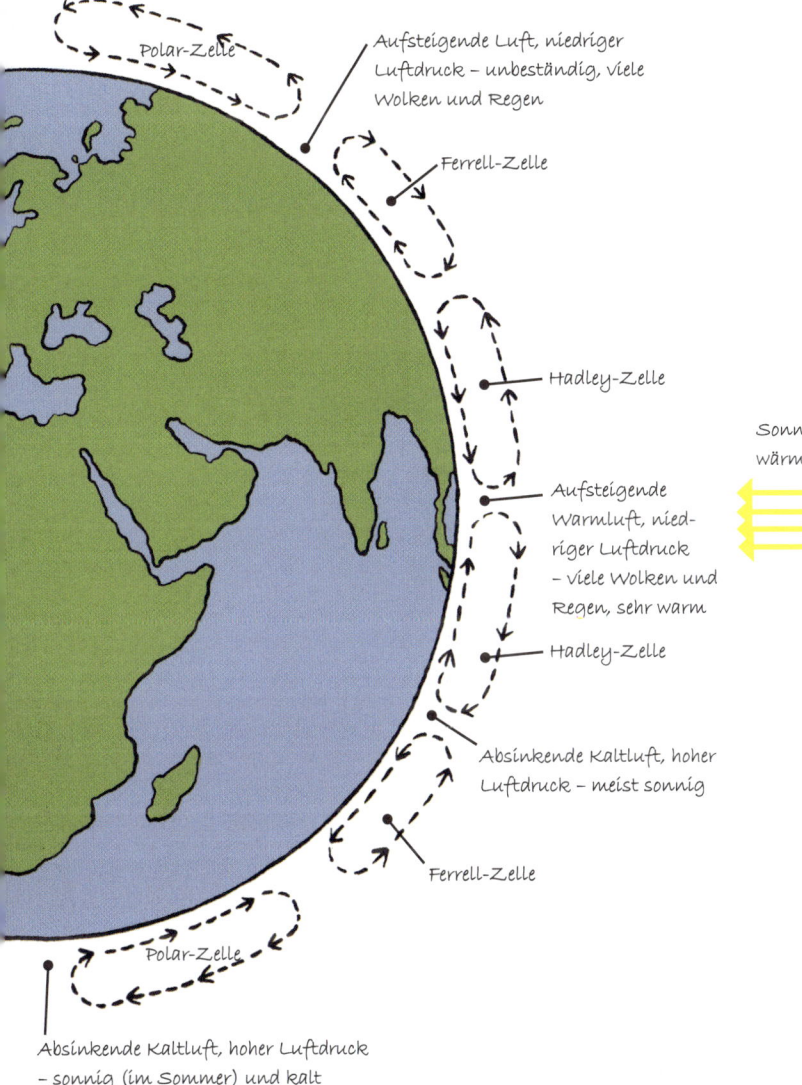

- Polar-Zelle
- Aufsteigende Luft, niedriger Luftdruck – unbeständig, viele Wolken und Regen
- Ferrell-Zelle
- Hadley-Zelle
- Aufsteigende Warmluft, niedriger Luftdruck – viele Wolken und Regen, sehr warm
- Sonnenwärme
- Hadley-Zelle
- Absinkende Kaltluft, hoher Luftdruck – meist sonnig
- Ferrell-Zelle
- Polar-Zelle
- Absinkende Kaltluft, hoher Luftdruck – sonnig (im Sommer) und kalt

## Atmosphärische Zirkulationszellen

Wie Vorgänge in der Atmosphäre das Klima und das Wettergeschehen beeinflussen, wird anschaulich, wenn man weiß, dass die Erwärmung durch die Sonne eine ständige Zirkulation der Luftmassen in der Troposphäre bewirkt.

Das geschieht in den links dargestellten „Zellen". In manchen Breiten – so etwa am Äquator und ungefähr 60 Grad nördlich und südlich davon – bilden die Zellen aufsteigende Luftsäulen, die für niedrigen Luftdruck an der Erdoberfläche und ziemlich unbeständiges Wetter sorgen. Etwa 30 Grad nördlich und südlich des Äquators hingegen (etwa im Südwesten der USA) befinden sich Regionen, wo die Luft zur Erde sinkt. Dadurch ist der Luftdruck hoch, das Klima beständig und das Wetter meist sonnig. Die Vorgänge in diesen atmosphärischen Zellen sind mit die wichtigsten Gründe dafür, dass das Klima in Europa und im Nordosten Nordamerikas anders ist als z. B. in Ägypten, Arizona oder dem tropischen Südamerika.

---

Die Stratosphäre enthält weit dünnere (weniger dichte) Luft als die Troposphäre darunter. Sie ist einheitlicher und stabiler und bis zu 70 km dick.

Die Troposphäre ist die unterste Schicht der Atmosphäre. Ihre Mächtigkeit reicht von 8 km an den Polen bis zu 18 km am Äquator. In dieser Schicht spielt sich das Wettergeschehen ab.

**LUFTDRUCK:**
Auch hydrostatischer Druck genannt; der jeweils von der Luftsäule über einem beliebigen Punkt der Erdoberfläche verursachte Druck. Er schwankt aufgrund der ständig ablaufenden leichten Veränderungen in den Luftmassen.

*Klartext*

## DIE ERDE

**Fakten im Überblick**

- Zentren von hohem und niedrigem Luftdruck, die über die Erdoberfläche dahinziehen, haben einen starken Einfluss auf das Wettergeschehen.
- Beeinflusst wird das Wetter aber auch durch die Wechselwirkungen bewegter Luftmassen, die eine unterschiedliche Temperatur und Feuchtigkeit haben.
- Die Grenzen zwischen bewegten Luftmassen nennt man Fronten. Es gibt Warm- und Kaltfronten. Wenn sie herannahen und eintreffen, entstehen charakteristische Wettermuster.
- Kaltfronten, an denen kalte Luft warme Luft verdrängt, ziehen mit etwa 35 km/h, Warmfronten, an denen warme Luft die kalte verdrängt, mit ungefähr 26 km/h.

# Das Wetter

Der Begriff „Wetter" bezieht sich auf die ständig wechselnden atmosphärischen Bedingungen wie Temperatur, Windgeschwindigkeit und Sonnenschein, die zeit- und stellenweise herrschen. Das Wetter kann sich zwar schlagartig ändern – wenn etwa einem feuchten Morgen ein sonniger Nachmittag folgt –, doch über lange Zeiträume hinweg bleibt es relativ stabil. Das durchschnittliche Wettergeschehen einer bestimmten Gegend bildet ihr Klima.

Vor allem in den gemäßigten Breiten wird das Wetter hauptsächlich vom Verhalten örtlich begrenzter Hochdruck- oder Tiefdruckzellen bestimmt, die sich verlagern. Hochdruckzellen bewegen sich langsam und sorgen für gutes Wetter. Tiefdruckgebiete ziehen schneller und bringen meist Wolken und Regen mit sich. Das liegt daran, dass Tiefdruck durch aufsteigende warme Luft entsteht; wenn diese Luft Feuchtigkeit enthält, kondensiert der Wasserdampf beim Abkühlen zu Tröpfchen, die sich zu Regenwolken zusammenballen.

Eng verbunden mit Hochdruck- und Tiefdruckzellen sind warme und kühle Luftmassen, die sich ebenfalls über die Erdoberfläche bewegen. Vom Wind getrieben, jagen sie einander um Tiefdruckzentren herum. Die Grenzen zwischen unterschiedlichen Luftmassen nennt man „Fronten"; die Bewegung unterschiedlicher Arten von Fronten ist die Ursache einiger charakteristischer Wettermuster.

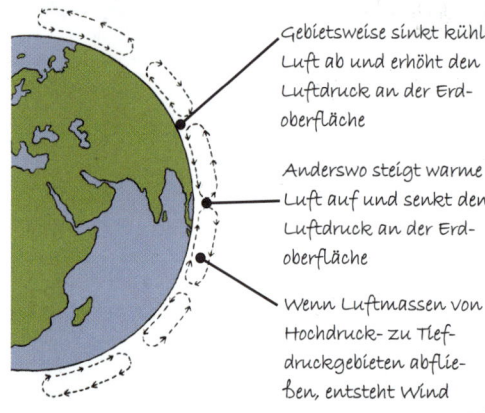

**1. Die Luft bewegt sich ...**

- Gebietsweise sinkt kühle Luft ab und erhöht den Luftdruck an der Erdoberfläche
- Anderswo steigt warme Luft auf und senkt den Luftdruck an der Erdoberfläche
- Wenn Luftmassen von Hochdruck- zu Tiefdruckgebieten abfließen, entsteht Wind

## Klartext

**GEMÄSSIGTE BREITEN:**
Die Zonen der gemäßigten Breiten liegen, grob betrachtet, zwischen den Subtropen und den Polarregionen (Arktis und Antarktis). Charakteristisch für sie ist ein ausgesprochenes Jahreszeitenklima.

### Kaltfront
Eine heranziehende Kaltfront lässt den Luftdruck stetig sinken. Sie bringt Quellwolken mit sich, gefolgt von böigem Wind und (manchmal heftigen) Gewittern mit starkem Regen, Hagel oder Schnee beim Durchzug der Front. Daraufhin sinkt die Temperatur, und der Luftdruck steigt an.

### Warmfront
Beim Heranziehen einer Warmfront sinkt die Wolkendecke, es kommt zu Schauern von Regen oder Schnee. Die warmen Luftmassen lösen dann die Wolken auf und sorgen für einen Temperaturanstieg.

**DAS WETTER** 97

**2. Anders betrachtet ...**

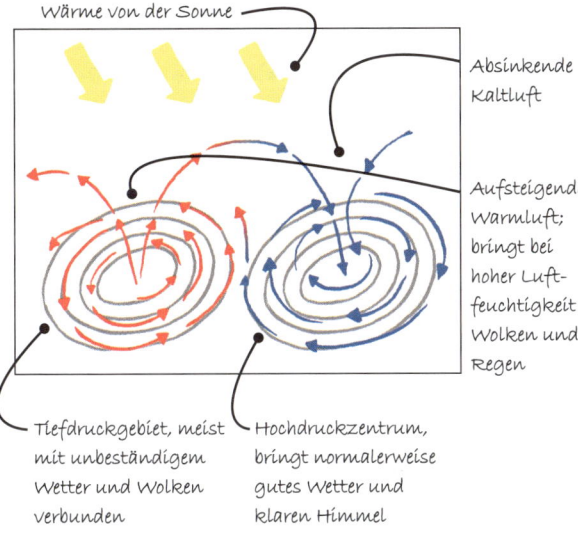

Wärme von der Sonne

Absinkende Kaltluft

Aufsteigende Warmluft; bringt bei hoher Luftfeuchtigkeit Wolken und Regen

Tiefdruckgebiet, meist mit unbeständigem Wetter und Wolken verbunden

Hochdruckzentrum, bringt normalerweise gutes Wetter und klaren Himmel

**3. Auf eine Wetterkarte projiziert.**

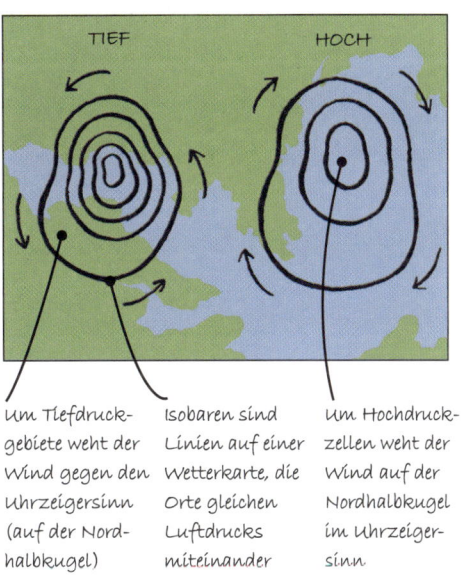

Um Tiefdruckgebiete weht der Wind gegen den Uhrzeigersinn (auf der Nordhalbkugel)

Isobaren sind Linien auf einer Wetterkarte, die Orte gleichen Luftdrucks miteinander verbinden

Um Hochdruckzellen weht der Wind auf der Nordhalbkugel im Uhrzeigersinn

**4.** Mit Tiefdruck- und Hochdruckzentren verbunden sind Felder von warmer und kühler Luft, die sich, vom Wind getrieben, gegenseitig um die Tiefdruckzentren herum jagen.

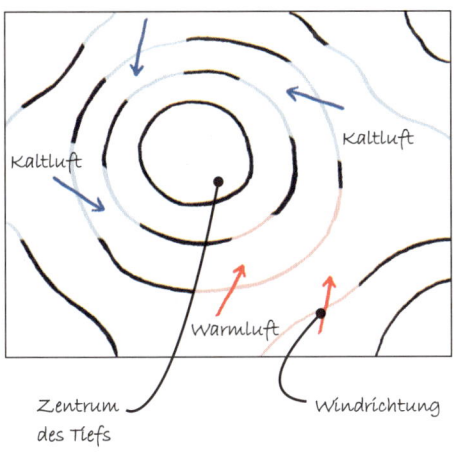

Kaltluft

Kaltluft

Warmluft

Zentrum des Tiefs

Windrichtung

**5.** Auf Wetterkarten bezeichnet man die Grenzen zwischen kalten und warmen Luftmassen als „Fronten": Ihr Herannahen und ihr Durchzug sorgen für charakteristische Wettermuster, die Stunden, aber auch Tage anhalten können.

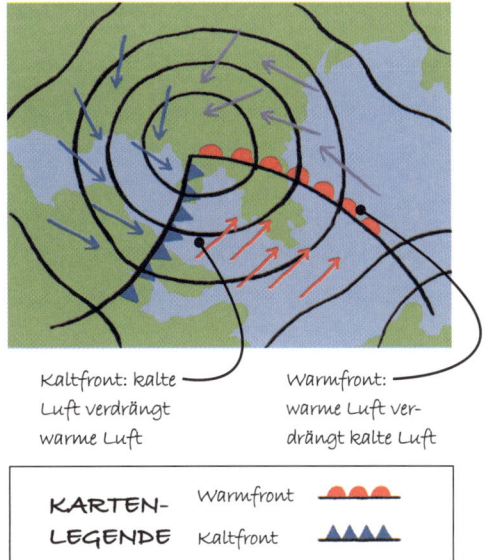

Kaltfront: kalte Luft verdrängt warme Luft

Warmfront: warme Luft verdrängt kalte Luft

KARTENLEGENDE
Warmfront
Kaltfront

## 98 DIE ERDE

**Fakten im Überblick**

- Blitze durchschlagen die Luft mit 125 000 km/h.
- Die Stromstärke von Blitzen kann 300 000 Ampere betragen.
- Die elektrische Spannung oder Spannungsdifferenz in Gewitterwolken, die zum Blitz führt, erreicht bis zu 100 Mio. Volt.
- Bei einem Blitzeinschlag erhitzt sich die umgebende Luft auf bis zu 30 000 °C und ist damit fünfmal heißer als die Oberfläche der Sonne.
- In manchen Fällen verästeln sich Blitze zwischen Wolke und Boden über 20-mal.

# Blitze

Fast alle Arten von Blitzen entstehen in großen Gewitterwolken, die wie gigantische Generatoren wirken. In ihnen herrschen starke, turbulente Stürme, die winzige Eiskristalle herumwirbeln und sie unzählige Male kollidieren lassen, wodurch statische Elektrizität entsteht. Dadurch wird die Gewitterwolke zu einer Art riesiger Batterie mit positiver Ladung an der Spitze und negativem Pol am unteren Ende.

**Klartext**

**ELEKTROSTATISCHE AUFLADUNG:** Der Aufbau elektrischer Ladung in Objekten durch Berührung oder Reibung, wobei einem Objekt Elektronen entzogen und einem anderen zugeführt werden.

**Warum schlagen Blitze in den Boden?**

1. In Gewitterwolken kollidiert teilweise gefrorenes Wasser mit Eiskristallen. Das dichtere Wasser entzieht dem Eis Elektronen und sinkt ans untere Ende der Wolke ab. Die harten Eiskristalle werden positiv, das Eiswasser negativ aufgeladen. Bei ihrem Durchzug lädt die Wolke den Boden darunter durch Induktion positiv auf.

2. Elektronen strömen von der Wolke zum Boden, wobei die Luft (durch elektrische Ladungstrennung) teilweise ionisiert wird. Den bleistiftdünnen ionisierten Kanal, in dem sich die Elektronen bewegen, nennt man Leitblitz. Zugleich steigt von hohen Objekten am Boden, etwa Bäumen und Türmen, eine positive Fangentladung hinauf zum Leitblitz.

## Wie weit ist das Gewitter entfernt?

Das Licht von Blitzen bewegt sich mit Lichtgeschwindigkeit, wir sehen sie also sofort, während sich der Donner mit etwa 332 m/s ausbreitet. Deshalb kann man berechnen, wie viele Kilometer ein Gewitter entfernt ist, indem man die Sekunden zwischen Blitz und Donner zählt und das Ergebnis durch drei teilt.

## Wenn Sie ein Gewitter im Freien überrascht …

Flüchten Sie in ein Haus oder Auto, schließen Sie Türen und Fenster. Autos schützen besonders gut, weil die Metallhülle den Strom außen ableitet. Wenn Sie keinen Schutz finden, bleiben Sie einzelnen Bäumen fern, weil sie wie natürliche Blitzableiter wirken. Außerdem sollten Sie selbst keinesfalls eine Erhebung in der Umgebung bilden, etwa weil sie auf einem Hügel oder in einem Boot stehen.

## Können Blitze Flugzeuge zum Absturz bringen?

Linienflugzeuge werden durchschnittlich zweimal pro Jahr vom Blitz getroffen, sind aber in der Regel recht sicher. Die Passagiere hören den Knall, sehen den Blitz, fühlen die Erschütterung, aber die Metallhülle des Flugzeugs leitet den Strom ohne Schäden ab. Dennoch können Blitze Flugzeugen schaden. Die Instrumente im Cockpit reagieren empfindlich auf die massive elektromagnetische Energie, die beim Blitzschlag frei wird, und können falsche Werte anzeigen. In äußerst seltenen Fällen kann ein Blitz die Außenhülle des Flugzeugs durchschlagen und den Treibstoff in Brand setzen.

## Arten von Blitzen

Die meisten Blitze entstehen innerhalb einer Wolke als Entladungen zwischen unterschiedlich elektrisch gepolten Zonen. Sichtbar werden sie nur als flackerndes Leuchten. Auch zwischen Wolken können sich Blitze bilden. Am besten erforscht und am spektakulärsten sind jedoch Blitze von Wolken zum Boden (siehe unten).

**3.** Wenn die Fangentladung auf den Leitblitz trifft, kommt es in dem ionisierten Kanal zu einer massiven elektrischen Entladung – dem Blitzschlag. Während der Entladung fließen gewaltige Mengen Elektronen abwärts. Zuerst rasen die dem Boden nächsten Elektronen nach unten, dann die etwas höheren und so weiter.

**4.** Die Entladung entzieht dem unteren Bereich der Wolke Elektronen. Solange zwischen Wolke und Boden ein signifikanter Ladungsunterschied besteht, können rasch folgende Blitze denselben Kanal durchschlagen. Die an der Wolkenspitze isolierte positive Ladung kann später zu weiteren Blitzen führen. Diese Blitzschläge nennt man Positivblitze.

# 6
# Unsere Umwelt

**INHALT**

- Luftverschmutzung **102**
- Das Ozonloch **104**
- Biomagnifikation **106**
- Die globale Erwärmung **108**
- Quellen von Treibhausgasen **110**
- Erneuerbare Energien **112**
- Atommüll **114**
- Biobrennstoffe **116**
- Elektroautos **118**
- Recycling **120**

Die Zerstörung unserer Umwelt und die Maßnahmen, die dagegen ergriffen werden, zählen zu den meistdiskutierten Themen der heutigen Wissenschaft. Umweltthemen sind oft zeitabhängig. Zum Beispiel sorgte man sich in den 1960ern besonders um die Auswirkungen von Insektiziden auf Vögel und andere Wildtiere. In den 1970ern kreisten die Ängste um sauren Regen und Wasserverschmutzung, in den 1980ern und 1990ern wandte sich die Aufmerksamkeit Themen wie dem Schwinden der Ozonschicht, der Lagerung von Atommüll, dem Waldsterben und dem Rückgang der Artenvielfalt zu.

## Unsere Umwelt heute

Keines dieser Probleme ist ganz verschwunden, manche haben sich verschlimmert. In wenigen Fällen, etwa beim Ozonloch, ließ sich durch internationale Anstrengungen eine Verbesserung erreichen. Inzwischen wurden die meisten dieser Themen vom größten Umweltproblem des 21. Jahrhunderts überschattet – der globalen Erwärmung mit ihren vielen prognostizierten Folgen, darunter Klimawandel und Anstieg des Meeresspiegels.

## Ein Energieproblem

Die globale Erwärmung hat in erster Linie mit Energie zu tun – damit, wie viel wir verbrauchen und woraus wir sie gewinnen. Seit über einem Jahrhundert betreiben wir unsere Fabriken, heizen unsere Häuser und betanken unsere Verkehrsmittel hauptsächlich mit fossilen Brennstoffen wie Kohle, Erdöl und Gas. Dabei entsteht jedoch Kohlendioxid, ein sogenanntes Treibhausgas, dessen zunehmende Konzentration in der Atmosphäre die allermeisten Wissenschaftler als Hauptursache der Klimaerwärmung ansehen. Das folgende Kapitel widmet sich diesen aktuellen Problemen und zeigt Technologien, die zur Bekämpfung der globalen Erwärmung beitragen könnten. Dazu zählen beispielsweise erneuerbare Energien wie Wind- und Sonnenenergie, Biokraftstoffe und Elektroautos, mit denen wir uns aus unserer Abhängigkeit von fossilen Brennstoffen lösen können. Dabei sollte man allerdings nicht vergessen, dass es noch zahlreiche andere Umweltprobleme gibt, und aus dem Grund schneiden wir auch Themen wie das Ozonloch und das ungelöste Problem der Entsorgung radioaktiver Abfälle aus Atomkraftwerken an.

## UNSERE UMWELT

### Fakten im Überblick

- Die wichtigsten Quellen der Luftverschmutzung durch den Menschen sind Kraftwerke, Autoabgase und die Landwirtschaft.
- Die Weltgesundheitsorganisation schätzt, dass jedes Jahr zwei Millionen Menschen an den Folgen der Luftverschmutzung sterben.
- Für Menschen, die an Herz- und Lungenerkrankungen leiden, ist verschmutzte Luft besonders schädlich.
- Das EU-weite Verbot von Bleizusätzen im Autobenzin seit 2000 war ein wichtiger Erfolg im Kampf gegen die Luftverschmutzung.

# Luftverschmutzung

### Kohlendioxid ($CO_2$)
Kohlendioxid, ein farbloses Gas, ist ein „Treibhausgas" und die wichtigste Ursache der globalen Erwärmung (siehe Seite 108–111). Hauptquellen des Kohlendioxids in der Atmosphäre sind Naturereignisse wie Vulkanausbrüche und der Mensch – vor allem durch die Verbrennung fossiler Treibstoffe wie Benzin und Kohle.

### Feinstaub
Bei Feinstaub handelt es sich um winzige Partikel, die in der Luft schweben. Manche sind natürlichen Ursprungs und stammen von Waldbränden, Vulkanen oder Sandstürmen. Andere entstehen durch den Verbrauch fossiler Brennstoffe in Kraftwerken und Automotoren. Feinstaub erhöht die Gefahr von Lungenkrankheiten. In manchen Städten werden die Grenzwerte um das Sechsfache überschritten.

### Kohlenmonoxid (CO)
Kohlenmonoxid, ein farb- und geruchloses Gas, entsteht bei Waldbränden und ist auch im Zigarettenrauch enthalten. Es ist giftig, weil es die Aufnahme von Sauerstoff im Blut verhindert. Das meiste Kohlenmonoxid in der Stadtluft stammt von Autoabgasen. In manchen Städten macht es 0,15 Promille der Luft aus; gute Luft darf höchstens 0,01 Promille enthalten.

### Ozon ($O_3$)
Ozon ist eine seltene Form von Sauerstoff mit drei Atomen pro Molekül. Das Ozon in der Stratosphäre schützt das Leben auf der Erde, indem es übermäßige Sonnenstrahlung abschirmt (siehe Seite 104–105). In Bodennähe schädigt es die Lungen. In der unteren Atmosphäre trägt Ozon zur Erderwärmung bei.

# LUFTVERSCHMUTZUNG

Luftverschmutzung ist die Freisetzung von für Lebewesen schädlichen Substanzen in die Atmosphäre. Meist sind das Gase, es können aber auch feste Partikel (etwa Rauch) und Tröpfchen (Dampf) sein. Ein Teil der Luftverschmutzung geht auf natürliche Phänomene wie Vulkane zurück, aber der Mensch trägt mehr und mehr dazu bei, z. B. durch Kohlekraftwerke, Autoabgase und Verbrennungen in der Landwirtschaft.

Die wichtigsten sieben Luftschadstoffe sind hier dargestellt. Hinzu kommen u. a. Ammoniak, flüchtige organische Verbindungen (VOCs) und Schwermetalle. Eine besonders schädliche Art der Luftverpestung, der Sommersmog, entsteht in Gegenden mit trockenem, sonnigem Klima und viel Autoverkehr – etwa in Mexiko City und Los Angeles.

### Stickstoffdioxid ($NO_2$)

Das beißend riechende Gas, das in Kraftwerken entsteht, ist auch in Autoabgasen enthalten. Es spielt eine Rolle bei der Bildung von Ozon und saurem Regen. In Konzentrationen über 30 ppb (parts per billion; auf Deutsch: Teile pro Milliarde) ist es gesundheitsschädlich und greift die Lungen an.

### Schwefeldioxid ($SO_2$)

Schwefeldioxid, ein stechend riechendes, farbloses Gas, das in der Industrie entsteht, verätzt die Lungen. In der Luft bildet es mit Wassertröpfchen Schwefelsäure, Hauptbestandteil des „sauren Regens", der Pflanzen und Wassertiere schädigt. In manchen Städten erreicht der Anteil in der Luft mehr als 200 ppb; gute Luft darf höchstens 50 ppb enthalten.

### Blei

Die Emissionen von Blei in Autoabgasen sind um 98 Prozent zurückgegangen, seit kein verbleites Benzin mehr verkauft wird. Schiffsverkehr, Metallverarbeitung und Batterieherstellung setzen es jedoch weiterhin frei. Blei schädigt den Körper in vielfältiger Weise und stört die geistige Entwicklung von Kindern. Wünschenswert ist eine Konzentration unter 0,2 ppb.

## Fakten im Überblick

- Ozon bildet in der Stratosphäre eine Schutzschicht, die einen Großteil der schädlichen UV-Strahlung von der Erdoberfläche abhält.
- Die Ozonschicht hat sich in den letzten 50 Jahren durch Luftverschmutzung, vor allem durch Fluorchlorkohlenwasserstoffe (FCKW), stark vermindert.
- Die Gesamtmenge an Ozon in der Stratosphäre war schon immer gering – in einer Schicht von reinem Ozon gesammelt, wäre sie nur ein paar Millimeter dick.
- Das antarktische Ozonloch ist ein saisonaler Rückgang der Ozonmenge über der Antarktis um bis zu 70 Prozent.

# Das Ozonloch

In der Stratosphäre, etwa 20–25 Kilometer über der Erdoberfläche, konzentriert sich eine seltene Form von Sauerstoffmolekülen, die man als Ozon oder $O_3$ bezeichnet.

### Die Übeltäter

Als wichtigste ozonzersetzende Schadstoffe wurden in den 1970er Jahren Fluorchlorkohlenwasserstoffe (FCKW) identifiziert, eine Gruppe chemisch ähnlicher Gase, die in Sprühdosen, Kühlsystemen, Klimaanlagen und Lösungsmitteln eingesetzt werden. Die chemischen Vorgänge der Ozonzersetzung sind kompliziert, aber meist spielt die Bildung freier Chloratome aus FCKW eine Rolle. Sie wirken als Katalysatoren für die Spaltung der Ozonmoleküle. Eine kleine Menge FCKW kann große Mengen Ozon zerstören.

Leider wurden FCKW viele Jahre lang verwendet und freigesetzt, ehe man erkannte, welchen Schaden sie anrichten. Selbst bei einer Reduktion der Emissionen auf null würde es Jahrzehnte dauern, bevor sie ganz aus der Atmosphäre verschwunden wären. Ein potenzielles Problem ist die gewaltige Menge von Kühlschränken und Klimaanlagen weltweit, die noch FCKW enthalten. Sie müssen ordnungsgemäß entsorgt werden, um die bisherigen Fortschritte im Kampf gegen den Abbau der Ozonschicht nicht aufs Spiel zu setzen.

Ozon wird in dieser Höhe durch chemische Reaktionen zwischen normalen Sauerstoffmolekülen ($O_2$) gebildet. Nach ihrer Entstehung absorbieren Ozonmoleküle Energie in Form von kurzwelliger ultravioletter (UV) Strahlung von der Sonne, zerfallen wieder zu normalem $O_2$ und strahlen die gespeicherte Energie als Wärme ab. So wirkt das Ozon als eine Art Schirm, der einen Großteil der kurzwelligen UV-Strahlen von der Erdoberfläche abhält. Diese Strahlung schädigt Pflanzen und erzeugt beim Menschen Hautkrebs – daher ist jede Ausdünnung der Ozonschicht gefährlich.

Durch Anreicherung verschiedener Schadstoffe, die Ozon zerstören, ist die Schicht im 20. Jahrhundert dünner geworden. 1985 stellte man eine ernsthafte saisonale Verminderung über

Antarktischer Eisschild

# DAS OZONLOCH

## Warum die Antarktis?

Über der Antarktis ist der Ozonabbau am stärksten, weil dort im Winter einzigartige Wetterbedingungen herrschen. Die Luft über der Antarktis wird außerordentlich kalt, weil ein um die Ränder des Kontinents zirkulierendes System von Winden (der „Südpolarwirbel") die kalten Luftmassen von ihrer Umgebung isoliert. Dadurch können sich besondere Wolken bilden, sogenannte Polare Stratosphärenwolken (PSCs, nach dem englischen Begriff *polar stratospheric clouds*). Sie enthalten Eispartikel, an deren Oberfläche Ozonmoleküle aufgespalten werden. So reduziert sich bis zum Frühling, wenn nach der Polarnacht die Sonne zurückkehrt, der Ozongehalt in der Stratosphäre.

Antarktischer Eisschild

„Loch" in der Ozonschicht    Ozonschicht

der Antarktis fest, das Ozonloch. Dieses „Loch" tritt jedes Jahr auf; im September und Oktober (wenn auf der südlichen Erdhalbkugel Frühling herrscht) ist es am größten. Auch über der Arktis geht die Ozonschicht alljährlich im Winter und Frühling zurück, jedoch weniger stark.

Als Reaktion auf den Rückgang der Ozonschicht unterzeichneten 1987 die meisten Länder der Welt das Montreal-Protokoll, in dem sie sich verpflichteten, die Emission von ozonzersetzenden Stoffen drastisch zu reduzieren. Dank diesem Abkommen gingen die Schäden zurück; aktuellen Daten zufolge könnte die Ozonschicht etwa im Jahr 2050 wieder ihre normale Stärke erreichen, wenn die Produktion und Freisetzung der Schadstoffe weiterhin begrenzt blieben.

## Revisionen des Protokolls

Das Montreal-Protokoll über die Reduzierung und Substitution ozonzersetzender Substanzen durch andere Stoffe ist seit 1987 sieben Mal überarbeitet worden. Aufgrund seiner weitverbreiteten Akzeptanz gilt es als eines der erfolgreichsten internationalen Abkommen aller Zeiten.

**KATALYSATOR:** Ein Stoff, der ohne eigene Veränderung eine chemische Reaktion auslöst oder beschleunigt.

Klartext

Das Ozonloch wurde Anfang der 1980er Jahre von Wissenschaftlern in einer britischen Forschungsstation in der Antarktis entdeckt.

## Fakten im Überblick

- Biomagnifikation ist die Anreicherung eines Schadstoffs in der Nahrungskette, wobei sich das Gift mit jedem Schritt stärker konzentriert.
- Das Gewebe der meisten großen Meerestiere enthält aufgrund von Biomagnifikation hohe Konzentrationen von Giftstoffen.
- Schwangeren und Kindern wird vom Verzehr einiger Fischarten abgeraten, etwa Hai und Schwertfisch, weil sie außerordentlich viel Quecksilber enthalten.
- Die Bestände einiger Greifvögel – z. B. Weißkopf-Seeadler – haben sich durch das Verbot von Giftstoffen, die sich in ihren Körpern anreicherten, in letzter Zeit erholt.

# Biomagnifikation

Biomagnifikation ist ein heimtückischer Prozess, der besonders marine Lebensräume betrifft, aber auch auf dem Festland vorkommen kann. Man versteht darunter die Anreicherung eines Schadstoffs von scheinbar harmlosen zu potenziell schädlichen Konzentrationen im Verlauf der Nahrungskette. Am meisten betroffen sind die Tiere am Ende der jeweiligen Nahrungskette, vor allem – im Fall der Meeresverschmutzung – Seevögel und Meeressäuger wie Delfine, Robben und Schweinswale. Durch den Verzehr betroffener Fische kann Biomagnifikation auch für den Menschen gesundheitsschädliche Folgen haben.

Einige giftige Chemikalien neigen besonders dazu, sich anzureichern, wenn sie in die Umwelt gelangen, zum einen weil sie sich nur sehr langsam abbauen, zum anderen weil sie, wenn sie einmal in den Organismus geraten sind, weder verarbeitet noch ausgeschieden werden, sondern sich im Fettgewebe des Tiers ablagern und konzentrieren. Zu diesen Stoffen zählen Pestizide (wie DDT), Quecksilber- und Arsenverbindungen und die Stoffgruppe der polychlorierten Biphenyle (PCB), die früher in vielen Industrie- und Haushaltschemikalien enthalten waren.

**Auch Meeresvögel leiden**

Wie Meeressäuger stehen auch Meeresvögel am Ende einer Nahrungskette und sind daher besonders anfällig für Giftstoffe, die sich in ihrem Körper anreichern, ihre Fruchtbarkeit reduzieren und die Eierschalenbildung beeinträchtigen. Die Eier haben dann dünnere Schalen als normalerweise, was dazu führt, dass sie zerbrechen, wenn sie von den Altvögeln bebrütet werden. Bei einigen Spezies hat das erwiesenermaßen zu einem starken Rückgang der Bestände geführt, so etwa bei Pelikanen und Sturmvögeln. Seit den 1970er Jahren hat sich die Lage etwas gebessert, weil der Einsatz von Pestiziden wie DDT stark eingeschränkt wurde.

*1. Die Konzentration eines Giftstoffs im Meerwasser mag verschwindend gering sein, kann aber dennoch schwerwiegende Folgen für die Meerestiere haben.*

# BIOMAGNIFIKATION 107

**2.** Kleine, im Meer treibende Pflanzen (Phytoplankton) absorbieren das Gift. Es bleibt in ihrem Gewebe und wird weder abgebaut oder ausgeschieden. Daher reichert es sich mit der Zeit bis zum Vierzigfachen der ursprünglichen Konzentration auf der vorhergehenden Stufe im Meerwasser an.

**3.** Zooplankton (kleine, im Meer treibende Tiere) ernährt sich von Phytoplankton und nimmt das Gift auf. Wieder bleibt es im Gewebe zurück – es wird nicht abgebaut und auch nicht ausgeschieden. Die Konzentration steigt dabei auf etwa das Zehnfache der vorherigen Anreicherung.

**NAHRUNGSKETTE:** Eine Abfolge von Gruppen von Lebewesen, die jeweils eine Nahrungsquelle für die nächste Gruppe bilden. Die letzte Gruppe, die nicht von anderen Lebewesen gefressen wird, steht „am Ende der Nahrungskette". Zu dieser Gruppe gehören etwa Raubtiere, wie Tiger, Wölfe und große Haie, aber auch wir Menschen.

**Klartext**

**4.** Kleine Fische fressen das Zooplankton und nehmen das Gift auf, das sich in ihrem Fettgewebe anreichert. Hier steigert sich die Konzentration erneut auf das Zehnfache der vorherigen Stufe.

**5.** Größere Fische verzehren die kleineren Fische, und auch sie nehmen das Gift auf. Dieses reichert sich in ihrem Fettgewebe um das Vier- bis Fünffache der Giftmenge aus der vorherigen Stufe an.

**6.** Ein Delfin frisst die größeren Fische. Dadurch konzentriert sich das Gift in Körperteilen wie der Leber und erreicht gesundheitsschädliche Werte. Das beeinträchtigt die Fruchtbarkeit des Tieres und macht es anfälliger für Krankheiten.

Giftige Schadstoffe

## UNSERE UMWELT

### Fakten im Überblick

- Die Oberflächentemperatur der Erde ist im letzten Jahrhundert um etwa 0,74 °C gestiegen.
- Die große Mehrheit der Klimaforscher führt diese Erwärmung auf den zum Teil vom Menschen verursachten Anstieg der Konzentration von Treibhausgasen in der Atmosphäre zurück.
- Die Menge an Kohlendioxid ($CO_2$), dem wichtigsten Treibhausgas, ist in der Atmosphäre seit 1960 um mehr als 20 Prozent gestiegen.
- Je nach Schätzung des zukünftigen Treibhausgasausstoßes prognostizieren Forscher einen weiteren Anstieg der Durchschnittstemperatur von 1,1–6,5 °C bis Ende des 21. Jahrhunderts.

# Die globale Erwärmung

Der Begriff „globale Erwärmung" steht für den Anstieg der Durchschnittstemperatur der Erdatmosphäre und der Meeresoberflächen seit Anfang des 20. Jahrhunderts – also über einen Zeitraum der letzten 100 Jahre. Für diese Erwärmung gibt es überzeugende Beweise: Aufzeichnungen und Messungen aus den letzten 100 Jahren zeigen klar die Temperaturerhöhung, die Gletscher der Erde schmelzen, der Meeresspiegel steigt weltweit, und extreme Wetterphänomene, die in wachsender Zahl auftreten, entsprechen den Vorhersagen für die Folgen einer Erwärmung.

Die meisten Klimaforscher sind überzeugt, dass die Ursache der Erwärmung in der gestiegenen Freisetzung sogenannter Treibhausgase liegt, vor allem Kohlendioxid ($CO_2$, siehe Seite 102–103). Das als „Treibhauseffekt" bekannte Phänomen sorgt dafür, dass Gase wie $CO_2$ und Methan, die normalerweise die Atmosphäre warm halten, bei einer zu hohen Konzentration eine übermäßige Erwärmung bewirken. Genaue Messungen des $CO_2$-Anteils in der Atmosphäre zeigen, dass er zumindest seit 1958 stetig zugenommen hat.

### Die Konsequenzen

Zu den Folgen, die Wissenschaftler für eine weitere globale Erwärmung erwarten, zählen:

- der weitere Anstieg des Meeresspiegels (siehe Seite 92),
- die Zunahme extremer Wetterereignisse,
- in manchen Gegenden häufigere Dürren, die Ernteausfälle nach sich ziehen und Hungersnöte auslösen,
- die Versauerung der Ozeane, weil sie mehr Kohlendioxid aus der Luft aufnehmen, und als Folge daraus die Zerstörung von Korallenriffen,
- die Ausbreitung insektenübertragener Seuchen von den Tropen in bislang nicht betroffene Zonen.

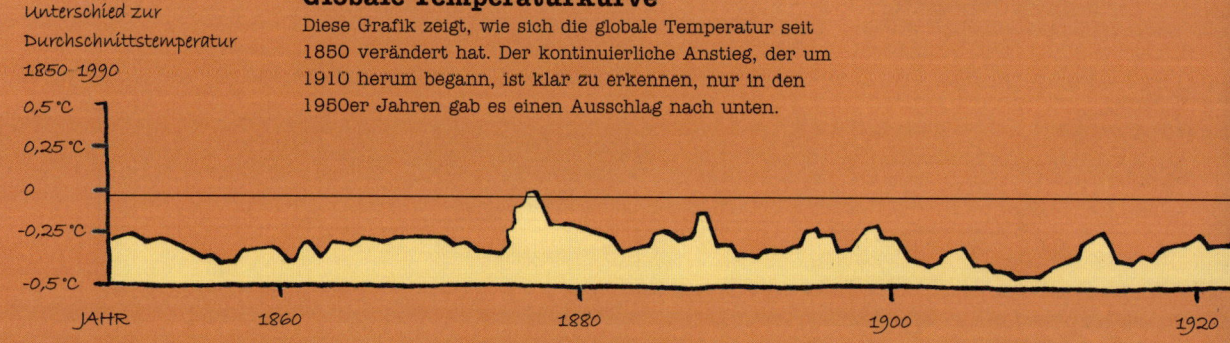

### Globale Temperaturkurve

Diese Grafik zeigt, wie sich die globale Temperatur seit 1850 verändert hat. Der kontinuierliche Anstieg, der um 1910 herum begann, ist klar zu erkennen, nur in den 1950er Jahren gab es einen Ausschlag nach unten.

# DIE GLOBALE ERWÄRMUNG 109

## Der Treibhauseffekt

Auslöser des Treibhauseffekts ist eine Schicht von Gasen in der Atmosphäre, welche die von der Erdoberfläche abgestrahlte Wärme zurückreflektieren und so die untere Atmosphäre erwärmen. Die Gasschicht wirkt wie das Glas in einem Treibhaus.

Normaler Anteil an Treibhausgasen

**3.** Ist der Anteil der Treibhausgase in der Atmosphäre optimal, geht ein Teil der von der Erdoberfläche abgestrahlten Wärme verloren ...

Zu hoher Anteil an Treibhausgasen

**1.** Einfallende Sonnenstrahlung (vor allem kurzwellig) durchdringt die Treibhausschicht und erwärmt die Erdoberfläche.

**4.** ... und ein Teil wird zur Erdoberfläche zurückreflektiert.

**2.** Langwellige Strahlung (Wärme) wird von der Erde wieder abgestrahlt.

**5.** Bei zu viel Treibhausgasen wird ein zu großer Teil der abgestrahlten Wärme zur Erdoberfläche zurückreflektiert.

### KURZ- UND LANGWELLENSTRAHLUNG:
Im Kontext der irdischen Energiebilanz zählt zur Kurzwellenstrahlung Licht sowie fast sichtbare infrarote und ultraviolette Strahlung von der Sonne. Langwellenstrahlung ist energieärmere Infrarot-(Wärme-)Strahlung, die von der Erde reflektiert wird.

**Klartext**

1940　1960　1980　2000

## 110 UNSERE UMWELT

**Fakten im Überblick**

- Die wichtigsten Treibhausgase, die durch den Menschen in die Atmosphäre gelangen, sind Kohlendioxid, Methan und Stickstoffdioxid.
- Die Verbrennung fossiler Kraftstoffe, Abholzung, Landwirtschaft und Emissionen von Mülldeponien sind die Hauptquellen dieser Gase.
- Das häufigste Treibhausgas ist Wasserdampf, aber auf dessen durchschnittlichen Anteil an der Atmosphäre hat der Mensch keinen Einfluss.
- Stickstoffdioxid („Lachgas") ist nicht nur ein Treibhausgas, sondern trägt auch zum Abbau der Ozonschicht bei (siehe Seite 104).

# Quellen von Treibhausgasen

## Die drei wichtigsten Treibhausgase

Kohlendioxid ($CO_2$) macht etwa 74 Prozent der vom Menschen verursachten Treibhausgasemissionen aus, Methan etwa 16 Prozent und Stickstoffdioxid ungefähr 9 Prozent. Die Tabelle rechts zeigt, welche menschlichen Aktivitäten jeweils wie viel zur Emission dieser Gase beitragen.

### Die Hauptquellen von Treibhausgasemissionen durch den Menschen

**Kohlendioxid**

| Autoverkehr 12 % | Luftverkehr 2 % | Anderer Verkehr 2 % | Wohnungen und Büros 28 % |

**Stickstoffdioxid**

| Industrie 6 % | Abholzung und andere Veränderungen der Bodennutzung 26 % |

**Methan**

| Wohnungen und Büros 5 % | Abholzg. und and. Veränderung. der Bodennutzg. 7 % | Produktion fossiler Brennstoffe 30 % |

*In den Angaben zu Industrie sowie Wohnungen und Büros (oben) sind auch die Emissionen enthalten, die bei der Stromerzeugung anfallen.*

**Klartext**

**SEQUESTRIERUNG:** Darunter versteht man die „Einlagerung" eines Gases in festem Material durch biologische oder physikalische Prozesse.

Woher kommen das überschüssige Kohlendioxid ($CO_2$) und die anderen Treibhausgase, die in den letzten 100 Jahren in die Atmosphäre gelangt sind? Natürliche Quellen, etwa Vulkanausbrüche, setzen zweifellos mehr $CO_2$ frei als der Mensch, aber über längere Zeiträume als ein paar Jahre hat die Absorption des Gases durch natürliche „Abflüsse" wie Ozeane und Pflanzen diese Emissionen aus der Natur immer weitgehend ausgeglichen. Klimaforscher sind daher überzeugt, dass der gemessene Anstieg des $CO_2$ von der Verbrennung fossiler Kraftstoffe herrührt – von Kohle, Erdöl und Erdgas im Verkehr, zur

## QUELLEN VON TREIBHAUSGASEN

### Klimaskeptiker und ihre Argumente

Heute zweifelt niemand mehr ernsthaft an der globalen Erwärmung und am Anstieg von $CO_2$ und anderen Treibhausgasen in der Atmosphäre, der zumindest teilweise auf den Menschen zurückzuführen ist. Manche Skeptiker bestreiten jedoch, dass der $CO_2$-Anstieg die Erwärmung verursacht. Sie glauben, ein anderer, nicht vom Menschen verursachter Faktor sei der Grund der Erwärmung, und die $CO_2$-Zunahme sei zumindest teilweise eine Folge (und nicht die Ursache) der Erwärmung – vielleicht indem die Ozeane $CO_2$ freisetzen, wenn sie sich erwärmen. Wäre dies der Fall, könnten wir nicht viel tun, um die Erwärmung aufzuhalten oder zu verlangsamen.

Die überwiegende Mehrheit der Klimaforscher weist die Argumente der „Klimaskeptiker" indes zurück, u. a. weil chemische Untersuchungen anhand von Isotopen (siehe Seite 16) zeigen, dass das zusätzliche $CO_2$ aus der Verbrennung fossiler Kraftstoffe stammt, nicht aus dem Meer (das tatsächlich $CO_2$ aufnimmt, nicht abgibt). Zudem hat kein Klimaskeptiker je eine überzeugende Erklärung geliefert, was außer den Treibhausgasen in der Atmosphäre die Erwärmung verursachen könnte. Bislang vorgebrachte Alternativen wie eine verstärkte Sonnenstrahlung lassen sich mit den verfügbaren Daten nicht belegen.

*Industrie 31 %* | *Abholzung und andere Veränderungen der Bodennutzung 17 %* | *Abbau, Verarbeitung und Vertrieb fossiler Brennstoffe 8 %*

*Landwirtschaft und ihre Nebenprodukte 62 %* | *Mülldeponien und -verarbeitung 2 %* | *Andere 4 %*

*Landwirtschaft und ihre Nebenprodukte 40 %* | *Mülldeponien und -verarbeitung 18 %*

Stromgewinnung und zur Beheizung von Industrieanlagen, Wohnungen und Büros. Der Großteil des übrigen $CO_2$ in der Atmosphäre entsteht durch die Abholzung von Wäldern und die Verbrennung von Holz. Dabei wird Kohlendioxid freigesetzt, das zuvor in den Bäumen in Form von Zellulose und anderen chemischen Verbindungen gespeichert war. Zusätzliche $CO_2$-Emissionen entstehen bei Abbau, Verarbeitung und Transport fossiler Brennstoffe.

### Methanquellen

Neben $CO_2$ ist Methan ($CH_4$) das wichtigste Treibhausgas, das durch den Menschen in die Atmosphäre gelangt. Seine Treibhauswirkung ist sogar noch stärker als die von $CO_2$. Hauptquellen der menschlichen Methanemissionen sind Viehzucht (Kühe stoßen Methan aus), Mülldeponien (verrottende Biomasse setzt das Gas frei) und der Bergbau (Kohleflöze enthalten immer etwas Methan, das beim Abbau der Kohle frei wird).

## UNSERE UMWELT

**Fakten im Überblick**

- Richtig genutzt, könnte die Sonnenstrahlung, die in einer Stunde auf die Erde trifft, den weltweiten Energiebedarf eines ganzen Jahres decken.

- Ein durchschnittlich großes Windrad kann mehrere Hundert Haushalte mit Strom versorgen.

- Island deckt so gut wie seinen gesamten Energiebedarf aus erneuerbaren Quellen – hauptsächlich durch Geothermalenergie und Wasserkraft.

- Ziel der Europäischen Union ist ein Anteil erneuerbarer Energien von 20 Prozent bis 2020. Großbritannien und die USA wollen 15 Prozent erreichen.

# Erneuerbare Energien

### Windkraft

Obwohl Windkraft weniger als ein Prozent des weltweiten Energiebedarfs deckt (Stand 2009), ist sie eine der am schnellsten wachsenden erneuerbaren Energiequellen, deren Kapazität derzeit weltweit jährlich um 15 Prozent zunimmt. In vielerlei Hinsicht ist Windenergie typisch für die Vorteile und einige der kurzfristigen Nachteile erneuerbarer Energien. Sie ist fast überall unbegrenzt verfügbar, sauber und erzeugt keine Treibhausgase. Dagegen steht, dass der Bau von Windparks in optischer Hinsicht nicht überall gewünscht ist. Zudem sind die Kosten ihrer Errichtung hoch: Der Bau eines Windparks mit einer Kapazität von etwa 100 Megawatt kostet im Normalfall Hunderte Millionen Euro – und auf offener See noch mehr –, allerdings gehen die Kosten in letzter Zeit zurück. Der Energiefluss aus Windparks ist darüber hinaus nicht kontinuierlich. Allerdings fällt die Zeit der größten Nachfrage (die Wintermonate) im Allgemeinen mit der höchsten Kapazität zusammen – anders als etwa bei der Sonnenenergie.

Erneuerbare Energie wird aus Ressourcen gewonnen, die sich natürlich regenerieren, etwa Sonnenlicht, Wind, Regen, Wärme aus dem Erdinnern (Geothermalenergie), Wellen und Gezeiten. Auch Energie aus toten Pflanzen oder Biomasse zählt dazu (siehe Seite 116–117), nicht jedoch fossile Brennstoffe wie Kohle, Öl und Erdgas.

Die Hauptvorteile erneuerbarer Energien gegenüber fossilen Brennstoffen sind, dass sie viel weniger Kohlendioxid ($CO_2$) freisetzen und daher die Erderwärmung nicht verstärken. Zudem sind sie so gut wie unerschöpflich, denn die meisten Quellen werden direkt oder indirekt von der Strahlung der Sonne gespeist, die noch mehrere Milliarden Jahre scheinen wird. Wenn sie richtig genutzt und entwickelt werden, könnten erneuerbare Energien fossile Brennstoffe vollständig ersetzen.

Allerdings werden die Baukosten für die Anlagen hoch sein, und es wird viele Jahre dauern, bis sie unterm Strich $CO_2$ einsparen helfen. Manche erneuerbare Energiequellen liefern nicht kontinuierlich Energie; dieses Problem lässt sich jedoch durch einen intelligenten Mix aus verschiedenen Quellen lösen.

### Klartext

**MEGAWATT:** Eine Energieleistung von einer Million Watt, die ausreicht, um ein paar Hundert Durchschnittshaushalte zu versorgen. Tausend Megawatt sind ein Gigawatt, eine Million Watt ein Terawatt. Der weltweite Energieverbrauch liegt gegenwärtig (Stand 2009) bei etwa 17 Terawatt.

# ERNEUERBARE ENERGIEN 113

## Wie die Welt gegenwärtig ihren Energiebedarf deckt

Erneuerbare Energien decken derzeit nur etwa 16,5 Prozent (etwa ein Sechstel) des weltweiten Energiebedarfs, aber der Anteil wächst. In der Tabelle füllen sie kaum mehr als die untersten beiden Zeilen. Fossile Brennstoffe liefern 78,5 Prozent (fast vier Fünftel) der benötigten Energie, die übrigen fünf Prozent trägt die Atomkraft bei.

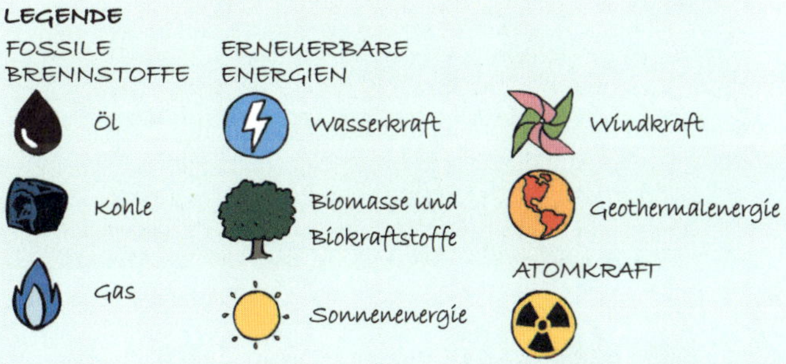

**LEGENDE**

FOSSILE BRENNSTOFFE: Öl, Kohle, Gas

ERNEUERBARE ENERGIEN: Wasserkraft, Biomasse und Biokraftstoffe, Sonnenenergie, Windkraft, Geothermalenergie

ATOMKRAFT

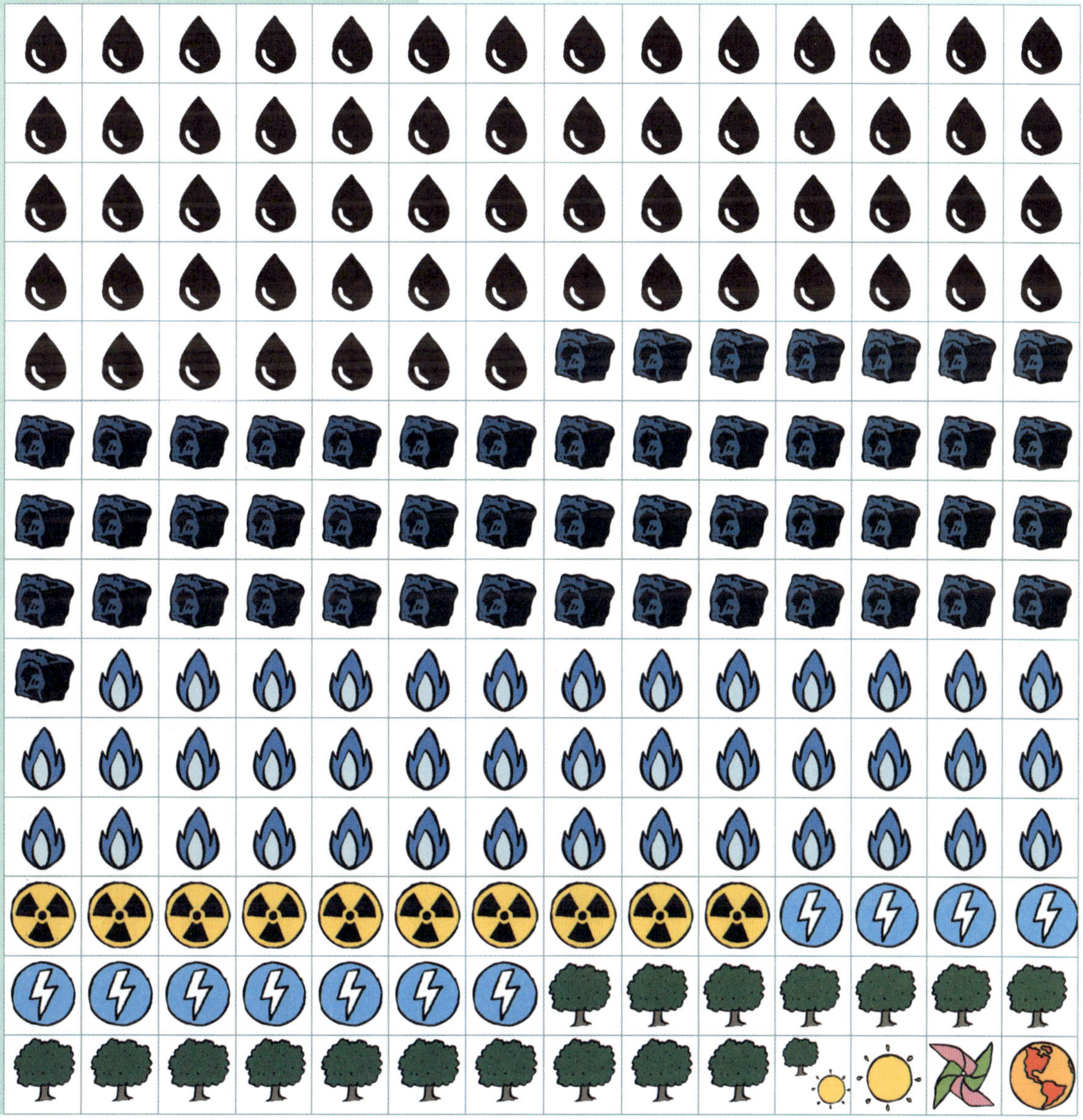

**Fakten im Überblick**

- Atommüll ist radioaktives Material, das hauptsächlich aus Atomreaktoren stammt oder bei der Herstellung von Atomwaffen anfällt.
- Derzeit sind in etwa 20 Ländern ca. 125 000 Tonnen der gefährlichsten Abfälle zwischengelagert, bis entschieden ist, was damit geschehen soll.
- Ein Teil des Atommülls wird noch in Millionen Jahren stark radioaktiv sein.
- Man geht davon aus, dass ein Großteil des Atommülls irgendwann in großer Tiefe vergraben werden wird.

# Atommüll

### Andere Methoden

Manche Forscher glauben, das Problem der Entsorgung von HLRW lasse sich in Zukunft durch eine Prozedur namens Transmutation lösen, wobei durch zusätzliche nukleare Reaktionen das Volumen des Mülls oder seine Gefährlichkeit gemindert werden sollen. Die praktische Umsetzung solcher Ideen ist aber noch Jahrzehnte entfernt. HLRW in die Sonne zu schießen könnte eine attraktive Methode sein, ist aber derzeit aufgrund des inakzeptablen Risikos einer Explosion beim Raketenstart nicht denkbar.

Eines der größten Umweltprobleme ist, wie man die radioaktiven Abfälle aus Atomkraftwerken und der Waffenproduktion, die sich in vielen Ländern über Jahrzehnte angesammelt haben, entsorgen kann. Das gefährlichste Material, die hoch radioaktiven Abfälle (HLRW, von englisch *high-level radioactive waste*) bestehen vor allem aus verbrauchten Brennstäben aus Atomkraftwerken. Ihre Strahlung ist extrem stark und lebensgefährlich, zudem entwickeln sie große Hitze.

## Das Ausmaß des Problems

Die radioaktiven Isotopen in HLRW haben unterschiedliche Halbwertszeiten (siehe Seite 18), sind also unterschiedlich lange gefährlich. Bei einigen beträgt die Halbwertszeit eine Million Jahre und mehr, langfristige

### Was geschieht mit den gefährlichsten atomaren Abfällen?

Hier ist der Ablauf der Entsorgung schematisch dargestellt, die Details unterscheiden sich jedoch von Land zu Land. Bislang hat die letzte Stufe der Einlagerung unter Tage in geologisch geeigneten Schichten nirgendwo begonnen. Viele Länder suchen noch nach geeigneten Endlagerstätten. Gewisse Mengen HLRW sind jedoch bereits in Glas eingegossen.

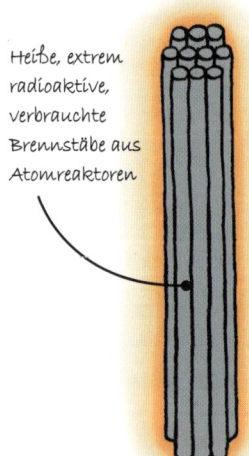

Heiße, extrem radioaktive, verbrauchte Brennstäbe aus Atomreaktoren

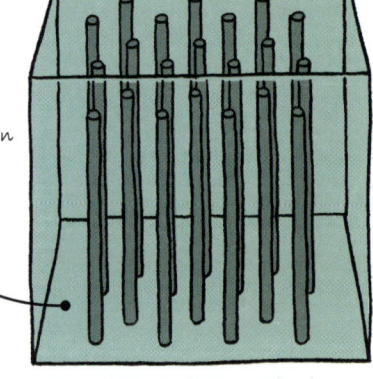

Die Brennstäbe werden bis zu 20 Jahre in großen Wasserbecken aufbewahrt, während sie abkühlen und ihre Strahlung etwas abklingt.

In manchen Ländern wird das Brennmaterial dann wiederaufbereitet, wobei mehr flüssige HLRW anfallen.

# ATOMMÜLL 115

Strategien für den Umgang mit HLRW müssen also einen Zeitrahmen von Hunderttausenden bis Millionen Jahren umfassen. Die meisten Länder wollen die Abfälle irgendwann tief unterirdisch einlagern, aber nur wenige, etwa Finnland, Schweden und Frankreich, haben definitiv entschieden, wo diese Lager eingerichtet werden sollen, und begonnen dies umzusetzen. Andere haben nach Jahrzehnten der Forschung noch keine Lösung für das Atommüllproblem gefunden. Das liegt daran, dass dafür Orte nötig sind, von denen hundertprozentig garantiert ist, dass der Atommüll dort eine Million Jahre sicher lagern kann.

## Umweltaspekte

Die geplante Vorgehensweise der meisten Länder mit HLRW ist unten dargestellt. Auf mehreren Stufen dieses Prozesses lauern indes Umweltgefahren, vor allem in den Zwischenlagern, wo ein Ausfall des Kühlsystems (durch einen Unfall oder Terroranschlag) ein Feuer auslösen und große Mengen Radioaktivität freisetzen könnte. Sorgen bereiten zudem Unfälle beim Transport von HLRW und die Sicherheit der langfristigen Lagerung im Untergrund.

**Klartext**
**WIEDERAUF-BEREITUNG:** Chemische Behandlung verbrauchter Brennstäbe, um noch verwertbare Reste von Plutonium und Uran rückzugewinnen.

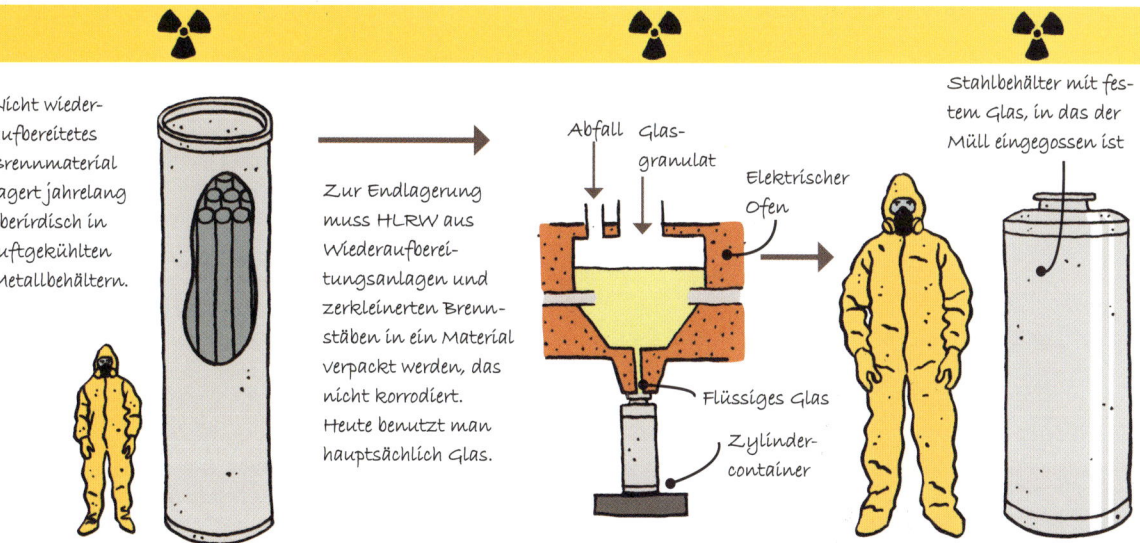

Nicht wiederaufbereitetes Brennmaterial lagert jahrelang oberirdisch in luftgekühlten Metallbehältern.

Zur Endlagerung muss HLRW aus Wiederaufbereitungsanlagen und zerkleinerten Brennstäben in ein Material verpackt werden, das nicht korrodiert. Heute benutzt man hauptsächlich Glas.

Abfall — Glasgranulat — Elektrischer Ofen — Flüssiges Glas — Zylindercontainer

Stahlbehälter mit festem Glas, in das der Müll eingegossen ist

Die letzte Stufe ist die Lagerung des Mülls in Stollen tief unter der Erde, die (hoffentlich) Hunderttausende von Jahren stabil bleiben.

# UNSERE UMWELT

## Fakten im Überblick

- Mit Biobrennstoffen kann man Autos antreiben, Gebäude heizen und in Kraftwerken Strom erzeugen.
- Der Einsatz von Biokraftstoffen in Fahrzeugen kann die $CO_2$-Emissionen des Straßenverkehrs um 20 bis 90 Prozent verringern.
- Die Weltproduktion von Bioethanol, einem gebräuchlichen Biokraftstoff, liegt bei über 4,5 Milliarden Litern jährlich und wächst um 30 Prozent pro Jahr.
- Um alle Autos der Welt mit Biokraftstoffen zu betanken, müsste man ein Feld so groß wie die USA bepflanzen.

# Biobrennstoffe

Biobrennstoffe sind feste, flüssige oder gasförmige Brennstoffe aus frischen oder kürzlich abgestorbenen Pflanzen (Biomasse) – im Gegensatz zu fossilen Brennstoffen, die aus seit Langem totem Biomaterial bestehen. Wer von Biobrennstoffen spricht, meint meist Produkte wie Bioethanol und Biodiesel, die aus Feldfrüchten wie Mais, Zuckerrohr und Sojabohnen hergestellt

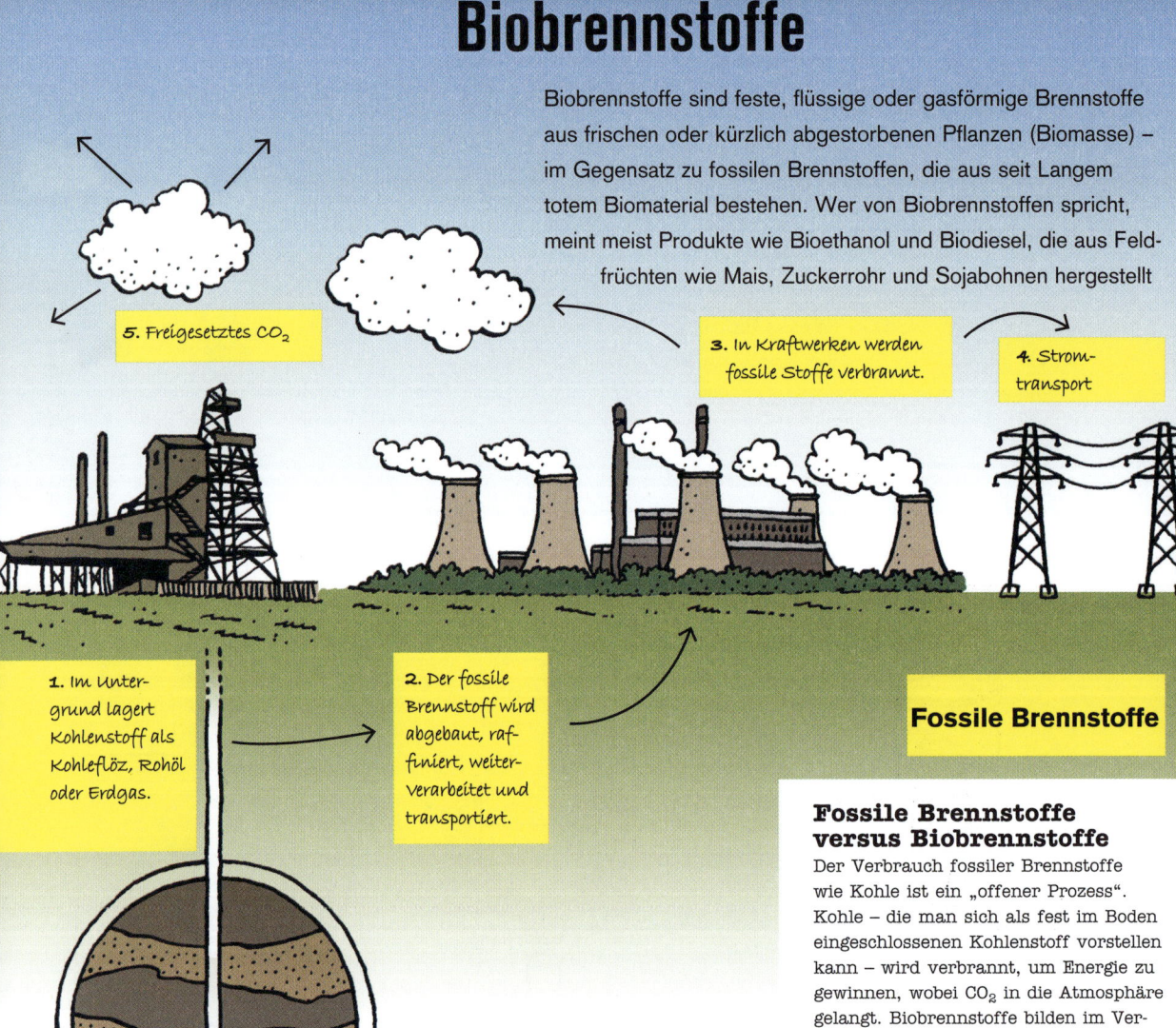

5. Freigesetztes $CO_2$

3. In Kraftwerken werden fossile Stoffe verbrannt.

4. Stromtransport

1. Im Untergrund lagert Kohlenstoff als Kohleflöz, Rohöl oder Erdgas.

2. Der fossile Brennstoff wird abgebaut, raffiniert, weiterverarbeitet und transportiert.

**Fossile Brennstoffe**

### Fossile Brennstoffe versus Biobrennstoffe

Der Verbrauch fossiler Brennstoffe wie Kohle ist ein „offener Prozess". Kohle – die man sich als fest im Boden eingeschlossenen Kohlenstoff vorstellen kann – wird verbrannt, um Energie zu gewinnen, wobei $CO_2$ in die Atmosphäre gelangt. Biobrennstoffe bilden im Verbrauch einen „geschlossenen Kreislauf". Auch dabei gelangt $CO_2$ in die Atmosphäre, was jedoch ausgeglichen wird durch die Absorption von $CO_2$ –

## BIOBRENNSTOFFE

werden. Aber auch andere Arten von Biomasse – tote Bäume, tierische Reste und biologisch abbaubare Abfälle – können zu Biobrennstoffen verarbeitet werden.

Zumindest theoretisch haben Biobrennstoffe gegenüber fossilen Energieträgern wie Kohle, Öl und Gas (siehe unten) viele Vorteile. In der Praxis hat sich jedoch gezeigt, dass viele davon gar nicht so umweltfreundlich sind. So ist etwa der Anbau von Mais in den USA, von Sojabohnen in Brasilien und von Ölpalmen in Malaysia zur Gewinnung von Biobrennstoffen nicht unbedingt umweltfreundlicher als die Nutzung fossiler Brennstoffe. Die Umwandlung natürlicher Flächen in Anbaufläche kann auch anderswo schädliche Auswirkungen haben.

**Klartext**

**PHOTOSYNTHESE:** Grünpflanzen, Algen und einige andere Organismen (etwa verschiedene Bakteriengruppen) wandeln mittels Lichtenergie Kohlendioxid und Wasser in Kohlehydrate um. Dabei wird Sauerstoff freigesetzt.

6. Freigesetztes $CO_2$
5. Stromtransport
4. Stromerzeugung aus Biobrennstoffen
7. $CO_2$ wird durch Photosynthese absorbiert
1. Anbau von Biobrennstoffen
2. Verarbeitung von Zucker und Pflanzenölen
3. Produktion von Bioethanol und -diesel

## Biobrennstoffe

mittels Photosynthese – während des Wachstums der Pflanzen, aus denen man die Energie gewinnt.

### Wesentliche Nachteile

Einige der wichtigsten Probleme und Nachteile von Biobrennstoffen sind:

• Die Umwandlung von Wäldern, Sümpfen und anderen Naturflächen in Anbauflächen setzt gewaltige Mengen $CO_2$ in die Atmosphäre frei, die sich erst nach Jahrzehnten ausgleichen. Zu dem $CO_2$ aus der Verbrennung des von Waldrodungen stammendem Holzes kommt zusätzliches $CO_2$ aus dem Boden und der dort zerstörten Biomasse – etwa Wurzeln.

• Die Berechnung der beim Verbrauch von Biobrennstoffen anfallenden Treibhausgase ist komplex und ungenau. Scheinbar $CO_2$ einsparende Projekte können sich als zusätzliche $CO_2$-Quellen entpuppen.

• Prekär ist auch diese Frage: Darf man Ackerland, auf dem Lebensmittel angebaut werden, zur Produktion von Biobrennstoffen nutzen?

### Zukunftsperspektiven

Neu entwickelte Biobrennstoffe, etwa aus Algen, Gras, Holz und Recyclingprodukten wie gebrauchtem Speiseöl, scheinen sich als umweltfreundlicher zu erweisen als die derzeit gebräuchlichen Biobrennstoffe. Klare Vorteile gegenüber der Rodung von Wäldern hat zudem der Anbau von Biobrennstoffen auf ausgelaugtem und brachliegendem Ackerland.

## Fakten im Überblick

- Hier geht es um Fahrzeuge, die zumindest teilweise elektrisch laufen – Hybridautos, Vollelektroautos und solche, die Strom aus Brennstoffzellen beziehen.
- Diese Fahrzeuge sind wesentlich weniger umweltschädlich als Autos mit Benzin- oder Dieselmotoren oder haben zumindest das Potenzial dazu.
- Elektroautos sind am sinnvollsten für häufige kurze Fahrten in und um Städte, die einen Großteil des Autoverkehrs ausmachen.
- Ein Steckdosenhybrid- oder Vollelektroauto mit Strom zu „betanken" kann gegenüber einem Auto mit Benzin- oder Dieselmotor bis zu zwei Drittel billiger sein.

# Elektroautos

### Hybridautos

### Grundlagen

Ein Hybridauto enthält einen Batterie-Elektromotor, der das Auto bei geringerer Geschwindigkeit antreibt, sowie einen benzin- oder dieselbetriebenen Verbrennungsmotor, der sich bei höherer Geschwindigkeit einschaltet und zugleich die Batterie auflädt.

### Vor- und Nachteile

Hybridautos kommen mit derselben Benzinmenge 25–30 Prozent weiter als "Benzinautos". Am wirtschaftlichsten sind sie auf kurzen Strecken. Da sie weniger Benzin verbrauchen, emittieren Hybridautos weniger Treibhausgase als benzin- oder dieselbetriebene Autos, aber die Batterien sind teuer und in der Herstellung alles andere als umweltfreundlich.

### Steckdosenhybride

 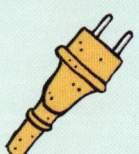

Steckdosenhybride arbeiten wie Hybride, jedoch liefert hier der Elektromotor einen größeren Teil der Energie. Der Benzinmotor wird nur eingesetzt, wenn die Batterieladung gering ist. Ihre reine Elektro-Fahrleistung liegt derzeit bei höchstens etwa 20 km.

Steckdosenhybride verbrauchen viel weniger Benzin oder Diesel als normale Hybride. Dagegen stehen die Kosten regelmäßiger Batterieaufladungen, die aber für gewöhnlich die Einsparungen an normalem Treibstoff mehr als wettmachen. Die benötigten Batterien sind sperrig und teuer, sie regelmäßig laden zu müssen kann lästig fallen.

### Elektroautos

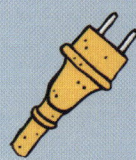

Vollelektroautos laufen ausschließlich mit aufladbaren Batterien, deren Ladung für etwa 200 km reicht. Seit Kurzem wird ein vollelektrischer Sportwagen produziert, dessen Lithium-Ionen-Akkumulator für eine Reichweite von über 350 km sorgt.

Vollelektroautos sind billig zu betanken. Sie stoßen keine Schadstoffe aus – vorausgesetzt, der zum Aufladen benutzte Strom wurde umweltfreundlich erzeugt. Die Batterie – die so groß ist, dass das Fahrzeug quasi um sie herum gebaut werden muss – ist teuer. In vielen Ländern gibt es noch kaum Ladestationen.

### Brennstoffzellenautos

Diese Autos laufen mit einem Elektromotor, gespeist von einer Reihe von Wasserstoffbrennstoffzellen (ähnlich wie Batterien), die durch die Umwandlung von Wasserstoff (der getankt wird) und Sauerstoff (aus der Luft) zu Wasser Strom erzeugen.

Brennstoffzellen emittieren keine Schadstoffe. Am Gewicht gemessen, enthält Wasserstoff mehr Energie als Benzin, reicht also für weitere Strecken pro Tankfüllung. Sofern sich die Technologie durchsetzt, sinkt sicher auch der Preis unter den für Benzin. Die billigste Quelle für Wasserstoff ist jedoch Erdgas, ein fossiler Brennstoff, und bei der Wasserstoffherstellung werden große Mengen Treibhausgase freigesetzt.

Steigende Benzinpreise und die Notwendigkeit, Treibhausgasemissionen zu reduzieren, haben in den letzten Jahren das Interesse an Autos und anderen Fahrzeugen, die teilweise oder zur Gänze mit Strom betrieben werden, neu geweckt. Heute sind viele verschiedene Typen von Autos mit Elektroantrieb verfügbar, von regulären Hybridfahrzeugen (die weitgehend mit Benzin betrieben werden) über Steckdosenhybride bis hin zu Vollelektro- und Brennstoffzellenfahrzeugen.

**LITHIUM-IONEN-AKKUS:** Wiederaufladbare Akkus mit hohem Energie-pro-Gewicht-Faktor und geringem Ladungsverlust bei Nichtgebrauch. Zur Stromerzeugung wandern Lithium-Ionen in eine Richtung durch die Batterie, während des Aufladens in die andere.

**Klartext**

## Perspektiven und technische Herausforderungen

Hybridfahrzeuge sind bei umweltbewussten Autofahrern beliebt und werden in vielen Ländern durch Steueranreize gefördert. Für die absehbare Zukunft werden sie eine wichtige Nische auf dem Automarkt besetzen. In den meisten Industrieländern gibt es eine Reihe verschiedener Modelle, auch Limousinen und Kleintransporter.

Einige große Autohersteller planen die Einführung von Steckdosenhybriden bis etwa 2012. Das technische Hauptproblem ist die Batterie. Die Nickel-Metallhydrid-Akkus in normalen Hybridautos speichern nicht genug Energie für Steckdosenhybride. Lithium-Ionen-Akkus wären besser geeignet, sind aber in der Herstellung teuer und laufen im Betrieb heiß.

Erschwingliche, robuste Vollelektroautos gibt es noch nicht, aber von mehreren großen Herstellern werden in den nächsten Jahren neue Modelle erwartet. Die größte Herausforderung besteht darin, eine Batterie zu konstruieren, die kleiner, stärker, sicherer und billiger ist. Vollelektroautos laufen leise und ohne Emissionen – eine gute Sache für die Zukunft.

Die große Herausforderung dieser Technologie liegt im Aufbau einer Infrastruktur zur Gewinnung und Lagerung großer Mengen flüssigen Wasserstoffs und die Versorgung der Autofahrer mit diesem Treibstoff. Dies dürfte Milliarden kosten – und derzeit gibt es praktisch keine solchen Anlagen und so gut wie keine Wasserstofftankstellen.

**Fakten im Überblick**

UNSERE UMWELT

- Man schätzt, dass durch Recycling allein in den USA jährlich etwa 50 Millionen Tonnen Kohlendioxid eingespart werden.

- Eine einzige recycelte Aluminiumdose spart genug Energie, um einen normal großen Fernseher drei Stunden zu betreiben.

- Papier büßt beim Recycling jedesmal an Qualität ein, Glas hingegen kann ohne Qualitätsverlust immer wieder recycelt werden.

- Die am meisten recycelten Materialien sind Eisen und Stahl; aus jeder Art Stahl lässt sich hochwertiges neues Metall herstellen.

# Recycling

Welchem Zweck dient Recycling? In erster Linie bekanntlich dem Energiesparen – und weil Energie meist aus fossilen Brennstoffen stammt, reduziert man so auch die $CO_2$-Emissionen. Die eingesparte Energie ist teilweise beträchtlich: Zum Beispiel spart eine recycelte Glasflasche genug, um einen Computer 25 Minuten zu betreiben, eine recycelte Plastikflasche reicht für drei Stunden Licht von einer 60-Watt-Birne. Recyclingpapier verbraucht über 70 Prozent weniger Energie als neues, bei recyceltem Aluminium sind es sogar 90 Prozent. Recycling hat viele weitere Vorteile: Es vermeidet Abfälle, daher verunstalten weniger Müllkippen die Landschaft, die die Umwelt vergiften. Außerdem kann Recycling dazu beitragen, den Verbrauch knapper Ressourcen wie von Mineralien und Wäldern zu verringern.

**STAATLICHE ZUSCHÜSSE**

**ROHSTOFFPREIS**

**PREISE FÜR RECYCLINGSTOFFE**

**KOSTEN DER MÜLLENTSORGUNG**

## Recyclingwirtschaft

Die Ökonomie des Recyclings ist kompliziert und unterscheidet sich je nach Produkt und Region. Miteinbezogen werden müssen dabei Faktoren wie die relativen Marktpreise recycelter und nicht recycelter Materialien, die Kosten der Müllentsorgung, Energie- und Finanzierungskosten der Mülltrennung, das Ausmaß, in dem Regierungen mit Zuschüssen und Gesetzesinitiativen Recycling fördern, um die Treibhausgasemissionen zu senken, und viele weitere Gesichtspunkte. Diese Faktoren entscheiden darüber, in welchem Umfang in verschiedenen Regionen Möglichkeiten zum Recycling verfügbar sind – mit anderen Worten: was recycelt werden kann und was nicht. Papier, Glas, Metalle, Autobatterien, Blechdosen, Plastikverpackungen und Baustahl werden mittlerweile in fast allen Industrieländern in großem Maßstab recycelt. Möglich wäre das auch bei Verbundstoffen, Farben, Textilien und Bauholz. Gartenabfälle (gemähtes Gras, Heckenschnitt usw.) lassen sich zu fruchtbarer Pflanzenerde kompostieren.

### Recyceln oder nicht?

Obwohl es offensichtlich nicht gerade umweltfreundlich ist, kilometerweit zu einem Wertstoffhof zu fahren, um ein paar Dinge abzuliefern, kommt es der Umwelt gemeinhin doch stets zugute, die vorhandenen Möglichkeiten zum Recycling zu nutzen. Der Nutzen für die Umwelt ist allerdings je nach dem Wertstoff, um den es geht, unterschiedlich groß. So ist etwa das Recyceln von Aluminiumdosen besonders umweltfreundlich, weil es sowohl Energie einspart als auch Luftverschmutzung verhindert. Glas, Papier und andere Metalle zu recyceln spart weniger gravierend, aber dennoch signifikant Energie, während der Nutzen der Wiederverwertung mancher Kunststoffe eher marginal ist. Wenn sich etwas nicht recyceln lässt – etwa Glühbirnen, Keramik, Plastiktüten, Styropor –, liegt das meist daran, dass die Energiekosten der Trennung und/oder Wiederaufbereitung jeden ökologischen und sonstigen Nutzen überwiegen.

**RECYCELN?**

JA   NEIN

**KOSTEN DER STOFFTRENNUNG**

**RECYCLING-ARBEITSKOSTEN**

**RECYCLING-ENERGIEKOSTEN**

# 7 Gesundheit

**INHALT**

- Hauptfaktoren der Gesundheit **124**
- Ernährung und Übergewicht **126**
- Bakterien und Viren **130**
- Pandemien **132**
- Impfstoffe **134**
- Risiken für die Gesundheit **136**
- Sonne und Haut **138**
- Sport und Doping **140**
- Tierversuche **142**

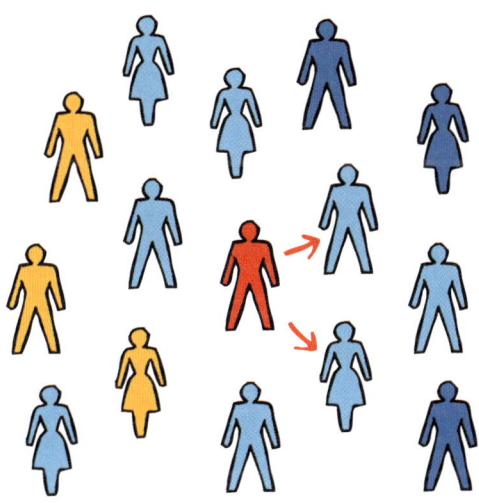

In diesem Kapitel werfen wir einen Blick auf das Thema Gesundheit. Es geht u. a. um die Faktoren, die unsere Gesundheit maßgeblich beeinflussen, um Ernährung, Krankheitserreger, Impfstoffe und Gesundheitsrisiken sowie Doping im Sport und Tierversuche im Namen der Medizin.

## Gesundheit und Wissenschaft

Die Lehre von der Gesundheit nennt man Heilkunde. Zu ihren wichtigsten Gebieten zählen die Erforschung der chemischen Prozesse im menschlichen Körper (Biochemie), Heilmittel und Gifte (Pharmakologie), unsere Gene (Humangenetik), aber auch andere medizinische Forschungsgebiete, etwa die Epidemiologie, die sich mit den Gefahren für die Gesundheit der Gesamtbevölkerung beschäftigt. In den vergangenen 80 Jahren wurden nicht nur effektive Impfstoffe und Antibiotika gegen Infektionskrankheiten, sondern auch zahlreiche Medikamente für Asthma, Diabetes und Herzerkrankungen sowie sensationelle Operationstechniken entwickelt. Es bleiben jedoch noch viele Herausforderungen, darunter Resistenzen gegen Antibiotika oder die zunehmende Verbreitung der Fettleibigkeit in den Industrienationen.

## Gesund sein und gesund bleiben

Gesundheit unterliegt vielen Einflüssen, manche, etwa die Erbanlagen, entziehen sich unserer Kontrolle, andere Faktoren lassen sich beeinflussen. Dazu gehört unsere Lebensweise. Was wir essen, wie viel wir uns bewegen, und ob wir Gesundheitsrisiken in Kauf nehmen oder vermeiden, bestimmt unsere Gesundheit maßgeblich. Dieses Kapitel befasst sich zunächst mit dem Thema Ernährung und gesunder Lebensweise, mit Übergewicht und den Gefahren von zu viel Cholesterin und einem übermäßigen Alkoholgenuss. Im Folgenden beleuchten wir die zwei Hauptkategorien von Krankheitserregern – Bakterien und Viren –, mit Augenmerk auf Epidemien und Pandemien und dem effektivsten Mittel, das die Wissenschaft zu ihrer Bekämpfung bereitstellt: Impfstoffe. Auf den darauffolgenden Seiten geht es um Themen, die die Medien gern aufgreifen, etwa die Frage, ob der Gebrauch von Mobiltelefonen gesundheitsschädlich ist. Die abschließenden Abschnitte untersuchen die Risiken der UV-Strahlung und wie man sich davor schützt; zudem werden unerlaubte Substanzen zur Steigerung sportlicher Leistungen beleuchtet und das kontroverse Thema der Erprobung von Medikamenten in Tierversuchen.

# GESUNDHEIT

## Fakten im Überblick

- Wie gesund wir sind, bestimmen unsere Erbanlagen und unsere Lebensweise – z. B. eine gesunde Ernährung und regelmäßige Bewegung.
- Zu den fünf größten Gesundheitsrisiken in den Industrieländern zählen Übergewicht und ein hoher Cholesterinspiegel. Beide hängen von der Ernährung ab.
- Zwei weitere Gesundheitsrisiken – Rauchen und übermäßiger Alkoholgenuss – haben zudem noch einen starken Suchtaspekt.
- Das fünfte große Gesundheitsrisiko ist ein zu hoher Blutdruck. Er hat viele Ursachen, kann aber medizinisch behandelt werden.

# Hauptfaktoren der Gesundheit

Beim Kartenspiel entscheidet eine Mischung aus Glück und Können. Welches Blatt man auf die Hand bekommt, lässt sich nicht im Voraus bestimmen. Auch verdeckte Karten sind Glückssache, selbst wenn man mit der Zeit einige davon errät. Offene Karten jedoch können bewusst gewählt und ausgespielt werden. Gesundheit ist eine ähnliche Mixtur aus Zufall und Entscheidung. Die Gene werden vererbt; defekte Gene verursachen Krankheiten wie Mukoviszidose oder Hämophilie (Bluterkrankheit) und erhöhen die Wahrscheinlichkeit von Herzerkrankungen, einigen Krebsarten, Diabetes und mentalen Störungen wie Depressionen.

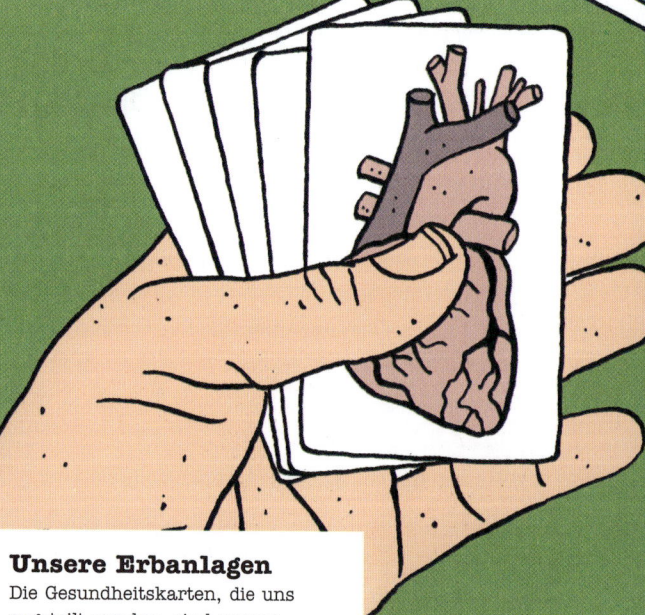

## Unsere Erbanlagen

Die Gesundheitskarten, die uns zugeteilt werden, sind unsere Erbanlagen. An diesen genetischen Voraussetzungen können wir nichts verändern.

## Offene Gesundheitskarten

Auf die offenen Karten der Gesundheit kann man einwirken. Trümpfe sind z. B. regelmäßiger Sport, eine gesunde, ausgewogene Ernährung, Gewichtskontrolle sowie medizinische Vorsorge mit regelmäßigen Routineuntersuchungen und Impfungen. Zu den schlechten Karten zählt der Genuss von schädlichen, süchtig machenden Substanzen wie Tabak, zu viel Alkohol und eine Ernährung mit übermäßig viel tierischen Fetten. Riskant sind zudem lange Sonnenbäder, ungeschützter Sex und Extremsport ohne angemessenes Training. Auch die gute psychische Verfassung gehört zur Gesundheit. Achten Sie auf ein ausgewogenes Verhältnis zwischen Beruf und Privatleben, auf ausreichend Schlaf – und trainieren Sie Ihren Geist.

### Verdeckte Gesundheitskarten

Die verdeckten Karten der Gesundheit können gut oder schlecht sein. Auf die schlechten Karten hat man oft keinen Einfluss. Mit Willenskraft und den richtigen Maßnahmen kann man jedoch ihre negativen Auswirkungen mildern. Vermeiden lassen sich z. B. ungesunde Bedingungen wie Umweltverschmutzung (schlechte Luftqualität) und regelmäßiger Kontakt mit Tabakrauch (Passivrauchen). Impfungen beugen Infektionen vor.

### Das Beste daraus machen

Unabhängig davon, welche Karten der Gesundheit wir auch zugeteilt bekommen, wir können sie durch unser Verhalten entscheidend verbessern. Dem Gewinner winkt ein gesünderes, glücklicheres Leben.

Rauchen verursacht Krebs, Herzkrankheiten und viele andere Leiden. Die Belege dafür, wie gesundheitsschädlich Rauchen ist, sind eindeutig: Die meisten von uns kennen zwar Raucher, die alt geworden sind, was aber nur deshalb auffällt, weil es so selten ist. Jede Zigarette verkürzt das Leben im Schnitt um 10 Min. – doppelt so lang, wie man eine Zigarette raucht.

**GESUNDHEIT**

**Fakten im Überblick**

- Der menschliche Körper verbraucht in Ruhe etwa so viel Energie wie eine 100-Watt-Glühlampe.
- Denken kostet viel Energie – unser Gehirn benötigt dafür ein Fünftel der Gesamtenergie des ruhenden Körpers.
- Die empfohlene Tageshöchstdosis für den Genuss von Salz sind 6 g. Viele Fertiggerichte enthalten die dreifache Menge.
- Wird „Natrium" statt „Salz" als Inhaltsstoff von Fertigprodukten angegeben, ist oft der tatsächliche Salzgehalt 2,5-mal so hoch.

# Ernährung und Übergewicht

Nahrung ist Brennmaterial für den menschlichen Körper. Wie jede Maschine, so gewinnt der Körper aus Brennstoff Energie, um Herzschlag, Atmung, Verdauung und das Denken in Gang zu halten, aber auch um sich zu bewegen und warm zu halten. Nahrung liefert dem Körper zudem Rohstoffe für das Wachstum, den Erhalt und die Erneuerung des Gewebes und den reibungslosen Ablauf der Körperfunktionen. Was wir essen ist daher ebenso entscheidend wie das Wieviel. Wovon wir viel zu uns nehmen sollten, wovon wenig oder besser nichts, zeigt die Nahrungspyramide. Eine ausgewogene Ernährung enthält gesunde Mengen der Nahrungskomponenten.

### Essen Sie so...

Halten Sie sich Ihrer Gesundheit zuliebe an die Ernährungspyramide auf dieser Seite. Die ungesunde Pyramide auf der Seite gegenüber ist dagegen Gift für den Körper.

Essen Sie eiweißreiche Lebensmittel mit wichtigen Nährstoffen wie Milchprodukte, Hülsenfrüchte und – falls Sie kein Vegetarier sind – Fleisch und Fisch, aber davon nicht zu viel.

Der Großteil Ihrer Ernährung sollte aus Obst, Gemüse und Getreideprodukten wie Vollkornbrot bestehen. Sie liefern Energie, Vitamine, Mineralien und Ballaststoffe.

Halten Sie sich bei fett- und zuckerreichen Lebensmitteln wie Keksen und Schokolade zurück. Sie enthalten kaum andere Nährstoffe.

## ERNÄHRUNG UND ÜBERGEWICHT

**AMINOSÄUREN:**
Sie schließen sich als kleine chemische Einheiten zu Ketten von Proteinen zusammen.

**PROTEINE:**
Die strukturellen Teile des Körpergewebes wie Muskeln, Knochen, Haut und Haare werden aus Proteinen verschiedener Substanzen gebildet.

Klartext

Kohlehydrate liefern Energie. Sie finden sich vor allem in Getreideprodukten wie Brot, Reis, Nudeln und Müsli. Auch Kartoffeln und Obst enthalten Kohlehydrate. Proteine aus Fleisch, Fisch, Milchprodukten und Hülsenfrüchten versorgen den Körper mit Aminosäuren für das Wachstum und die Erneuerung des Gewebes. Auch Fett ist in geringen Mengen notwendig, z. B. für das Nervensystem; am gesündesten für den Körper sind dabei pflanzliche Fette und Öle. Vitamine und Mineralien werden für Hunderte von Körperfunktionen gebraucht. Die besten Nahrungsquellen sind frisches Obst, Gemüse und Getreide, zudem auch tierische Produkte wie Milch, Käse oder Fisch. Und nicht zuletzt ist Wasser dringend nötig – mindestens zwei bis drei Liter sollte man am Tag trinken.

### Essen Sie nicht so...

Zuckerreiche Lebensmittel wie Kekse und Kuchen geben einen „Energiestoß", der jedoch schnell verfliegt. Der Körper bevorzugt stattdessen die komplexen Kohlehydrate in stärkehaltiger Nahrung wie Vollkornprodukten und Kartoffeln.

Alkoholische Getränke liefern Kalorien (Energie) aus Alkohol und Kohlehydraten, enthalten jedoch wenig oder keine anderen Nährstoffe. Übergewicht ist daher häufig eine Folge von zu hohem Alkoholkonsum.

Tierische Fette in rotem Fleisch, Fleischprodukte wie Salami und Burger, Frittiertes und fetter Käse führen zu einem hohen Cholesterinspiegel, Übergewicht und Herzkrankheiten (siehe nächste Seite).

## GESUNDHEIT

### Der „Diabetes-Eisberg"

Das von der Bauchspeicheldrüse gebildete Hormon Insulin kontrolliert die Versorgung der Zellen mit ihrer Hauptenergiequelle – Glukose in Form von Zucker. Bei einer Diabetes-erkrankung ist die Verarbeitung von Glukose gestört. Bei Typ-1-Diabetes wird kein Insulin produziert, bei Typ-2-Diabetes ist die Reaktion der Zellen darauf verändert. Bei beiden Diabetestypen reichert sich im Blut Glukose an. Dies schädigt Organe – von den Nieren bis zu den Muskeln und Augen – und erhöht zudem die Infektionsanfälligkeit.

Typ-2-Diabetes hängt mit Übergewicht zusammen. In den Industrienationen steigt die Zahl der Erkrankten rapide. Allein in Deutschland sind 7 Mio. Menschen betroffen. Das ist aber nur die Spitze des Eisbergs: In der Tat leiden weit mehr Menschen an Diabetes, die nicht diagnostiziert wurde. Verbreitet ist Prädiabetes, die uner-kannte Vorstufe des Typ-2-Diabetes.

Diabetes ist eine tickende Zeitbombe. Die sichtbare Spitze des „Diabetes-Eisbergs" bilden die Menschen, deren Erkrankung diagnostiziert ist. Der weitaus größere Teil des Eisbergs aber liegt nicht sichtbar unter der Oberfläche. Er repräsentiert die Menschen, die bereits an Diabetes oder Prädiabetes leiden, ohne es zu wissen.

### Risikofaktor Cholesterin

Cholesterin ist ein Baustein für die hautähnlichen äußeren Membranen der Billionen von mikroskopisch kleinen Körperzellen. Zudem wird Cholesterin zur Bildung der Gallenflüssigkeit und bestimmter Hormone benötigt, z. B. für das weibliche Sexualhorman Östrogen und Adrenalin, dem „Kampf-oder-Flucht-Hormon". Zu viel Cholesterin im Blut verursacht Fettablagerungen in den Arterienwänden, bekannt als Gefäßverkalkung. Die derart verengten Arterien können sich leicht verschließen und erhöhen die Gefahr von Blutgerinnseln, die sich in Gefäßen festsetzen und Schlaganfälle und Infarkte auslösen können. Ein hoher Cholesterinspiegel geht oftmals auf eine zu fettreiche Ernährung zurück – insbesondere gesättigte tierische Fette. Der Rat des Mediziners ist hier eindeutig: Essen Sie weniger fettes Fleisch und andere tierische Fette!

### Alkoholgenuss: Wie viel ist zu viel?

Der Alkoholkonsum wird meist in Trinkeinheiten gemessen (eine Einheit entspricht 10 g reinem Alkohol). Als wöchentliche Höchstmenge gelten 14 Einheiten für Männer und 7 Einheiten für Frauen. Ursache für diese Differenz ist zum einen der Größenunterschied sowie die Tatsache, dass der männliche Körper Alkohol anders verarbeitet als der weibliche. Zu viel Alkohol verursacht auf Dauer Hirnschäden, beeinträchtigt das Gedächtnis bis zur Demenz und führt zu Herzkrankheiten, Schlaganfällen, Leberzirrhose, Brustkrebs und anderen Tumoren sowie Krankheiten des Verdauungstrakts.

### Wie viele Einheiten?

- **1** eine Flasche oder Dose Bier (0,33 l), ein kleines Glas Wein (0,125 l), ein Glas Likör oder Schnaps (0,02 l)
- **1.5** eine Flasche Bier, ein Alcopop oder Cocktail, ein großes Glas Wein (0,2 l)
- **7** eine Flasche Wein (750 ml)
- **22** eine Flasche Schnaps

**ARTERIE:** Blutgefäß (Ader), das das Blut vom Herzen wegtransportiert.

**EPIDEMIE:** Häufung von Fällen einer ansteckenden Krankheit, die sich meist schnell und großflächig ausbreitet.

**HORMONE:** Wichtige biochemische Botenstoffe, die zentrale Vorgänge im Körper wie Atmung, Kreislauf, Körpertemperatur, Salz- und Wasserhaushalt, Wachstum, Fortpflanzung sowie Emotionen steuern.

**Klartext**

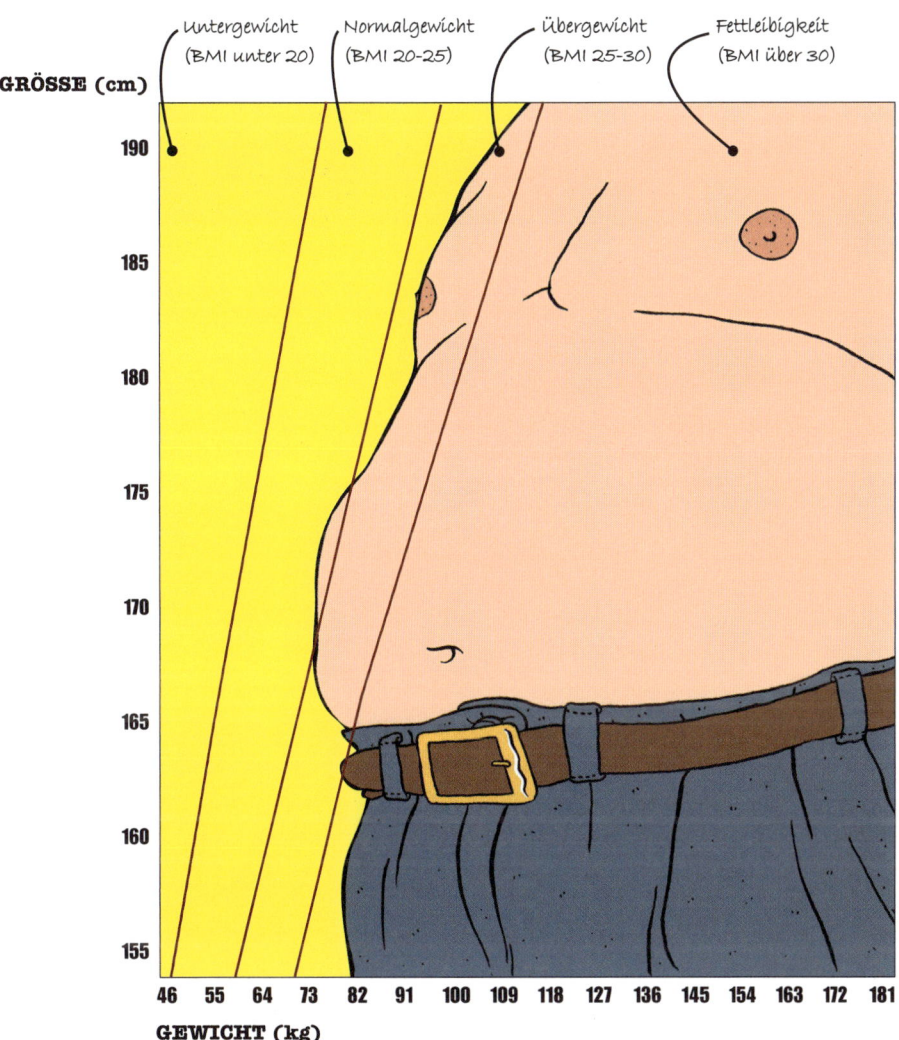

## Wie misst man Übergewicht?

Wenn Sie zu viel essen, wandelt der Körper den Überschuss in Fett um. Der Körpermassenindex oder Body-Mass-Index (BMI) ist ein Maß zur Einschätzung von Über- oder Untergewicht. Um ihn zu berechnen, teilt man das Körpergewicht durch die Körpergröße im Quadrat. Bei einem Körpergewicht von 80 kg und einer Körpergröße von 1,80 m ergibt sich ein BMI von 80 ÷ (1,8 x 1,8), also 24,69 – laut Diagramm gerade noch Normalgewicht. Ein BMI von mehr als 25 bedeutet im Normalfall Übergewicht, ein BMI von über 30 ist ein Zeichen für Fettleibigkeit. Mit dem BMI steigt u. a. das Risiko von hohem Blutdruck, Herzkrankheiten, Diabetes und Arthritis. Da hilft nur: weniger essen, mehr Sport.

**Fakten im Überblick**

- 100 000 Viren von normaler Größe ergäben in eine Reihe gelegt etwa 1 cm.
- 10 000 durchschnittlich große Bakterien würden aneinandergelegt ebenfalls eine 1 cm lange Reihe bilden.
- 2 000 typische Protisten (Protozoen) hätten aneinandergereiht dieselbe Länge.
- 1000 Pilzsporen wären aneinandergelegt ebenfalls 1 cm lang.

# Bakterien und Viren

Es gibt viele verschiedene Arten von Krankheitserregern – angefangen von Insekten wie Flöhen und Läusen bis hin zu mikroskopisch kleinen Lebensformen. Ursache für die meisten Infektionskrankheiten sind vier Arten von Erregern, die im Kasten unten aufgeführt sind.

## Der Kampf gegen Krankheitserreger

Die wirkungsvollste Waffe gegen Bakterien sind antibakterielle Antibiotika. Manche Antibiotika hindern Bakterien an der Fortpflanzung durch Teilung, andere greifen ihre äußere Membran an und lassen sie zusammenklumpen. Das erste dieser Antibiotika, 1928 entdeckt und immer noch viel in Gebrauch, war Penizillin. Gegen Viren sind Antibiotika allerdings kein Mittel, es hat also keinen Sinn, Antibiotika einzunehmen, um einen viralen Infekt zu behandeln. Einige ernste und schnell fortschreitende Krankheiten, etwa Meningitis, werden von Bakterien und/oder Viren verursacht. Bis die Diagnose endgültig feststeht, testet man unterschiedliche Wirkstoffe aus.

Speziell gegen Viren helfen zwar einige Präparate, aber verglichen mit den Antibiotika ist die Auswahl hier eher begrenzt und manchmal wenig effektiv. Das wirksamste Mittel gegen Viren sind Impfstoffe (siehe Seite 134–135).

**Penizillin-Sorten**

Bakterien werden heute viel häufiger mit chemischen Derivaten von Penizillin als mit Penizillin selbst bekämpft. Um diese herzustellen, werden am Penizillinmolekül leichte Veränderungen vorgenommen; die Bezeichnung der Derivate endet meist auf „-illin". Bekannt sind Antibiotika wie Amoxicillin, Methicillin und Flucloxacillin.

## Krankheitserreger: Die großen Vier

- **AM GRÖSSTEN** unter den Krankheitserregern sind Pilze. Sie verursachen Fußpilz (Tinea), Soor (Candida), Lungen-Aspergillose und Onychomykose (Nagelpilz).

- **DIE NÄCHSTKLEINEREN** sind einzellige Protisten (Protozoen) wie die Malaria verursachenden Plasmodium-Parasiten und Trypanosomen, die die Schlafkrankheit auslösen.

- **VIEL KLEINER** sind dagegen Bakterien. Die Einzeller sind ca. 100-mal kleiner als Körperzellen. Eine große Zahl von Infektionen wie Milzbrand, Tuberkulose, Cholera, Gonorrhoe, Syphilis, Diphterie, Keuchhusten, Typhus, Hautentzündungen wie Furunkel und Impetigo (Grindflechte), Magengeschwüre und viele Lebensmittelvergiftungen und Durchfall haben bakterielle Ursachen.

- **DIE KLEINSTEN** unter den Kankheitserregern sind Viren. Sie sind 20 bis 300 nm (nm = Nanometer; bezeichnet die Länge eines Milliardstel Meters) groß und u. a. für Grippe (Influenza), Erkältungen, Herpes, Hepatitis, Masern, Windpocken und Röteln, Gebärmutterhalskrebs, Tollwut und AIDS verantwortlich.

# BAKTERIEN UND VIREN

## Resistente Erreger und ihre Vermehrung

Bei der Fortpflanzung von Lebewesen kann es zu leichten Veränderungen oder Mutationen im Erbgut kommen. Es gibt Trillionen von Krankheitserregern, von denen sich manche in ein paar Stunden vertausendfachen. Bei derart rasanter Vermehrung treten Genveränderungen häufig auf. Manchmal werden die Erreger durch zufällige Mutation resistent gegen antibiotische oder antivirale Medikamente. Die neue, resistente Form kann sich jedoch rapide vermehren – bis Mediziner dagegen einen Wirkstoff entwickelt haben. Ein Beispiel hierfür ist MRSA, ein Stamm des Bakteriums Staphylococcus aureus (SA), der gegen alle auf Methycillin (M) beruhenden Antibiotika resistent (R) ist. Antibiotika zu nehmen, wenn es nicht unbedingt notwendig ist, oder eine Antibiotikatherapie abzubrechen, begünstigt daher die Entstehung resistenter Erreger.

### Klartext

**INFEKTIÖS:** Von Mikroben oder ähnlichen Lebewesen ausgelöst; neigt zur Ausbreitung.

**ANSTECKEND:** Durch Kontakt, gemeinsam benutzte Gegenstände oder Körperflüssigkeiten übertragbar.

**DNA:** In der DNA sind die Erbanlagen (Gene) eines Lebewesens gespeichert (im Deutschen verwendet man auch die Abkürzung DNS für Desoxyribonukleinsäure).

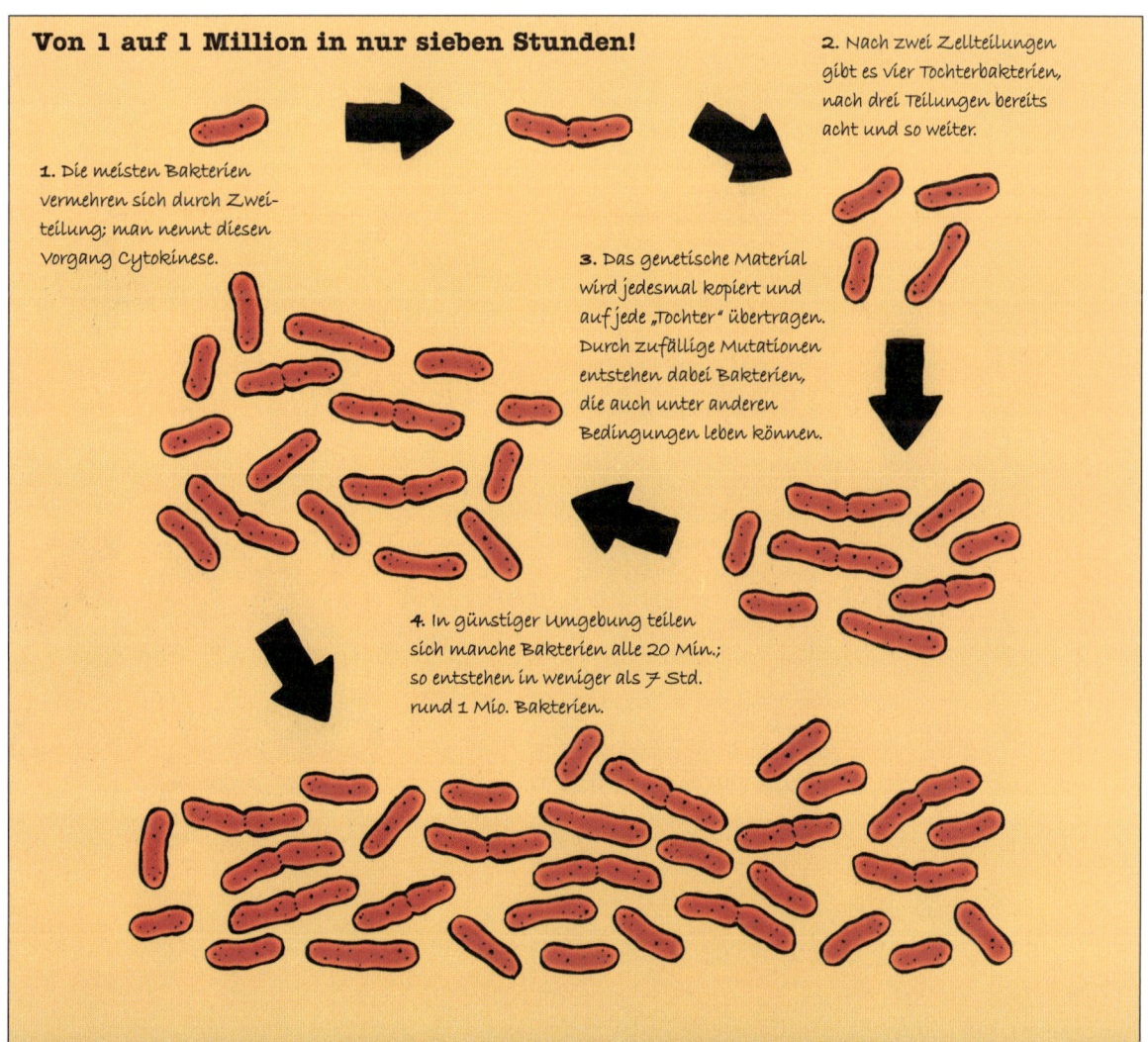

**Von 1 auf 1 Million in nur sieben Stunden!**

1. Die meisten Bakterien vermehren sich durch Zweiteilung; man nennt diesen Vorgang Cytokinese.

2. Nach zwei Zellteilungen gibt es vier Tochterbakterien, nach drei Teilungen bereits acht und so weiter.

3. Das genetische Material wird jedesmal kopiert und auf jede „Tochter" übertragen. Durch zufällige Mutationen entstehen dabei Bakterien, die auch unter anderen Bedingungen leben können.

4. In günstiger Umgebung teilen sich manche Bakterien alle 20 Min.; so entstehen in weniger als 7 Std. rund 1 Mio. Bakterien.

## Fakten im Überblick

- An der „normalen" oder „saisonalen" Grippeinfektion sterben jährlich weltweit bis zu 500 000 Menschen.
- Die Spanische Grippe tötete in einer der größten Pandemien der Geschichte zwischen 1918 bis 1920 weltweit 80 Mio. Menschen.
- H1N1, der Schweinegrippevirus, ist ein neuer Virenstamm aus Viren, die zuvor Schweine und Vögel befallen haben.
- Grippeviren werden meistens durch Husten oder Niesen übertragen oder durch den Kontakt mit kontaminierten Gegenständen.

# Pandemien

Eine Pandemie ist mehr als eine Epidemie: der Ausbruch einer Infektionskrankheit, die Tausende, ja sogar Millionen Menschen auf ganzen Kontinenten oder in einem Großteil der Welt befällt. Historische Pandemien waren z. B. die Beulenpest, Tuberkulose, Pocken und in neuerer Zeit HIV/AIDS. Es gibt auch regelmäßige, durch Orthomyxoviren ausgelöste Grippe-Pandemien (Influenza). Manche dieser Viren springen von Tieren auf den Menschen über. Weil bei ihrer Vermehrung genetische Mutationen auftreten (siehe Seite 130–131), können ursprünglich nur auf bestimmte Tierarten ausgerichtete Virenstämme auch neue Arten von Zellen angreifen, z. B. menschliche Körperzellen.

### So vermehrt sich ein Grippevirus

**1.** Grippeviren sehen aus wie Golfbälle mit winzigen Stängeln mit Knopfenden. Im Innern des Virus sitzt das genetische Material, die DNS, immer zur Vermehrung bereit.

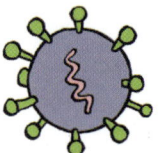 

**6.** Die Zelle platzt auf und setzt viele Viren frei, die andere Zellen infizieren. Der gesamte Vorgang dauert meist keine 15 Min.

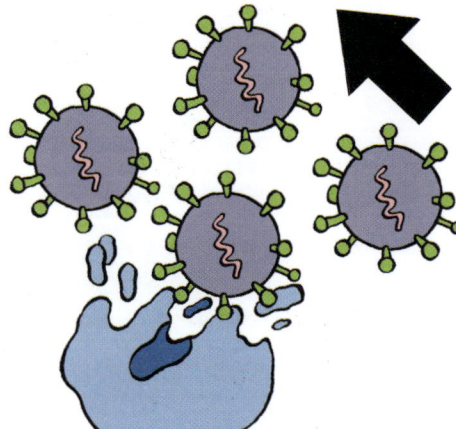

### Vogelgrippe (Aviäre Influenza)

Dieser Grippetyp sprang um 1997 auf den Menschen über. Die Vogelgrippe besteht aus vier Virenstämmen, deren gefährlichster H5N1 ist. Menschen werden nur befallen, wenn sie durch Mund, Nase oder Wunden Körperflüssigkeiten oder Exkremente infizierter Vögel (in den meisten Fällen Geflügel) aufnehmen. Anders als bei der Schweinegrippe (siehe rechts) sind keine Übertragungen von Mensch zu Mensch bekannt. Die Krankheit ist daher selten und isoliert, aber dennoch gefährlich. Sie verursacht die üblichen, mit antiviralen Medikamenten behandelbaren Symptome, wie Fieber, Schüttelfrost, Kopf- und Gliederschmerzen, Übelkeit sowie Entzündungen von Augen, Nase und Rachen. In bis zu zwei Dritteln aller Fälle verläuft sie tödlich. Mutiert das Virus und wird von Mensch zu Mensch übertragen, könnte es eine Pandemie auslösen.

# PANDEMIEN 133

## Schweinegrippe

Die ersten Fälle der als „Schweinegrippe" bekannten Pandemie traten Anfang 2009 in Mexiko und den USA auf. Das Virus – Typ H1N1 – ist eine Mischform zweier Viren, die unter Schweinen bereits jahrelang grassierten (Schweinefleisch ist aber nicht ansteckend). Die Schweinegrippe ist von Mensch zu Mensch übertragbar und daher sehr verbreitet; im Herbst 2009 wurden wöchentlich weltweit Tausende neue Erkrankungen gemeldet. Tödlich verläuft die Schweinegrippe jedoch nur in einem von etwa 250 Fällen, hauptsächlich bei schlechtem gesundheitlichem Allgemeinzustand. Inzwischen gibt es wirksame Impfstoffe.

## Krankheitserreger – Namen und Stämme

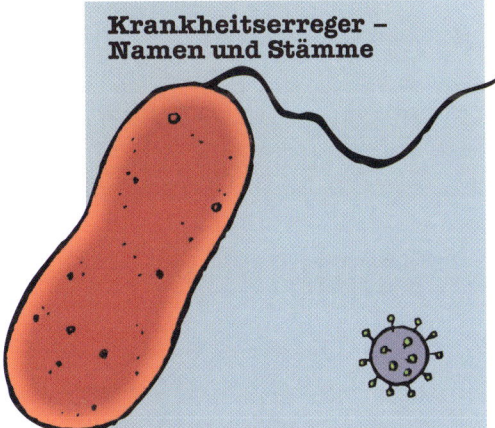

**Bakterien** sind wesentlich größer als Viren. Manche haben lange „Schwänze" (Flagellen), mit denen sie sich fortbewegen. Sie sind echte Lebewesen, ihre inneren Prozesse gleichen denen anderer Zellen, auch menschlichen Körperzellen. Nicht alle Bakterien sind für unsere Gesundheit gefährlich – Trillionen davon leben harmlos im Boden, wo sie totes Tier- und Pflanzengewebe zersetzen. Schädliche Bakterien nennt man pathogen (krankheitserregend). Es gibt Hunderte Arten, jede mit vielen Stämmen wie dem resistenten Bakterium MRSA (siehe Seite 131).

**Viren** sind krankheitserregend, weil sie zur Vermehrung lebende Zellen anzapfen und zerstören müssen. Auch Viren sind in viele Stämme unterteilt, oft mit seltsam klingenden Codenummern und Buchstaben, die ihre Entdeckung, Bestimmung oder strukturelle Teile des Virus bezeichnen. Bei dem gefürchteten H5N1-Stamm des Influenza-A-Virus steht H5 für die fünfte nachgewiesene Version eines chemischen Bestandteils (des Proteins Hämagglutinin) in der äußeren Hülle, mit der sich das Virus an die Wirtszellen heftet. N1 bedeutet, dass es die erste Version anderer Proteine (Neuraminidasen) besitzt, die es den neuen Viren ermöglichen, die abgestorbene Wirtszelle zu verlassen.

**2.** Zur Reproduktion braucht das Virus eine lebende Zelle, etwa ein Bakterium oder eine Körperzelle von Pflanze oder Tier. Es heftet sich an die äußere Hülle der Wirtszelle und bohrt ein Loch hinein.

**3.** Die Erbmasse des Virus gelangt vom Virus in die lebende Zelle und beginnt die inneren Prozesse der Zelle zu steuern.

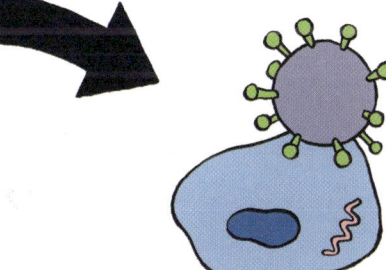

**5.** Die Lebensvorgänge der Zelle kommen zum Erliegen, ohne die Zufuhr von Energie und Nährstoffe stirbt sie ab. Jeder Abschnitt des Viren-Erbguts bildet eine eigene Außenschicht.

**4.** Die „Produktionsmaschinerie" der Zelle erzeugt Hunderte oder gar Tausende identische Kopien des Viren-Erbguts.

## 134 GESUNDHEIT

**Fakten im Überblick**

- Der englische Landarzt Dr. Edward Jenner wies 1796 erstmals die Wirksamkeit einer Impfung nach.
- 1980 erklärte die Weltgesundheitsorganisation WHO die Pocken dank der Impfungen für ausgerottet.
- Ein Impfstoff gegen Malaria könnte jedes Jahr rund 3 Mio. Leben retten und bis zu 500 Mio. Erkrankungen verhindern. Schon seit fast 200 Jahren suchen Forscher nach einem Wirkstoff. Bis ein sicheres, effektives Impfserum gefunden ist, werden wohl noch einige Jahre vergehen.

# Impfstoffe

Ein typischer Impfstoff enthält getötete oder geschwächte Formen schädlicher Mikroben oder Keime. Das Serum wird in den Körper injiziert, in manchen Fällen aber auch als Spray oder als Tablette verabreicht. Darauf tritt das Immunsystem, der natürliche Schutz des Körpers, in Aktion. Es erkennt die Keime als schädlich und zerstört sie mithilfe der weißen Blutkörperchen und sogenannten Antikörper. Im Gegensatz zu einem Angriff echter Erreger, wird der Körper durch den Impfstoff nicht wirklich krank. Stattdessen entwickelt das Immunsystem nach dem Beseitigen der Eindringlinge „Gedächtniszellen" für diese Keime. Bei zukünftigen Attacken der tatsächlichen Krankheitserreger werden diese so schnell erkannt,

**LEGENDE**

- infiziert
- geheilt oder tot
- nicht geimpft
- geimpft

## Der Nutzen von Massenimpfungen

Impfstoffe schützen nicht nur diejenigen, die geimpft werden, sondern auch alle anderen. Dies nennt man „Herdenimmunität". Sind 90 % oder mehr der Bewohner eines Gebietes geimpft, dann kann sich keine Epidemie entwickeln. Die beiden Illustrationen rechts zeigen die Ausbreitung einer Krankheit in einer Gemeinschaft ohne Impfung (oben) im Vergleich zu einer, in der viele geimpft sind (unten). Rot dargestellt sind die Krankheitsfälle, dunkelblau nicht geimpfte sowie nicht immune Personen. Hellblau markiert sind geimpfte oder immune Personen und gelb dargestellt sind die Personen, die entweder bereits an der Krankheit gestorben sind oder sie überstanden und eine natürliche Immunität entwickelt haben.

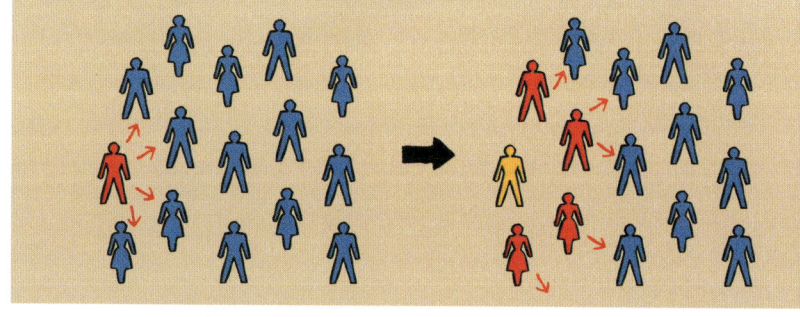

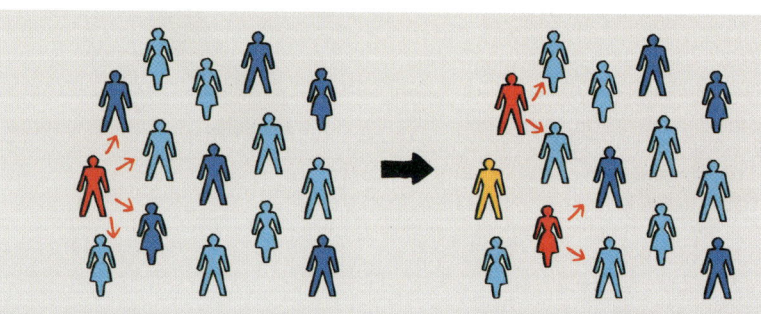

# IMPFSTOFFE

dass das Immunsystem sie abtötet, bevor sie sich erst so stark vermehren können, dass die Krankheit ausbricht. Diesen Vorgang nennt man Immunisierung: Der Körper wird durch die Impfung gegen eine Krankheit immun oder resistent.

Manche Impfstoffe enthalten nur Teile eines Krankheitserregers, z. B. ein Stück der Hülle; dies reicht aus, um das Immunsystem zu stimulieren. Andere Impfstoffe wirken gegen die schädlichen Chemikalien (Toxine), die die Erreger produzieren.

Es gibt zahlreiche Impfstoffe, die virale und auch bakterielle Krankheiten bekämpfen. Zu den großen Erfolgen zählen der Sieg über die Pocken und der Rückgang von Polio, Masern, Diphterie, Tetanus und einigen Formen von bakterieller Meningitis. Geimpft werden meist Babys und Kleinkinder, um deren Immunsystem zu stärken, ehe sie echten Erregern ausgesetzt sind. Impfungen wie die gegen Typhus oder Japanische Enzephalitis werden für Reisen in bestimmte Länder empfohlen. Manche Impfungen verabreicht man auch in kombinierter Form.

## Angst vor Impfungen?

Impfstoffe haben äußerst selten Nebenwirkungen – wenn doch, dann sind sie oft schwerwiegend. So löst etwa die MMR-Impfung (Masern, Mumps, Röteln) in einem von einer Million Fälle Gehirnhautentzündung aus. Das ist jedoch kein Grund, auf diese wichtige Impfung zu verzichten, denn die Wahrscheinlichkeit an Masern zu sterben, ist ca. 3000-mal größer. In Großbritannien machte kürzlich das (inzwischen widerlegte) Gerücht Furore, es gäbe einen Zusammenhang zwischen MMR und Autismus. Die Impfrate ging darauf zurück und es traten vermehrt Fälle von Mumps und Masern auf. Als Folge der fehlenden Impfung kam es zu einigen schweren Behinderungen und Todesfällen.

Experten sind bemüht, Impfstoffe zu optimieren und Nebenwirkungen auszuschalten. In Krankheitsgeschichten wird zudem nach Hinweisen auf Impfkomplikationen gesucht, um gefährdete Personen gezielter behandeln zu können.

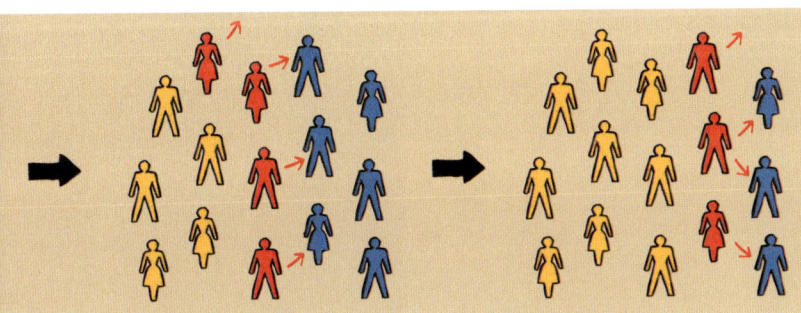

**UNGEIMPFTE GEMEINSCHAFT**
Auf jeder Stufe der Epidemie vermehren sich Erreger unter nicht geimpften Personen, die diese durch Berührung oder in kleinen Tröpfchen beim Niesen oder Husten weitergeben. Folge: Die Infektion breitet sich aus.

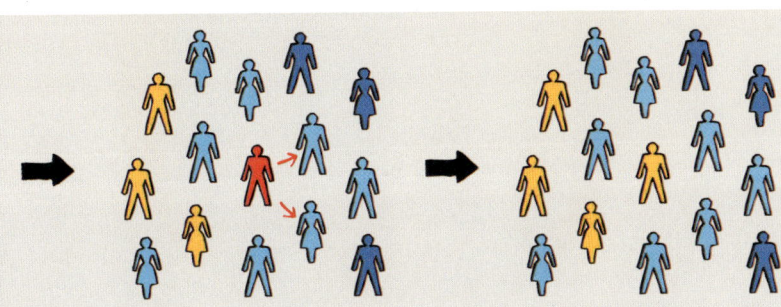

**GEIMPFTE GEMEINSCHAFT**
Sind genug Personen geimpft, haben die Erreger viel weniger Körper, um sich zu vermehren. Zudem werden Infizierte durch die Krankheit immun. Bald schon finden die Erreger keine Brutstätten mehr. Folge: Die Ansteckungsgefahr nimmt ab.

**Fakten im Überblick**

- Wer sicher reisen möchte, sollte die öffentlichen Verkehrsmittel benutzen. Am sichersten sind Flugzeug, Bahn, Bus und Schiff.
- Im Individualverkehr gilt das Auto als sicherstes Fortbewegungsmittel, gefolgt vom Fahrrad. Am riskantesten sind Motorräder.
- Mit zunehmendem Alter erhöht sich das Gesundheitsrisiko. Mehr als drei Viertel aller Patienten mit Schlaganfall sind über 65 Jahre alt.
- Der älteste Mensch aller Zeiten, die Französin Jeanne Calment, wurde 122 Jahre und 164 Tage alt. Sie liebte Olivenöl, Schokolade und Portwein.

# Risiken für die Gesundheit

Täglich kursieren Neuigkeiten, was für die Gesundheit gut oder schlecht sein soll: Mal ist ein bestimmtes Lebensmittel oder Getränk gesundheitsförderlich, mal sind es Pillen, Diäten, Sportarten oder Übungen. Was aber ist tatsächlich schädlich für unsere Gesundheit – und wie lassen sich Gesundheitsrisiken eingrenzen? Wir haben auf Seite 124 bereits die fünf größten Gesundheitsrisiken – Rauchen, Übergewicht, ein hoher Cholesterinspiegel, hoher Blutdruck und zu viel Alkohol – aufgeführt. Daraus ergeben sich fünf Hauptstrategien, um gesund zu bleiben: 1. nicht rauchen, 2. maßvoll essen, 3. auf die Cholesterinwerte achten, 4. den Blutdruck kontrollieren, 5. exzessiven Alkoholkonsum vermeiden. Die fünf großen Gesundheitsrisiken hängen wiederum von vielen anderen Faktoren ab.

### Risikovergleich

Die Grafik rechts zeigt einige der Risiken, denen Menschen in den Industrieländern ausgesetzt sind. Deutlich wird hier, wie selten Tumore sind, die laut Studien mit einem langjährigen Handygebrauch in Verbindung stehen. Angenommen, die Zahl der Krankheitsfälle würde sich verdoppeln, so wären dies statistisch gesehen immer noch weniger Krankheitsfälle als bei Nichtrauchern, die an Lungenkrebs erkranken – ganz abgesehen von den Rauchern, die Lungenkrebs bekommen. Verhältnismäßig gering ist auch die Anzahl der Toten durch Flugzeugabstürze im Vergleich zu den vielen Toten bei Autounfällen.

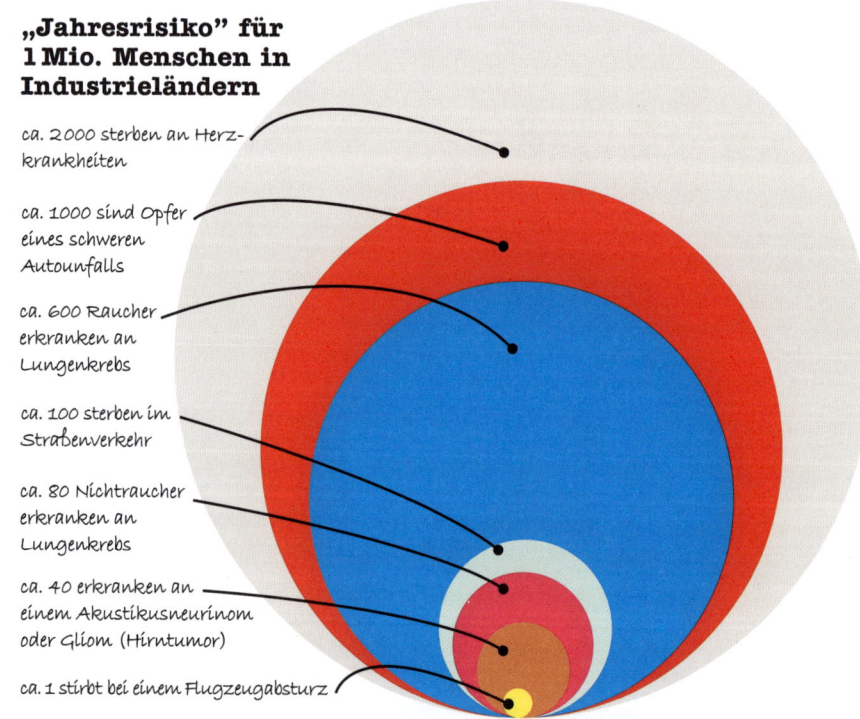

„Jahresrisiko" für 1 Mio. Menschen in Industrieländern

- ca. 2000 sterben an Herzkrankheiten
- ca. 1000 sind Opfer eines schweren Autounfalls
- ca. 600 Raucher erkranken an Lungenkrebs
- ca. 100 sterben im Straßenverkehr
- ca. 80 Nichtraucher erkranken an Lungenkrebs
- ca. 40 erkranken an einem Akustikusneurinom oder Gliom (Hirntumor)
- ca. 1 stirbt bei einem Flugzeugabsturz

# RISIKEN FÜR DIE GESUNDHEIT 137

Der wichtigste Faktor ist das Alter. Eine weitere wichtige Rolle spielen das Geschlecht, der Lebensraum, die Freizeitaktivitäten und in manchen Fällen auch die ethnische Zugehörigkeit. So gelten z. B. für Männer zwischen 15 und 30 Jahren in ärmeren Vierteln von Großstädten Auto- und Motorradfahren, Drogen und Kriminalität als größte Risiken. Im späteren Lebensalter überwiegen meist die „großen drei Risiken": Krebs, Herzkrankheiten und Schlaganfall.

## Sind Handys tatsächlich gefährlich?

Sensationsmeldungen über vermeintliche Gesundheitsrisiken sollte man immer relativieren. Ein Beispiel betrifft Mobiltelefone. Hält man ein Handy ans Ohr, erzeugt die Strahlung des Geräts eine leichte Erwärmung der anliegenden Gehirnbereiche. Frühe Studien ergaben keine Anzeichen für eine Gefährdung. Neuere Studien allerdings deuten an, dass langfristig (über mehr als 10 Jahre) das Risiko bestimmter Krebsarten wie Akustikusneurinom (heilbar) und Gliom (unheilbar) steigt. Diese Studien sind jedoch alles andere als schlüssig – aktuelle Studien konnten kein erhöhtes Krebsrisiko nachweisen.

Ein weitaus größeres Problem als die Strahlung von Mobiltelefonen stellt das Telefonieren während des Autofahrens dar – ob mit oder ohne Freisprechanlage. Die Gefahr eines Unfalls mit Verletzungen oder sogar Todesfolge erhöht sich für telefonierende Autofahrer um das Vierfache. Dieses Risiko ist damit um vieles größer als die Wahrscheinlichkeit, an einem Hirntumor zu erkranken, da in den meisten Altersgruppen ohnehin alljährlich jeder Tausendste von einem Autounfall betroffen ist. Konsequenterweise gilt inzwischen in den meisten Ländern ein Handy-Verbot am Steuer.

### Ursachen für Krebs

Die genauen Ursachen der meisten Tumore des Nervensystems sind nicht bekannt. Einige werden auf Erbschäden zurückgeführt. Nicht immer lebensbedrohlich und oft auch gut behandelbar sind Akustikusneurinome.

### Studien und Stichproben

In Studien, bei denen der Umfang der Stichproben gering ist, spielt der Zufall eine überproportional große Rolle. Ein Beispiel: Werfen Sie eine Münze fünf Mal, während die Mikrowelle ausgeschaltet ist, und fünf Mal, wenn sie läuft. Das Resultat könnte vier Mal „Kopf" bei abgeschaltetem Gerät und nur zwei Mal „Kopf" bei laufendem Gerät sein. Bei mehr als fünf Würfen gleichen sich die Zahlen schließlich an. Die erste „Studie" jedoch scheint zu belegen, dass bei laufender Mikrowelle geworfene Münzen seltener „Kopf" zeigen. Traut man diesem Ergebnis, ließe sich ein Zusammenhang herstellen, obwohl die Studie nichts „beweist".

## 138 GESUNDHEIT

**Fakten im Überblick**

- Exzessives Sonnenbaden kann aufgrund der ultravioletten (UV-)Anteile der Sonnenstrahlung die Haut folgenschwer schädigen.

- Kontakt mit Ruß, Pech, Asphalt, Teer, Holzschutzmittel oder Paraffin erhöht über einen längeren Zeitraum das Risiko von „weißem" Hautkrebs.

- Nur bei einem von 25 Hautkrebsfällen liegt ein „bösartiges" Melanom vor. Vier von fünf Erkrankungen aber sind tödlich.

- Wirksame Sonnenschutzmittel müssen sowohl gegen UV-A- als auch gegen UV-B-Strahlen schützen.

# Sonne und Haut

Mancher empfindet sonnengebräunte Haut als attraktiv, sexy, gesund und vielleicht auch als Zeichen von Wohlstand und Luxus, weil sich der Gebräunte einen Urlaub in sonnigen Gefilden leisten kann. Andere denken bei intensiver Sonnenbräune an runzelige, schlaffe Haut und drohenden Hautkrebs. Die Wahrheit liegt in der Mitte. Viele Faktoren spielen dabei eine Rolle – nicht zuletzt der Lichtschutzfaktor der verwendeten Sonnencreme. Der für die Haut schädlichste Anteil des Sonnenlichts ist die ultraviolette Strahlung, bei der man UV-A- und UV-B-Strahlen unterscheidet.

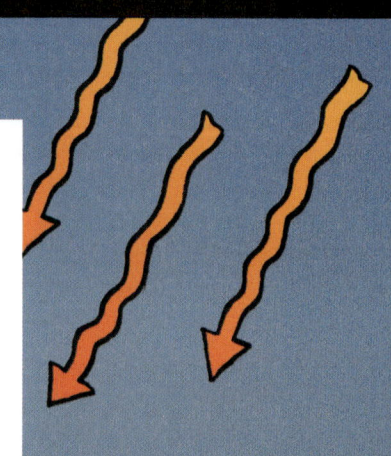

### Ultraviolett-A

Die UV-A-Strahlen sind die Hauptursache für Sonnenbräune, weil sie die Haut zur Bildung des Farbstoffs Melanin anregen. Gebräunte Menschen sind dadurch ebenso wie Menschen mit natürlich dunklem Teint besser gegen UV-Strahlen geschützt als Hellhäutige. UV-A- und UV-B-Strahlung sind verantwortlich für vorzeitige Hautalterung und die Bildung eines „bösartigen" (malignen) Melanoms, einer seltenen, oft aber tödlichen Form von Hautkrebs.

### Ultraviolett-B

UV-B-Strahlen sind die Hauptauslöser von Sonnenbrand – nicht aber der Sonnenbräune. Sie erzeugen Falten, Pigmentflecken sowie andere Anzeichen für vorzeitige Hautalterung und gelten als Hauptursache von häufig auftretenden, jedoch behandelbaren Hautkrebsarten wie Spinaliom und Basaliom. Einige Sonnenbänke und Solarien erzeugen aus diesem Grund mehr UV-A- als UV-B-Strahlen. Da beide Arten von UV-Strahlung Hautkrebs fördern, sollte man zu lange Sonnenbäder generell meiden.

SONNE UND HAUT **139**

## Wann ist die UV-Strahlung am stärksten?

Der Hauptfaktor für die UV-Intensität ist die Höhe der Sonne am Himmel. Die hautschädigende Strahlung ist also umso stärker, je näher man dem Äquator ist. Intensiver ist die Strahlung auch in den Sommermonaten und in den Mittagsstunden zwischen 11 und 15 Uhr. Wichtig: UV-Strahlen werden von Schnee reflektiert und wirken in Hochgebirgslagen wesentlich stärker, was Skifahrer und Bergsteiger betrifft. Auch Wasser reflektiert die UV-Strahlen teilweise intensiv auf Wassersportler wie Surfer oder Segler.

## Schützen Sonnencremes?

Die gebräuchlichen Sonnencremes enthalten in der Regel eine oder zwei aktive Hauptkomponenten. Die erste Komponente besteht aus einem physikalischen Schutzfaktor, etwa aus Zinkoxid, das die UV-A- und UV-B-Strahlung von der Haut wegreflektiert. Die zweite Komponente ist ein chemischer Schutz, der die Energie der UV-B-Strahlen und manchmal auch der UV-A-Strahlen absorbiert und zerstreut.

Die meisten Sonnencremes sind mit einem Lichtschutzfaktor (LSF) gekennzeichnet, der anzeigt, wie effektiv das Produkt vor UV-B-Strahlen schützt. Wie wirksam der Hautschutz allerdings insgesamt ist, geht daraus nicht hervor, weil die UV-A-Strahlung in die Berechnung nicht miteinfließt. Sonnencremes schützen primär vor einem Sonnenbrand und können Hautschäden verringern. Klar erwiesen ist jedoch bislang nicht, ob sie tatsächlich auch vor „bösartigen" (malignen) Melanomen schützen. Studien deuten sogar an, dass sie die Gefahr von Melanomen erhöhen. Ein denkbarer Grund dafür wäre, dass die meisten Sonnencremes fast nicht gegen UV-A-Strahlung wirken. Beim Sonnenbaden wiegt man sich so in falscher Sicherheit und bleibt womöglich sehr lange in der Sonne, ohne die schädliche UV-A-Strahlung zu bemerken. Achten Sie beim Kauf einer Sonnencreme darauf, dass sie auch vor UV-A-Strahlen schützt.

## Die „gesunde" Sonne

In geringer Dosierung tut die UV-B-Strahlung dem Körper durchaus gut. Sie regt die Haut an, Vitamin D zu produzieren, das für gesunde Knochen, das Immunsystem und alle entzündungshemmenden Prozesse im Körper wichtig ist. Außerdem schützt Vitamin D auch vor einigen Arten von Tumoren, z. B. Brust-, Eierstock-, Bauchspeicheldrüsen- und Dickdarmkrebs.

## GESUNDHEIT

**Fakten im Überblick**

- Bei den Olympischen Spielen 1904 nahm der Marathonsieger während des Wettlaufs eine kleine Dosis Aufputschmittel.
- Heute sind mehr als 200 Dopingmittel bei Olympischen Spielen verboten, darunter über 50 Aufputschmittel und mehr als 40 anabole Steroide.
- Nebenwirkungen der anabolen Steroide sind wachsende Brüste und schrumpfende Hoden bei Männern und vermehrte Gesichtbehaarung bei Frauen.
- Sportler, bei denen die Konzentration der roten Blutkörperchen ungewöhnlich hoch ist, werden heute in der Regel von Wettkämpfen ausgeschlossen.

# Sport und Doping

**Ruhige Hand**
Die häufigsten Dopingmittel in Sportarten wie Gewehr- und Bogenschießen sind sogenannte Betablocker. Sie wirken zwar hauptsächlich auf Herzschlag und Blutdruck. Eine Nebenwirkung aber ist die Minderung von Muskelzittern – ein klarer Vorteil bei Wettkämpfen, die Konzentration und präzise Bewegungen erfordern.

Sportler, die leistungsfördernde Mittel nehmen, betrügen die Konkurrenz, gefährden ihre Gesundheit und ihren Ruf und riskieren Disziplinarstrafen, Sperren und öffentliche Verurteilung. Warum tun sie das? Um ihre Ergebnisse zu verbessern, einen bestimmten Gegner zu bezwingen, durch Siege und Meisterschaften berühmt und durch Sponsoren und Werbeeinnahmen reich zu werden. Doping macht regelmäßig Schlagzeilen – nicht nur im Radsport und in der Leichtathletik, sondern auch in vielen anderen sportlichen Disziplinen –, sogar im Bogenschießen.

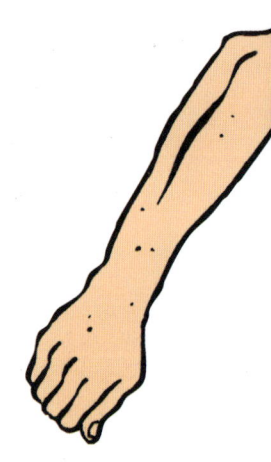

Doping lässt sich oft nur schwer nachweisen. Manchmal gelingt dies erst nach vielen zufälligen Blut- und Urintests vor, nach oder während der Wettkämpfe sowie der Suche nach Medikamenten. Da die Methoden der unerlaubten Leistungssteigerung immer raffinierter werden, müssen permanent neue Tests entwickelt werden. Nur selten gesteht ein Athlet Doping ein, wird „clean" – und enthüllt die neuesten Tricks des Doping-Geschäfts.

## Leistungssteigernde Medikamente

Diese Drogen werden in unterschiedlicher Form im Sport als Dopingmittel eingesetzt. Hinzu kommen sogenannte Entspannungsdrogen, die die sportliche Leistung zwar nicht steigern, deren Einnahme jedoch vor und während eines Wettkampfes als unfair gilt oder verboten ist.

**AUFPUTSCHMITTEL**
*Wirkung:* Erhöhte Aufmerksamkeit, verbesserte Reaktion und Fitness, verzögerte Ermüdung.
*Risiken:* Konzentrationsmangel, Stimmungsschwankungen, Schlaflosigkeit.

**ANABOLE STEROIDE**
*Wirkung:* Gesteigertes Wachstum von Muskelgewebe.
*Risiken:* Herz-, Leber- und Hautschäden, Sterilität, mentale Probleme, führt bei Frauen zur Vermännlichung.

**MASKIERUNGSMITTEL**
*Wirkung:* Verhindert den Nachweis von Dopingmitteln.
*Risiken:* Gestörter Flüssigkeitshaushalt, Dehydration, Infektionen.

## SPORT UND DOPING  141

### Blutdoping

Unter Doping versteht man allgemein die Einnahme von Medikamenten. Als Blutdoping bezeichnet man die Erhöhung des Anteils roter Blutkörperchen. Dadurch kann das Blut vermehrt Sauerstoff in die Muskeln und den Herzmuskel transportieren, was deren Kraft und Ausdauer erhöht. Eine Methode des Blutdopings ist die Eigenbluttherapie. Dabei wird zuerst Blut abgenommen. Nach einiger Zeit, wenn der Körper das Blut ersetzt hat, werden die roten Blutkörperchen dem Blutkreislauf wieder zugegeben. Bei einer anderen Methode injiziert man das natürliche Hormon Erythropoetin (EPO), das das Knochenmark zur Bildung roter Blutkörperchen anregt. Eine erhöhte Konzentration roter Blutkörperchen im Blut steigert jedoch das Risiko von Schlaganfällen und Herzproblemen.

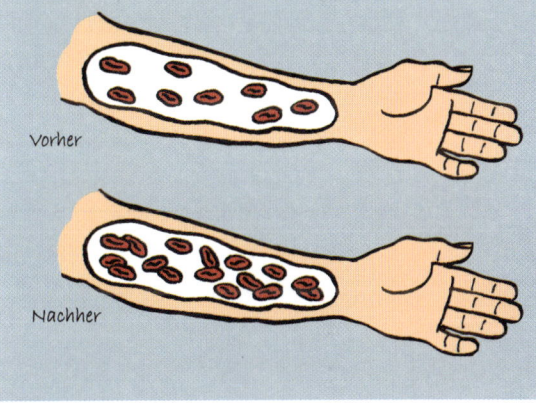

Vorher

Nachher

SCHMERZMITTEL
**Wirkung:** Ermöglichen den Wettkampf trotz Schmerzen und Verletzungen.
**Risiken:** Schwere und bleibende Organschäden, Kreislaufschock.

### Mehr Muskelmasse

Anabole (aufbauende) Steroide sind Abkömmlinge des natürlichen männlichen Hormons Testosteron, meist, aber nicht immer, sind sie synthetisch. Zu den unter Sportlern als „Juice" (Saft) bezeichneten Anabolika zählen Androstendion („Andro") sowie Tetrahydrogestrinon („THG" oder „The Clear"). Anabolika werden als Pillen oder Injektion verabreicht. Sie regen den Muskelaufbau an, steigern Kraft und Geschwindigkeit und beschleunigen die Heilung bei Verletzungen. In Sportarten wie Kurzstreckenlauf, Gewichtheben und Hammerwerfen sind sie am gebräuchlichsten. Anabolika besitzen starke Nebenwirkungen und schädigen den Körper.

## GESUNDHEIT

**Fakten im Überblick**

- Die Erprobung neuer medizinischer Wirkstoffe an Tieren ist in den meisten Ländern gesetzlich vorgeschrieben.

- Das AIDS-Virus HIV stammt möglicherweise von einem Virus ab, der bei Schimpansen gefunden wurde.

- Freiwillige, die Medikamente testen, erhalten dafür Geld, aber nicht zu viel, damit der Anreiz, ständig an Versuchen teilzunehmen, nicht zu groß ist.

- Genforscher züchten Stämme von Ratten, Mäusen und anderen Labortieren mit einer erhöhten Anfälligkeit für Krankheiten wie Krebs.

# Tierversuche

Wer ein Medikament oder Nahrungsergänzungsmittel nimmt, Kosmetik verwendet oder Zahnpasta auf die Bürste drückt, möchte Gewissheit, dass das Produkt sicher ist. Das lässt sich in der Regel nur dadurch erreichen, indem man es testet – zuerst in Laborexperimenten, dann an Zellkulturen im Reagenzglas, als Nächstes an Tieren und schließlich an Testpersonen. Tierversuche im Labor werden vor allem an Kleintieren wie Mäusen, aber auch an Hunden, Katzen und Affen durchgeführt. Die Tests sollen nachweisen, ob die Substanz den erhofften Nutzen besitzt und schädliche Nebenwirkungen auftreten. Weltweit sterben jährlich Millionen Versuchstiere. In den meisten Ländern sind diese Tests gesetzlich vorgeschrieben, bevor eine Substanz auf den Markt kommt.

### Argumente gegen Tierversuche

Neben den nicht wissenschaftlichen, also religiösen, moralischen und ethischen Gründen, spricht Folgendes gegen Tierversuche:

- Tiere sind als „Modelle" für den Körper des Menschen ungeeignet. Sie können unter Umständen ganz anders auf eine Substanz reagieren als der Mensch.

- Der Stress, dem die Tiere ausgesetzt sind, beeinflusst die Testergebnisse.

- Es gibt Alternativen zu Tierversuchen (siehe Kasten auf der rechten Seite).

- Tierversuche sind sehr teuer. Wird ein Medikament gründlich an Tieren erprobt, kostet dies oft mehrere Millionen Euro.

- Die Versuche sind meist überflüssig. Selten kommen Arzneien und andere Substanzen überhaupt über die Stufe des Tierversuchs hinaus.

- Tierschutzgesetze ändern nichts daran, dass die Tiere im Labor Schmerzen und Grausamkeit erleiden müssen.

STOPPT GRAUSAME TIERVERSUCHE! Viele Menschen sind entschieden gegen Tierversuche, die meisten von ihnen sind jedoch irgendwann auf Medikamente angewiesen, die an Tieren erprobt wurden.

## Was bringt die Zukunft?

Forscher, die Arzneien, Kosmetika oder andere Produkte entwickeln, sind permanent hin- und hergerissen zwischen dem Ziel, größtmögliche Sicherheit für ihre Produkte zu garantieren, und der Notwendigkeit, die Produkte an Tieren zu testen. Man ist darum bemüht, die Versuche zu verbessern, um das Leid und Elend der Labortiere zu mindern.

Die Forschung sucht nach neuen Testmethoden ohne Tiere – teils um diese zu schützen, aber auch damit Hersteller mit wirksamen Slogans wie „Ohne Tierversuche" werben können. Obwohl hier einige Fortschritte zu verzeichnen sind, werden wir wohl für neue, bessere, sicherere Arzneien noch einige Jahre lang auf Labortiere angewiesen sein. Bei einem sofortigen Verbot aller Tierversuche müssten wir tatsächlich mindestens 20 bis 30 Jahre lang auf neue Medikamente verzichten.

### Die Alternativen zu Labortieren

Die Wissenschaft nutzt zunehmend neue Methoden, um das Ausmaß der Tierversuche zu senken, so etwa:

- Kulturen einzelliger Lebensformen wie Bakterien, die als Testmaterial für potenziell krebserregende Stoffe dienen.

- Kulturen aus tierischen oder menschlichen Zellen und Gewebe wie künstlicher Haut, an denen sich u. a. hautreizende Substanzen testen lassen.

- Phase-0-Studien (Microdosing), in denen äußerst geringe, radioaktiv markierte Mengen von Substanzen an Testpersonen erprobt werden.

- Computersimulationen, die es ermöglichen, die Wirkung einer Substanz auf den menschlichen Körper abzuschätzen.

### Argumente für Tierversuche

- Fast alle medizinischen Fortschritte des vergangenen Jahrhunderts beruhen auf Tierversuchen – seien es Impfstoffe oder lebensrettende Arzneimittel, etwa gegen Asthma, Diabetes und Herzkrankheiten. Ohne diese Fortschritte hätten wir heute eine schlechtere Gesundheitsversorgung.

- Arzneien und andere Substanzen an Tieren zu testen ist oft die einzige Möglichkeit, um viele wichtige Aspekte ihrer Wirkung zu ergründen.

- Andere Testmethoden wie Versuche an Zellkulturen oder Computersimulationen liefern weit weniger verlässliche und realistische Informationen als die Erprobung an Lebewesen.

- In den meisten Ländern bieten die Tierschutzgesetze so viel Schutz vor unnötiger Grausamkeit wie nur möglich.

# Gene

**INHALT**

- Was sind Gene? **146**
- Gene und Vererbung **148**
- Genetische Spuren unserer Vorfahren **150**
- Gentherapie **152**
- Genmanipulierte Lebensmittel **154**
- Klonen **156**
- Der genetische Fingerabdruck **158**
- Stammzellenforschung **160**

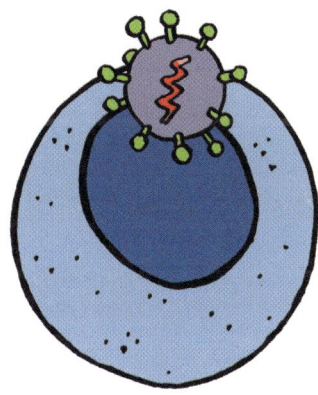

Die Erforschung der Gene ist in den letzten 50 Jahren gewaltig vorangekommen. Die Struktur der Desoxyribonukleinsäure (DNA), die die physikalische Basis der Gene bildet, wurde erst 1953 entdeckt. Weitere 13 Jahre vergingen, bis man ansatzweise verstand, wie die DNA funktioniert. Mitte der 1970er Jahre gelang es schließlich, Gene aus Zellen eines Organismus zu entnehmen und sie in einen anderen einzusetzen, um medizinische Wirkstoffe herzustellen. Verfahren dieser Art wurden als „Gentechnik" bekannt und bald zur Manipulation des Erbguts von Pflanzen eingesetzt, um genetisch veränderte Lebensmittel herzustellen.

## Humangenetik

Seit 1990 widmeten sich Wissenschaftler in aller Welt dem großen Projekt der Entschlüsselung und Kartierung aller menschlichen Gene, bekannt als Humangenomprojekt (HGP), das 2003 abgeschlossen wurde. Eine der Entdeckungen des Projekts war, dass es beim Menschen relativ wenig genetische Variationen gibt. Der Vergleich der DNS zweier beliebig gewählter Menschen ergibt, dass ihre Gene zu 99,5 Prozent identisch sind. Seit Fertigstellung des Genomprojekts konzentriert sich die Forschung darauf, herauszufinden, welche Rolle jedes einzelne Gen im Körper spielt und welche Krankheiten Fehler in bestimmten Genen verursachen. Diese mühsame, ungeheuer komplizierte Arbeit hat bereits Zusammenhänge zwischen fehlerhaften Genen und einer Reihe von Krankheiten aufgedeckt. Das Wissen wird dazu beitragen, Veranlagungen für bestimmte Krankheiten zu erkennen und Therapien zu deren Bekämpfung zu entwickeln.

## Gene und Genetik erläutert

Wir beginnen mit einer Zusammenfassung, was Gene und DNS sind und wie sie funktionieren, erklären dann, wie Gene von Eltern an ihre Kinder weitergegeben werden und sich gegenseitig beeinflussen. Es folgt ein kurzer Blick auf den Zweig der Genetik, der die historischen Ursprünge und die Ausbreitung der Menschheit erforscht. Andere Abschnitte behandeln Gentherapie, Genfood und den genetischen Fingerabdruck, der in den letzten 20 Jahren zum unschätzbaren Hilfsmittel der Kriminalistik geworden ist. Und zuletzt widmen wir uns umstrittenen Bereichen wie dem Klonen und der Stammzellenforschung.

# GENE

## Fakten im Überblick

- Gene sind in den Kernen von Körperzellen gespeicherte Einheiten von Erbgut. Sie enthalten die Instruktionen, wie unser Körper funktioniert.
- Jeder Mensch hat etwa 30000 Gene, aufgeteilt in 23 Paare von Strukturen in den Zellkernen, sogenannten Chromosomen.
- Chromosomen bestehen hauptsächlich aus der komplexen, fadenähnlichen Substanz DNA, die von den einzelnen Genen gebildet wird.
- Zwischen den Genen oder der DNA zweier Menschen besteht kein großer Unterschied – genetisch sind sich alle Menschen sehr ähnlich.

# Was sind Gene?

In jeder Zelle unseres Körpers befindet sich eine Kopie der menschlichen DNA (oder des menschlichen Genoms). Die DNA (Abkürzung für Desoxyribonukleinsäure) enthält die Gene des Menschen, die kodierten Instruktionen für die physiologischen Charakteristika und Funktionen. Die DNA oder das Erbgut – die Begriffe bedeuten mehr oder weniger dasselbe – aller Menschen ist fast identisch. Aber es gibt ein paar Unterschiede (außer bei eineiigen Zwillingen), und diese bilden die individuellen Charakteristika eines jeden Menschen aus, seine Augenfarbe, Größe und viele, viele andere Merkmale – auch die Anfälligkeit für bestimmte Krankheiten.

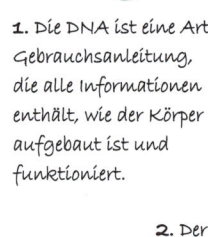

**1.** Die DNA ist eine Art Gebrauchsanleitung, die alle Informationen enthält, wie der Körper aufgebaut ist und funktioniert.

**2.** Der Kern jeder einzelnen Körperzelle enthält eine Kopie der DNA; eine kleine Menge DNA findet sich auch außerhalb des Kerns in den sogenannten Mitochondrien.

**3.** Die Gebrauchsanleitung besteht aus 46 Abschnitten, die man sich zu 23 Paaren geordnet vorstellen kann. Je eine Hälfte des Paars kommt von der Mutter, die andere vom Vater.

**4.** Jeder Abschnitt besteht aus vielen Sätzen, die spezifische Instruktionen dafür enthalten, wie der Körper gebaut ist und funktioniert. Diese Sätze nennt man „Gene". In den meisten Fällen stimmen die Sätze in einem vom Vater vererbten Abschnitt exakt mit denen im entsprechenden Abschnitt von der Mutter überein. So können z. B. zwei identische Sätze in Abschnitten, die die Gesichtsanatomie betreffen, festlegen: „Zahl der Augen: zwei." In einigen Fällen gibt es jedoch Unterschiede. So kann etwa ein Satz von der Mutter sagen: „Augenfarbe: braun", der entsprechende Satz vom Vater hingegen könnte bestimmen: „Augenfarbe: blau."

# WAS SIND GENE? 147

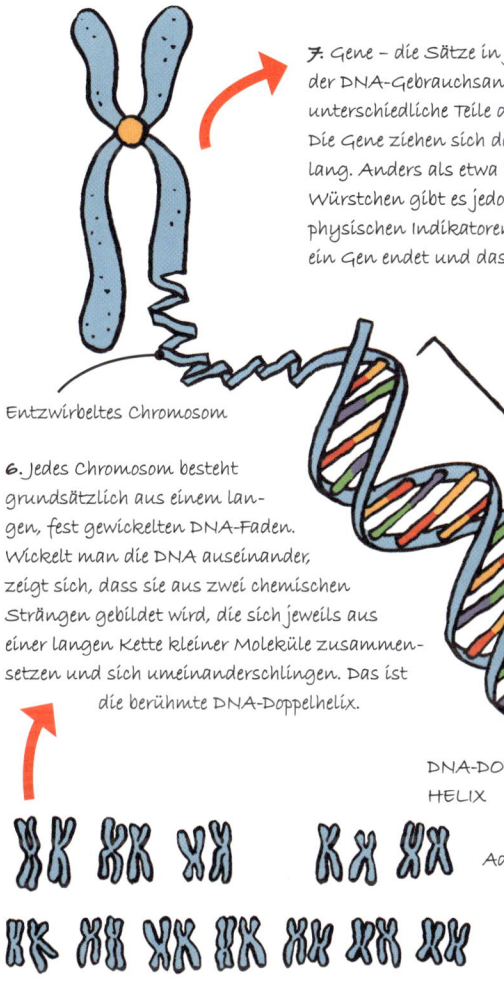

**7.** Gene – die Sätze in jedem Abschnitt der DNA-Gebrauchsanweisung – sind unterschiedliche Teile der DNA-Doppelhelix. Die Gene ziehen sich den DNA-Faden entlang. Anders als etwa bei einer Kette von Würstchen gibt es jedoch keine deutlichen physischen Indikatoren, die anzeigen, wo ein Gen endet und das nächste anfängt.

> **Klartext**
>
> **GENOM:**
> Den kompletten Satz Gene oder die gesamte DNA eines Organismus – sei es Mensch, Tier, Pflanze oder ein anderes Lebewesen – bezeichnet man als Genom.

**8.** Gene unterscheiden sich dadurch, dass jedes einzelne – auf einem DNA-Strang – eine einzigartige Sequenz verbundener Moleküle, sogenannter organischer Basen, enthält, die mit ihren Anfangsbuchstaben A, T, G und C bezeichnet werden. Sie sind so etwas wie die Lettern, die die Sätze der DNA-Gebrauchsanweisung bilden. Die Codes – eine Abfolge dieser Lettern – jedes Gens geben den Zellen Anweisungen, verschiedene Proteine zu bilden, etwa Enzyme – die „Arbeiter" in den Zellen – und andere Bausteine für das Wachstum und die Körperfunktionen.

*Entzwirbeltes Chromosom*

**6.** Jedes Chromosom besteht grundsätzlich aus einem langen, fest gewickelten DNA-Faden. Wickelt man die DNA auseinander, zeigt sich, dass sie aus zwei chemischen Strängen gebildet wird, die sich jeweils aus einer langen Kette kleiner Moleküle zusammensetzen und sich umeinanderschlingen. Das ist die berühmte DNA-Doppelhelix.

*Gen*
*Gen*
*Gen*
*DNA-DOPPEL-HELIX*
*Adenin (A)*
*Thymin (T)*
*Cytosin (C)*
*Guanin (G)*

*Chromosomen*

**5.** Auf der Ebene von Zellen und Zellkernen stehen die 23 Abschnittspaare der Gebrauchsanweisung für die 23 Paare von Strukturen, die (insgesamt 46) Chromosomen in den Zellkernen. In diesen Chromosomen ist die gesamte DNA im Zellkern enthalten. Chromosomen werden üblicherweise wie hier in X-Form dargestellt, obwohl sie nur kurz – unmittelbar vor der Zellteilung – tatsächlich so aussehen.

### Geschlechtschromosomen
Eines der 23 Chromosomenpaare, die Geschlechtschromosomen, unterscheidet sich in einem wichtigen Punkt von den anderen. Bei Frauen sind diese beiden Chromosomen identisch und werden X-Chromosomen genannt: Sie enthalten Gene für allgemeine Körperfunktionen. Bei Männern hingegen sind sie nicht gleich. Das eine ist ein X-Chromosom wie bei Frauen, das andere ein besonderes Chromosom, das sich nur bei Männern findet, das Y-Chromosom. Es enthält die Gene, die spezifisch männliche Eigenschaften erzeugen oder kodieren. Männer erben das Y-Chromosom immer von ihrem Vater, das X-Chromosom hingegen von der Mutter.

# 148 GENE

**Fakten im Überblick**

- Nicht verwandte Menschen sind zu 99,5 Prozent genetisch identisch. Die restlichen 0,5 Prozent der Gene sind für die Unterschiede verantwortlich.

- Wir erben unsere Gene zu gleichen Teilen von unseren Eltern. Außer eineiigen Zwillingen erhalten Nachkommen immer einen unterschiedlichen Genmix.

- Viele Merkmale, etwa die Augenfarbe, werden von Genpaaren bestimmt, deren Bestandteile jeweils von beiden Elternteilen geerbt werden.

- Unterscheiden sich die Gene in einem Paar, wirken sie zur Festlegung der Merkmale nach bestimmten Regeln zusammen.

# Gene und Vererbung

Wir erben die Gene von unseren Eltern – eine Hälfte über eine ihrer Eizellen von der Mutter, die andere von einer Samenzelle des Vaters. Die meisten Gene, die ein Mensch trägt, sind zu Paaren geordnet, die auf Paaren von Chromosomen sitzen. Die beiden Chromosomen eines Paars kommen von je einem Elternteil. Oft sind die Gene in einem Paar identisch. Bei Merkmalen, die sich bei verschiedenen Menschen stark unterscheiden (etwa Augenfarbe und Blutgruppe), unterscheiden sich jedoch auch die beiden Gene eines Paars und wirken dann bei der Bestimmung des Erscheinungsbilds oder der Körperfunktionen eines Menschen auf spezifische Weise zusammen.

## Das Zusammenspiel der Gene

Wie Gene bei der Festlegung ererbter Merkmale zusammenwirken, lässt sich am Beispiel der Strichmännchen gut veranschaulichen. Sind zwei Gene in einem Paar unterschiedlich, verdeckt oder dominiert meist eines das andere (siehe blauen Kasten rechts). Bei Menschen gelten dieselben Regeln, allerdings sind sie komplexer. Wegen der zufälligen Verteilung der beiden Gene eines Paars auf die Ei- oder Samenzellen eines Strichmännchens (oder eines echten Menschen) und somit auch auf die Kinder erben Nachkommen eines bestimmten Paars immer eine unterschiedliche „Mischung" der Elterngene – einzige Ausnahme: eineiige Zwillinge. Je nach Zusammensetzung der Mischung ähneln Kinder oft in manchen Merkmalen einem Elternteil, in anderer Hinsicht dem anderen, ebenso bei Geschwistern. Wegen des komplizierten Zusammenspiels der Gene können sie jedoch auch Züge aufweisen, die keinem anderen Familienmitglied ähneln.

### Wechselwirkungen bei Strichmännchen

Wenn die beiden Gene für ein bestimmtes Merkmal identisch sind, entspricht die äußere Erscheinung einfach der genetischen Festlegung. Etwa so:

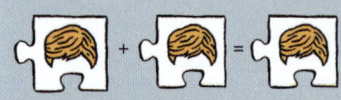

Unterscheiden sich die beiden Gene, sind folgende Ergebnisse möglich:

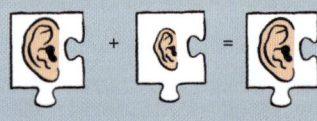

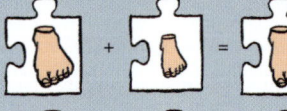

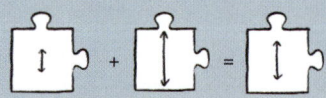

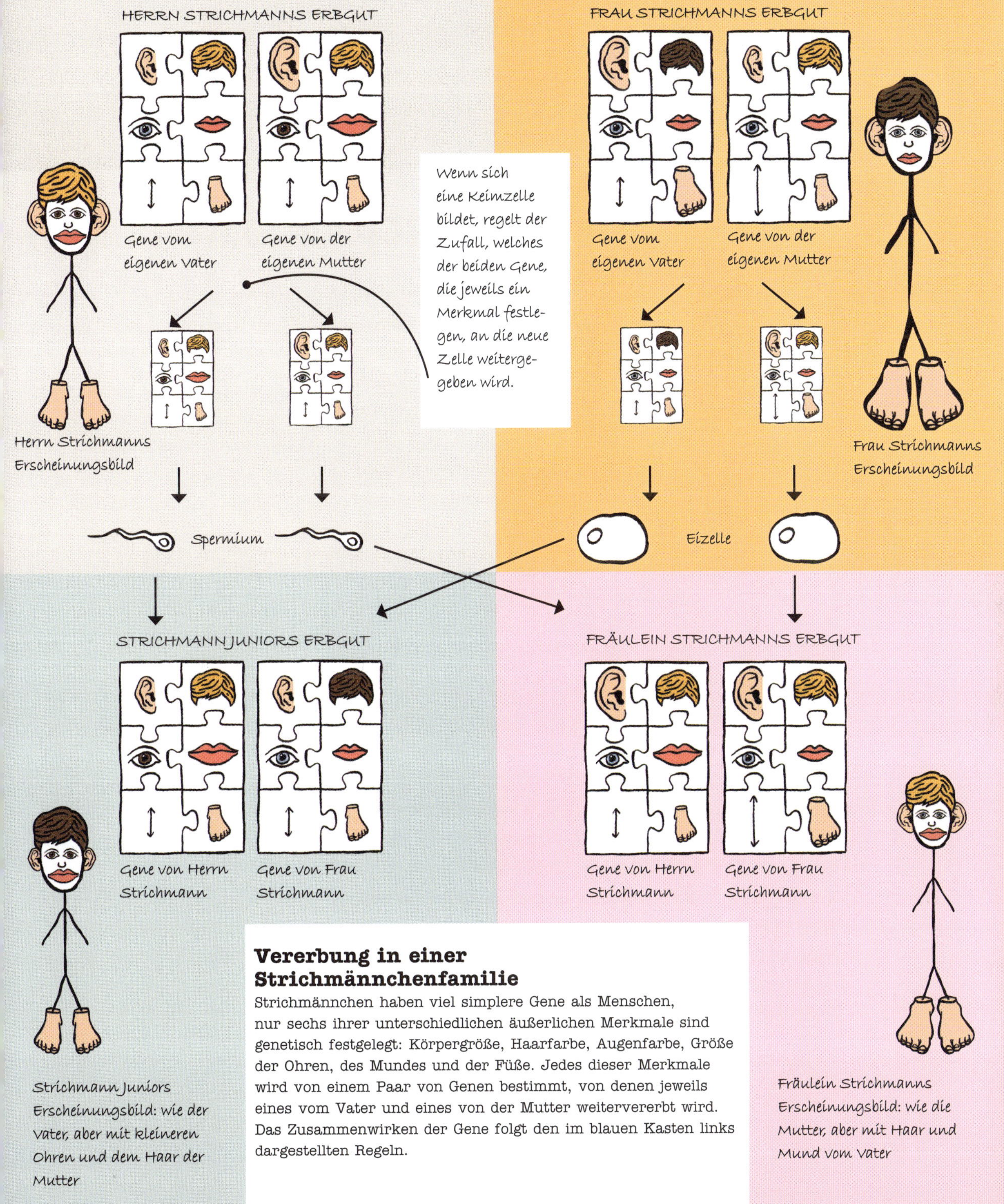

# GENE UND VERERBUNG 149

**HERRN STRICHMANNS ERBGUT**

Gene vom eigenen Vater

Gene von der eigenen Mutter

**FRAU STRICHMANNS ERBGUT**

Gene vom eigenen Vater

Gene von der eigenen Mutter

Wenn sich eine Keimzelle bildet, regelt der Zufall, welches der beiden Gene, die jeweils ein Merkmal festlegen, an die neue Zelle weitergegeben wird.

Herrn Strichmanns Erscheinungsbild

Frau Strichmanns Erscheinungsbild

Spermium

Eizelle

**STRICHMANN JUNIORS ERBGUT**

Gene von Herrn Strichmann

Gene von Frau Strichmann

**FRÄULEIN STRICHMANNS ERBGUT**

Gene von Herrn Strichmann

Gene von Frau Strichmann

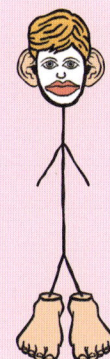

Strichmann Juniors Erscheinungsbild: wie der Vater, aber mit kleineren Ohren und dem Haar der Mutter

Fräulein Strichmanns Erscheinungsbild: wie die Mutter, aber mit Haar und Mund vom Vater

## Vererbung in einer Strichmännchenfamilie

Strichmännchen haben viel simplere Gene als Menschen, nur sechs ihrer unterschiedlichen äußerlichen Merkmale sind genetisch festgelegt: Körpergröße, Haarfarbe, Augenfarbe, Größe der Ohren, des Mundes und der Füße. Jedes dieser Merkmale wird von einem Paar von Genen bestimmt, von denen jeweils eines vom Vater und eines von der Mutter weitervererbt wird. Das Zusammenwirken der Gene folgt den im blauen Kasten links dargestellten Regeln.

## Fakten im Überblick

- Alle heute lebenden Menschen stammen von einer wesentlich kleineren Zahl von Urahnen ab.
- Einige Stücke der menschlichen DNA, etwa die mitochondriale DNA, kann man analysieren, um festzustellen, wie sie über viele Generationen mutiert sind.
- Die Analyse der mitochondrialen DNA kann auch zeigen, in welchem Maß unterschiedliche Völker der Erde verwandt sind und wann sie sich trennten.
- Alle heute lebenden Menschen haben ihre mitochondriale DNA von einer Frau geerbt, die vor Zehntausenden von Jahren lebte.

# Genetische Spuren unserer Vorfahren

Die Erbanlagen der Menschen unterscheiden sich kaum. Die wenigen Unterschiede sind das Ergebnis von Mutationen der DNA über viele Generationen hinweg, während der Evolution der heutigen Weltbevölkerung aus einer viel geringeren Zahl gemeinsamer Vorfahren. Nachdem unsere Gene und unsere DNA in jeder Generation neu kombiniert werden (siehe Seite 148–149), erscheint es eigentlich unmöglich, herauszufinden, wann und in welcher Reihenfolge in der Menschheitsgeschichte Mutationen auftraten. In den 1970er Jahren haben Wissenschaftler jedoch entdeckt, dass sich die menschliche DNA tatsächlich analysieren lässt; ihre Forschungen geben faszinierende Einblicke in unsere ferne Vergangenheit.

### Die mitochondriale DNA

Ein kleiner Teil der DNA sitzt außerhalb des Zellkerns in den Mitochondrien. Ein wichtiges Charakteristikum dieser mitochondrialen DNA (mtDNA) ist, dass sie immer von der Mutter weitervererbt wird. So lässt sich die mitochondriale DNA aller lebenden Menschen über die weiblichen Vorfahren auf eine Frau zurückführen, die vor etwa 160 000 bis 200 000 Jahren gelebt hat und auf den Namen „Mitochondriale Eva" getauft wurde. Die Erforschung der mtDNA und eines anderen DNA-Stücks, des Y-Chromosoms, das nur von Vätern an Söhne weitergegeben wird, liefert uns unschätzbare Informationen über den Ursprung des Menschen.

### Das „Erbstück" der Mitochondrialen Eva

Die mitochondriale DNA oder mtDNA ist eine Art Erbstück, von dem jeder Mensch von seiner Mutter eine Kopie mitbekommt. So trägt jeder, der heute lebt, dank einer langen Kette von Müttern und Töchtern eine Kopie des Erbstücks der Mitochondrialen Eva in sich. Über die lange Zeit hinweg hat die mtDNA Mutationen (Veränderungen) erlebt, die bestimmte Kopien des Erbstücks wie Verzierungen tragen. Daher teilt sich die heutige Weltbevölkerung in Gruppen mit einem spezifischen Muster von Mutationen der mtDNA – oder eben einem speziell gemusterten „Erbstück".

## Was enthüllt die mtDNA?

Weil die mtDNA aller Menschen nur durch Frauen weitervererbt wird, ohne sich mit dem Erbgut männlicher Vorfahren zu mischen, ist es für Genetiker relativ leicht, die Mutationen nachzuweisen, die während der Reise durch die Jahrtausende aufgetreten sind. Der Vergleich von mtDNA-Proben von Menschen aus verschiedenen Erdteilen und die Erforschung der Mutationsmuster ermöglichen Genetikern, die Reihenfolge der Mutationen herauszufinden. Vor allem jedoch mutiert die mtDNA schnell und gleichmäßig, daher lässt sich auch in etwa abschätzen, wann die Mutationen eintraten und wann die Mitochondriale Eva gelebt haben muss. Eines der wichtigsten Ergebnisse dieser Forschungsarbeit ist, dass sich Menschen mit spezifischen Mustern in ihrer mtDNA in bestimmten Weltregionen konzentrieren, wodurch wir nachvollziehen können, wie unterschiedliche Völker miteinander verwandt sind und wann und sogar wo sie sich durch Spaltung und Migration voneinander trennten. Zu den frühesten Aufspaltungen dieser Art kam es vor mehr als 100 000 Jahren in Afrika, wo Studien zufolge die Wiege der modernen Menschheit stand. Vor etwa 65 000 Jahren trennte sich irgendwo in Westasien eine große Gruppe, die Afrika verlassen hatte. Sie besiedelte danach einen Großteil von Ostasien, Australasien, dem Pazifik und schließlich Amerika, während die andere abgespaltene Gruppe sich im restlichen Westasien und in Europa verbreitete.

## Hat es Eva wirklich gegeben?

Wenn jeder seine Abstammung nur über die weibliche Linie zurückverfolgt, laufen diese Linien schließlich bei einer Frau zusammen – das ist ganz einfach logisch. Jeder, der heute lebt, hat nur eine einzige biologische Mutter, aber viele haben dieselbe Mutter, also muss die Zahl der (lebenden oder toten) Mütter heute lebender Menschen geringer sein als die Zahl der Menschen selbst. Geht man eine Generation zurück, hatten einige dieser Mütter ebenfalls dieselbe Mutter, also gibt es weniger (lebende oder tote) Großmütter mütterlicherseits heute lebender Menschen als heute lebende Menschen. Die Zahl der Urgroßmütter ist wiederum geringer als die Zahl der Großmütter, und so weiter. So verringert sich die Zahl der weiblichen Vorfahren, je weiter man zurückgeht, bis schließlich nur noch eine übrig bleibt – jene, die wir als Mitochondriale Eva kennen.

**Klartext**

**MUTATION:** Eine Veränderung in einem Gen als Resultat eines Fehlers beim Kopieren der DNA in der Zelle während der Zellteilung.

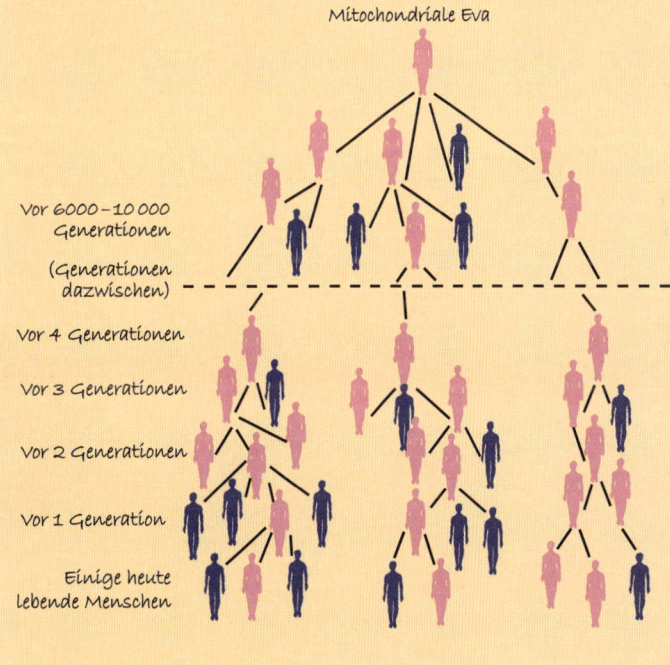

### Der Weg zurück zur Mitochondrialen Eva

Könnte man die mütterlichen Abstammungslinien aller heute lebenden Menschen zurückverfolgen, liefen sie bei einer Frau zusammen, die vor Tausenden Generationen lebte und Mitochondriale Eva genannt wird. Sie war nicht die einzige Frau ihrer Zeit, sondern Teil einer Gruppe von Frauen und Männern.

## Fakten im Überblick

- Genetische Mutationen (Veränderungen) in der Vergangenheit sind Ursache einiger sehr seltener Krankheiten.
- Mit Gentherapie ist meist „somatische Gentherapie" gemeint, die experimentelle und bislang noch kaum genutzte Behandlung genetischer Defekte.
- Zu den gängigen Ansätzen zur Behandlung von Gendefekten zählen medikamentöse und andere Therapien sowie Beratung über die Risiken der Vererbung von Gendefekten an zukünftige Generationen.

# Gentherapie

Eine Mutation oder Veränderung in der menschlichen DNA kann dazu führen, dass ein fehlerhaftes Gen entsteht, das seine Funktion im Körper nicht erfüllen kann. Dies kann bei den Betroffenen verschiedene Anomalien zur Folge haben. Das Grundproblem ist oft, dass ihrem Körper ein bestimmtes Enzym, Protein oder Hormon fehlt, das normalerweise von dem Gen gebildet wird.

Ein experimenteller Ansatz zur Behandlung solcher Störungen, der in Zukunft wohl noch wichtiger wird, ist die somatische Gentherapie (siehe rechte Seite), die bei einer Reihe genetischer Defekte bereits mit einigem Erfolg erprobt worden ist.

## Keimbahn-Gentherapie

Diese Gentherapie ist ein radikaler, umstrittener und in Deutschland verbotener Ansatz, der bislang nicht erprobt ist. Dabei würde das defekte Gen in einer Keimzelle, etwa einer Eizelle, korrigiert oder ersetzt. Theoretisch ließen sich dadurch die Nachkommen vor der Vererbung des Gendefekts bewahren, doch gegen eine solche Behandlung sprechen neben vielen ethischen auch technische Gründe.

## Konventionelle Therapie genetischer Defekte

Die meisten genetischen Defekte lassen sich derzeit mit somatischer Gentherapie nicht behandeln, für einige gibt es jedoch konventionelle Therapien, etwa Medikamente, die den durch den Defekt bewirkten biochemischen Mangel ausgleichen. Ein anderer wichtiger Ansatz im Umgang mit Gendefekten ist genetische Beratung, etwa über die Risiken der Weitergabe eines genetischen Defekts an Nachkommen und Möglichkeiten, dieses Risiko zu minimieren. Die aus dem Humangenomprojekt (siehe Seite 145) und anderen Studien gewonnenen Informationen über Gendefekte haben dazu beigetragen, die Beratung und Behandlung der von Gendefekten Betroffenen sehr zu verbessern.

# GENTHERAPIE  153

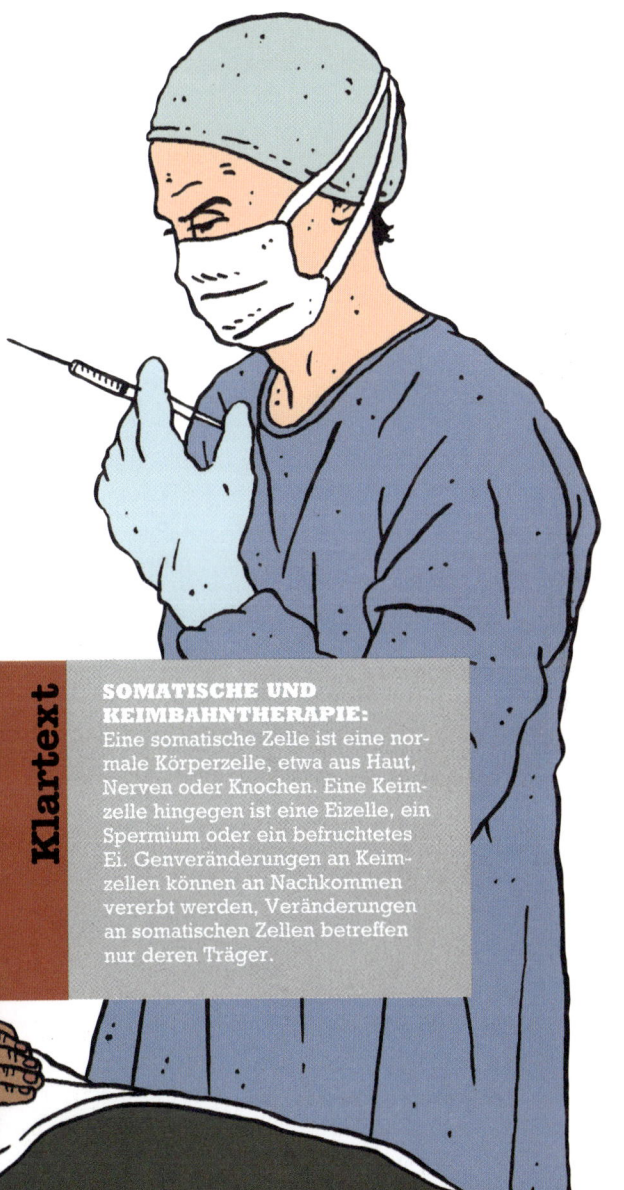

## Somatische Gentherapie in der Praxis
Bei dieser Behandlung wird ein Gen in den Körper des Betroffenen eingebracht, meist indem es zunächst im Labor in eine Zellprobe des Kranken eingesetzt wird.

**1.** Dem Patienten werden somatische Zellen (siehe „Klartext") entnommen.

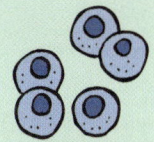

**2.** Im Labor wird ein Virus so verändert, dass es keine Krankheit auslösen kann.

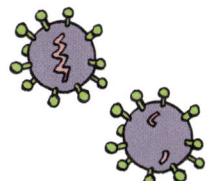

**3.** Eine normale Version des betroffenen Gens – das dem Patienten fehlt – wird in das veränderte Virus eingebaut.

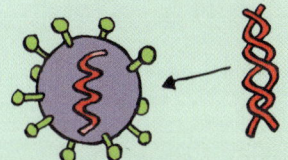

**4.** Das veränderte Virus wird in die Zellen des Patienten eingesetzt.

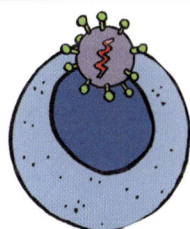

**5.** Die Zellen bauen das gesunde normale Gen ein, wodurch sie genetisch verändert werden.

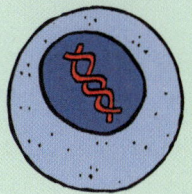

**6.** Die genetisch veränderten Zellen werden dem Patienten injiziert. In seinem Körper beginnen sie das bislang fehlende Protein oder Hormon zu produzieren.

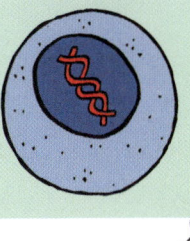

## Klartext

**SOMATISCHE UND KEIMBAHNTHERAPIE:**
Eine somatische Zelle ist eine normale Körperzelle, etwa aus Haut, Nerven oder Knochen. Eine Keimzelle hingegen ist eine Eizelle, ein Spermium oder ein befruchtetes Ei. Genveränderungen an Keimzellen können an Nachkommen vererbt werden, Veränderungen an somatischen Zellen betreffen nur deren Träger.

## Fakten im Überblick

- Auf fast 1,1 Millionen Quadratkilometern – etwa 2,4 Prozent der Landwirtschaftsfläche der Erde – werden derzeit Genpflanzen angebaut.
- Etwa drei Viertel aller Fertiggerichte in den USA enthalten mindestens ein genetisch verändertes Lebensmittel.
- Genfood-Gegner verweisen vor allem auf möglicherweise schädliche Auswirkungen auf die Ökosysteme der Erde.
- Bislang gibt es keine Beweise, dass Genfood gesundheitsschädlich ist. Langfristig sind Nebenwirkungen aber nicht auszuschließen.

# Genmanipulierte Lebensmittel

Als Genfood (genetisch veränderte Lebensmittel) bezeichnet man für gewöhnlich Pflanzen mit einem oder mehreren modifizierten oder zusätzlichen Genen, die ihre Eigenschaften verändern – meist um den Anbau zu erleichtern und zu verbilligen, um sie nahrhafter, haltbarer oder resistent gegen Schädlinge zu machen. Theoretisch senken Genlebensmittel die Produktionskosten und erhöhen die Ernteerträge, wodurch die Nahrungspreise sinken und mehr Lebensmittel verfügbar sind. In der Praxis gibt es jedoch kaum Beweise, dass genetische Veränderungen die Erträge über das hinaus steigern, was mit traditioneller Landwirtschaft seit Jahrzehnten erreicht wird.

**Kostensenkung nur kurzfristig**

Genpflanzen, die gegen den Befall durch bestimmte Insekten resistent sind, sollen Anbaukosten senken, weil weniger Insektizide eingesetzt werden müssen. Anfangs stimmt das oft, aber wenn die Schädlinge aussterben, treten andere Arten an ihre Stelle und greifen die Pflanzen an. Dann muss der Landwirt wieder auf Insektizide zurückgreifen, was den kurzfristigen Nutzen zunichtemacht.

Am häufigsten werden Mais, Sojabohnen und Reis genetisch verändert. Ebenso hat man auch einige Tierprodukte entwickelt. Genetisch veränderte Lebensmittel werden bislang in mehr als 20 Ländern produziert, vor allem in den USA, in Kanada, Brasilien und China. In anderen Ländern ist Genfood noch nicht akzeptiert oder die Herstellung aufgrund der Sorge um mögliche Nebenwirkungen auf Gesundheit und Umwelt verboten.

## Wie Pflanzen genetisch verändert werden

Um eine Pflanze genetisch zu verändern, muss zuerst ein Gen mit nützlichen Merkmalen identifiziert und isoliert werden. Dieses Gen wird auf DNA-Moleküle, sogenannte Plasmide, übertragen, die sich leicht in den Zellkern der zu verändernden Pflanzenzelle einsetzen lassen. Das Plasmid baut sich dann selbst in eines der Chromosomen der Zelle ein. Die veränderte Zelle wird zur Teilung angeregt, und schon ist eine genetisch veränderte Pflanze entstanden.

## GENMANIPULIERTE LEBENSMITTEL 155

### Resistenz gegen Herbizide

Eine gängige Art der genetischen Veränderung ist, Pflanzen resistent gegen Herbizide (Unkrautvernichtungsmittel) zu machen, damit der Landwirt das Feld, auf dem sie wachsen, unkrautfrei halten kann, ohne den Nutzpflanzen zu schaden. Das hat Landwirte, die auf entsprechende Pflanzen umgestiegen sind, verleitet, den Herbizideinsatz beträchtlich zu erhöhen, was natürlich Umweltschützer auf den Plan ruft, weil sich die Herbizide als giftig für die Tierwelt erwiesen haben.

### Argumente gegen Genpflanzen und Genfood

Es gibt eine Reihe von Einwänden und Bedenken gegen genetisch veränderte Lebensmittel. Hier eine Auswahl:

- Wenn sich Gene veränderter Pflanzen auf verwandte wilde Arten ausbreiten und sie verändern, könnten diese andere Arten verdrängen, wodurch das ökologische Gleichgewicht gestört und die Biodiversität geschädigt würden.

- Sorgen bereitet auch die ökologische Wirkung der mit der Einführung genetisch manipulierter Pflanzen einhergehenden Veränderungen der Unkrautbekämpfung. Ein verstärkter Einsatz von Herbiziden kann die Bildung resistenter Unkräuter begünstigen. Andererseits könnten Wildtiere aussterben, die sich von den Kräutern ernähren.

- Es gibt Befürchtungen, Genpflanzen könnten unentdeckte Gifte mit langfristigen Nebenwirkungen enthalten. Bislang wurden keine derartigen Toxine gefunden, die Ängste scheinen unbegründet. Manche Forscher halten jedoch die gegenwärtigen Prüfmethoden für unzureichend.

**Klartext**

**BIODIVERSITÄT:** Der Grad der Vielfalt unterschiedlicher Lebensformen gilt als Indiz für das ökologische Gleichgewicht.

## Fakten im Überblick

- Klonen bedeutet, ein DNA-Fragment, Zellen oder einen ganzen Organismus zu kopieren.
- Man unterscheidet zwischen dem therapeutischen Klonen – Herstellung von Kopien eines bestimmten Zelltyps zur Behandlung von Krankheiten – und dem Klonen ganzer Tiere.
- Von etwa 20 Säugetierarten wurden bislang Klone erzeugt (Stand 2009).
- Klont man ganze Tiere, weisen die Embryos oder Jungen meist schwere genetische Schäden auf. Versuchte man Menschen zu klonen, wäre Ähnliches zu erwarten.

# Klonen

Klonen ist die Herstellung identischer Kopien. In der Natur vermehren sich viele Organismen, darunter Bakterien, Pilze und Pflanzen, auf diese Weise. In der Biotechnologie heißt Klonen, DNA-Fragmente (molekulares Klonen), Zellen oder ganze Organismen (reproduktives Klonen) zu kopieren. Beim therapeutischen Klonen werden menschliche Stammzellen kopiert, um neue Behandlungsmethoden für Krankheiten zu finden (siehe Seite 160–161).

## Klartext

**BIOTECHNOLOGIE:** Der Einsatz lebender Organismen oder von Teilen davon zu industriellen, landwirtschaftlichen und medizinischen Zwecken, etwa durch Gentechnik und Klonen.

Wenn in den Massenmedien über das Klonen berichtet wird, ist meistens das Kopieren ganzer Organismen mittels einer Technik namens Nukleustransfer (siehe rechte Seite) gemeint. Diese Technik hat man bei Schafen (zuerst bei einem weiblichen Schaf namens Dolly), Mäusen, Katzen, einem Kamel und anderen Tieren angewandt. Man könnte so theoretisch auch Menschen klonen (es gibt unbewiesene Behauptungen, das sei bereits geschehen). Ein so erzeugter Mensch wäre genetisch nicht identisch mit dem Original, weil nicht die ganze menschliche DNA im Zellkern enthalten ist (siehe Seite 146–147). Er wäre auch gewiss nicht „dieselbe Person" wie das Original, sondern ein eigenes Individuum, so wie eineiige Zwillinge unterschiedliche Individuen sind.

## Rettung für bedrohte Arten

Ein denkbares Einsatzgebiet für das Klonen von Tieren ist die Rettung bedrohter oder sogar die Wiederbelebung ausgestorbener Arten. Im Januar 2009 wurde als erstes Tier einer ausgerotteten Spezies ein Pyrenäensteinbock geboren, der jedoch nur sieben Minuten lebte. Dazu klonte man gefrorene Zellen eines Tieres, das Jahre zuvor gestorben war.

## Risiken des Klonens

Versuche beim Klonen von Tieren gehen oft schief. Laut einer Studie von 2002 erreichen nur drei Viertel der durch Nukleustransfer geklonten und überhaupt geborenen Säugetiere das Erwachsenenalter. Versuchte man, Menschen zu klonen, kämen wohl viele Babys ebenso mit mehr oder minder schweren Schädigungen und Mängeln zur Welt.

8. Die geborene Katze ist ein Klon des Tieres, von dem die Körperzellen stammen.

# KLONEN

## So klont man eine Katze

Die erste geklonte Katze – bekannt als „Copy Cat" – entstand durch Nukleustransfer, wie hier gezeigt. Inzwischen hat man zum Klonen von Katzen eine etwas andere Methode entwickelt, den Chromatintransfer. Dabei wird kein ganzer Zellkern des zu klonenden Tieres auf eine Spendereizelle übertragen, sondern nur die Chromosomen der Zelle.

**1.** Eine weibliche Katze dient als Eizellenspenderin.

Unbefruchtetes Spenderei

**2.** Der Kern der Eizelle wird im Labor entfernt.

**3.** Der zu klonenden Katze werden Körperzellen entnommen.

**4.** Man wählt eine der Zellen aus.

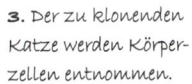

**5.** Der Zellkern des Tieres, das geklont werden soll, wird auf die Spendereizelle übertragen.

**6.** Die fusionierte Zelle teilt sich.

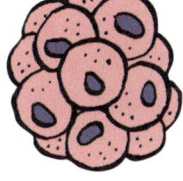

**7.** Der Embryo wird in die Gebärmutter einer anderen Katze eingesetzt, die als "Leihmutter" dient.

**158** GENE

**Fakten im Überblick**

- Der genetische Fingerabdruck hat sich besonders in der Verbrechensaufklärung und bei Vaterschaftstests bewährt.
- Durch DNA-Proben lässt sich ausschließen, dass jemand an einem Verbrechen beteiligt war oder Vater eines bestimmten Kindes ist.
- Der genetische Fingerabdruck unterscheidet sich von der vollständigen Sequenzierung des Genoms, also der gesamten DNA.
- Die Chance, dass zwei Menschen denselben genetischen Fingerabdruck haben, liegt (wenn sie nicht eineiige Zwillinge sind) bei etwa eins zu 100 Milliarden.

# Der genetische Fingerabdruck

Der genetische Fingerabdruck ist eine wissenschaftliche Technik zur Identifizierung von Individuen in Kriminal- und anderen Fällen. In den 1980er Jahren wurde erstmals gezeigt, dass bestimmte Sequenzen der chemischen Basen, aus denen die DNA besteht, sich signifikant unterscheiden und das Muster dieser Sequenzen bei jedem Menschen einmalig ist (außer bei eineiigen Zwillingen).

## Verbrechensaufklärung mit dem DNA-Fingerabdruck

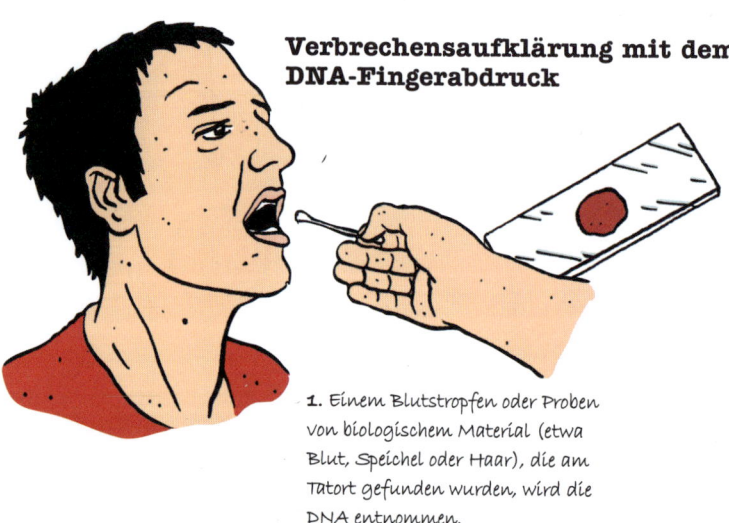

1. Einem Blutstropfen oder Proben von biologischem Material (etwa Blut, Speichel oder Haar), die am Tatort gefunden wurden, wird die DNA entnommen.

2. Die DNA wird durch Enzyme aufgespalten. Weil sich die DNA jedes Menschen leicht unterscheidet, erhält man so eine spezifische Reihe von DNA-Fragmenten.

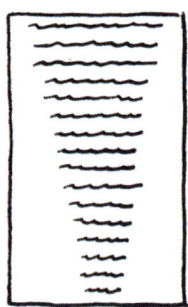

3. Die Fragmente werden in einem elektrischen Feld auf einem Gel nach Länge sortiert und auf eine Nylonmembran übertragen.

4. Bestimmte „Marker"-Fragmente werden radioaktiv gekennzeichnet, dann legt man die Membran auf einen Röntgenfilm. Nach der Entwicklung zeigt sich ein Bandmuster: der DNA-„Fingerabdruck".

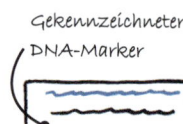
Gekennzeichneter DNA-Marker

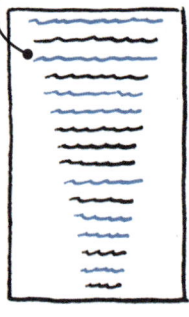

**Klartext**

**DNA-MARKER:** Eine DNA-Sequenz, deren Ort auf einem Chromosom bekannt ist und die sich individuell unterscheidet. Der DNA-Fingerabdruck ist eine Sammlung solcher Marker.

## DNA-Datenbanken

Die Effektivität der Technik in der Verbrechensaufklärung hängt davon ab, dass die Polizei eine Datenbank mit den DNA-Fingerabdrücken vieler Menschen besitzt, besonders von solchen, die bereits in der Vergangenheit schwere Verbrechen begangen haben. Dagegen spricht, dass solche Sammlungen gegen Datenschutz und Bürgerrechte verstoßen, wenn sie DNA-Fingerabdrücke unbescholtener Bürger und Kleinkrimineller enthalten. 2008 urteilte der Europäische Gerichtshof, dass die Sammlung genetischer Fingerabdrücke nie zuvor verurteilter Bürger gegen einen Artikel der Menschenrechtskonvention verstößt und solche Daten daher vernichtet werden müssen.

## Vaterschaftstests

Neben der Kriminalistik kann der genetische Fingerabdruck auch dabei helfen, Vaterschaftsstreitigkeiten zu klären. Alle DNA-Marker eines Menschen sollten sich entweder auf seine Mutter oder den biologischen Vater zurückführen lassen. In unserem Beispiel sind die Marker des Kindes, die in der DNA der Mutter nicht vorkommen – Fragment A, B und C – in Stefans genetischem Fingerabdruck vorhanden, nicht jedoch bei Tom. Stefan könnte also der biologische Vater sein, Tom hingegen nicht. In der Praxis sind genetische Fingerabdrücke länger als hier gezeigt, und für den schlüssigen Beweis, dass Stefan der Vater ist, müssten einige mehr Marker des Kindes (nach Abzug derer der Mutter) mit seinen übereinstimmen. Außerdem müsste geklärt werden, dass Stefan keinen eineiigen Zwillingsbruder hat.

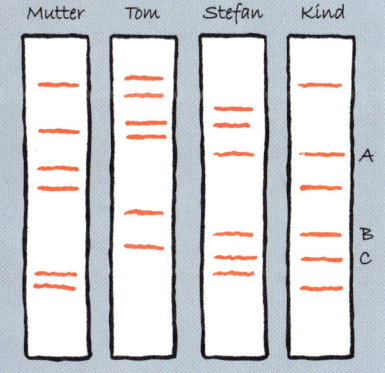

Eine Zelle genügt, um im Labor ihre DNA zu analysieren und einen barcodeähnlichen „Fingerabdruck" der untersuchten Person zu erstellen. Verwendet werden hierfür je nach den Umständen des Falls Zellen aus Blut, Speichel, Samenflüssigkeit oder Proben von persönlichen Gegenständen wie Rasierklingen und Zahnbürsten.

Der genetische Fingerabdruck ist sehr genau und verlässlich. Die statistische Chance einer fälschlichen Identifizierung ist im Allgemeinen sehr gering, jedoch muss in Gerichtsprozessen die mögliche Existenz eines identischen Zwillings als erschwerender Faktor berücksichtigt werden.

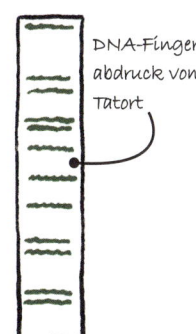

**5.** In diesem Fall passt das DNA-Muster der Probe vom Tatort exakt zur DNA eines der drei Verdächtigen, der daher umgehend festgenommen wird.

DNA-Fingerabdruck vom Tatort

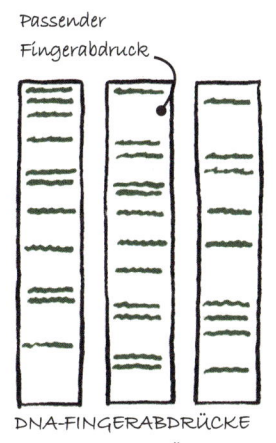

Passender Fingerabdruck

DNA-FINGERABDRÜCKE VON DREI VERDÄCHTIGEN

**GENE**

## Fakten im Überblick

- Stammzellen sind Zellen, die sich teilen und sich zu vielen verschiedenen Typen von Zellen und Gewebe entwickeln können.
- Embryonale Stammzellen, die Embryos entnommen werden, haben das größte Potenzial, verschiedene Zellen und Arten von Gewebe zu bilden.
- Die Forschung an embryonalen Stammzellen zielt auf medizinische Fortschritte, auch in der Behandlung von Krankheiten.
- Die Auseinandersetzung darüber, ob Stammzellenforschung erlaubt sein sollte, gründet auf der Frage, ob Embryos als Menschen zu betrachten sind oder nicht.

# Stammzellenforschung

In vielen Teilen der Welt kann Paaren, die keine Kinder bekommen können, durch In-vitro-Fertilisation (IVF) geholfen werden, wobei man Eizellen der Frau im Labor (in der „Retorte") mit Spermien ihres Partners oder eines anderen Spenders befruchtet. Einige der gesunden Embryos, die dabei entstehen, werden in die Gebärmutter der Frau eingepflanzt. Der Rest wird für gewöhnlich tiefgefroren, zur zukünftigen Verwendung, falls es nicht zu einer Schwangerschaft kommt. Einige dieser Embryos werden indes von dem Paar nicht benötigt und könnten zu Wissenschaftszwecken benutzt werden, speziell zur Forschung mit sogenannten embryonalen Stammzellen. Das führt unvermeidlich zur Zerstörung des Embryos. Embryonale Stammzellen sind für die Forschung besonders wertvoll, weil sich aus ihnen in komplizierten Prozessen all jene 220 Typen von Zellen bilden können, die sich im menschlichen Körper finden. Sie bergen daher das größte Potenzial bei der Entwicklung von Methoden zur Behandlung verschiedenster Krankheiten.

Die Meinungen über die Frage, ob Forschung an embryonalen Stammzellen zugelassen werden sollte, sind gespalten. Möglicherweise kann man die ethischen Bedenken in Zukunft umgehen: Derzeit werden Techniken entwickelt, um aus menschlicher Haut Zellen zu züchten, die embryonalen Stammzellen ähneln.

**Klartext**

**IN VITRO:** Dieser Begriff bedeutet wörtlich „im Glas". In-vitro-Prozeduren werden beim Umgang mit biologischem Material im Labor eingesetzt – klassischerweise in Reagenzgläsern.

### Die ethische Debatte

**Argumente dafür:**
Forschungen an Embryos und embryonalen Stammzellen können die Medizin entscheidend voranbringen, etwa pränatale Tests zur Feststellung genetischer Defekte und Therapien für chronische Alterskrankheiten. Wissenschaftler könnten im Labor einen bestimmten Typ von Zellen züchten und sie dem Patienten injizieren, damit sie krankes Gewebe ersetzen. Stammzellen werden jedoch noch nicht zu diesem Zweck verwendet, weil die Wissenschaftler noch nicht herausgefunden haben, wie man sie dazu bringt, bestimmte Arten von Zellen und Gewebe zu bilden. Fürsprecher der auf dieses Ziel gerichteten Forschung vertreten die Ansicht, ein Embryo habe das Potenzial, sich zu einem Menschen zu entwickeln, sei aber noch kein Mensch und die Forschung daher ethisch vertretbar.

# STAMMZELLENFORSCHUNG    161

*Befruchtete Eizelle*

## Möglicher Nutzen von Stammzellen

Stammzellen von Embryos, wie hier gezeigt, haben ein besonders hohes Potenzial, viele Arten von Zellen und Gewebe zu bilden – eine Eigenschaft, von der man sich in der Medizin viel verspricht.

### Adulte Stammzellen

Neben embryonalen gibt es auch adulte, also „erwachsene" Stammzellen. Deren Verwendung im Labor ist weit weniger umstritten, allerdings sind adulte Stammzellen in der medizinischen Forschung weniger nützlich als embryonale.

*Eizelle nach den ersten Teilungen*

### Therapeutisches Klonen

Beim therapeutischen Klonen wird ein embryoähnlicher Zellhaufen aus Zellen gezüchtet, die nicht aus einem befruchteten Ei stammen. Sie werden erzeugt, indem man in eine Spendereizelle den Kern einer Zelle des zu behandelnden Patienten einsetzt. Ziel ist es dabei, Stammzellen zu züchten, die genetisch zu dieser Person passen. Auf diese Weise könnte man in Zukunft viele chronische Krankheiten behandeln und dabei das Problem vermeiden, dass die Zellen vom Immunsystem des Patienten abgestoßen werden.

*Früher Embryo*

### Argumente dagegen:

Gegner der Forschung an Embryos und embryonalen Stammzellen berufen sich hauptsächlich darauf, dass das menschliche Leben mit der Befruchtung beginne und nicht erst, wenn der Embryo in die Gebärmutter gelangt oder noch später. Anhänger dieser Meinung glauben, ein Embryo sei bereits ein Mensch mit Rechten und dürfe daher nicht zur Forschung benutzt werden. Abgelehnt werden auch bestimmte Ziele der embryonalen Forschung, etwa die pränatale Diagnose, weil man der Ansicht ist, das könne zur Abtreibung von Föten mit genetischen Defekten oder anderen Anomalien führen.

*Embryonale Stammzellen*

*Aus embryonalen Stammzellen lassen sich viele Arten von Zellen züchten.*

*Blutzellen*

*Nervenzellen*

*Herzmuskelzellen*

# Schwierig, schwierig

**INHALT**

- Die Relativitätstheorie **164**
- Die Quantenmechanik **168**
- Die Weltformel oder: Theorie für alles **170**

In diesem Kapitel geht es um Theorien, die gemeinhin als schwer verständlich gelten. Einige ihrer Details sind in der Tat komplex, ihre Hauptaussagen sind indes recht leicht zu begreifen. Faszinierend sind diese Theorien vor allem deshalb, weil manche ihrer Vorhersagen der eigenen Intuition zuwiderlaufen. Die spezielle Relativitätstheorie beispielsweise behauptet, die Zeit könne unterschiedlich schnell ablaufen, in der Quantenmechanik sind Teilchen manchmal Wellen und die „Theorie für alles" besagt, dass alle Materie aus äußerst dünnen Fädchen (Strings) besteht.

## Ein gescheitertes Experiment

Die spezielle Relativitätstheorie wurzelt in einem Experiment von 1887, das als das berühmteste gescheiterte Experiment der Wissenschaftsgeschichte gilt. Damals glaubte man, man könne die Bewegungen aller Körper relativ zu einem absoluten, universellen „Bezugssystem" messen (eine Art dreidimensionales Koordinatennetz im gesamten Raum), welches eine unsichtbare Substanz namens „Äther" enthalte, in der sich das Licht bewegt. Das Experiment sollte klären, wie schnell sich die Erde durch den Äther bewegt; dazu wurden Lichtstrahlen in verschiedene Richtungen gesendet, mit Spiegeln reflektiert und gemessen, wie lange sie unterwegs waren. Ein „Wind" aufgrund der Bewegung der Erde durch den Äther müsste dann das Licht in bestimmte Richtungen verlangsamen. Das Experiment scheiterte grandios, denn das Licht bewegte sich – egal in welche Richtung – immer mit derselben Geschwindigkeit. Die Wissenschaftler waren verblüfft, stellten aber weder die Vorstellung des Äthers noch die des absoluten Bezugssystems infrage.

## Eine wissenschaftliche Revolution

Erst 1905 gab der junge Physiker Albert Einstein, damals Sachbearbeiter im Berner Patentamt, eine vollständige Erklärung. Er nahm es als gegeben an, dass Licht sich immer mit der gleichen Geschwindigkeit ausbreitet. Seine Theorie warf etliche tief verwurzelte Überzeugungen über den Haufen – das Bild des Äthers, das absolute Bezugssystem und schließlich auch die Idee, die Zeit würde überall gleich schnell ablaufen. Offenbar braucht wissenschaftlicher Fortschritt manchmal eine Revolution, wenn eine schrittweise Fortentwicklung alter Ideen nicht reicht.

## SCHWIERIG, SCHWIERIG

**Fakten im Überblick**

- Die spezielle Relativitätstheorie postuliert, dass die Lichtgeschwindigkeit konstant ist, egal, wie sich Lichtquelle und Beobachter relativ zueinander bewegen.

- Nach der speziellen Relativitätstheorie läuft für einen äußeren Beobachter die Zeit für ein Objekt, das sich mit nahezu Lichtgeschwindigkeit bewegt, langsamer ab.

- In der Relativitätstheorie ersetzt man die drei Raumdimensionen und die Zeitdimension durch ein vierdimensionales System, die Raumzeit.

- Nach der anspruchsvollen allgemeinen Relativitätstheorie entstehen die Auswirkungen der Gravitation, weil eine Masse die Raumzeit verzerrt.

# Die Relativitätstheorie

Eigentlich gibt es zwei Relativitätstheorien: die spezielle und die allgemeine. Beide wurden von dem deutschstämmigen Physiker Albert Einstein zu Beginn des 20. Jahrhunderts entwickelt.

Die beiden Theorien befassen sich mit verschiedenen Aspekten von Bewegung, Zeit, Masse, Energie und (im Falle der allgemeinen Relativitätstheorie) Gravitation, die zuvor in der „klassischen Mechanik" zusammengefasst wurden. Bis heute bleibt die klassische Mechanik die gültige Beschreibung unserer Alltagswelt. Aber für extreme Vorgänge, etwa die Bewegung von Teilchen nahe Lichtgeschwindigkeit oder für die Eigenschaften von Schwarzen Löchern, ist die Relativitätstheorie genauer. Obwohl die Theorie anfangs voller Skepsis aufgenommen wurde, sind die Vorhersagen von spezieller und allgemeiner Relativitätstheorie heute extrem genau bestätigt. Die Relativitätstheorie hat auch praktische Anwendungen – das Satellitennavigationssystem GPS beispielsweise funktioniert nur, wenn man „relativistische" Effekte berücksichtigt.

### Spezielle Relativitätstheorie

Die spezielle war die erste und einfachere der beiden Relativitätstheorien. Einstein ging bei der Entwicklung von zwei Prinzipien aus: Die Lichtgeschwindigkeit ist immer gleich (etwa 300 000 km/s), ganz egal, wie sich Beobachter und Lichtquelle relativ zueinander bewegen. Und die physikalischen Gesetze sollten für alle Objekte und Systeme gleich sein, egal, wie sie sich relativ zueinander bewegen. Durch streng logische Anwendung dieser Prinzipien kam Einstein zu verblüffenden, der Intuition widersprechenden Ergebnissen. Beispielsweise legte er dar, dass es so etwas wie „gleichzeitige Ereignisse" nicht gibt, denn zwei Ereignisse, die für einen bestimmten Beobachter gleichzeitig aussehen, werden von einem anderen Beobachter als nacheinander wahrgenommen, wenn er sich relativ zum ersten Beobachter bewegt.

Einstein zeigte auch, dass ein sehr schnell bewegtes Objekt (z. B. ein Raumschiff) sich für einen äußeren Beobachter verkürzt und die für das Objekt gemessene Zeit langsamer abläuft, obwohl für einen Beobachter in dem Objekt selbst die Zeit normal abläuft. Nähert sich die Geschwindigkeit des Objekts der Lichtgeschwindigkeit, bewirkt die steigende (kinetische) Energie des Objekts eine Massenzunahme, die eine weitere Beschleunigung immer mehr erschwert. Diese Überlegung führte zu der Erkenntnis, dass Masse und Energie zwei verschiedene Erscheinungsformen derselben Sache sind. Aus dieser Äquivalenz von Masse und Energie leitete Einstein seine berühmte Formel $E = mc^2$ ab (vgl. Seite 34)

**RELATIVITÄTSTHEORIE, LICHTGESCHWINDIGKEIT UND ZEITDEHNUNG**
In dieser Geschichte stellt der „Lichtgeschwindigkeitszug" (LG-Zug) das Licht selbst dar. Denken Sie daran: Das Licht hat immer dieselbe Geschwindigkeit relativ zu einem Beobachter, egal, wie schnell oder langsam dieser sich bewegt.

**1.** Ein 10 m langer Reisebus parkt neben dem Hochgeschwindigkeitsgleis. Die Touristen darin wollen den LG-Zug beobachten. Um seine Geschwindigkeit zu bestimmen, werden vorn und hinten am Bus zwei Kameras mit extrem genau laufenden Stoppuhren befestigt.

**2.** Der Zug rauscht heran. Die Lok fährt zuerst am Heck des Busses, dann an der Front vorbei. Beide Ereignisse werden von den Kameras und Uhren aufgezeichnet. Die beiden Uhren zeigen eine Zeitdifferenz von $1/30$ einer Mikrosekunde an; daraus kann man berechnen, dass der Zug 300 000 km/s schnell war – also Lichtgeschwindigkeit.

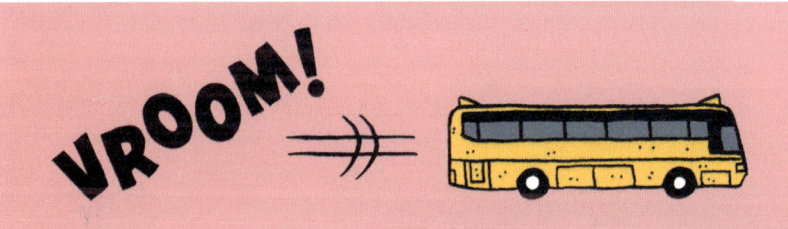

**3.** Der Bus soll nun auf der Autobahn neben der Zugstrecke mit 90 Prozent der Lichtgeschwindigkeit fahren (wir machen hier ja ein Gedankenexperiment!).

**4.** Wieder rast ein LG-Zug heran. Wieder messen die Kameras und die Uhren die Zeit, die der Zug braucht, um an dem Bus vorbeizurauschen. Da der Bus jetzt so schnell ist, glauben die Touristen, dass der Zug diesmal länger zum Überholen braucht als vorher.

**5.** Aber sie irren sich: Die Uhren messen dieselbe Zeit, d. h., der Zug hat auch jetzt relativ zum Bus eine Geschwindigkeit von 300 000 km/s – also wieder Lichtgeschwindigkeit.

**6.** Von einem nahen Hügel hat ein Liebhaber solcher Gedankenexperimente dem LG-Zug zugeschaut, wie er den rasenden Bus überholt. Auch er hat die Zeit gemessen, bis der Zug den Bus passiert hatte, aber nach seiner Uhr dauerte es doppelt so lange, wie die Touristen im Bus gemessen hatten. Offenbar messen verschiedene Beobachter einen anderen zeitlichen Abstand zwischen zwei Ereignissen, abhängig von ihrem Bewegungszustand. Der Mann auf dem Hügel kann aber auch zu dem Schluss kommen, dass die Uhren im Bus nur halb so schnell laufen wie seine eigene – die Zeit im Bus ist „gedehnt".

# SCHWIERIG, SCHWIERIG

**Klartext**

**KLASSISCHE MECHANIK:** Die physikalischen Gesetze, die das Verhalten in der Alltagswelt beschreiben; sie wurden in den letzten 300 Jahren von Isaac Newton und anderen Wissenschaftlern aufgestellt. Die klassische Physik stößt an ihre Grenzen, wenn es um sehr schnelle oder sehr massive Objekte geht. Dann ist die Relativitätstheorie genauer.

**Mittlere Lebensdauer von Myonen**

Mit Elementarteilchen namens Myonen konnte man die Gültigkeit der Relativitätstheorie zeigen. Ein ruhendes Myon zerfällt im Mittel nach etwa 2 Mikrosekunden. Bewegt es sich aber mit nahezu Lichtgeschwindigkeit (z. B. in einem Beschleuniger), steigt die mittlere Lebensdauer auf 10 Mikrosekunden oder mehr.

## Die Raumzeit

Wenige Jahre, nachdem Einstein seine Relativitätstheorie veröffentlicht hatte, führte der Mathematiker Hermann Minkowski das Konzept der „Raumzeit" ein. Er wollte damit Ereignisse im Universum in vier Dimensionen beschreiben (drei für den Raum, eine für die Zeit) und so die konventionelle dreidimensionale Beschreibung überwinden. Die Einführung der Raumzeit sollte die Abstandsmessung zwischen zwei Ereignissen erleichtern. Im alten System kann es für Ereignisse an verschiedenen Orten zu uneindeutigen Ergebnissen kommen, denn nach der speziellen Relativitätstheorie messen Beobachter einen anderen räumlichen und zeitlichen Abstand, wenn sie sich mit unterschiedlicher Geschwindigkeit bewegen. In dem neuen Raumzeit-System kann man den Abstand zwischen zwei Ereignissen aber immer eindeutig durch ein sogenanntes Raumzeit-Intervall angeben.

## Beweis der Relativitätstheorie

1905 veröffentlichte Einstein seine spezielle Relativitätstheorie, die allgemeine Relativitätstheorie folgte 1915. Erst Jahre später gelang es, die Richtigkeit der Theorien nachzuweisen. Die allgemeine Relativitätstheorie sagt u. a., dass sehr schwere Objekte (z. B. Sterne) nahe vorbeilaufende Lichtstrahlen „verbiegen" können. Erst 1919 gelang Astronomen bei einer Sonnenfinsternis der Nachweis. Die Vorhersage der Zeitdehnung, dass also für Objekte, die sich mit nahezu Lichtgeschwindigkeit bewegen, die Zeit langsamer verläuft, wurde erst 1940 bestätigt: Man fand, dass bestimmte instabile Elementarteilchen langsamer zerfallen (dass sie also „länger leben"), wenn man sie auf nahezu Lichtgeschwindigkeit beschleunigt. Und die Äquivalenz von Masse und Energie, wie sie die spezielle Relativitätstheorie behauptet, wurde in gewissem Sinne durch die erste Atombombe 1945 bestätigt.

## Allgemeine Relativitätstheorie

Die allgemeine Relativitätstheorie ist umfassender (aber auch mathematisch komplizierter) als die spezielle. Sie befasst sich mit beschleunigten Bewegungen (d. h. wenn sich die Geschwindigkeit ändert) und mit der Gravitation. Die Grundidee ist, dass die Auswirkungen einer Beschleunigung (z. B. in einer Rakete) und die eines starken Gravitationsfelds (z. B. auf einem großen Planeten) nicht zu unterscheiden sind. Davon ausgehend entwickelte Einstein die Aussage, dass die Auswirkungen der Gravitation durch große Konzentrationen von Masse bzw. Energie verursacht werden, indem sie die lokale Form der Raumzeit verzerren. Demnach folgt ein Planet der Umlaufbahn um einen Stern nicht deswegen, weil der Stern den Planeten anzieht, sondern weil der Stern die Raumzeit in seiner Umgebung verzerrt und die kürzestmögliche Bahn des Planeten in der Sternumgebung eben die gekrümmte Umlaufbahn ist. Nach der allgemeinen Relativitätstheorie wird auch die Bahn des Lichts gekrümmt, wenn es an einer großen Masse vorbeiläuft.

## Die Verzerrung der Raumzeit

Die Kernaussage der allgemeinen Relativitätstheorie lautet, dass Objekte mit ihrer Masse die Raumzeit verzerren; die Gravitation wirkt durch diese Verzerrungen. Man kann sich die Raumzeit als ein Gummituch vorstellen, in dem eine Masse eine Delle erzeugt. In dieser Analogie wird ein Lichtstrahl von seinem geradlinigen Verlauf abgelenkt und folgt dann der Delle in dem Gummituch (d. h. der Verzerrung der Raumzeit).

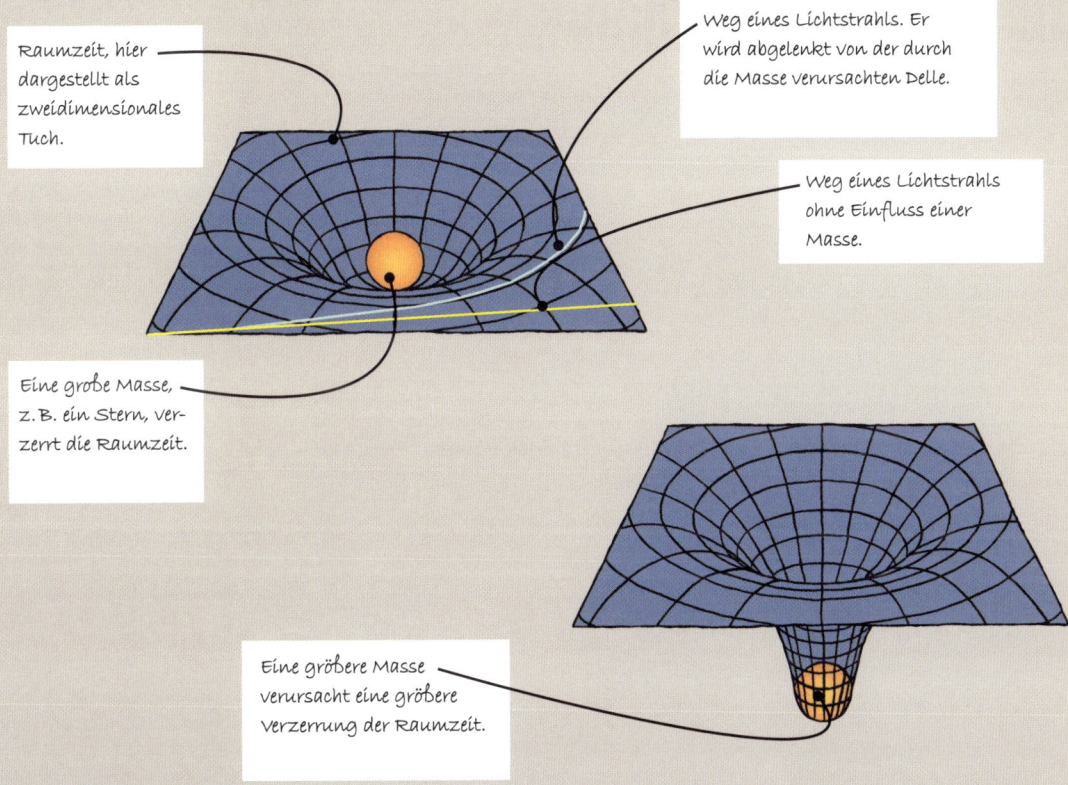

Raumzeit, hier dargestellt als zweidimensionales Tuch.

Weg eines Lichtstrahls. Er wird abgelenkt von der durch die Masse verursachten Delle.

Weg eines Lichtstrahls ohne Einfluss einer Masse.

Eine große Masse, z. B. ein Stern, verzerrt die Raumzeit.

Eine größere Masse verursacht eine größere Verzerrung der Raumzeit.

Diese Vorstellung mag etwas weit hergeholt erscheinen, aber mathematisch und physikalisch funktioniert das Ganze perfekt. So bewegt sich der sonnennahe Planet Merkur stets in einem starken Gravitationsfeld (bzw. in einer stark verzerrten Raumzeit). Seine Umlaufbahn zeigt Auffälligkeiten, die mit der klassischen Mechanik nie erklärt werden konnten, sich mit der allgemeinen Relativitätstheorie aber hervorragend begründen lassen. Auch dass Lichtstrahlen gekrümmt werden, wenn sie dicht an einem Stern oder einer Galaxie vorbeilaufen, ist zweifelsfrei nachgewiesen und stimmt aufs Genaueste mit den Vorhersagen überein. Die Theorie beschreibt auch Phänomene bei extremer Gravitation (z. B. Schwarze Löcher) und liefert Modelle für den Aufbau, die Entwicklung und das Ende des Universums. Bevor Einstein seine allgemeine Relativitätstheorie ableitete, erschienen Raum und Zeit wie eine Art Arena, in der sich Ereignisse abspielen. Heute weiß man, dass Raum und Zeit höchstveränderlich sind und selbst den Einflüssen von Energie, Kräften und Masse unterliegen.

## Fakten im Überblick

- Die Quantenmechanik beschreibt die Wechselwirkung von Materie und Energie im kleinsten, subatomaren Maßstab.
- Die Quantenmechanik sagt, dass manche Formen von Energie, die wir üblicherweise als Wellen ansehen, sich manchmal wie Teilchen, und Teilchen sich manchmal wie Wellen verhalten.
- In der Quantenwelt ist kaum etwas unmöglich; es gibt nur Ereignisse mit sehr geringer Wahrscheinlichkeit, die jedoch regelmäßig und vorhersehbar auftreten.
- In der Quantenmechanik treten Objekte in verschiedenen Zuständen auf; solange man sie nicht beobachtet, können sie beide Zustände zugleich annehmen.

# Die Quantenmechanik

Die Quantenmechanik ist ein äußerst wichtiger Bestandteil der modernen Physik, der sich mit dem Verhalten von Materie und Energie auf atomarem oder noch kleinerem Maßstab befasst. Wie die Relativitätstheorie (Seiten 164–167) ist die Quantenmechanik der klassischen Physik in bestimmten Fällen überlegen – hier im Bereich der subatomaren Teilchen, den man bisweilen auch „Quantenwelt" nennt.

## Quanten, Wellen und Teilchen

Eine der Grundideen der Quantenmechanik ist, dass Energie nicht in beliebigen Größen auftritt, von Materie aufgenommen, abgestrahlt oder ausgetauscht werden kann, sondern nur in kleinen „Päckchen", sogenannten Quanten. Die Quanten von Licht und anderer elektromagnetischer Strahlung heißen Photonen und werden als Teilchen angesehen. Elektromagnetische Strahlung wie Licht hat daher teilchenähnliche Eigenschaften, andererseits verhält sie sich aber auch wie eine Welle. Ebenso haben subatomare Teilchen wie Elektronen wellenähnliche Eigenschaften. Dieses „sowohl als auch" bei Energie und Teilchen in der Quantenwelt wird als Welle-Teilchen-Dualismus bezeichnet.

## Unbestimmtheit bei subatomaren Teilchen

Entsprechend ihren wellenähnlichen Eigenschaften lassen sich bei Teilchen wie Elektronen deren Ort, die Form und Größe sowie ihr Impuls nur innerhalb gewisser Grenzen angeben. Insbesondere kann man nicht alle Eigenschaften eines Elektrons – z. B. Ort und Impuls – gleichzeitig bestimmen (das ist die Aussage der „Unschärferelation"). Man stellt sich ein Elektron am besten als eine etwas unscharfe Wolke – die sogenannte Wahrscheinlichkeitsverteilung – vor. Jeder Punkt der Wolke gibt die Wahrscheinlichkeit an, dass sich das Elektron genau an diesem Ort befindet. Durch diese Unbestimmtheit treten einige überraschende Effekte wie das Quantentunneln auf (siehe rechte Seite), das in der Elektronik z. B. bei Computern eine wichtige Rolle spielt.

## Schrödingers Katze

Die klare, doch verwirrende Trennung zwischen Quantenwelt und unserem Alltag lässt sich in einem Gedankenexperiment von Erwin Schrödinger verdeutlichen, einem Pionier der Quantenmechanik. Er wollte zeigen, dass man quantenmechanische Effekte nicht einfach auf die makroskopische Welt übertragen kann. Man stellt sich eine Katze in einer versiegelten Kiste vor. Darin befindet sich eine winzige Menge eines radioaktiven Isotops, von dem mit einer Wahrscheinlichkeit von 50 Prozent in einer Stunde ein Atom zerfällt. Eine Maschine misst, ob das Ereignis eingetreten ist; in diesem Fall setzt sie ein Giftgas frei, das die Katze tötet, im anderen Fall überlebt die Katze. Wenn man die Kiste nicht öffnet, weiß man nicht, ob das Isotop zerfallen ist oder nicht. Also weiß man auch nicht, ob die Katze noch lebt. Quantenmechanisch befindet sich die Katze bei geschlossener Kiste in einem gemischten Zustand – zu 50 Prozent lebendig und zu 50 Prozent tot. Diese Absurdität tritt aber erst auf, wenn man die Quantenwelt verlässt und wieder in den Gültigkeitsbereich der klassischen Physik gelangt.

**GEDANKENEXPERIMENT:**
Eine Art von „Was passiert dann" für Erwachsene, bei dem man in Gedanken eine Idee in allen Konsequenzen durchspielt.

**IMPULS:**
Das Produkt von Masse und Geschwindigkeit eines Körpers.

**Klartext**

## Quantentunneln

In der Quantenwelt von Atomen und noch kleineren Objekten können Sachen passieren, die in unserer großen Alltagswelt nicht möglich sind. Ein Beispiel dafür ist das sogenannte Quantentunneln.

Stellen Sie sich in unserer Alltagswelt einen Ball vor, der gegen eine Wand geworfen wird.

Der Ball hat nicht genug Energie, die Wand zu durchdringen, und prallt von ihr ab.

Nun schießt man in der Quantenwelt ein Elektron auf eine undurchdringliche Barriere. Ein Elektron hat eine unbestimmtere Form als ein Ball – man kann es nur als eine verwaschene Kugel darstellen. Das Elektron kann irgendwo in dieser Kugel sein; die Dichte der Punkte gibt die Wahrscheinlichkeit an, mit der es sich genau dort befindet.

Wenn das Elektron so dicht an die Barriere gelangt ist, dass es abprallen sollte, hat aber doch ein kleiner Teil – vielleicht ein Zehntel – der Wahrscheinlichkeitswolke die Barriere durchdrungen. Mit anderen Worten: Mit einer Wahrscheinlichkeit von einem Zehntel hat das Elektron die Barriere überwunden!

Weil es in der Quantenwelt immer nur um Wahrscheinlichkeiten geht, bedeutet das in der Praxis, dass in neun von zehn Fällen das Elektron von der Barriere zurückgeworfen wird; in einem von zehn Fällen kann das Elektron aber durch die Barriere „tunneln". Wenn man also 100 Elektronen auf die Barriere schießt, dringen etwa zehn hindurch, obwohl keines der Elektronen genug Energie hat, die Wand zu durchbrechen.

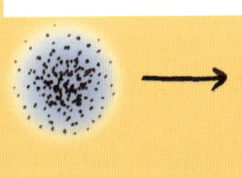

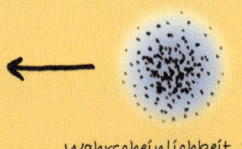

Wahrscheinlichkeit 9/10

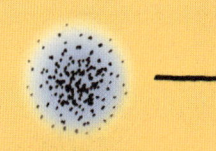

Wahrscheinlichkeit 1/10

## SCHWIERIG, SCHWIERIG

**Fakten im Überblick**

- Eine Theorie für alles ist ein Versuch, sämtliche bekannten Teilchen und Fundamentalkräfte in einem einzigen Modell zu erklären.

- Es wurden schon zahlreiche Theorien für alles ersonnen, aber keine konnte experimentell bestätigt werden.

- Die Physiker haben Botenteilchen gefunden, die drei der vier Fundamentalkräfte der Natur übertragen, aber das Botenteilchen für die Gravitationskraft fehlt noch.

- Als aussichtsreichste Kandidaten für eine zufriedenstellende Theorie für alles gelten Stringtheorien. Ihnen zufolge bestehen subatomare Teilchen aus winzigen schwingenden Fädchen („Strings").

# Die Weltformel oder: Theorie für alles

Eine Theorie für alles, salopp auch als „Weltformel" bezeichnet, ist ein umfassendes Modell, das alle Fundamentalkräfte der Natur und sämtliche Elementarteilchen erklärt. Insbesondere soll die Theorie die Gravitation mit den anderen drei Fundamentalkräften vereinigen: die Starke Kraft und die schwache Wechselwirkung (im Innern von Atomen) sowie die elektromagnetische Kraft, die Elektrizität und Magnetismus, chemische Strukturen, Licht und vieles mehr bestimmt.

### Wozu braucht man eine „Theorie für alles"?

Die beiden wichtigsten physikalischen Theorien des 20. Jahrhunderts – die Relativitätstheorie und die Quantenmechanik – haben wir gerade behandelt. Die Relativitätstheorie beschreibt Objekte mit sehr großer Masse oder extrem hoher Geschwindigkeit, die Quantenmechanik erklärt die subatomare Welt. Man könnte erwarten, dass die beiden Theorien gut zueinanderpassen, aber leider tun sie das nicht. Dies wurmt die Physiker ganz enorm, ist aber ein wichtiger Ansporn bei den Versuchen, die physikalischen Eigenschaften der Welt zu enträtseln.

### Die Gravitation ist schwer zu fassen

Im Rahmen der Quantenmechanik wurden überzeugende Modelle entwickelt, mit denen sich drei der vier Fundamentalkräfte der Natur beschreiben lassen. Es gibt auch Erklärungsversuche, dass diese drei Kräfte einst (bei den extrem hohen Energien unmittelbar nach dem Urknall) zu einer einzigen Kraft vereint waren. Allerdings kann die Quantenmechanik bislang die Gravitation nicht erklären. Während die drei anderen Kräfte durch „Botenteilchen" übertragen werden, hat man auch in den aufwendigen Beschleunigerexperimenten der Teilchenphysik (siehe Seite 23) für die Gravitation bislang kein Botenteilchen („Graviton") gefunden. Eine Theorie für alles muss das Graviton finden und die Verbindung zwischen Gravitation und den anderen Fundamentalkräften herstellen.

**Klartext**

**GRAVITON:**
Ein hypothetisches Elementarteilchen, das die Gravitation überträgt. Man weiß genau, welche Eigenschaften es haben muss (beispielsweise hat es keine Masse), doch trotz jahrzehntelanger Suche hat man es bislang noch nicht identifiziert.

## Stringtheorien

Zu den aussichtsreichsten Kandidaten für eine Theorie für alles gehören die (mathematisch unterschiedlichen) Stringtheorien. Ihnen zufolge bestehen subatomare Teilchen aus winzigen Fädchen (Strings) in mehr als vier mathematischen Dimensionen, entweder offen oder zu Schlingen bzw. Ringen geschlossen. Die Theorien sagen, dass die Strings schwingen und die Eigenformen der Schwingung (die sogenannte Moden) die verschiedenen Teilchen ausdrücken. So könnte eine Schwingungsmode ein Elektron, eine andere ein Quark erzeugen. Mit dem Verhalten der Strings will man alle vier Fundamentalkräfte der Natur beschreiben – einige geschlossene Strings sollen die Gravitation, die freien Strings die anderen Kräfte erklären. Offene und geschlossene Strings können sich vereinigen, und offene Strings können sich schließen – auf diese Weise lassen sich verschiedene Wechselwirkungen der Teilchen darstellen.

Über 300 Jahre, nachdem Newton durch einen fallenden Apfel angeregt wurde, die Gravitationskraft zu untersuchen, weiß die Wissenschaft fast alles über ihre Wirkungen, aber kaum etwas darüber, wie sie übertragen wird. Eine Theorie für alles – etwa die Stringtheorie – soll Abhilfe schaffen.

### Wie groß sind die Strings der Stringtheorie?

Strings sind fast zu klein, um sie sich vorzustellen. Als wir die Größe eines Atoms mit einem Stadion verglichen haben (siehe Seite 13), war der Atomkern nur so groß wie die Kugel in der Pfeife des Schiedsrichters. Strings sind so klein, dass für eine sinnvolle Analogie selbst das Stadion noch zu klein ist. Vergleichen wir sie mit etwas Größerem: Wäre ein Atom so groß wie eine Stadt, wäre dann ein String so groß wie ein Stecknadelkopf? Nein, wir brauchen einen noch größeren Vergleichsmaßstab. Wenn das Atom so groß wie ein Kontinent wäre oder sogar so groß wie die ganze Erde – wäre das String dann so groß wie der Buchstabe „s" auf dieser Seite? Nein, nicht einmal ansatzweise. Selbst unser Sonnensystem ist zu klein für einen sinnvollen Vergleich. Wenn wir annehmen, ein Atom sei so groß wie die Entfernung bis zum nächsten Stern (das ist 250 000-mal so weit wie zu unserer Sonne), dann wäre ein String immer noch nicht so groß, wie ein Menschenhaar dick ist. Das ist alles ziemlich schwierig zu verstehen, und die ganze Vorstellung kommt auch manchen Physikern aberwitzig fantastisch vor. Doch etliche Physiker glauben, dass dieses Modell funktionieren könnte. Die mathematischen Probleme scheinen beherrschbar, und so kommen die Physiker langsam voran bei ihren Versuchen, alle vier Fundamentalkräfte in einer Theorie zu beschreiben – darunter erstmals auch die schwer fassbare Gravitation.

# Register

**A**

Abholzung, Rodung (Wälder) 110, 111, 117
adaptive Evolution 74
Akkretion 66, 67
Akustikusneurinom 137
Alkohol 124, 127, 128, 136
Allgemeine Relativitätstheorie 49, 164, 166–167
Alphazerfall 17
Altersbestimmung 19
Aminosäuren 68, 69, 127
anabole Steroide 140, 141
Andromeda 41
Annihilation 60, 61
ansteckend (Krankheit) 131
Antarktis 104, 105
Anti-Gravitation 55
Antibiotika 123, 130, 131
Antimaterie 22
Antiteilchen 22, 60, 61
Apollo, Mission 38
Äquivalenz von Masse und Energie 34
Arbeit und Energie 28
Art 74, 78
  -bildung 74
Arterien 128
Arzneimittel-Tierversuche 142–143
Asteroide 65, 70, 71
Astronomische Einheit (AE) 38
Äther 163
Atmosphäre 94–95
Atombomben 35
Atome
  Nachweis 11
  Spaltung 8, 34–35
  Struktur 12–13
  Ursprung 62–63
Atommüll 101, 114–115
Aufputschmittel 140
Aurora australis und borealis 45, 94
außerirdisches Leben 56–57

**B**

Bakterien 130–131, 133
Betazerfall 17
Beteigeuze 47
Bewegungsgesetze 50, 51
Bindungen 12
Biobrennstoffe, Biokraftstoffe 113, 116–117
Biochemie 123
Biodiesel 116
Biodiversität 101, 155
Bioethanol 116
Biomagnifikation 106–107
Biomasse 112, 113, 116, 117
Biotechnologie 156
Blei 102, 103
Blitze 98–99
Blutdoping 141
Blutdruck, hoher 124, 136
Braune Zwerge 24

**C**

Cassini-Huygens-Mission 52–53
CERN (Europäisches Kernforschungszentrum) 23
chemische Bindungen 20
chemische Formeln 20
Cholesterin 127, 128, 136
chondritische Meteoriten 65
Chromatintransfer 157
Chromosomen 146, 147, 154, 158
Cytokinese 131

**D**

Darwin, Charles 74
Diabetes 128
Diät 126
DNA 19, 68, 76, 131, 145, 146, 147
  Doppelhelix 147
  genetischer Fingerabdruck 158–159
  mitochondriale (mtDNA) 150–151
  und genmanipulierte Pflanzen 154
  und Klonen 156
Dopplereffekt 54
Drake, Frank 56
Drake-Gleichung 56
Dürre 108

**E**

Einstein, Albert 34, 49, 163, 164, 166–167
Eisschilde 92, 93
Eiszeiten 72
Elektroautos 118–119
elektromagnetische Kraft 14, 15, 170
elektromagnetische Strahlung 32–33, 43, 54, 168
elektromagnetische Wellen 28
Elektromagnetismus 60
Elektronen 12, 13, 14, 17, 20, 21, 22, 28, 60, 61, 62, 98, 99, 169
  -wolke 12
elektrostatische Anziehung 20
Element 12, 16, 61, 63
Ellipse 50, 51
Energie 26–35
  Atom- 34, 113
  Bewegungs- 28
  chemische 28, 29, 30–31
  Dunkle 24, 55
  elastische 28
  elektrische 28, 29, 31
  -erhaltungssatz 29
  erneuerbare 19, 101, 112–113
  Geothermal- 19, 82, 83, 112
  kinetische 28, 29, 31, 87
  potenzielle 27, 28–29, 59, 86, 87
  potenzielle Gravitations- 28–29
  Quellen der 59
  Schall- 28, 29, 87
  Sonnen- 29, 30, 32, 35, 81
  Spannungs- 86, 87
  Strahlungs- 28, 29, 30, 32
  thermale 28, 31
  -umwandlung 27, 29
  -verbrauch, persönlicher 30–31
  Wärme- 29
  Wellen- 28
  Wirkungsgrad 27
Enzyme 158
Epidemien 128
Epidemiologie 123
Epizentrum 87
Erdatmosphäre 94–95
Erdbeben 84, 85, 86–87
  -wellen 82
Erde
  Aufbau 8, 82–83
  Geschichte der 70–73
  Leben auf der 56, 67, 68–69
  Umlaufbahn um die Sonne 50
  Wirkung des Sonnenwinds 45
Erdkern 8, 82, 86
Erdkruste 8, 82, 83
Erdmantel 8, 82
Ereignishorizont 48, 49
Ernährung 126–127
Eukaryoten 79
Europa (Jupitermond) 56
Evolution 59, 70, 71, 72, 74–75

**F**

FCKW (Fluorchlorkohlenwasserstoffe) 104
Feinstaub 102
Fettleibigkeit 129
Fische 70, 71, 106, 107
Flavors der Quarks 22
flüchtige organische Verbindungen (VOCs) 103
fossile Brennstoffe/Kraftstoffe 101, 110–113, 116
Fossilien 76–77
Fronten 96, 97
Funkverkehr 94

## G

Galaxien 25
  Anzahl 40
  Beobachtung 37
  Entstehung 64
  Spiral- 40, 41
  und Gravitation 25, 63
Gammastrahlen 16, 17, 19, 32, 33, 44
Gammazerfall 17
Gedankenexperiment 168, 169
Gene
  Definition 146–147
  und Vererbung 148–149
Genetik 123, 124, 145
genetische Beratung 152
genmanipulierte Pflanzen und Lebensmittel 145, 154–155
Genom 147
Gentechnik 145
Gentherapie 152–153
Geothermalenergie 19, 82, 83, 112, 113
Gesundheit
  Einflüsse auf die 124–125
  Risiken 136–137
Gewicht 30, 31
Gewitter 96, 99
Gezeiten 67, 90–91
Giotto, Mission 52
Gletscher 92, 93
Gliom 137
globale Erwärmung (Erderwärmung) 19, 89, 92–93, 101, 102, 108–109, 112
Globales Förderband 89
Glukose 128
Gluons 22, 23
Golfstrom 88
Gravitation
  und allgemeine Relativitätstheorie 166
  und der Mond 51, 67, 91
  und der Urknall 60
  und die Entstehung des Sonnensystems 64, 65
  und Galaxien 25, 63
  und Gezeiten 90
  und Jupiter 65
  und Materie 11, 55
  und Merkur 167
  und Schwarze Löcher 48, 49
  und Umlaufbahnen 50, 51
  universelles Gravitationsgesetz 50
Graviton 170
Grippepandemien 132–133

## H

Hadron 22, 23
Halbwertszeit 18
Halley'scher Komet 53
Halo 40, 41
Hämagglutinin 133
Hawking-Strahlung 48
Helium 62, 63
Herbizide (Unkrautvernichtungsmittel) 155
Herdenimmunität 134
Higgs-Boson 22, 23
Higgs-Feld 23
hoch radioaktive Abfälle (HLRW) 114–115
Hochdruckzellen, -zentren 96, 97
Hominiden 76
Hormone 128
Hotspots 86
Hubble, Edwin 54, 55
Hubblesches Gesetz 54, 55
Hubble-Konstante 55
Hubble-Teleskop 94
Humangenomprojekt (HGP) 145, 152
Hungersnot 108
hydrostatischer Druck 95

## I

Immunisierung 135
Impfung 123, 134–135
In-Vitro-Fertilisation (IVF) 160
industrielle Revolution 27
Infektionskrankheiten 130, 131
Infrarotstrahlung 33
Insektizide 101
Insulin 128
Ionen 20, 94
ionische Bindungen 20
Ionosphäre 94
Isobaren 97
Isolation 74
Isotope 16–19, 111, 114, 168

## J

Jahreszeiten 67
Jenner, Edward 134
Joule 28, 34
Jupiter 39, 52–53
  und Gravitation 65

## K

Kaltfront 96, 97
Katalysator 105
Keimbahn-Gentherapie 152, 153
Kerne 12–16, 27, 29, 35, 53
Kernenergie 19
Kernfusion 34, 35, 43, 44
Kernkraft 14, 15, 29
Kernspaltung 19, 34, 35
Kilokalorien 28, 30, 31
Klassen (Systematik) 78
klassische Mechanik 164, 166
Klimaskeptiker 111
Klimawandel 101
Klonen 156–157
  therapeutisches 161
Kohlenhydrate 127
Kohlendioxidemissionen 101, 102, 108, 110, 111, 112, 116, 117
Kohlenmonoxid 102
Kometen 70
  -kern 53
  Umlaufbahn um die Sonne 50
  und Leben auf der Erde 68
  Ursprünge 65
Kontinentaldrift 84
Konvektion 85
Korallenriffe 108
Korona 45
koronaler Massenausbruch 45
Körpermassenindex (BMI) 129
kosmische Strahlen 22
kovalente Bindungen 20, 21
Krebs
  Behandlung 19
  -risiko 18, 19
  und UV-Strahlung 104, 138, 139
  Ursachen 137
Kristalle 11, 20, 21
Kugelsternhaufen 40, 41

## L

Large Hadron Collider (LHC) 23, 24
Lava 86
Lebensmittel 124, 126–127
leere Kalorien 126
Leistung 28
leistungssteigernde Medikamente 140
Licht 32, 33
  -geschwindigkeit 32, 34, 37, 165, 166
  -jahre 40–43, 46
  -schutzfaktor (LSF) 138, 139
Lithium-Ionen-Akkumulator 118, 119
Lithosphäre 85, 86
lokaler Superhaufen 41
Luftdruck 95, 96
Luftverschmutzung 102–103, 121, 125
Luna 1, Mission 52

## M

Magma 86
Magnetfeldlinien 44, 45
magnetisches Feld 53
Mariner 9, Mission 52

Mars 39
　Erkundung 52–53
　Exploration Rover 52
Maskierungsmittel 140
Masse 11, 25
　und Energie 34, 35, 166
　und Schwarze Löcher 48
Materie
　Definition 11
　Dunkle 11, 23, 24–25, 37
　und Gravitation 11, 55
　Zusammensetzung 11
Medikamente
　gegen Krankheiten 123
　im Sport 140–141
　in Tierversuchen 142–143
Meeresspiegelanstieg 92–93, 101, 108
Meeresströmungen 88–89
Megawatt 112
Melanin 138
Melanome 138, 139
Menschen
　Ausbreitung 73
　Evolution 71, 72
Merkur 39
　und Gravitation 167
Meteorite 65, 71, 73
Methan 108, 110, 111
Mikroben 130
Mikrowellen 32, 137
Milchstraße 38, 40, 41, 43
Miller-Urey-Experiment 69
Mineralien 126, 127
Minkowski, Hermann 166
Mitochondriale Eva 150–151
Mitochondrien 146, 150
Mobiltelefone (Handys) 137
Moleküle 11, 20, 21
Mond
　Anziehungskraft 90, 91
　Entstehung 67
　fehlendes Magnetfeld 53
　Umlaufbahn um die Erde 50
　und Gravitation 51, 67
Montreal-Protokoll (1987) 105

MRSA 131, 133
Müllkippen 120
Muons 166
Mutation 74, 132, 150, 152

**N**
Nahrungsketten 106, 107
NASA 56
natürliche Auslese 74
Neandertaler 73
Nebel 43
Neptun 39
Neuraminidase 133
Neutrinos 22, 24
Neutronen 12–17, 22, 23, 35, 60, 61, 62
Newton (Einheit) 28
Newton, Sir Isaac 50, 51, 166
Nipptide 90
Nordlicht 45, 94
Norma-Cygnus-Arm 42
Nuklearzeitalter 27
Nukleinsäuren 68
Nukleustransfer 156, 157

**O**
Oort'sche Wolke 40
Ordnungen (Systematik) 78
Ordnungszahlen 12
Orion-Arm 42, 43
Orthomyxoviren 132
Ozonloch 101, 104–105
Ozonschicht 101, 102

**P**
pazifischer Müllstrudel 88, 89
PCB (polychlorierte Biphenyle) 106
Penizillin 130
Perseus-Arm 42
Pestizide 106
Pharmakologie 123
Photonen 22, 43, 61
Photosphäre 45
Photosynthese 68, 71, 117
Phytoplankton 107

Planeten
　Gas- 65
　Entstehung 65
　Größen 39
　Umlaufbahnen 50, 64, 65
Planetesimale 65, 66
Plasmide 154
Plattentektonik 8, 84–85
Pluto 52
　Umlaufbahn um die Sonne 51
polare Stratosphärenwolken (PSCs) 105
Positronen 22, 61
Primaten 70
Prokaryoten 79
Proteine 126, 127
Proto-Erde 66, 67
Protonen 12–17, 22, 23, 60, 61, 62
protoplanetare Scheibe 65
Protoplaneten 65, 66
Proxima Centauri 39, 40, 46
Pulsare 47

**Q**
Quanten 168
　-fluktuation 59
　-mechanik 168–169, 170
　-tunneln 168, 169
Quarks 22, 23, 60
Quecksilber 106

**R**
radioaktiver Abfall 19
radioaktiver Zerfall 15, 16–17, 35, 82
Radioaktivität
　aus natürlichen Quellen 18
　durch menschliche Aktivität 18
　Nutzen 19
　radioaktiver Zerfall 16–17
　schädliche 19
Radon 18
Rauchen/Tabak 124, 125, 136

Rauchmelder 19
Raumschiff 50, 51
Raumzeit 49, 164, 166
　Verzerrung der 167
Recycling 120–121
　-wirtschaft 121
Reiche (Systematik) 78, 79
Relativitätstheorie
　allgemeine 49, 164, 166–167
　spezielle 163, 164
Replikatoren 68
resistente Erreger 123, 131
Röntgen 32, 33, 44
Rote Riesen 46, 47, 54
Rotverschiebung 54, 55

**S**
Sagittarius-Arm 43
Salz 126
Satelliten 50, 94
Saturn 39, 52–53
Säugetiere 71, 72
saurer Regen 101, 103
Saurier 71, 76
Schlaf 124
Schmerzmittel 141
Schrödinger's Katze 168
schwache Wechselwirkung 170
Schwarze Löcher 24, 41, 46–49
Schwarze Raucher 68
Schwarze Zwerge 46, 47
Schwefeldioxid 103
Schweinegrippe 132, 133
Scutum-Crux-Arm 42, 43
seismische Lücken 87
Seuchen 108
Sex, ungeschützter 124
Smog 103
solarer Urnebel 64–65
solares Maximum 45
somatische Gentherapie 152, 153
somatische Zellen 153

# REGISTER 175

Sonne
  Anziehungskraft 90
  Energie 27, 29, 30, 32, 35
  Entfernung von der Erde 38, 39
  Entstehung 65
  Größe 38, 39
  Kernfusion 35, 44
  Sonnenfackel und koronaler Massenausbruch 45
  Temperatur 44
Sonnenbaden 124, 138–139
Sonnenenergie 81
Sonnenfackel 44, 45
Sonnenflecken 44, 45
  -zyklus 44, 45
Sonnenstrahlung 109, 112, 138
Sonnensystem 38–41
  Alter 65
  äußeres 40
  Entstehung 64–65, 66
  inneres 41
  nach dem Urknall 59
  Umlaufbahn 50
  und Missionen 52
Sonnenwind 44, 53
Spektroskopie 69
spezielle Relativitätstheorie 163, 164
Spiralarm 40, 42–43
Spitzer-Weltraumteleskop 42
Sport 30–31, 123, 124, 129
  Doping 140–141
  Extrem- 124
Springflut 90
Stammbaum des Lebens 78–79
Stämme (Systematik) 78, 79
Stammzellenforschung 160–161
Standardmodell 22
Starke Kraft 15, 23, 170
statische Elektrizität 99
Sterilisation 19
Sternbilder 42
Sterne
  Beobachtung 37
  Entstehung 63, 64

  Kernfusion in 35, 43
  Lebenszyklen 43
  Masse 43, 46-47
  Neutronen- 46, 47
  Riesen 43, 46
  sichtbare 42–43
  Sterben 45, 46–47, 62, 63
Stickoxidemissionen 110
Stickstoffdioxid 103
Strahlung
  elektromagnetische 32–33
  Hawking- 48
  infrarote 32
  kurzwellige 109
  langwellige 109
  Radiowellen 32, 44
  ultraviolette (UV) 32, 44, 94, 104, 138
Stratosphäre 94, 95, 102, 104
Stringtheorien 170, 171
Stromatolithen 70
Südlicht 94
Südpolarwirbel 105
Superhaufen 41
Superkontinente 81
Supernovas 46–47, 64
Supertiefe Kola-Bohrung 83

## T

Tabak *vgl.* Rauchen/Tabak
Teilchen
  Alpha- 17
  -beschleuniger 22, 23
  Beta- 17
  Elementar- 22
  geladene 44
  -physik 22–23
  subatomare 22, 23, 168, 170
  und der Urknall 60
  und Gravitation 170
  -zoo 22
  zusammengesetzte (Hadronen) 22, 23
tektonische Platten 67, 81, 83, 84–85

Theia 66, 67
Themse, gefroren 45
Theorie für alles 170–171
Thermosphäre 94
Thomson, J.J. 12
Tiefdruckgebiete, -zentren, -zellen 96, 97
Toxine (Gifte) 135, 155
Transmutation 114
Treibhauseffekt 108, 109
Treibhausgase 101, 108, 109, 117, 118, 119
  Quellen von 110–111
Troposphäre 94, 95

## U

Übergewicht 124, 126–127, 129, 136
Umlaufbahn 50–51
Umweltverschmutzung 125
Ungeziefer 130–131
Universum
  Ausdehnung nach dem Urknall 60
  beobachtbares 37, 41
  Expansion 8, 25, 54–55, 61
Unschärferelation 168
Urknall 23, 54, 55, 60–63

## V

Vakuum 34
Variation 74, 75
Vaterschaftstests 159
Venus Express, Mission 39
Vererbung 74, 75, 148–149
Vermehrung 74, 75
Viren 130-131, 132–133
Virgo-Superhaufen 41
Vitamine 126, 127, 139
Vögel 72
Vogelgrippe (Aviäre Influenza) 132
Volumen 11, 32
Voyager 1, Mission 39
Voyager 2, Mission 52

Vulkane, vulkanische Aktivität, Vulkanausbrüche 70, 72, 73, 83, 85, 86, 102, 103

## W

Warmfront 96, 97
Wasser
  -kraft 112, 113
  -kraftwerk 29
  trinken 127
  Verschmutzung 101
Weiße Zwerge 46, 47, 54
Wellenlänge 32, 33, 54
Weltraummissionen 52–53, 56
Wettbewerb 74, 75
Wetter 96–97
  extreme Wetterereignisse 108
Wiederaufbereitung verbrauchter Brennstäbe 115
WIMPS (weakly interacting massive particles) 24
Windkraft, Windenergie 112, 113

## Y

Y-Chromosom 150

## Z

Zentrifugalkraft 91
Zerfallsketten 16
Zirkulation, globale thermohaline 88
Zirkulationsströme 88
Zirkulationszellen 94, 95
Zooplankton 107

# Bildnachweis/Danksagung

Das Copyright für alle Illustrationen liegt bei Quarto Publishing plc. Es wurden alle Anstrengungen unternommen, Urheber von Beiträgen nachzuweisen. Sollte es dabei zu Auslassungen oder Fehlern gekommen sein, bitten wir um Nachsicht und Mitteilung zur Korrektur in zukünftigen Auflagen.

## Danksagung des Autors

Ich danke Steve Parker für seine unschätzbare Hilfe und Mitarbeit bei Kapitel 7 zur Gesundheit, Cathy Meeus für ihren redaktionellen Einsatz und Michael Chester für die Illustrationen.

Außerdem möchte ich allen Beteiligten bei Quarto Publishing danken: Kate Kirby, Paul Carslake (besonders für Ideen zu Illustrationen), Caroline Guest sowie Moira Clinch und nicht zuletzt Chloe Todd Fordham für ihre Unterstützung und Geduld.